农作物病虫草害原色图解

封洪强 等 主编

中国农业科学技术出版社

图书在版编目（CIP）数据

农作物病虫草害原色图解/封洪强等主编.－北京：中国农业科学技术出版社，2015.10
ISBN 978-7-5116-2265-5

Ⅰ.①农… Ⅱ.①封… Ⅲ.①农作物-病虫害防治-中国-图解 Ⅳ.①S436.3-64

中国版本图书馆CIP数据核字(2015)第220675号

策划编辑　王进宝
责任编辑　姚　欢
责任校对　贾海霞

出 版 者　中国农业科学技术出版社
　　　　　北京市中关村南大街12号　邮编100081
电　　话　(010)82109704(发行部)(010)82106636(编辑室)
传　　真　(010)82106636
网　　址　http://www.castp.cn
经 销 者　各地新华书店
印 刷 者　河南省诚和印制有限公司
开　　本　889×1 194mm　1/16
印　　张　32.5
字　　数　850千字
版　　次　2015年10月第1版　2015年10月第1次印刷
定　　价　280.00元

《农作物病虫草害原色图解》编委会

前 言

病虫草害严重地影响着农业的丰产与丰收。我国地域复杂、病虫草害种类繁多，随着气候、环境、种植结构、耕作制度、栽培方式的变化，病虫草害发生的种类增加，发生面积和为害程度呈上升趋势。

近年来，我国各级政府对农业方面的投入力度不断加大，在病虫草害研究和农药应用技术研究方面取得了丰硕的成果；然而，在农业生产中病虫草害的为害却日益猖獗，得不到有效的控制，农药滥用问题突出、农田环境污染严重。所以，一方面表现为农药研究成果丰硕；一方面表现为农村植保技术缺乏，农药应用盲目性严重。为了有效地推广普及病虫草害知识和农药应用技术，我们组织国内权威专家，结合多年的科研和工作实践，查阅了大量国内外文献，针对农业生产上的实际需要编著了《农业病虫草害原色图解系列图书》。

《农业病虫草害原色图解系列图书》全套共4册，分别为《农作物病虫草害原色图解》《果树病虫草害原色图解》《蔬菜病虫草害原色图解》《植保技术服务原色图解》。该套图书全部内容经过权威专家和生产一线的技术人员研究比较，书中所描述的病虫草害均是发生比较严重、生产上需要重点考虑的防治对象；同时对这些病虫草害的发生规律、防治技术进行了全面的介绍，并分生育时期介绍了综合防治方法；书中配有病虫草害田间发生与为害症状原色图片，图片清晰、典型，易于田间识别对照。

《农作物病虫草害原色图解》全书收集了15种农作物300多种重要病虫草害，对每种农作物上重要病虫草害发生的各个阶段症状特征进行了描述，对部分常见但不是特别重要的病虫害列出了识别症状与防治方法；对生产上重要的病虫害，详细介绍了病虫草害发生不同阶段的施药防治方法，提出了各种生育阶段病虫草害的最佳防治药剂种类和剂量。通俗易懂、图文并茂、准确实用。

本书在编纂过程中，得到了中国农业科学院、中国农业大学、南京农业大学、西北农林科技大学、西南大学、华中农业大学、山东农业大学、河南农业大学，以及河南、山东、河北、黑龙江、江苏、湖北等省市农科院和植保站专家的帮助。很多专家提供了多年科研成果和照片，在此谨致衷心感谢。

农药是一种特殊商品，其技术性和区域性较强；同时，我国地域辽阔，各地农业病虫草害发生差异较大，防治方法要因地制宜，书中内容仅供参考。建议读者在阅读本书的基础上，结合当地实际情况和病虫草害防治经验进行试验示范后再推广应用。凡是机械性照搬本书，错误施用农药而造成的药害和药效问题，恕不负责。由于作者水平有限，书中不当之处，诚请各位专家和读者批评指正。

作 者

于中国农业科学院

2015年9月20日

目 录

第一章 水稻病虫草害原色图解

第二章 小麦病虫草害原色图解

第四章 大豆病虫草害原色图解

第五章 花生病虫草害原色图解

第十三章　烟草病虫草害原色图解

第十四章　甘蔗病虫害原色图解

第十五章　向日葵病虫害原色图解

第一章 水稻病虫草害原色图解

水稻是我国重要粮食作物之一，每年水稻种植面积约3 500万hm^2，约占粮食作物播种面积的29%，无论种植面积和产量，在我国粮食作物中都居首位。水稻病虫害严重地影响着水稻的丰产与丰收。

一、水稻病害

稻田病害种类较多，已发现的有70多种，对水稻生产影响严重。其中,稻瘟病、纹枯病、白叶枯病、胡麻斑病、恶苗病、细菌性条斑病等发生较重。

1. 稻瘟病

分布为害 我国各水稻产区均有发生。流行年份一般减产10%～20%，严重的减产40%～50%，甚至颗粒无收。

症　　状 主要为害叶片、茎秆、穗部。因为害时期、部位不同分为苗瘟、叶瘟、节瘟、穗颈瘟、谷粒瘟。苗瘟：发生于三叶前，由种子带菌所致。病苗基部灰黑，上部变褐，卷缩而死，湿度较大时病部产生大量灰黑色霉层。叶瘟：分蘖至拔节期为害较重。慢性型病斑：开始在叶上产生暗绿色小斑，渐扩大为梭形斑，常有延伸的褐色坏死线。病斑中央灰白色，边缘褐色，外有淡黄色晕圈，潮湿时叶背有灰色霉层，病斑较多时连片形成不规则大斑（图1－1）。急性型病斑：在叶片上形成暗绿色近圆形或椭圆形病斑，叶片两面都产生褐色霉层（图1－2）。白点型病斑：嫩叶发病后，产生白色近圆形小斑，不产生孢子（图1－3）。褐点型病斑：多在老叶上产生针尖大小的褐点只产生于叶脉间，较少产孢（图1－4）。节瘟：常在抽穗后发生，初在稻节上产生褐色小点，后渐绕节扩展，使病部变黑，易折断。穗颈瘟：初形成褐色小点，放展后使穗颈部变褐，也造成枯白穗（图1－5）。谷粒瘟：产生褐色椭圆形或不规则斑，可使稻谷变黑。有的颖壳无症状，护颖受害变褐，使种子带菌（图1－6）。

图1－1 稻瘟病叶瘟慢性型病斑

图1－2　稻瘟病叶瘟急性型病斑

图1－3　稻瘟病叶瘟白点型病斑

图1－4　稻瘟病叶瘟褐点型病斑

图1-5 稻瘟病穗颈瘟症状

图1-6 稻瘟病谷粒瘟症状

病 原 *Piricularia oryzae* 称稻梨孢，属半知菌亚门真菌（图1-7）。菌丝内生，分生孢子梗3～5根丛生，具2～4个隔膜，直或稍弯曲，顶端曲状，上生分生孢子。分生孢子，无色，洋梨形，常有1～3个隔膜；基部钝圆，并有脚胞，无色或淡褐色，具2隔膜。

发生规律 病菌以分生孢子和菌丝体在稻草和稻谷上越冬。翌年产生分生孢子借风雨传播到稻株上，萌发侵入寄主向邻近细胞扩展发病，形成中心病株。病部形成的分生孢子，借风雨传播进行再侵染。播种带菌种子可引起苗瘟。适温高湿，有雨、雾、露存在条件下有利于发病。适宜温度才能形成附着胞并产生侵入丝，穿透稻株表皮，在细胞间蔓延摄取养分。阴雨连绵，日照不足或时晴时雨，或早晚有云雾或结露条件，病情扩展迅速（图1-8）。同一品种在不同生育期抗性表现也不同，秧苗4叶期、分蘖期和抽穗期易感病，圆秆期发病轻，同一器官或组织在组织幼嫩期发病重。穗期以始穗时抗病性弱。放水早或长期深灌根系发育差，抗病力弱发病重。阴雨连绵，光照不足，田间湿度大，有利病原菌分生孢子的形成、萌发和侵入。山区雾大露重，光照不足，稻瘟病的发生为害比平原严重。偏施迟施氮肥，不合理的稻田灌溉，均降低抗病能力。

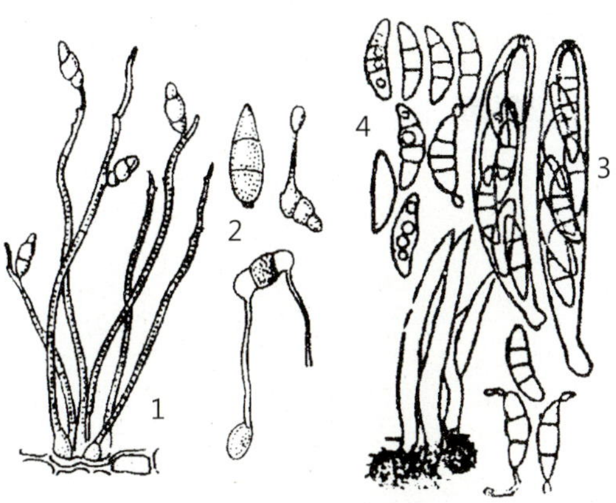

图1-7 稻瘟病病菌

1.分生孢子梗 2.分生孢子及其萌发 3.子囊 4.子囊孢子

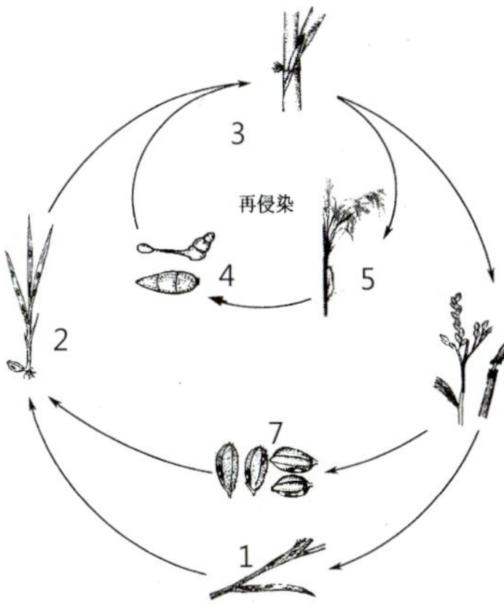

图1-8 稻瘟病病害循环

1.病菌在病残体上越冬 2.苗瘟 3.叶瘟 4.分生孢子 5.穗颈瘟 6.节瘟 7.谷粒瘟

防治方法 种植抗病品种，及时处理病稻草；配方施肥，采浅水分蘖，移苗晒田。防治叶瘟，于7月下旬发病初期，田间见急型病斑；防治穗瘟，于孕穗末期至抽穗期进行施药。

病害发生前期（即7月上中旬），可喷施45%代森铵水剂80~100ml/亩、75%百菌清可湿性粉剂100~125g/亩、70%甲基硫菌灵可湿性粉剂100~140g/亩、25%多菌灵可湿性粉剂200g/亩等药剂保护。

防治叶瘟，于7月下旬发病初期，田间见急型病斑，可用20%三环·多菌灵可湿性粉剂100~140g/亩、21%咪锰·多菌灵（咪鲜胺锰盐·多菌灵）可湿性粉剂50~70g/亩、30%敌瘟磷乳油100~130ml/亩、50%四氯苯酞可湿性粉剂60~100g/亩、20%稻保乐（多菌灵·井冈霉素·三环唑）可湿性粉剂100~120g/亩、25%咪鲜胺乳油30~40ml/亩、50%氯溴异氰脲酸粉剂40g/亩、2%春雷霉素可湿性粉剂100~120g/亩对水50~60kg均匀喷施。

防治穗瘟，于孕穗末期至抽穗期，可喷施20%咪鲜·三环唑可湿性粉剂45~65g/亩、35%唑酮·乙蒜素乳油75~90ml/亩、30%异稻·稻瘟灵乳油120~150ml/亩、18%三环·烯唑醇悬浮剂40~50ml/亩、21.2%春雷·氯苯酞可湿性粉剂75~120g/亩、20%三唑酮·三环唑可湿性粉剂100~150g/亩、525g/L三环唑·丙环唑悬乳剂60~80ml/亩、30%己唑·稻瘟灵乳油60~80ml/亩，对水50~60kg喷雾，注意喷匀、喷足。

2. 水稻纹枯病

分布为害 水稻纹枯病为我国水稻三大病害之一。在我国各水稻产区均有发生，长江流域和南方稻区发生较重，尤其以密植矮秆杂交稻的高产田发生最为普遍而严重。

症　　状 苗期至穗期都可发病。叶鞘染病：在近水面处产生暗绿色水浸状边缘模糊小斑，后渐扩大呈椭圆形或云纹形，中部呈灰绿或灰褐色，湿度低时中部呈淡黄或灰白色，中部组织破坏呈半透明状，边缘暗褐。发病严重时数个病斑融合形成大病斑，呈不规则状云纹斑（图1-9）。叶片染病：病斑也呈云纹状，边缘褪黄，发病快时病斑呈污绿色，叶片很快腐烂（图1-10）。湿度大时，病部长出白色网状菌丝，后汇聚成白色菌丝团，形成菌核，菌核深褐色，易脱落。高温条件下病斑上产生一层白色粉霉层即病菌的担子和担孢子（图1-11）。为害后期，田间稻株不能抽穗，抽穗的秕谷较多，千粒重下降（图1-12）。

图1-9　水稻纹枯病为害叶鞘症状

图1-10　水稻纹枯病为害叶片症状

图1-11　水稻纹枯病为害后期白色菌丝、黑色菌核

图1－12　水稻纹枯病为害田间症状

病　　原　*Rhizoctonia solani* 称立枯丝核菌，属半知菌亚门真菌（图1－13）。产生菌丝和菌核，菌丝初期无色，后变淡褐色，有分枝，分枝处明显缢缩，离分枝不远处有分隔，菌核深褐色圆形或不规则形，附在病部的一面略凹陷，表面粗糙多孔如海绵状。

发生规律　病菌主要以菌核在土壤中越冬，也能以菌丝体在病残体上或在田间杂草等其他寄主上越冬。水稻拔节期病情开始激增，病害向横向、纵向扩展，抽穗前以叶鞘为害为主，翌春春灌时菌核飘浮于水面与其他杂物混在一起，插秧后菌核黏附于稻株近水面的叶鞘上，条件适宜时生出菌丝侵入叶鞘组织为害，气生菌丝又侵染邻近植株（图1－14）。

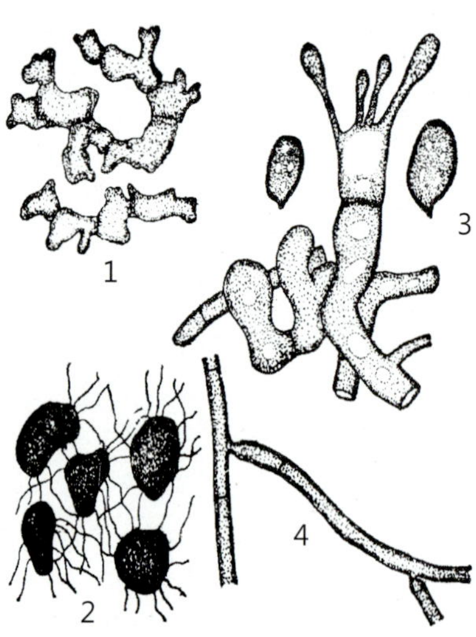

图1－13　水稻纹枯病病菌

1.老熟菌丝　2.菌核

3.担子和担孢子　4.幼嫩菌丝

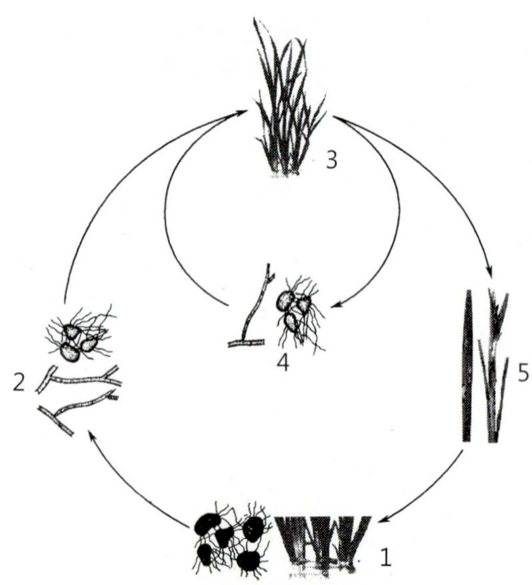

图1－14　水稻纹枯病病害循环

1.菌核在病残体上越冬　2.菌核及菌丝

3.病株　4.菌丝及菌核再侵染　5.病叶、病株病害向横向、纵向扩展，抽穗前以叶鞘为害为主，抽穗后向叶片、穗颈部扩展。早期落入水中菌核也可引发稻株再侵染。早稻菌核是晚稻纹枯病的主要侵染源。菌核数量是引起发病的主要原因。水稻纹枯病适宜在高温、高湿条件下发生和流行。生长前期雨日多、湿度大、气温偏低，病情扩展缓慢，中后期湿度大、气温高，病情迅速扩展，后期高温干燥抑制了病情。气温20℃以上，相对湿度大于90%，纹枯病开始发生，气温在28~32℃，遇连续降雨，病害发展迅速。气温降至20℃以下，田间相对湿度小于85%，发病迟缓或停止发病。长期深灌，偏施、迟施氮肥，水稻郁闭，徒长促进纹枯病发生和蔓延。

防治方法 清除菌源，加强肥水管理。药剂防治一般掌握发病初期施药，在分蘖盛期田块丛发病率达3%~5%或拔节到孕穗期丛发病率达10%时用药防治，第1次施药后7~10天，病情仍有发展需再次防治。

发病初期，可用75%百菌清可湿性粉剂100~125g/亩、45%代森胺水剂50ml/亩、70%甲基硫菌灵可湿性粉剂100~140g/亩、25%多菌灵可湿性粉剂200g/亩等，对水40~50kg均匀喷施。在分蘖盛期，田块丛发病率达3%~5%时，可喷施3%多抗霉素可湿性粉剂100~200倍液、2%嘧啶核苷类抗生素水剂500~600ml/亩、5%井冈霉素可溶性粉剂100~150g/亩、12.5%井冈·蜡芽菌水剂120~160ml/亩、3%井冈·嘧苷素水剂200~250ml/亩、30%多·酮可湿性粉剂100~133g/亩、40%菌核净可湿性粉剂200~250g/亩，对水40~50kg均匀喷施。

拔节到孕穗期丛发病率达10%时喷药防治，病情仍有发展需间隔7~10天再喷药1次。可用20%稻保乐（三环唑·多菌灵·井冈霉素）可湿性粉剂100~120g/亩、30%苯醚甲环唑·丙环唑乳油20~25ml/亩、11%井冈·己唑醇可湿性粉剂30~35g/亩、15.5%井冈·三唑酮可湿性粉剂100~120g/亩、30%己唑·稻瘟灵乳油60~80ml/亩、23%噻氟菌胺胶悬剂15ml/亩，对水50~60kg均匀喷雾，也可对水400kg进行泼浇。

3. 水稻白叶枯病

分布为害 水稻白叶枯病除新疆外，我国其他稻区均有发生，在华东、华中和华南稻区发生较普遍。

症　　状 苗期、分蘖期受害最重，叶片最易染病。叶枯型：先从叶尖或叶缘开始，先出现暗绿色水浸状线状斑，很快沿线状斑形成黄白色病斑，然后沿叶缘两侧或中脉扩展，变成黄褐色，最后呈枯白色，病斑边缘界限明显（图1-15）。急性凋萎型：苗期至分蘖期，病菌从根系或茎基部伤口侵入维管束时易发病。心叶失水青枯，凋萎死亡，其余叶片也先后青枯卷曲，然后全株枯死，也有仅心叶枯死。褐斑或褐变型：病菌通过剪叶或伤口侵入，在气温低或不利发病条件，病斑外围出现褐色坏死反应带。为害严重时，田间一片枯黄（图1-16）。

图1-15 水稻白叶枯病叶枯型

图1-16 水稻白叶枯病为害田间症状

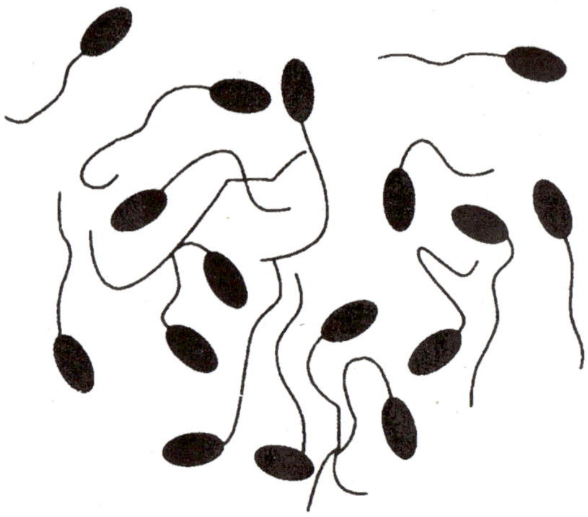

图1-17 水稻白叶枯病病菌

病　原 *Xanthomonas oryzae* pv.*oryzae* 称水稻黄单胞菌稻致病变种，属细菌（图1-17）。菌体短杆状，单鞭毛，极生或亚极生，革兰氏染色阴性，无芽孢和荚膜，菌体外具黏质的胞外多糖包围。

发生规律 病菌主要在稻种、稻草和稻桩上越冬，重病田稻桩附近土壤中的细菌也可越年传病。播种病谷、病菌可通过幼苗的根和芽鞘侵入。病稻草和稻桩上的病菌，遇到雨水就渗入水流中，秧苗接触带菌水，病菌从水孔、伤口侵入稻体。用病稻草催芽，覆盖秧苗、扎秧把等有利病害传播。早、中稻秧田期由于温度低，菌量较少，一般看不到症状，直到孕穗前后才暴发出来（图1-18）。病斑上的溢脓，可借风、雨、露水和叶片接触等进行再侵染。本病最适宜流行的温度为26～30℃，20℃以下或33℃以上病害停止发生发展。雨水多、湿度大，特别是台风暴雨造成稻叶大量伤口并给病菌扩散提供极为有利的条件；秧苗淹水；本田深水灌溉，串灌、漫灌，施用过量氮肥等均有利发病；品种抗性有显着差异，大面积种植感病品种，有利病害流行。

防治方法 不从病区引种；种植抗病品种；提倡施用酵素菌沤制的堆肥，加强水肥管理，浅水勤灌，雨后及时排水，分蘖期排水晒田，秧田严防水淹。妥善处理病稻草，不让病菌与种、芽、苗接触，清除田边再生稻株或杂草。善管肥水 健全排灌系统，实行排灌分家，不准串灌、漫灌和严防涝害；按叶色变化科学用肥，配方施肥，使禾苗稳生稳长，壮而不过旺、绿而不贪青。

发现中心病株后，及时喷药防治，可用10%硫酸链霉素可湿性粉剂50～100g/亩、3%中生菌素可湿性粉剂60g/亩、20%叶枯唑可湿性粉剂100g/亩、50%氯溴异氰尿酸水溶性粉剂25～50g/亩对水50～60kg均匀喷雾；也可用20%噻森铜悬浮剂300～500倍液、40%三氯异氰尿酸可湿性粉剂2 500倍液、30%金核霉素可湿性粉剂1 500～1 600倍液、77%氢氧化铜悬浮剂600～800倍液、10%叶枯酞可湿性粉剂1 000～2 000倍液、20%喹菌酮可湿性粉剂1 000～1 500倍液喷施，间隔7～10天喷1次，连续3～4次。

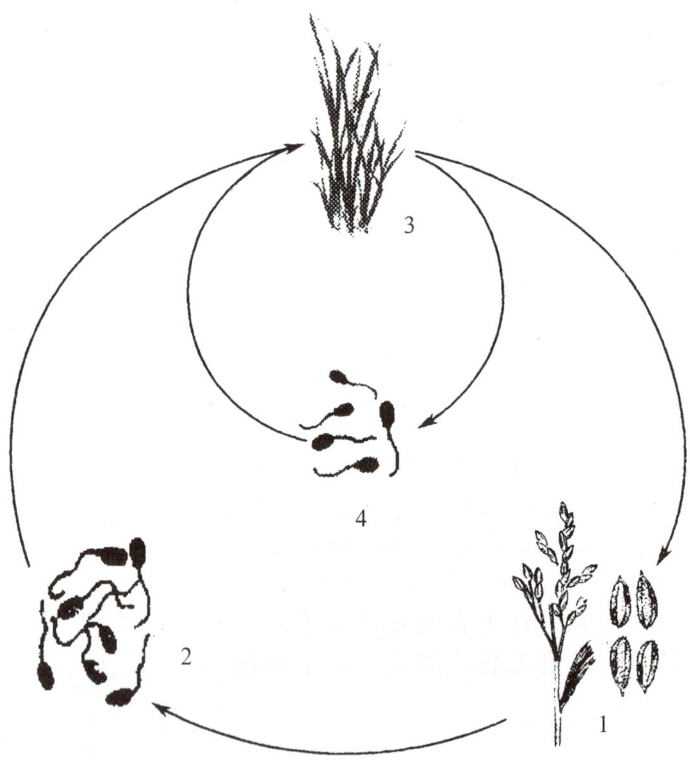

图1-18 水稻白叶枯病病害循环

1.带菌种子和病残体 2.细菌 3.病株 4.病菌再侵染

4. 稻曲病

分布为害 稻曲病已扩展到河北、长江流域及南方各稻区，不少地方造成较大损失。

症　状 只为害谷粒。病粒比正常谷粒大3～4倍，整个病粒被菌丝块包围，颜色初呈橙黄，后转墨绿；表面初呈平滑，后显粗糙龟裂，其上布满黑粉状物，此即为病菌厚垣孢子（图1-19）。

图1-19　稻曲病为害谷粒症状

病　　原 *Ustilaginoidea virens* 称稻绿核菌，属半知菌亚门真菌（图1-20）。子座表面墨绿色，内层橙黄色，中心白色。分生孢子表面有瘤突，近球形，灰绿色。菌核从分生孢子座生出，长椭圆形，黑色，在土表萌发产生子座，有长柄。子囊壳瓶形，子囊无色，圆筒形，子囊孢子无色，单胞，线形。

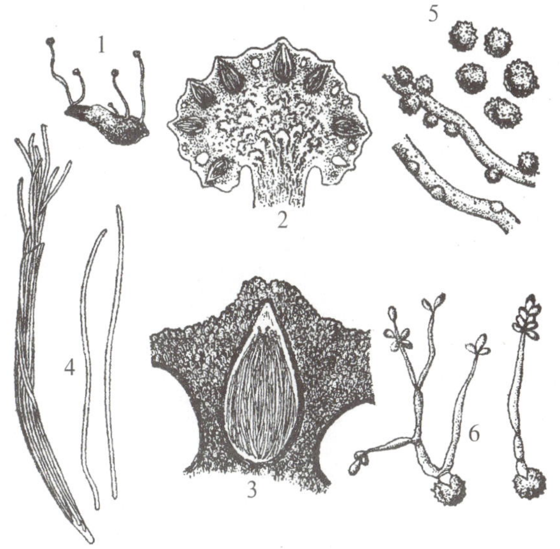

图1-20　稻曲病病菌

1.菌核萌发产生子座　2.子座纵切面　3.子囊壳纵切面　4.子囊及子囊孢子　5.厚垣孢子　6.厚垣孢子萌发产生次生分生孢子

发生规律 以菌核在地面或以厚垣孢子在稻粒上越冬。翌年菌核萌发产生厚垣孢子，由厚垣孢子再生小孢子及子囊孢子进行初侵染。侵染时期以水稻孕穗至开花期侵染为主（图1-21）。抽穗扬花期遇雨及低温则发病重。抽穗早的品种发病较轻，施氮过量或穗肥过重加重病害发生，连作地块发病重。

图1-21 稻曲病病害循环

1.越冬菌核及厚垣孢子 2.厚垣孢子萌发产生分生孢子
3.子囊孢子 4.健株 5.病株 6.厚垣孢子再侵染

防治方法 选用抗病品种，加强栽培管理。发病时摘除病粒烧毁；改进施肥技术，施足基肥，增施农家肥，少施氮肥，配施磷、钾肥，慎用穗肥；浅水勤灌，后期干干湿湿，适时适度搁田；避免病田留种，深耕翻埋菌核。

在水稻破口前5～8天和齐穗期各喷药1次，对稻曲病的防效最为理想，这个时段是稻曲病防治的最佳时期。

种子处理：用2%福尔马林或0.5%硫酸铜浸种3～5小时，然后闷种12小时，用清水冲洗催芽。

水稻破口前5～8天，可用25%多·酮可湿性粉剂80～100g/亩、14%络氨铜水剂200～300ml/亩、43%戊唑醇悬浮剂10～15ml/亩、3%井冈·嘧苷素水剂200～250ml/亩、27.12%碱式硫酸铜悬浮剂60～80ml/亩、25%咪鲜胺乳油50～60ml/亩、20%三苯基醋酸锡可湿性粉剂100g/亩、28%稻后安（氧化亚铜·三唑酮）可湿性粉剂50g/亩、86.2%氧化亚铜可湿性粉剂1 500～2 000倍液、42%禾穗清（井冈霉素·氧化亚铜）可湿性粉剂50g/亩、30%琥胶肥酸铜可湿性粉剂100～125g/亩、12.5%纹霉清（井冈霉素·蜡状芽孢菌）水剂200～250ml/亩、14%硫酸四氨络合铜乳油250～300ml/亩对水50～60kg均匀喷雾，可以有效的控制病害的扩展。

水稻齐穗期，病害发生后期，可用18%曲纹清（井冈霉素·烯唑醇）可湿性粉剂40g/亩、35%稻曲清（三苯基醋酸锡·三唑酮）可湿性粉剂60g/亩、30%爱苗（苯醚甲环唑·丙环唑）乳油20ml/亩、20%井冈·三环唑可湿性粉剂100～150g/亩、15.5%井冈·三唑酮可湿性粉剂100～120g/亩、30%己唑·稻瘟灵乳油60～80ml/亩、30%苯甲·丙环唑乳油15～25ml/亩对水40～50kg均匀喷施。

5. 水稻恶苗病

分布为害 广泛分布于世界各水稻产区，在我国各地发生较多。

症　状　秧苗期到抽穗均可发病。苗期发病，感病重的稻种多不发芽或发芽后不久即死亡；轻病种发芽后，植株细高，叶狭窄，根少，全株淡黄绿色，一般高出健苗1/3左右，部分病苗移栽前后死亡（图1-22）。枯死苗上有淡红色或白色霉状物。本田内病株表现为拔节早，节间长，茎秆细高，少分蘖，节部弯曲变褐，有不定根。剖开病茎，内有白色菌丝（图1-23至图1-24）。

图1-22　水稻恶苗病徒长苗症状

图1-23　水稻恶苗病茎部不定根

图1-24　水稻恶苗病为害后期枯死症状

病　　原 *Fusarium moniliforme* 称串珠镰孢菌，属半知菌亚门真菌（图1-25）。子囊壳蓝色，球形；子囊孢子双胞，无色，椭圆形。小分生孢子卵形或扁椭圆形，无色，单胞，呈链状着生。大分生孢子纺锤形或镰刀形，顶端较钝或粗细均匀，有足胞，具3～5个隔膜。

发生规律 主要以菌丝和分生孢子在种子内外越冬，其次是带菌稻草。病菌在干燥条件下可存活2～3年，而在潮湿的土面或土中存活的极少。病谷所长出的幼苗均为感病株，重者枯死，轻者病菌在植株体内半系统扩展(不扩展到花器)，刺激植株徒长。在田间，病株产生分生孢子，经风雨传播，从健株伤口侵入引起再侵染。抽穗扬花期，分生孢子传播至花器上，导致种子带菌（图1-26）。移栽时，高温或中午阳光强烈，发病多。伤口是病菌侵染的重要途径，种子受机械损伤或秧苗根部受伤，多易发病。旱秧比水秧发病重，一般籼稻较粳稻发病重，糯稻发病轻，晚播发病重于早稻。

防治方法 选栽抗病品种，清除病残体，及时拔除病株并销毁，病稻草收获后作燃料或沤制堆肥。不要用病稻草作为种子消毒或催芽时的投送物或捆秧把。无论在秧田或本田中发现病株，应结合田间管理及时拔除，并集中晒干烧毁或放入鱼塘中喂鱼。

由于水稻恶苗病的最主要初侵染源是带菌种子，因此，建立无病留种田和进行种子处理是防治此病的关键。稻种在消毒处理前，最好先晒1～3天，之后再种，然后消毒。

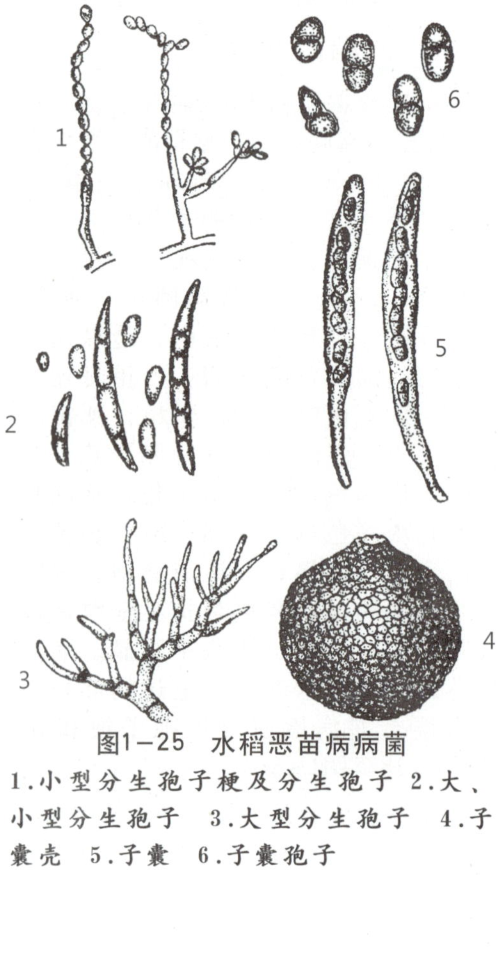

图1-25　水稻恶苗病病菌

1.小型分生孢子梗及分生孢子　2.大、小型分生孢子　3.大型分生孢子　4.子囊壳　5.子囊　6.子囊孢子

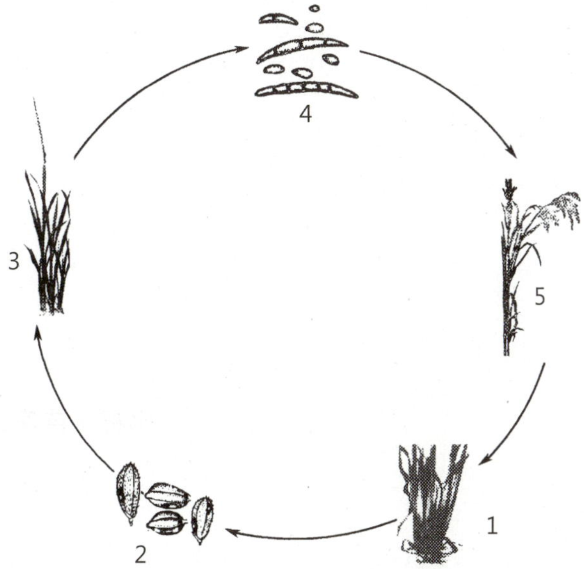

图1-26 水稻恶苗病病害循环

1.病菌在病残体上越冬 2.带菌种子 3.侵入幼苗 4.分生孢子 5.病株

种子处理：用2.5%咯菌腈悬浮种衣剂200～300ml、50%多菌灵可湿性粉剂160g、60%噻菌灵可湿性粉剂300～500g、16%恶线清（咪鲜胺·杀螟丹）可湿性粉剂15g+5kg水、10%二硫氰基甲烷乳油40ml拌稻种100kg；或用45%三唑酮·福美双可湿性粉剂500倍液、25%咪鲜胺乳油1 000～2 000倍液、25%咪鲜胺锰盐乳油2 000～3 000倍液、25%丙环唑乳油1 000倍液、50%福美双可湿性粉剂500倍液浸种72小时，捞出用清水冲洗净后，催芽、播种。还可用20%多·福·咪鲜（多菌灵·福美双·咪鲜胺）悬浮种衣剂1：60～80（药：种比）拌种。

6. 水稻胡麻斑病

分布为害 胡麻斑病在全国各稻区均有发生，是引起晚稻后期穗枯的主要病害之一。

症　　状 从秧苗期至收获期均可发病，主要为害叶片。种子芽期受害，芽鞘变褐，芽未抽出，子叶枯死。叶片染病：初为褐色小点，渐扩大为椭圆斑，如芝麻粒大小，病斑中央褐色至灰白，边缘褐色，周围有深浅不同的黄色晕圈，严重时连成不规则大斑。病叶由叶尖向内干枯，死苗上产生黑色霉状物（图1-27）。叶鞘染病：病斑初椭圆形，暗褐色，边缘淡褐色，水渍状，后变为中心灰褐色的不规则大斑。穗颈和枝梗发病：受害部暗褐色，造成穗枯。谷粒染病：早期受害的谷粒灰黑色扩至全粒造成秕谷。后期受害病斑小，边缘不明显。病重谷粒质脆易碎。气候湿润时，上述病部长出黑色绒状霉层，即病原菌分生孢子梗和分生孢子（图1-28至图1-30）。

图1-27 水稻胡麻斑病为害幼苗叶片症状

图1－28　水稻胡麻斑病为害叶片症状

图1－29　水稻胡麻斑病为害穗部症状

图1-30　水稻胡麻斑病为害田间症状

病　原 *Bipolaris oryzae* 称稻平脐蠕孢，属半知菌亚门真菌（图1-31）。分生孢子梗2~5个束状，灰褐色，曲状，不分枝，稍弯曲，有隔膜。分生孢子顶生，倒棍棒形或长圆筒形，微弯，褐色，有3~11个隔膜。

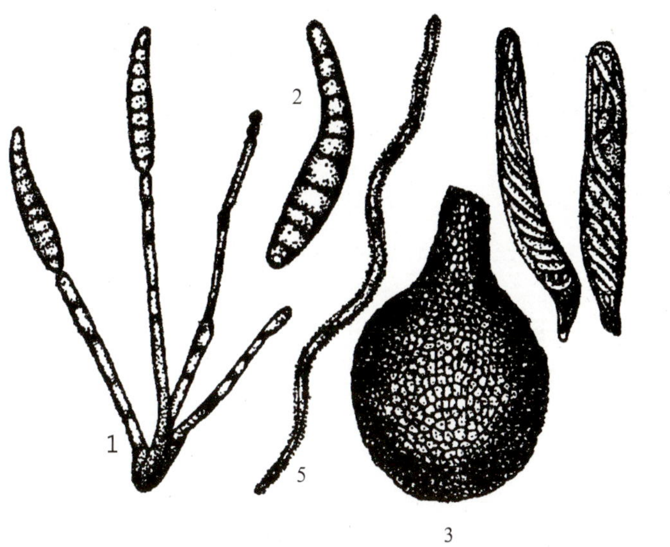

图1-31　水稻胡麻斑病病菌
1.分生孢子梗及分生孢子　2.分生孢子　3.子囊壳　4.子囊及子囊孢子　5.子囊孢子

发生规律 病菌以菌丝体在病残体或附在种子上越冬，成为翌年初侵染源。病斑上的分生孢子在干燥条件下可存活2～3年，潜伏菌丝体能存活3～4年，菌丝翻入土中经一个冬季后失去活力。带病种子播后，潜伏菌丝体可直接侵害幼苗，分生孢子可借风吹到秧田或本田，萌发菌丝直接穿透侵入或从气孔侵入，条件适宜时很快出现病症，并形成分生孢子，借风雨传播进行再侵染。早秧田发病重。粳稻、糯稻比籼稻易感病，迟熟品种比早熟品种发病重；在水稻生育期中，其抗性差异也很大，苗期和孕穗至抽穗期最易感病，而谷粒则以灌浆期最易受感染。高温高湿环境下最易诱发胡麻斑病；暴风雨之后或长期干旱后下雨也易诱发病害发生。土地贫瘠、有机质少，漏肥砂性田、嫌气缺氧田以及偏施化肥田都易感病。同时肥料施用不当，全期氮素缺乏、营养不良或前期施氮过量但后期短缺，都导致早衰稻田；具有适量的氮素，但钾或硅缺乏的稻田；氮肥施用过量时都易诱发病害。

防治方法 科学管理肥水要施足基肥，注意氮、磷、钾肥的配合施用。无论秧田或本田，当稻株因缺氮发黄而开始发病时，应及时施用硫酸铵、人粪尿等速效性肥料；如缺钾而发病，应及时排水增施钾肥。深耕改土深耕能促使根系发育良好，增强稻株吸水吸肥能力，提高抗病性。砂质土应增施有机肥，用腐熟堆肥作基肥；对酸性土壤要注意排水，并施用适量石灰，以促进有机肥物质的正常分解，改变土壤酸度。

喷药可以制止此病的扩展蔓延，重点应放在抽穗至乳熟阶段，以保护剑叶、穗颈和谷粒不受侵染。在水稻破口前4～7天和齐穗期各喷1次，防效较好。

种子消毒：用80%乙蒜素乳油2 000倍液，50%多菌灵可湿性粉剂500倍液、50%甲基硫菌灵可湿性粉剂500倍液、50%福美双可湿性粉剂500倍液，浸种48小时，浸后捞出催芽、播种；或用25%咪鲜胺乳油2 000～3 000倍液，浸种72小时，捞出直接催芽、播种；或用30%苯噻硫氰乳油1 000倍液浸种6小时，浸种时常搅拌，捞出再用清水浸种，然后催芽、播种。

在水稻破口前4～7天和齐穗期各喷1次，可用30%爱苗（苯醚甲环唑·丙环唑）乳油15ml/亩、40%稻瘟灵乳油100ml/亩、20%三唑酮可湿性粉剂100g/亩、50%多菌灵可湿性粉剂100g/亩、40%异稻瘟净乳油150～200ml/亩、60%多菌灵盐酸盐可湿性粉剂60g/亩、30%苯噻硫氰乳油50ml/亩、25%嘧菌酯悬浮剂40ml/亩、25%咪鲜胺乳油40～60ml/亩、40%敌瘟磷乳剂75～100ml/亩、50%异菌脲可湿性粉剂60～100g/亩对水50～60kg喷雾；也可用50%敌菌灵可湿性粉剂400～600倍液、40%稻瘟净乳油600倍液、80%代森锰锌可湿性粉剂400倍液喷雾防治，间隔5～7天再喷1次，能有效地控制胡麻叶斑病的扩展。

7. 水稻烂秧病

为害症状 烂秧是秧田中发生的烂种、烂芽和死苗的总称。烂种：播种后不能萌发的种子或播后腐烂不发芽。绵腐型烂芽：低温高湿条件下易发病，发病初在根、芽基部的颖壳破口外产生白色胶状物，渐长出绵毛状菌丝体，后变为土褐或绿褐色，幼芽黄褐枯死，俗称“水杨梅”。立枯型烂芽：开始零星发生，后成簇、成片死亡，初在根芽基部有水浸状淡褐斑，随后长出绵毛状白色菌丝，也有的长出白色或淡粉红霉状物，幼芽基部缢缩，易拔断，幼根变褐腐烂。青枯型死苗：多发生于2～3叶期叶尖不吐水，心叶萎蔫呈筒状，下叶随后萎蔫筒卷，幼苗污绿色，枯死，俗称“卷心死”，病根色暗，根毛稀少。黄枯型死苗：从下部叶开始，叶尖向叶基逐渐变黄，再由下向上部叶片扩展，最后茎基部软化变褐，幼苗黄褐色枯死，俗称“剥皮死”（图1－32）。

病　　原 一类是*Fusarium graminearum* 称禾谷镰刀菌，*Fusarium oxyspora* 称尖孢镰刀菌，*Rhizoctonia sloani* 称立枯丝核菌，*Drechslera oryzae* 称稻德氏霉，均属半知菌亚门真菌，引致水稻立枯病。另一类是*Achlya prolifera* 称层出绵霉、*Pythium oryzae* 称稻腐霉，属鞭毛菌亚门真菌。引致水稻绵腐病。

发生规律 引致水稻烂秧造成立枯和绵腐的病原真菌，均属土壤真菌。能在土壤中长期营腐生生活。镰刀菌多以菌丝和厚垣孢子在多种寄主的残体上或土壤中越冬，条件适宜时产生分生孢子，借气流传播。丝核菌以菌丝和菌核在寄主病残体或土壤中越冬，靠菌丝在幼苗间蔓

图1－32 水稻烂秧病黄枯型死苗

延传播。腐霉菌以菌丝或卵孢子在土壤中越冬，条件适宜时产生游动孢子囊，游动孢子借水流传播。水稻绵腐病、腐霉菌寄生性弱，只在稻种有伤口，如种子破损、催芽热伤及冻害情况下，病菌才能侵入种子或幼苗，后孢子随水流扩散传播，遇有寒潮可造成毁灭性损失。低温烂秧与绵腐病的症状区别是明显的。生产上低温缺氧易引致发病，寒流、低温阴雨、秧田水深、有机肥未腐熟等条件有利发病。烂种多由贮藏期受潮、浸种不透、换水不勤、催芽温度过高或长时间过低所致。烂芽多因秧田水深缺氧或暴热、高温烫芽等引发。青、黄苗枯一般是由于在三叶期左右缺水而造成的，如遇低温袭击，或冷后暴晴则加快秧苗死亡。

防治方法 改进育秧方式，秧田应选在背风向阳、肥力中等、排灌方便、地势较高的平整田块，秧畦要干耕、干做、水耥，提倡施用日本酵素菌沤制的堆肥或充分腐熟有机肥，改善土壤中微生物结构。芽期以扎根立苗为主，保持畦面湿润，不能过早上水，遇霜冻短时灌水护芽。一叶展开后可适当灌浅水，2～3叶期灌水以减小温差，保温防冻。寒潮来临要灌“拦腰水”护苗，冷空气过后转为正常管理。施肥要掌握基肥稳、追肥少而多次，先量少后量大，提高磷钾比例。秧苗生长慢，叶色黄，遇连阴雨天，更要注意施肥。

精选种子：选成熟度好、纯度高且干净的种子，浸种前晒种。秧田一看到发病株或发病中心即应喷药防治。

种子处理：一般要先晒种和选种，然后消毒。苗期刚发病时即应施药防治。秧田一看到发病株或发病中心即应喷药防治。可选用的药剂有：18%多菌灵·咪鲜胺·福美双悬浮种衣剂450～600g/100kg种子；0.25%戊唑醇悬浮种衣剂5～6g/100kg种子；40%萎锈·福美双悬浮种衣剂160～200g/100kg种子。

苗床处理：可用3%甲霜·恶霉灵水剂420～540ml/m^2、0.75%甲霜·福美双微粒剂0.7～0.9g/m^2、20%咪锰·甲霜灵可湿性粉剂0.8～1.2 g/m^2、20%恶霉灵·稻瘟灵微乳剂400～600ml/m^{2}喷施苗床。

对绵腐烂秧，可用95%敌磺钠可溶性粉剂1 000倍液、25%甲霜灵可湿性粉剂800～1 000倍液，在秧苗1叶1心至2叶期喷雾。对立枯菌、绵腐菌混合侵染引起的烂秧，可喷洒30%恶霉灵可湿性粉剂500～800倍液，喷药时应保持薄水层。

8. 水稻条纹叶枯病

分布为害 我国各稻区均有发生，但在山东南部、云南中部、江苏、安徽和河南等地受害较重。

症 状 心叶受害，基部出现褪绿黄白斑，后扩展成与叶脉平行的黄色条纹，条纹间仍保持绿色。分蘖期发病，先在心叶下一叶基部出现褪绿黄斑，后扩展形成不规则黄白色条斑，老叶不显病。拔节后发病，在剑叶下部出现黄绿色条纹，各类型稻均不枯心，但抽穗畸形，结实很少（图1－33）。

图1－33 水稻条纹叶枯病田间症状

病 原 Rice stipe virus（RSV），称水稻条纹叶枯病毒，属水稻条纹病毒组（或称柔线病毒组）病毒。病毒粒子丝状，分散于细胞质、液泡和核内，或成颗粒状、砂状等不定形集块，即内含体，似有许多丝状体纠缠而成团。

发生规律 本病毒仅靠灰飞虱传染，病毒在带毒灰飞虱体内越冬，成为主要初侵染源。在大、小麦田越冬的若虫，羽化后在原麦田繁殖，然后迁飞至早稻秧田或本田传毒为害并繁殖，早稻收获后，再迁飞至晚稻上为害，晚稻收获后，迁回冬麦上越冬（图1－34）。水稻在苗期到分蘖期易感病。叶龄长潜育期也较长，随植株生和抗性逐渐增强。条纹叶枯病目前在长江中下游稻区和淮河流域稻区发生较重。发病有两个明显高峰期。第一高峰期在7月中旬；第二高峰期为7月底8月初。

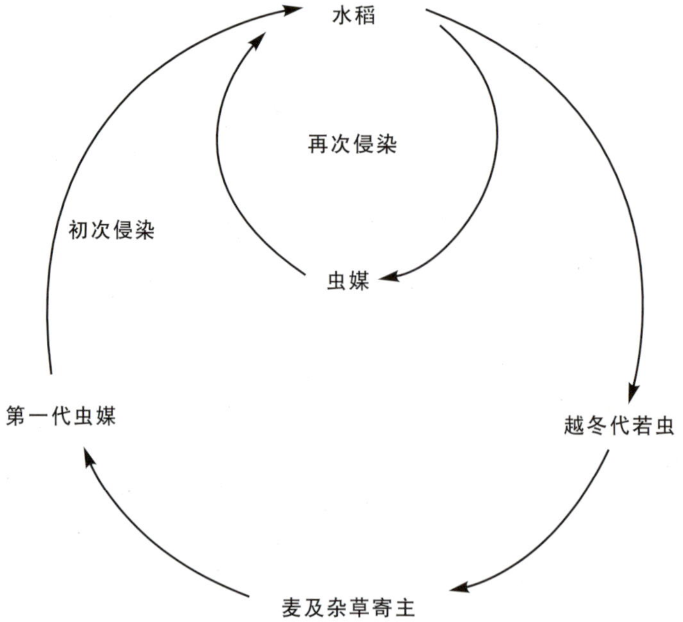

图1－34 水稻条纹叶枯病病害循环

防治方法 调整稻田耕作制度和作物布局。种植抗(耐)病品种。调整播期，移栽期避开灰飞虱迁飞期。收割麦子和早稻要背向秧田和大田稻苗，减少灰飞虱迁飞。加强管理促进分蘖。

灰飞虱对水稻直接为害不重，主要以传播水稻条纹叶枯病病毒造成为害。在病害流行区以治虫防病为目标。早稻秧田平均有成虫18头/m^2，晚稻秧田有成虫5头/m^2，本田前期平均每丛有成虫1头以上，就应施药防治。

可用10%吡虫啉可湿性粉剂20g/亩+2%宁南霉素水剂300ml/亩、48%毒死蜱乳油80ml/亩、35%吡·异可湿性粉剂70~90g/亩、25%噻虫嗪可湿性粉剂10g/亩、10%吡虫啉可湿性粉剂1 000倍液。

病害发生初期，可用3.95%三氮唑核苷可湿性粉剂45~75g/亩、50%氯溴异氰尿酸可湿性粉剂30~50g/亩、6%菌毒清·三十烷醇可湿性粉剂40ml/亩、1.5%植病灵（十二烷基硫酸钠·硫酸铜·三十烷醇）乳剂50ml/亩、40%三氯异氰尿酸可湿性粉剂30g/亩+10%吡虫啉可湿性粉剂30g/亩、31%吗啉胍·三氮核苷唑可溶性粉剂600~900倍液，对水50~60kg均匀喷雾。

9. 水稻细菌性条斑病

分布为害 20世纪60年代初，此病仅在华南局部地区发生流行，但80年代以来，此病不仅在华南稻区死灰复燃，而且迅速向华中、西南、华东稻区蔓延，目前，病区已超过11个省。

症　　状 主要为害叶片。病斑初为暗绿色水浸状小斑，很快在叶脉间扩展为暗绿至黄褐色的细条斑，病斑两端呈浸润型绿色。病斑上常溢出大量串珠状黄色菌脓，干后呈胶状小粒。发病严重时条斑融合成不规则黄褐至枯白大斑，与白叶枯类似，但对光看可见许多半透明条斑（图1-35）。

图1-35 水稻细菌性条斑病为害叶片症状

病　　原　*Xanthomonas oryzae* pv. *oryzae* 称稻生黄单胞菌条斑致病变种，属黄单胞杆菌属细菌。菌体单生，短杆状，极生鞭毛一根，革兰氏染色阴性，不形成芽孢荚膜。

发生规律　病菌主要在病种子和病草上越冬，借雨水、流水等传播，从气孔和微伤口侵入，在薄壁组织的细胞间繁殖扩展。高温多湿、特别是台风暴雨频繁的年份易诱发本病；杂交稻比常规稻易发病；糯稻比籼稻和粳稻明显抗病；偏施氮肥会加重发病。

防治方法　选用抗(耐)病杂交稻，对零星发病的新病田，早期摘除病叶并烧毁，减少菌源。加强本田管理，应用“浅、薄、湿、晒”的科学排灌技术，避免深水灌溉和串灌、漫灌，防止涝害。

药剂浸种：先将种子用清水预浸12～24小时，再用85%三氯异氰尿酸可湿性粉剂300～500倍液浸种12～24小时，捞起洗净后催芽播种；或用50%代森铵水剂500倍液浸种12～24小时，洗净药液后催芽。

在暴风雨过后及时排水施药，发现中心病株后，可用50%氯溴异氰尿酸水溶性粉剂25～50g/亩、36%三氯异氰尿酸可湿性粉剂60～80g/亩、70%叶枯净胶悬剂100～150g/亩、20%噻唑锌悬浮剂100～125ml/亩、20%噻森铜悬浮剂100～125ml/亩、20%叶枯唑可湿性粉剂100～120g/亩、12%松脂酸铜乳油100ml/亩，对水50～60kg喷洒。或用3%中生菌素可湿性粉剂800～900倍液、80%乙蒜素乳油800～1 000倍液、72%农用链霉素可溶性粉剂4 000倍液、14%络氨铜水剂200倍液、77%氢氧化铜粉剂1 000倍液等药剂喷施防治。病情蔓延较快或天气对病害流行有利时，应间隔7～10天喷1次，连续喷药2～3次。

10. 水稻谷枯病

症　　状　主要为害颖壳、谷粒，初在颖壳顶端或侧面出现小斑，渐发展为边缘不清晰的椭圆斑，后病斑融合为不规则大斑，扩展到谷粒大部或全部，后变为枯白色，其上散生许多小黑点。谷粒被害早的花器被毁或形成秕谷（图1－36至图1－38）。

图1－36　水稻谷枯病为害颖壳症状

图1－37 水稻谷枯病后期形成秕谷

图1－38 水稻谷枯病为害田间症状

病　原　*Phyllosticta glumarum* 称谷枯叶点霉，属半知菌亚门真菌。分生孢子器初埋生在病部表皮下，散生或群生，球形至扁球形，黑褐色，基部黄褐色，顶端突起为孔口。分生孢子小，无色或色浅，单胞，卵形至椭圆形。

发生规律　以分生孢子器在稻谷上越冬，次年释放出分生孢子借风雨传播，水稻抽穗后，侵害花器和幼颖。花期遇暴风雨，稻穗相互摩擦，造成伤口有利病菌侵入。生产上氮肥施用过量或迟施氮肥或冷水灌田，利于病害发生。

防治方法　选用无病种子，对种子进行消毒，合理施肥，采用配方施肥技术，改造冷水田。抽穗期结合防治穗瘟喷药保护。

种子消毒，用56℃温汤浸种5分钟。用80%乙蒜素乳油2 000倍液、70%甲基硫菌灵可湿性粉剂1 000倍液浸种2天。

抽穗期结合防治穗瘟喷药保护，在孕穗期（破肚期）和齐穗期，喷施25%丙环唑可湿性粉2 000倍液、20%三环唑悬浮剂400～600倍液、13%三环唑·春雷霉素350～400倍液、40%敌瘟磷乳油600倍液，注意喷匀、喷足。

11．水稻叶鞘腐败病

症　状　幼苗染病，叶鞘上生褐色病斑，边缘不明显。分蘖期染病，叶鞘上或叶片中脉上初生针头大小的深褐色小点，向上、下扩展后形成菱形深褐色斑，边缘浅褐色。孕穗至抽穗期染病，剑叶叶鞘先发病且受害严重，叶鞘上生褐色至暗褐色不规则病斑，中间色浅，边缘黑褐色较清晰。湿度大时病斑内外现白色至粉红色霉状物（图1-39）。

图1-39　水稻叶鞘腐败病为害叶鞘症状

病　　原　*Sarocladium oryzae* 称稻帚枝霉，属半知菌亚门真菌。分生孢子梗圆柱状，有1～2回分枝，每次分枝3～4根，在分枝顶端着生分生孢子。分生孢子单胞无色，圆柱形至椭圆形。

发生规律　该病种子带菌率59.7%，侵染方式分3种：一是种子带菌的，种子发芽后病菌从生长点侵入，随稻苗生长而扩展；二是从伤口侵入；三是从气孔、水孔等自然空口侵入。发病后病部形成分生孢子借气流传播，进行再侵染。病菌侵入和在体内扩展最适温度为30℃，低温条件下水稻抽穗慢，病菌侵入机会多；高温时病菌侵染率低，但病菌在体内扩展快，发病重。

防治方法　合理施肥，防止积水，一般田要浅水勤灌，使水稻生育健壮，提高抗病能力。

及时治虫控病。播种前用药剂处理稻种。病害常发区应掌握幼穗分化至孕穗期，根据病情、苗情、天气情况喷药保护1～2次。

浸种处理：用40%多菌灵胶悬剂500倍液浸种48小时，捞出洗净，催芽、播种。

必要时可喷洒50%苯菌灵可湿性粉剂1 500倍液、25%多菌灵可湿性粉剂200g/亩、25%三唑酮可湿性粉剂50g/亩、50%甲基硫菌灵可湿性粉剂100g/亩、40%异稻瘟净乳油50ml/亩对水50～60kg均匀喷施，发生严重时，间隔15天再喷1次。

12. 水稻细菌性谷枯病

症　　状　主要为害谷穗、谷粒，水稻齐穗后乳熟期的绿色穗直立，染病谷粒初现苍白色似缺水状萎凋，渐变为灰白色至浅黄褐色，内外颖的先端或基部变成紫褐色，护颖也呈紫褐色。每个受害穗染病谷粒10～20粒左右，发病重的一半以上谷粒枯死，受害严重的稻穗呈直立状而不弯曲，若能结实多萎缩畸形，谷粒一部分或全部变为灰白色或黄褐色至浓褐色，病部与健部界线明显（图1-40至图1-41）。

病　　原　*Pseudomonas glumae* 称颖壳假单胞菌，属假单胞杆菌属细菌。革兰氏染色阴性，极生2～4根鞭毛，菌体短杆状，有荚膜，无芽孢。

发生规律　谷粒带菌，播种带病谷粒，遇有适宜的发病条件，即抽穗期高温多日照，降雨量少易发病，品种不同抗病性差异明显。

图1-40　水稻细菌性谷枯病为害谷粒初期症状

图1-41　水稻细菌性谷枯病为害谷穗症状

防治方法　加强检疫，防止病区扩大。选用抗病品种。

在5%抽穗时喷洒2%宁南霉素水剂250倍液、12%松脂酸铜乳油500倍液、47%加瑞农（春雷霉素·氧氯化铜）可湿性粉剂600～700倍液、53.8%氢氧化铜干悬浮剂1 200倍液。

13. 水稻细菌性褐条病

症　　状　苗期和成株期均可受害，苗期染病在叶片或叶鞘上出现褐色小斑，后扩展呈紫褐色长条斑，有时与叶片等长，边缘清晰。病苗枯萎或病叶脱落，植株矮小。成株期染病先在叶片基部中脉发病，初水浸状黄白色，后沿脉扩展上达叶尖，下至叶鞘基部形成黄褐至深褐色的长条斑，病组织质脆易折，后全叶卷曲枯死（图1-42）。叶鞘染病呈不规则斑块，后变黄褐，最后全部腐烂。心叶发病，不能抽出，死于心苞内，拔出有腐臭味，用手挤压有乳白至淡黄色菌液溢出。

图1-42　水稻细菌性褐条病为害叶片症状

病　原　*Pseudomonas syringae* pv.*panici* 称燕麦（晕疫）假单胞菌，属细菌。菌体单细胞短杆状，两端钝圆，极生鞭毛1～5根，多为1～2根，无芽孢，无荚膜，革兰氏染色阴性。

发生规律　病菌在病残体或种子上越冬，翌年借水流、暴风雨传播蔓延，从稻苗伤口或自然孔口侵入，特别是秧苗受伤或受淹后发病重。高温、高湿、阴雨有利于发病。偏施氮肥，发病重。

防治方法　建立合理排灌系统，防止大水淹没稻田，及时排水。增施有机肥，氮、磷、钾肥合理配合施用，增强植株抗病力。

药剂防治方法参见水稻细菌性褐斑病。

14. 水稻矮缩病

症　状　在苗期至分蘖期感病后，植株矮缩，分蘖增多，叶片浓绿，僵直，生长后期病稻不能抽穗结实。病叶症状表现为两种类型。白点型，在叶片上或叶鞘上出现与叶脉平行的虚线状黄白色点条斑，以基部最明显。扭曲型，在光照不足情况下，心叶抽出呈扭曲状，随心叶伸展，叶片边缘出现波状缺刻，色泽淡黄（图1-43至图1-44）。

病　原　Rice dwarf virus 简称RDV，称水稻矮缩病毒，属植物呼肠弧病毒组病毒。病毒粒体为球状多面体，等径对称，粒体内含有双链核糖核酸。

发生规律　该病毒可由黑尾叶蝉、二条黑尾叶蝉和电光叶蝉传播。病毒在黑尾叶蝉体内越冬，黑尾叶蝉在看麦娘上以若虫形态越冬，翌春羽化迁回稻田为害，早稻收割后，迁至晚稻上为害，晚稻收获后，迁至看麦娘、冬稻等38种禾本科植物上越冬。水稻在分蘖期前较易感病。冬春暖、伏秋旱利于发病。

防治方法　选育和选种抗（耐）病品种。在早期发现病情后及时治虫，并加强肥水管理，促进健苗早发，可减少病害。收割早稻时，要有计划地分片集中收割，并从四周向中央收割。

图1-43　水稻矮缩病为害幼苗症状

图1－44　水稻矮缩病为害幼苗后期死苗症状

以治虫防病为主，重点做好黑尾叶蝉的两个迁飞高峰期的防治，特别注意做好黑尾叶蝉集中取食而水稻又处于易感期的早、晚稻秧田和返青分蘖期的防治。在病毒流行区，早稻秧田平均每平方米有叶蝉成虫9头以上，双季晚稻秧田露青后、平均每平方米有成虫18头以上，一般每隔4～5天喷1次药，连续2～3次。

可用10%异丙威可湿性粉剂200g/亩、25%速灭威可湿性粉剂150g/亩、50%杀螟松乳油+40%稻瘟净乳油各50ml/亩、25%甲萘威可湿性粉剂250g/亩、25%噻嗪酮可湿性粉剂100g/亩对水50kg均匀喷雾。

15. 水稻菌核秆腐病

症　　状　主要是稻小球菌核病和小黑菌核病。两病单独或混合发生，症状相似，侵害下部叶鞘和茎秆，初在近水面叶鞘生上褐色小斑，后扩展为黑色纵向坏死线及黑色大斑，上生稀薄浅灰色霉层，病鞘内常有菌丝块。小黑菌核病不形成菌丝块，黑线也较浅，病斑继续扩展使茎基成段变黑软腐，病部呈灰白色或红褐色而腐烂（图1－45）。剥检茎秆，腔内充满灰白色菌丝和黑褐色小菌核。

图1－45　水稻菌核秆腐病为害茎秆症状

病　　原　小黑菌核病菌 *Helminthosporiu sigmoideum* 称稻卷芒双曲孢霉，属半知菌亚门真菌，是小球菌核病菌的变种。分生孢子梗在病组织或浮于水面菌核上形成，单生或数枝簇生，分生孢子纺锤形，弯或呈“S”形，顶细胞上生卷须状长丝。菌核深橄榄色。小球菌核病菌 *H.sigmoideum* 称稻小球腔菌，属子囊菌亚门真菌。分生孢子梗深褐色，不分枝，上生新月形分生孢子，中央两细胞暗褐色，两端细胞色淡。菌核球形，菌核有内外两层，外层色黑，内层色淡褐。

发生规律　以菌核在稻桩、稻草中越冬，尤其稻桩内数量最多。在适宜的温、湿度条件下，菌核萌发产生菌丝，直接从叶鞘表面或伤口侵入，在叶鞘组织内蔓延扩展，引发病害。在分蘖期开始发生，孕穗以后病情逐渐加重，抽穗至乳熟期发展最快，受害也最严重。

防治方法　种植抗病品种，冬季结合治螟挖毁稻桩，可以减少田间越冬菌核。春耕插秧前宜结合防治纹枯病捞除菌核，加强肥水管理。

在水稻圆秆拔节期和孕穗期菌核病初发期，用50%多菌灵可湿性粉剂75g/亩、5%井冈霉素水剂100ml/亩、50%异稻瘟净乳油100ml/亩对水50～60kg喷雾；或用40%稻瘟灵乳油1 000倍液、70%甲基硫菌灵可湿性粉剂1 000倍液、50%腐霉利可湿性粉剂1 500倍液、50%乙烯菌核利可湿性粉剂1 000～1 500倍液、50%异菌脲或40%菌核净可湿性粉剂1 000倍液、20%甲基立枯磷乳油1 200倍液喷施。

16. 水稻稻粒黑粉病

分布为害　我国主要稻区均有发生，以浙江、江苏、安徽、江西、湖南、四川、河南等稻区发生较多。

症　　状　在水稻近黄熟时症状才较明显。主要为害穗部，一般仅个别小穗受害。病菌先在病粒内部生长，破坏籽粒结构，颖壳仅出现颜色变暗。病谷的米粒全部或部分被破坏，成熟时内、外颖间开裂，露出圆锥形黑色角状物，破裂后散出黑色粉末，黏附于开裂部位（图1-46）。

图1-46　水稻稻粒黑粉病病穗

病　　原　*Tilletia barclayana* 称狼尾草腥黑粉菌，属担子菌亚门真菌。孢子堆生在寄主子房里，被颖壳包被，部分小穗被破坏，产生黑粉。厚垣孢子球形至卵形或椭圆形，黑色，表面密布齿状凸起，无色至近无色，顶端尖，基部多角形稍弯曲；担孢子线状，无色无隔膜；次生小孢子腊肠状。

发生规律　病菌以厚垣孢子在种子内和土壤中越冬。种子带菌随播种进入稻田和土壤带菌是主要菌源。该菌厚垣孢子抗逆力强，在自然条件下能存活1年，在贮存的种子上能存活3年，在55℃恒温水中浸10分钟仍能存活，该菌需经过5个月以上休眠，气温高于20℃，湿度大，通风透光，厚垣孢子即萌发，产生担孢子及次生小孢子。借气流传播到抽穗扬花的稻穗大，侵入花器或幼嫩的种子，在谷粒内繁殖产生厚垣孢子。水稻孕穗至抽穗开花期及杂交稻制种田父母本花期相遇差的，发病率高，发病重。此外雨水多或湿度大，施用氮肥过多也会加重该病发生。

防治方法　实行检疫，严防带菌稻种传入无病区。选用抗病品种。实行2年以上轮作，病区家禽、家畜粪便沤制腐熟后再施用，防止土壤、粪肥传播。加强栽培管理，避免偏施、过施氮肥，制种田通过栽插苗数、苗龄、调节出秧整齐度，做到花期相遇。孕穗后期喷洒赤霉素等均可减轻发病。

种子消毒：先将稻种用清水预浸24～48小时（以吸饱水而未露白冒芽为度），取出后稍晾干，若气温在15～20℃，将预浸稻种放入50%多菌灵可湿性粉剂800倍液或70%甲基硫菌灵可湿性粉剂500倍液中浸48小时，再捞出用清水冲洗净后，催芽、播种。

于水稻始穗期和齐穗期各喷1次药，用25%三唑酮可湿性粉剂75g/亩＋5%井冈霉素水剂200ml/亩、20%三唑酮乳油100ml/亩、50%多菌灵可湿性粉剂80～120g/亩、70%甲基硫菌灵可湿性粉剂80～120g/亩、65%代森锌可湿性粉剂100g/亩、30%爱苗（苯醚甲环唑·丙环唑）乳油15～20ml/亩、40%戊唑醇可湿性粉剂15g/亩、30%联苯三唑醇乳油75ml/亩对水50～60kg均匀喷雾。

17. 水稻干尖线虫病

症　　状　苗期症状不明显，偶在4～5片真叶时出现叶尖灰白色干枯，扭曲干尖（图1－47）。病株孕穗后干尖更严重，剑叶叶尖端渐枯黄，半透明，扭曲干尖，变为灰白或淡褐色，病健部界限明显。湿度大有雾露存在时，干尖叶片展平呈半透明水渍状，随风飘动，露干后又复卷曲。

病　　原　*Aphelenchoides besseyi* 称贝西滑刃线虫（稻干尖线虫），属线形动物门。雌虫蠕虫形，直线或稍弯，尾部自阴门后变细，阴门角皮不突出。雄虫上部直线形，尾侧有3个乳状突起，交接刺新月形，刺状。

图1－47　水稻干尖线虫为害叶片症状

发生规律　以成虫和幼虫潜伏在稻谷的颖壳及米粒之间越冬。此病主要靠种子传播。种子内线虫在浸种催芽时开始活动，播种后线虫游离水中，由芽鞘、叶鞘缝隙侵入稻株体内，附着在生长点、叶芽、新生嫩叶的细胞外部，吸取细胞汁液。播种后半个月内低温多雨有利发病。孕穗期，就大量集中在幼穗颖壳内外为害穗粒。

防治方法　建立无病留种田，防止带线虫的水灌入。收获前进行种子检验，确保无病，然后单收、单打、单藏，留作种子用。种子处理和土壤处理可有效的防治干尖线虫病。

种子处理：温汤浸种，先将稻种预浸于冷水中24小时，然后放在45～47℃温水中5分钟，再放入52～54℃温水中浸10分钟，取出立即冷却，催芽后播种；或用40%醋酸乙酯乳油500倍液浸种50kg种子，浸泡24小时，再用清水冲洗；或用10%浸种灵乳油5 000倍液浸种12小时，捞出催芽、播种，可兼治水稻干尖线虫病和恶苗病；或用80%敌敌畏乳油或50%杀螟硫磷乳油1 000倍液浸种24～48小时，捞出催芽、播种。

土壤处理：用10%克线磷颗粒剂250g，拌细土10kg，在秧苗2～3叶期撒施1次。

18. 水稻霜霉病

症　　状　秧田后期开始显症，分蘖盛期症状明显。叶片上发病初生黄白小斑点，后形成表面不规则条纹，斑驳花叶（图1－48）。病株心叶淡黄，卷曲，不易抽出，下部老叶渐枯死，根系发育不良，植株矮缩。受害叶鞘略松软，表面有不规则波纹或产生皱抗折、扭曲，分蘖减少。重病株不能孕穗，轻病株能孕穗但不能抽出，包裹于剑叶叶鞘中，或从其侧拱出成拳状，穗小不实、扭曲畸形。

图1-48　水稻霜霉病为害叶片症状

病　　原　*Sclerophthora macrospora* 称大孢指疫霉，属鞭毛菌亚门真菌。藏卵器球形，淡黄褐色。雄器1～4个，侧生。卵孢子初无色后变黄褐，卵圆形。孢子囊柠檬形，无色，单生于孢囊梗顶端，孢囊梗单根从气孔伸出，其上具分枝，孢子囊内含多个游动孢子，游动孢子椭圆形，双鞭毛，静止后呈球形。

发生规律　病菌以卵孢子随病残体在土壤中越冬。翌年卵孢子萌发侵染杂草或稻苗。卵孢子借水流传播，水淹条件下卵孢子产生孢子囊和游动孢子，游动孢子活动停止后很快产生菌丝侵害水稻。秧苗期是水稻主要感病期，大田病株多从秧田传入。秧田水淹、暴雨或连阴雨发病严重，低温有利于发病。

防治方法　选地势较高地块做秧田，建好排水沟。清除病源，拔除杂草、病苗。

在秧田和本田病害发生初期，可用25%甲霜灵可湿性粉剂800～1 000倍液、90%霜脲清可湿性粉剂400倍液、72%克露（霜脲清·代森锰锌）可湿性粉剂700倍液、64%杀毒矾（恶霜灵·代森锰锌）可湿性粉剂600倍液、58%甲霜灵·锰锌或70%乙磷·锰锌可湿性粉剂600倍液、72.2%霜霉威水剂800倍液，喷雾防治。

19. 水稻黄萎病

症　　状　病株叶色均褪绿成为浅黄色，叶片变薄，质地也较柔软，植株分蘖猛增，呈矮缩丛生状，根系发育不良。苗期染病的植株矮缩不能抽穗；后期染病的发病轻，主要表现为分蘖增多，簇生，个别病株出现高节位分枝，叶片似竹叶状（图1-49）。

图1-49　水稻黄萎病为害植株症状

病　　原　简称MLO，称类菌原体。电镜观察病叶超薄切片可见到筛管细胞中有椭圆形或卵圆形类菌原体，无细胞壁，只见单位膜有3层，两层为蛋白质膜，中间为类脂膜。通过寄主细胞壁时其形状可变为不定形，大小也不固定。主要靠黑尾叶蝉、二点黑尾叶蝉、二条黑尾叶蝉等3种叶蝉传毒。

发生规律　病原主要在黑尾叶蝉体内和几种野生杂草上越冬，成为翌年初侵染源。长江中下游稻区早稻染病后于7月中旬后显症。7月后孵化的叶蝉从早稻田病株上获毒，迁飞到双季晚稻上传毒，引致晚稻发病。越冬代若虫从晚稻病株上获取毒源后越冬。生产上生长后期染病的，减产较少。但染病稻茬长出的再生稻苗或再生稻仍可发病，成为侵染源。

防治方法　选种抗病、抗虫品种。注意结合传毒介体昆虫3种叶蝉生活史预测调整播种和插秧时间，把易染病的苗期与叶蝉活动高峰期调整开。

必要时可在育秧期、返青分蘖期喷洒杀虫剂，可喷施10%吡虫啉可湿性粉剂2 500倍液、2.5%高效氟氯氰菊酯乳油2 000倍液、20%异丙威乳油500倍液、30%乙酰甲胺磷乳油或50%杀螟松乳油1 000倍液。

20. 水稻黄叶病

症　　状　苗期发病以顶叶及下一叶为主，先在叶尖出现淡黄色褪绿斑，渐向基部发展，形成叶肉黄化、叶脉深绿的斑驳花叶或条纹状花叶，以后全叶变黄，向上纵卷，枯萎下垂。植株矮缩，不分蘖，根系短小（图1－50至图1－51）。分蘖后发病的不能正常抽穗结实。拔节后发病抽穗迟，穗形小，结实差。品种间症状大致相似，仅色泽有差异。矮秆籼稻上多为金黄色，粳稻上色泽淡黄花叶不明显，糯稻上色泽灰黄或淡黄，有的品种呈紫色。

图1－50　水稻黄叶病为害叶片初期症状

图1－51　水稻黄叶病为害叶片后期症状

病　　原　Rice transitory yellowing virus简称RTYV，为水稻黄叶病毒或暂黄病毒，属病毒。病毒粒体呈子弹状或杆菌状，多聚集于细胞核的内外膜间，也有散布于细胞核和细胞质中的。

发生规律　水稻黄叶病由黑尾叶蝉、二点黑尾叶蝉、二条黑尾叶蝉传播。能终身传毒，不经卵传递。病毒在介体昆虫体内、再生稻、看麦娘等植物上越冬，翌年传至早稻，成为初侵染源。收获后叶蝉迁飞至二季稻上传毒，二季稻收获后，病毒又随介体在冬季寄主上越冬。介体昆虫数量多，带毒率高发病重。一般籼稻较粳稻、糯稻发病轻，并以杂交稻耐病性最好。夏季少雨、干旱，促进叶蝉繁殖，有利于活动取食，还缩短了循回期和潜育期，有利于病害流行。

防治方法　加强农业防治，尽量减少单、双季稻混栽面积，切断介体昆虫辗转为害。深翻地，减少越冬寄主和越冬虫源。合理布局，连片种植，尽可能种植熟期相近的品种，减少介体迁移传病。早播要种植抗病品种。收获时要背向割稻。

治虫防病。把介体昆虫消灭在传毒之前，早稻在越冬代叶蝉迁飞前移栽。在越冬代叶蝉迁移期和稻田一代若虫盛孵期进行防治。双季稻区在早稻大量收割期至叶蝉迁飞高峰前后防治。晚稻秧田，从真叶开始注意防治，结合网捕。药剂可选用25%噻嗪酮可湿性粉剂25g/亩、25%速灭威可湿性粉剂100g/亩，对水50kg喷洒，隔3～5天1次，连防2～3次。

二、水稻虫害

稻田虫害种类较多，已发现水稻虫害有50多种，严重地影响着水稻的丰产与丰收。为害较重的害虫有三化螟、二化螟、稻纵卷叶螟、稻飞虱、稻瘿蚊、稻苞虫等。其中，三化螟主要分布在河南南部、山东烟台以南各稻区；二化螟主要分布在长江流域及以南稻区；稻纵卷叶螟以华南、长江中下游稻区受害最为严重；稻飞虱以黄河流域、长江流域及以南的各省发生量大。

图1-52　三化螟为害水稻症状

1．三化螟

分　　布　三化螟（*Scirpophaga incertulas*）主要分布在河南南部、山东烟台以南各稻区，是我国南方稻区主要害虫之一。

为害特点　幼虫钻入稻茎蛀食为害，造成枯心苗。苗期、分蘖期幼虫啃食心叶，心叶受害或失水纵卷，稍褪绿或呈青白色，外形似葱管，称做假枯心，把卷缩的心叶抽出，可见断面整齐，多可见到幼虫，生长点遭破坏后，假枯心变黄死去成为枯心苗，这时其他叶片仍为青绿色。受害稻株蛀入孔小，孔外无虫粪，茎内有白色细粒虫粪（图1-52）。

形态特征　雌成虫体长10～13mm，前翅黄白色，中央有一小黑点；雄成虫体长8～9mm，前翅淡灰褐色，中央小黑点较小，自翅尖指向后缘仅中部有1条暗褐色斜纹，外缘有小黑点7～9个。卵常由3层叠成长椭圆形卵块，表面覆盖有黄褐色绒毛。幼虫多4龄，3龄开始体黄绿色，前胸背板后缘中线两侧各有一扇形斑或新月形斑，体表看起来较干糙（图1-53）。蛹灰白色至黄绿色或黄褐色，被白色薄茧，前有羽化孔。雄蛹较细瘦，腹部末端较尖，后足伸达第七、八腹节，接近腹末；雌蛹较粗大，腹部末端圆钝，后足仅达第六节。

图1-53　三化螟成虫、幼虫

发生规律 河南一年发生2～3代，安徽、浙江、江苏、云南3代，高温年份可生4代，广东5代，台湾6～7代，南亚热带10～12代。以老熟幼虫在稻茬内越冬。翌春气温高于16℃，越冬幼虫陆续化蛹、羽化。成虫白天潜伏在稻株下部，黄昏后飞出活动，有趋光性。羽化后1～2天即交尾，把卵产在生长旺盛的稻叶叶面或叶背，分蘖盛期和孕穗末期产卵较多，拔节期、齐穗期、灌浆期较少。初孵幼虫称作“蚁螟”，蚁螟在分蘖期爬至叶尖后吐丝下垂，随风飘荡到邻近的稻株上，在距水面2cm左右的稻茎下部咬孔钻入叶鞘，后蛀食稻茎形成枯心苗。在孕穗期或即将抽穗的稻田，蚁螟在包裹稻穗的叶鞘上咬孔或从叶鞘破口处侵入蛀害稻花，经4～5天，幼虫达到2龄，稻穗已抽出，开始转移到穗颈处咬孔向下蛀入，再经3～5天把茎节蛀穿或把稻穗咬断，形成白穗。老熟幼虫转移到健株上在茎内或茎壁咬一羽化孔，仅留一层表皮，后化蛹。羽化后破膜钻出。在热带可终年繁殖。生产上单、双季稻混栽或中稻与一季稻混栽三化螟为害重。栽培上基肥充足，追肥及时，稻株生长健壮，抽穗迅速整齐的稻田受害轻，反之追肥过晚或偏施氮肥，稻易死亡不利其发生。寄生性天敌主要有卵期的稻螟赤眼蜂、黑卵蜂类、螟卵啮小蜂，幼虫期的多种茧蜂、多种姬蜂及线虫捕食性天敌有青蛙、隐翅虫、蜘蛛和鸟类等。

防治方法 适当调整水稻布局，避免混栽，用生长期适中的品种。调节栽秧期，采用抛秧法，使易遭蚁螟为害的生育阶段与蚁螟盛孵期错开。掌握幼虫孵化盛期至低龄幼虫期的防治关键时期。

在幼虫孵化始盛期，可用50%吡虫·乙酰甲可湿性粉剂80～100g/亩、21%丁烯氟腈·三唑磷乳油80～100ml/亩、35%吡虫·杀虫单可湿性粉剂80～100g/亩、21%吡虫·三唑磷乳油100～150ml/亩、70%噻嗪·杀虫单可湿性粉剂55～70g/亩、1%甲氨基阿维菌素苯甲酸盐乳油10～20ml/亩、5%丁烯氟虫腈悬浮剂50～60ml/亩、40%乙酰甲胺磷乳油100～150ml/亩、18%杀虫双水剂250～300ml/亩、90%杀虫单可溶粉剂50～60g/亩、50%杀虫环可溶性粉剂50～100g/亩，对水50kg均匀喷雾。

在水稻破口期，2～3龄幼虫期，可用30%毒死蜱·三唑磷乳油40～60ml/亩、30%辛硫磷·三唑磷乳油70～90ml/亩、40%丙溴·辛硫磷乳油100～120ml/亩、20%毒死蜱·辛硫磷乳油120～150ml/亩、15%甲基毒死蜱·三唑磷乳油150～200ml/亩、35%喹硫·敌百虫乳油100～120ml/亩、50%唑磷·敌百虫乳油100～120ml/亩、16%二嗪·辛硫磷乳油225～250ml/亩、20%三唑磷乳油100～150ml/亩、50%二嗪磷乳油60～120ml/亩、40%乙酰甲胺磷乳油100～150ml/亩、50%杀螟硫磷乳油48～100ml/亩、50%杀螟丹可溶粉剂80～100g/亩，对水50kg均匀喷雾。当虫口密度较大时，应连续喷药2次，间隔5～7天。

2. 二化螟

分　　布 二化螟（*Chilo suppressalis*）是我国水稻上为害最为严重的常发性害虫之一。国内各稻区均有分布，比三化螟和大螟分布广，主要在长江流域及以南稻区发生较重，北方稻区也有严重发生。

为害特点 以幼虫钻蛀稻株，取食叶鞘、稻苞、茎秆等。分蘖期受害，出现枯心苗和枯鞘；孕穗期、抽穗期受害，出现枯孕穗和白穗；灌浆期、乳熟期受害，出现半枯穗和虫伤株，秕粒增多，易倒折。幼虫蛀入稻茎后剑叶尖端变黄，严重的心叶枯黄而死，受害茎上有蛀孔，孔外虫粪很少，茎内虫粪多，黄色，稻秆易折断（图1-54）。

形态特征 成虫：雄蛾体长10～13mm，翅展20～24mm，头、胸部背面淡褐色。前翅近长方形，黄褐色或灰褐色，翅面密布不规则褐色小点，外缘有7个小黑点，中室顶角有紫黑色斑点1个，其下方有斜行排列的同色斑点3个；后翅白色，近外缘渐带淡黄褐色。雌蛾体长10～14mm，翅展22～36mm。头、胸部黄褐色（图1-55），前翅黄褐或淡黄褐色，翅面褐色小点不多，外缘亦有小黑点7个，后翅白色，有绢丝状光泽。卵椭圆形，扁平,初产时乳白色，渐变为茶褐色，近孵化时变为灰黑色。卵块略呈长椭圆形，卵粒排列呈鱼鳞状。老龄幼虫长18～30mm，头部淡红褐色或淡褐色（图1-56）。胸、腹部淡褐色，前胸盾板板黄褐色，背线，亚背线和气门线暗褐色。腹足趾钩为异序全环，亦有缺环。蛹体圆筒形。棕色至棕红色，后足不达翅芽端部。

图1－54　二化螟为害水稻症状

图1－55　二化螟成虫

图1－56　二化螟幼虫

发生规律　一年发生1～5代，由北往南递增，东北1～2代，黄淮流域2代，长江流域和两广地区发生2～4代，海南岛5代。多以发生4～6龄幼虫于稻桩、稻草及田边杂草中滞育越冬，未成熟的幼虫春季还可以取食田间及周边绿肥、油菜、麦类等作物。越冬幼虫抗逆性强，冬季低温对其影响不大。气温在15～16℃开始活动、羽化，长江中下游一般在4月中下旬至5月上旬开始发生。但由于越冬环境复杂，所以越冬幼虫化蛹、羽化时间极不整齐，常持续约2个月。越冬代及随后的各个世代发生期拉得较长，可有多次发蛾高峰，造成世代重叠现象，因防治适期难以掌握。成虫趋光性强，多在夜间羽化。喜选择植株较高、剑叶长而宽、茎秆粗壮、叶色浓绿的稻株产卵。卵产于叶片表面。初孵幼虫多在上午孵化，之后大部分沿稻叶向下爬或吐丝下垂，从心叶、叶鞘缝隙或叶鞘外蛀入，先群集叶鞘内取食内壁组织，2龄后开始蛀入稻茎为害。幼虫有转株为害的习性，在食料不足或水稻生长受阻时，幼虫分散为害，转株频繁，为害加重。幼虫老熟后多在受害茎秆内（部分在叶鞘内侧）结薄茧化蛹。蛹期耗氧量大，灌水淹没会引起大量死亡。寄生性天敌主要有卵期的稻螟赤眼蜂、松毛虫赤眼蜂，幼虫期有多种姬蜂、多种茧蜂及线虫、寄生蝇，其中，卵寄生蜂最重要。捕食类天敌有蜘蛛、蛙类、隐翅虫、猎蝽、鸟类等。

防治方法 合理安排冬作物，晚熟小麦、大麦、油菜、留种绿肥要注意安排在虫源少的晚稻田中，可减少越冬的基数。对稻草中含虫多的要及早处理，也可把基部10～15cm先切除烧毁。灌水杀蛹，即在二化螟初蛹期采用烤、搁田或灌浅水，以降低化蛹的部位，进入化蛹高峰期时，突然灌深水10cm以上，经3～4天，大部分老熟幼虫和蛹会被灌死。掌握幼虫孵化盛期至低龄幼虫期的防治关键时期。

掌握幼虫孵化盛期至低龄幼虫期，用20%阿维·三唑磷乳油60～90ml/亩、40%吡虫·杀虫单可湿性粉剂75～125g/亩、25%三唑磷·毒死蜱乳油80～100ml/亩、40%辛硫·三唑磷乳油60～80ml/亩、46%杀单·苏云菌可湿性粉剂60～75g/亩、36%唑磷·敌百虫乳油150～180ml/亩、20%唑磷·乙酰甲乳油100～125ml/亩、25%阿维·毒死蜱乳油80～100ml/亩、40%柴油·三唑磷乳油100～140ml/亩、20%阿维·杀螟松乳油70～90ml/亩、30%唑磷·仲丁威乳油150～200ml/亩、18%杀虫双水剂250～300ml/亩、90%杀虫单可溶粉剂50～60g/亩、78%杀虫安可溶粉剂40～50g/亩、50%杀虫环可溶粉剂80～100g/亩、20%乙酰甲胺磷乳油80～120ml/亩、25%喹硫磷乳油110～140ml/亩、1%甲氨基阿维菌素苯甲酸盐乳油10～20ml/亩，对水50～75kg均匀喷雾。

在水稻分蘖盛期，低龄幼虫期，可用15%唑磷·杀单微乳剂150～250ml/亩、12%阿维·仲丁威乳油50～60ml/亩、15%杀单·三唑磷微乳剂150～200ml/亩、30%阿维·杀虫单微乳剂100～120ml/亩、30%哒嗪·辛硫磷乳油100～150ml/亩、20%丙溴·辛硫磷乳油100～125ml/亩、16%阿维·哒嗪乳油75～90ml/亩、20%阿维·二嗪磷乳油100～150ml/亩、37%阿维·丙溴磷乳油30～50ml/亩、50%噻嗪·杀虫单可湿性粉剂60～70g/亩，对水50～75kg均匀喷雾，也可对水400kg进行大水量泼浇；保持3～5cm浅水层持续3～5天可提高防效。

3. 稻纵卷叶螟

分　　布 稻纵卷叶螟（*Cnaphalocrocis medinalis*），在我国东北至海南岛，各稻区均有分布，尤以华南、长江中下游稻区受害最为严重。

为害特点 以幼虫缀丝纵卷水稻叶片成虫苞，形成白色条斑，造成白叶，致水稻千粒重下降，秕粒增加，造成减产（图1-57）。

图1-57　稻纵卷叶螟为害水稻症状

形态特征 雌成蛾体、翅黄褐色（图1-58），前翅前缘暗褐色，外缘具暗褐色宽带，后翅也有2条横线，内横线短，不达后缘。雄蛾体稍小，色泽较鲜艳。卵近椭圆形，扁平，中部稍隆起，表面具细网纹，初白色，后渐变浅黄色。末龄幼虫体黄绿色至绿色（图1-59），头褐色，老熟时为橘红色。蛹圆筒形，末端尖削，具钩刺8个，初浅黄色，后变红棕色至褐色（图1-60）。

图1-58 稻纵卷叶螟成虫

图1-59 稻纵卷叶螟幼虫

图1-60 稻纵卷叶螟蛹

发生规律 东北年发生1～2代，长江中下游至南岭以北5～6代，海南南部10～11代，南岭以南以蛹和幼虫越冬，南岭以北有零星蛹越冬。越冬场所为再生稻、稻桩及湿润地段的李氏禾、双穗雀麦等禾本科杂草。该虫有远距离迁飞习性，在我国北纬30度以北地区，任何虫态都不能越冬。每年春季，成虫随季风由南向北而来，随气流下沉和雨水拖带降落下来，成为非越冬地区的初始虫源。秋季，成虫随季风回迁到南方进行繁殖，以幼虫和蛹越冬。如在安徽该虫也不能越冬，每年5～7月成虫从南方大量迁来成为初始虫源，在稻田内发生4～5代，各代幼虫为害盛期：一代6月上中旬；二代7月上中旬；三代8月上中旬；四代在9月上中旬；五代在10月中旬。生产上1、5代虫量少，一般以2、3代发生为害重。成虫白天在稻田里栖息，遇惊扰即飞起，但飞不远，夜晚活动、交配，把卵产在稻叶的正面或背面，单粒居多，少数2～3粒串生在一起，成虫有趋光性和趋向嫩绿稻田产卵的习性，喜欢吸食蚜虫分泌的蜜露和花蜜。1龄幼虫不结苞；2龄时爬至叶尖处，吐丝缀卷叶尖或近叶尖的叶缘，即“卷尖期”；3龄幼虫纵卷叶片，形成明显的束腰状虫苞，即“束叶期”；3龄后食量增加，虫苞膨大，进入4～5龄频繁转苞为害，被害虫苞呈枯白色，整个稻田白叶累累。老熟幼虫多爬至稻丛基部，在无效分蘖的小叶或枯黄叶片上吐丝结成紧密的小苞，在苞内化蛹，蛹多在叶鞘处或位于株间或地表枯叶薄茧中。6～9月雨日多，湿度大利其发生，田间灌水过深，施氮肥偏晚或过多，引起水稻徒长，为害重。稻纵卷叶螟天敌很多，特别是寄生性天敌，卵期稻螟赤眼蜂、拟澳洲赤眼蜂。幼虫和蛹期寄生性天敌有卷叶螟绒茧蜂、螟蛉绒茧蜂、扁股小蜂、多种瘤姬蜂等。

防治方法 注意合理施肥，特别要防止偏施氮肥或施肥过迟，防止前期稻苗猛发徒长、后期贪青迟熟，提高稻苗耐虫力或缩短受害期。掌握幼虫孵化盛期至低龄幼虫期的防治关键时期。

防治适期以幼虫盛孵期或3龄、4龄幼虫高峰期为宜。可用20%杀虫单·三唑磷微乳剂125～150g/亩、90%杀单·乙酰甲可溶粉剂60～80g/亩、31%唑磷·氟啶脲乳油60～70ml/亩、3%阿维·氟铃脲可湿性粉剂50～60g/亩、10%甲维·三唑磷乳油100～140ml/亩、25%杀单·毒死蜱可湿性粉剂150～200g/亩、50%吡虫·杀虫单可湿性粉剂60～100g/亩、20%甲维·毒死蜱可湿性粉剂60～70g/亩、15%阿维·毒死蜱乳油60～70ml/亩、20%阿维·三唑磷乳油50～100ml/亩、12%阿维·仲丁威乳油50～60ml/亩、45%噻嗪·杀虫单可湿性粉剂100～120g/亩、2%阿维菌素乳油20～30ml/亩、5%丁烯氟虫腈悬浮剂30～50ml/亩、20%抑食肼可湿性粉剂50～100g/亩、20%杀虫双水剂180～225ml/亩、50%杀虫环可溶性粉剂50～100g/亩、80%杀虫单可溶性粉剂40～50g/亩对水60kg均匀喷雾。

在水稻穗期，幼虫1～2龄高峰期，可用25%敌百虫·乙酰甲胺磷乳油120～160ml/亩、20%毒死蜱·辛硫磷乳油150～160ml/亩、20%虫酰·辛硫磷乳油80～100ml/亩、35%敌畏·毒死蜱乳油100～120ml/亩、25%三唑磷·仲丁威乳油150～200ml/亩、25%三唑磷·毒死蜱乳油60～70ml/亩、25%三唑磷·仲丁威乳油150～200ml/亩、30%乙酰甲胺磷乳油150～200ml/亩、30%氯胺磷乳油160～200ml/亩、50%杀螟硫磷乳油48～100ml/亩对水60kg均匀喷雾，为害严重时，间隔5～7天再喷1次，连喷2～3次。

图1-61 稻飞虱为害水稻症状

图1-62 褐飞虱长翅型

4. 稻飞虱

分　　布 水稻飞虱有褐飞虱（*Nilaparvata lugens*）、灰飞虱（*Laodelphax striatellus*）、白背飞虱（*Sogatella furcifera*）等，主要分布在吉林、辽宁、河北、河南、山西、陕西、宁夏、甘肃、四川、云南、西藏，尤以黄河流域、长江流域及以南的各省发生量大。

为害特点 成、若虫群集于稻丛下部刺吸汁液，使稻株失水或感染菌核病。排泄物常遭致霉菌滋生，影响水稻光合作用和呼吸作用，严重的稻株干枯（图1-61）。

形态特征 褐飞虱：长翅型前翅端部超过腹末（图1-62）；短翅型前翅端部不超过腹末（图1-63）。体色分为深色型和浅色型。前者头与前胸背板、中胸背板均为褐色或黑褐色；后者全体黄褐色，仅胸部腹面和腹部背面较暗。卵呈香蕉状，初产时乳白色，半透明。若虫共5龄，1龄若虫后胸后缘平直，2龄若虫后胸两侧略向后伸。3～5龄若虫腹部第四、五节各有一对较大的淡色斑，第七至九节淡色斑呈“山”字形。低龄若虫体色淡，呈灰白色或淡黄色。高龄若虫有浅色型和深色型两类，前者体色灰白，体上斑纹较模糊；后者黄褐色，斑纹清晰。

图1-63 褐飞虱短翅型

图1-64 灰飞虱成虫

灰飞虱：长翅型雌虫体长3.3~3.8mm（图1-64），短翅型体长2.4~2.6mm，体浅黄褐色至灰褐色，头顶稍突出，前胸背板、触角浅黄色。小盾片中间黄白色至黄褐色，两侧各具半月形褐色条斑纹，中胸背板黑褐色，前翅较透明，中间生1褐翅斑。卵初产时乳白色略透明，后期变浅黄色，香蕉形。末龄若虫前翅芽较后翅芽长，若虫共5龄。

白背飞虱：长翅型雄虫体长3.2~3.8mm，浅黄色，有黑褐斑。头顶前突，前胸、中胸背板侧脊外方复眼后具1新月形暗褐色斑，中胸背板侧区黑褐色，中间具黄纵带，前翅半透明，端部有褐色晕斑；翅病、颜面、胸部、腹部腹面黑褐色。长翅型雌虫体体多黄白色，具浅褐斑。卵新月形。若虫共5龄，末龄若虫灰白色，长约2.9mm。

发生规律 褐飞虱：海南一年发生12~13代，世代重叠常年繁殖，无越冬现象。广东、广西、福建南部年发生8~9代，3~5月迁入；贵州南部6~7代，4~6月迁入；赣江中下游、贵州、福建中北部、浙江南部5~6代，5~6月迁入；江西北部、湖北、湖南、浙江、四川东南部、江苏、安徽南部4~5代，6~7月上中旬迁入；苏北、皖北、鲁南2~3代，7~8月迁入；北纬35度以北的其他稻区1~2代，也于7~8月迁入。羽化后不久飞翔力强，能随高空水平气流迁移，春、夏两季向北迁飞时。成虫对嫩绿水稻趋性明显，雄虫可行多次交配，24~27℃时，羽化后2~3天开始交配。成、若虫喜阴湿环境，喜欢栖息在距水面10cm以内的稻株上。水稻生长后期，大量产生长翅型成虫并迁出，1~3龄是翅型分化的关键时期。褐飞虱迁入的季节遇有雨日多、雨量大利其降落，迁入时易大发生，田间阴湿，生产上偏施、过施氮肥，稻苗浓绿，密度大及长期灌深水，利其繁殖，受害重。

灰飞虱：北方稻区一年发生4~5代，江苏、浙江、湖北、四川等长江流域稻区发生5~6代，福建7~8代，田间世代重叠。以3~4龄虫在麦田、紫云英或沟边杂草上越冬。在稻田出现远比褐飞虱、白背飞虱早。华北稻区越冬若虫4月中旬至5月中旬羽化，在迟嫩麦田繁殖1代后迁入水稻秧田和直播本田、早栽本田或玉米地，6~7月大量迁入本田为害，至9月初水稻抽穗期至乳熟期第四代若虫数量最大，为害最重；南方稻区越冬若虫3月中旬至4月中旬羽化，以5~6月早稻中期发生较多。

白背飞虱：新疆、宁夏一年发生1~2代，东北2~3代，淮河以南3~4代，长江流域4~7代，岭南7~10代，海南南部11代，属迁飞性害虫。最初虫源是从南方迁来。迁入期从南向北推迟，有世代重叠。该虫长翅型成虫飞翔力强，当田间每代种群增长约2~4倍，田间虫口密度高时即迁飞转移。

防治方法 实施连片种植，合理布局，防止田间长期积水，浅水勤灌，适时搁田；合理施肥，防止田间封行过早、稻苗徒长荫蔽，增加田间通风透光度。在低龄若虫期及时地喷药防治，控制其为害。

在水稻孕穗期或抽穗期，2～3龄若虫高峰期，可用58%吡虫·杀虫单可湿性粉剂50～80g/亩、20%吡虫·三唑磷乳油100～120ml/亩、10%噻嗪·吡虫啉可湿性粉剂30～50g/亩、25%吡虫·辛硫磷乳油80～100ml/亩、52%噻嗪·杀虫单可湿性粉剂80～100g/亩、26%敌畏·吡虫啉乳油60～80ml/亩、10%吡虫啉可湿性粉剂10～20g/亩、25%噻嗪酮可湿性粉剂25～35g/亩、5%丁烯氟虫腈悬浮剂30～50ml/亩，对水50kg均匀喷雾。

在水稻孕穗末期或圆秆期，或在孕穗期或抽穗期，或在灌浆乳熟期，可用25%噻嗪·异丙威可湿性粉剂100～120g/亩、50%二嗪磷乳油75～100ml/亩、20%异丙威乳油150～200ml/亩、20%仲丁威乳油150～180ml/亩、45%杀螟硫磷乳油55～90ml/亩、25%甲萘威可湿性粉剂200～260g/亩，对水50kg均匀喷雾，兼治二化螟、三化螟、稻纵卷叶螟等。

5．稻弄蝶

分布为害　稻弄蝶主要有直纹稻弄蝶（*Parnara guttata*）、隐纹稻弄蝶（*Pelopidas mathias*）广泛分布各稻区。幼虫爬至叶片边缘或叶尖处吐丝缀合叶片，做成圆筒状纵卷虫苞，潜伏在其中为害。

形态特征　直纹稻弄蝶：成虫体和翅黑褐色，前翅具7～8个半透明白斑排成半环状，后翅中间具4个白色透明斑（图1-65）。卵褐色，半球形。末龄幼虫头浅棕黄色，头部正面中央有“山”形褐纹，体黄绿色（图1-66）。蛹淡黄色，近圆筒形。

隐纹稻弄蝶：成虫体长17～19mm，形似直纹稻苞虫（图1-67），但前翅白斑较小，后翅无斑纹，反面有不明显的白斑4～6个，排列成弧形；卵，扁球形，直径1mm，顶端略平，表面光滑；幼虫，体长33～37mm，嫩绿色（图1-68），头部正面有红褐色“八”字纹，背线淡黄色；蛹，长24～33mm，淡绿色，头部凸出而尖（图1-69）。

图1-65　直纹稻弄蝶成虫

图1-66　直纹稻弄蝶幼虫

图1-67　隐纹稻弄蝶成虫

图1-68　隐纹稻弄蝶幼虫

图1-69 隐纹稻弄蝶蛹

发生规律 我国每年发生2～8代，南方稻区以老熟幼虫在背风向阳的游草等杂草中结苞越冬，北方稻区难以发现越冬虫态，可能由南方迁入。华南一年发生6～7代，以8～9月发生的第4、5代虫量较大，为害晚稻；浙江一年发生4～5代，江苏和安徽发生4代，主要为害连晚、单晚稻和中稻。一般时晴时雨，尤其是白天下雨夜间晴的天气易发生，高温干旱则少发生。成虫喜食花蜜，趋向分蘖期生长旺盛的稻株产卵。幼虫共5龄，各龄幼虫均有吐丝结苞习性，白天潜伏稻苞内取食，傍晚或阴雨天爬出苞外取食。5龄为暴食期，食量超过幼虫总食量的80%。

防治方法 冬春及时铲除田边、沟边、塘边杂草的残株。利用幼虫结苞不活泼的特点，进行人工采苞灭幼虫。

检查每百丛稻株有虫10头左右的田块，应掌握2龄幼虫占50%左右时喷药防治。可用50%杀螟硫磷乳油1 000～1 500倍液、1.8%阿维菌素乳油2 000～4 000倍液、50%辛硫磷乳油1 000～1 500倍液、25%喹硫磷乳油1 500倍液、2.5%溴氰菊酯乳油2 000倍液、8 000IU/mg苏云金杆菌可湿性粉剂100～400g/亩、25%亚胺硫磷乳油150ml/亩，对水50～60kg/亩均匀喷雾，发生量大时，可间隔7～10天再喷1次。

图1-70 福寿螺成螺

6. 福寿螺

分布为害 福寿螺（*Ampullaria gigas*）分布在广东、广西、福建、海南、台湾等省（区）。孵化后稍长即开始啮食水稻等水生植物，尤喜幼嫩部分。咬剪水稻主蘖及有效分蘖，致有效穗减少而造成减产。

形态特征 贝壳外观与田螺相似，具一螺旋状的螺壳，颜色随环境及螺龄不同而异，有光泽和若干细纵纹，头部具触角2对，螺体左边具1条粗大的肺吸管。成贝壳厚（图1-70），壳高7cm，幼贝壳薄，贝雌雄同体，异体交配。卵圆形，初产卵粉红色至鲜红色，卵的表面有一层不明显的白色粉状物，5天后变为灰白色至褐色，这时卵内已孵化成幼螺（图1-71）。卵块椭圆形，卵于夜间产在水面以上干燥物体或植株的表面，初孵幼螺落入水中，吞食浮游生物等。

图1-71 福寿螺卵

发生规律 广州一年发生3代，各代螺重叠发生。

防治方法 当稻田每平方米平均有螺2～3头以上时，应马上防治。在水稻移植后24小时内于雨后或傍晚每亩施用70%杀螺胺可湿性粉剂25～30g/亩、50%杀螺胺乙醇胺盐可湿性粉剂70～80g/亩、6%四聚乙醛颗粒剂400～500g/亩拌毒土20～25kg撒施，施药后保持3～4cm水层3～5天。

7. 稻水象甲

分布为害 稻水象甲（*Lissorhoptrus oxyzophilus*）分布在河北、广西、广东、台湾等省。幼虫钻食新根，造成水稻插秧后缓秧慢，甚至造成漂秧。

图1-72 稻水象甲成虫

形态特征 雌成虫体表被覆浅绿色至灰褐色鳞片。从前胸背板端部至基部有一大口瓶状暗斑由黑鳞片组成（图1-72）。卵圆柱形，乳白色。幼虫体白色，共4龄。蛹白色。

发生规律 一年发生1代，并存在一个不完全世代的第2代。以成虫在山坡、荒地、田埂等有覆盖场所越冬。越冬成虫于4月中旬开始活动，4月下旬开始取食，至5月下旬可见大量成虫。5月下旬稻田可见成虫，插秧后水田即有成虫。6月上旬开始见卵，连续发生至8月上旬，到8月中旬才查不到幼虫，7月中旬即有土茧，8月下旬起，越冬场所有成虫活动至10月末、11月初，成虫进入越冬状态。

防治方法 水稻收获后，还有很多成虫残留在稻茬或稻田土层内越冬，为此应及时翻耕土地，可降低其越冬存活率。稻水象甲的防治指标为30头/m^2。第1代成虫羽化盛期在7月末到8月上旬，是防治成虫的关键时期。

可用5%丁烯氟虫腈悬浮剂150ml/亩、48%毒死蜱乳油50ml/亩、25%噻虫嗪水分散粒剂0.5～1.5g/亩、20%三唑磷乳油60～100ml/亩、25%蔬果磷乳油60ml/亩、2.5%氯氟氰菊酯乳油10ml/亩、20%丁硫克百威乳油30ml/亩、40%甲基异柳磷乳油50ml/亩、40%辛·三唑磷乳油60ml/亩，对水50kg均匀喷施。

8. 黑尾叶蝉

分布为害 黑尾叶蝉（*Nephotettix bipunctatus*）分布于我国各稻区，尤以长江流域发生较多。成、若虫均以针状口器刺吸稻株汁液，被害处呈现许多褐色斑点，严重时植株发黄或枯死，甚至倒伏；但通常情况下黑尾叶蝉吸食为害往往不及其传播水稻病毒病的为害严重。

图1-73 黑尾叶蝉成虫

形态特征 成虫体黄绿色（图1-73），头与前胸背板等宽。雄虫额唇基区黑色，前唇基及颊区为淡黄绿色；雌虫颜面为淡黄褐色。前翅淡蓝绿色，前缘区淡黄绿色。卵长茄形。若虫共4龄。

发生规律 年发生代数随地理纬度而异，每年发生4～8代。以若虫和少量成虫在冬闲田、绿肥田、田边等处的杂草上越冬。长江流域以7月中旬至8月下旬发生量较大；华南稻区则在6月上旬至9月下旬均有较大发生量。该虫喜高温干旱，6月份气温稳定回升后，虫量显著增多，至7～8月高温季节达发生高峰。

防治方法 种植抗性品种；尽量避免混栽，减少桥梁田；加强肥水管理，提高稻苗健壮度，防止稻苗贪青徒长。

调查成虫迁飞和若虫发生情况，及时喷洒10%吡虫啉可湿性粉剂2 500倍液、2.5%高效氟氯氰菊酯乳油2 000倍液、20%异丙威乳油500倍液、30%乙酰甲胺磷乳油或50%杀螟松乳油1 000倍液、25%噻嗪酮可湿性粉剂1 500～2 000倍液、2.5%溴氰菊酯乳油2 000倍液、25%速灭威可湿性粉剂600～800倍液、90%杀虫单原粉1 000倍液喷雾。

9. 中华稻蝗

分布为害 中华稻蝗（*Oxya chinensis*）国内各稻区均有分布。成、若虫食叶成缺刻，严重时全叶被吃光，仅留叶脉。

形态特征 成虫体黄绿、褐绿、绿色，前翅前缘绿色，余淡褐色（图1-74）。卵长圆筒形，中间略弯，深黄色，胶质卵囊褐色。1龄灰绿色；2龄绿色；3龄浅绿色；4龄翅芽呈三角形；末龄翅芽超过腹部第3节。

发生规律 每年发生1～2代，各地均以卵块在田埂、荒滩、堤坝等处或杂草根际、稻茬株间越冬。3月下旬至5月上旬越冬卵孵化，6月上中旬至8月上中旬羽化。

图1-74 中华稻蝗成虫

防治方法 冬春季铲除田埂草皮或开垦荒地，破坏其越冬场所，效果明显。

抓住蝗蝻未扩散前集中在田埂、地头、沟渠边等杂草上以及蝗蝻扩散前期大田田边5m范围内稻苗上的有利时机，及时用药。稻田防治指标为平均每丛有蝗蝻1头。应注意在若虫3龄前进行。可用5%丁烯氟虫腈悬浮剂5 000倍液、20%氰戊菊酯乳油4 000倍液、2.5%溴氰菊酯乳油4 000倍液、2.5%高效氯氟氰菊酯乳油4 000倍液、90%敌百虫晶体700倍液、25%杀虫双水剂600倍液，对水50kg均匀喷施。

10. 稻棘缘蝽

分布为害 稻棘缘蝽（*Cletus punctiger*）分布于各稻区。成、若虫喜在水稻灌浆至乳熟期的稻穗及穗茎上群集为害，造成秕粒。

形态特征 成虫体黄褐色，狭长，刻点密布（图1-75）。头顶中央具短纵沟，头顶及前胸背板前缘具黑色小粒点。卵似杏核，全体具珠泽。若虫共5龄，3龄前长椭圆形，4龄后长梭形，5龄体黄褐色带绿，腹部具红色毛点。

图1－75　稻棘缘蝽成虫

发生规律　每年发生2～3代，以成虫在杂草根际处越冬，越冬成虫3月下旬出现，4月下旬至6月中下旬产卵，若虫5月上旬至6月底孵化，6月上旬至7月下旬羽化，6月中下旬开始产卵。第2代若虫于6月下旬至7月上旬始孵化，8月初羽化，8月中旬产卵。第3代若虫8月下旬孵化，9月底至12月上旬成虫羽化，11月中旬至12月中旬逐渐蛰伏越冬。

防治方法　清除田边附近杂草，调节播种期，使水稻穗期避开稻绿蝽发生高峰期。

在低龄若虫期，可喷洒90%敌百虫晶体600～800倍液、80%敌敌畏乳油1 500～2 000倍液、50%马拉硫磷乳油1 000倍液、2.5%氯氟氰菊酯乳油2 000～5 000倍液、2.5%溴氰菊酯乳油2 000倍液、10%吡虫啉可湿性粉剂1 500倍液。

图1－76　稻眼蝶成虫

11．稻眼蝶

为害特点　稻眼蝶（*Mycalesis gotama*）幼虫食稻叶，多沿叶缘蚕食成缺刻，行动迟缓。

形态特征　成虫体褐色，翅面暗褐色，前翅有1大1小的椭圆形白心黑斑（图1－76），黑斑四周并有橘红色晕；后翅有2组近圆形白心黑斑。卵球形，淡黄色，表面有微细网纹。末龄幼虫体草绿色，近纺锤形，头部有一对长角状突起，形似龙头，腹部末端有一对后伸的尾角。蛹初绿色，后渐变灰绿至褐色，腹部背面弓起，似驼背。

发生规律　1年发生4～6代，以蛹和幼虫在稻田、河边杂草上越冬。成虫于上午羽化，不很活泼，畏强光，白天多隐蔽在稻丛、竹林、树阴等阴蔽处，早晨、傍晚外出活动，交尾也多在此时进行。卵散产，多产于稻叶上。老熟后即吐丝将尾部固定于叶上，然后卷曲体躯，倒悬脱皮化蛹。一般山林、竹园、房屋边的稻田受害较重。

防治方法　利用幼虫假死性，震落后捕杀或放鸭啄食。

在2龄幼虫为害高峰期喷药防治，可用90%杀单·乙酰甲可溶粉剂60～80g/亩、10.2%阿维·杀虫单微乳剂100～150ml/亩、3%阿维·氟铃脲可湿性粉剂50～60g/亩、10%甲维·三唑磷乳油100～140ml/亩、25%杀单·毒死蜱可湿性粉剂150～200g/亩、2%阿维菌素乳油20～30ml/亩、35%乙酰甲胺磷·毒死蜱乳油60～80ml/亩、25%三唑磷·仲丁威乳油150～200ml/亩、30%乙酰甲胺磷乳油150～200ml/亩，对水50kg均匀喷施。

12．稻瘿蚊

分布为害　稻瘿蚊（*Orseoia oryzae*）分布于广东、广西、云南、海南以及福建、江西、湖南、贵州等地。幼虫吸食生长点汁液，致受害稻苗基部膨大，随后心叶停止生长且由叶鞘部伸长形成淡绿色中空的葱管（图1－77）。

形态特征 成虫体形状似蚊，浅红色，前翅透明具4条翅脉。卵长椭圆形，初白色，后变橙红色或紫红色。末龄幼虫体纺锤形；蛆状，幼虫共3龄。蛹椭圆形，浅红色至红褐色。

发生规律 每年发生6～13代，以幼虫在田边、沟边等处的杂草上越冬。越冬代成虫于3月下旬至4月上旬出现，该虫从第二代起世代重叠，很难分清代数，但各代成虫盛发期较明显。7至10月，中稻、单季晚稻、双季晚稻的秧田和本田很易遭到严重为害。

图1－77 稻瘿蚊为害稻株症状

防治方法 防治稻瘿蚊的策略是“抓秧田，保本田，控为害，把三关，重点防住主害代”。

及时铲除稻田游草及落谷再生稻，减少越冬虫源。调整播种期和栽插期，避开成虫产卵高峰期。

秧田用药，于秧起针到二叶期或移栽前5～7天，用3%氯唑磷颗粒剂1kg/亩、10%灭线磷颗粒剂1.2～1.5kg/亩、8%噻嗪·毒死蜱颗粒剂1.25～1.5kg/亩、3%克百威颗粒剂2～3kg/亩，拌土10～15kg均匀撒施。

在成虫盛发至卵孵化高峰期，可用48%毒死蜱乳油250～300ml/亩、5%丁烯氟虫腈悬浮剂67～100ml/亩、40%三唑磷乳油200～250ml/亩、10%吡虫啉可湿性粉剂30～40g/亩，对水50～60kg均匀喷雾。

13. 稻管蓟马

分　　布 稻管蓟马（*Haplothrips aculeatus*）分布在全国各地。

为害特点 成虫、若虫为害水稻、茭白等禾本科作物的幼嫩部位，吸食汁液，叶片上出现无数白色斑点或产生水渍状黄斑，严重的内叶不能展开，嫩梢干缩，籽粒干瘪，影响产量和品质(图1－78)。

图1－78 稻管蓟马为害稻株症状

图1-79 稻管蓟马成虫

形态特征 雌成虫体黑褐色至黑色，略具光泽；前足胫节和跗节黄色（图1-79）；触角第1、2节黑褐色，第3节黄色；翅透明，鬃黄灰色。头长大于宽，口锥宽平截；前胸横向，前节内侧具齿；翅发达，中部收缩，呈鞋底形，无脉，有5～7根间插缨。腹部2～7节背板两侧各有一对向内弯曲的粗鬃。雄成虫较雌虫小而窄，前足腿节扩大，前跗节具三角形大齿。卵肾形，初产白色，稍透明，后变黄色。

发生规律 山西年生7～9代，贵州8代，世代重叠，稻管蓟马在广东无明显的越冬现象，早稻秧田和本田偶见发生，但数量很少。在江苏以成虫在稻桩、树皮下、落叶或杂草中越冬，第二年春暖后开始活动，水稻播种后转移为害水稻。稻管蓟马在稻田的发生数量，以穗部多于叶部，早稻穗期又重于晚稻穗期。成虫活泼，稍受惊即飞散。阳光盛时，多隐藏在稻株茎部叶鞘内或卷叶内，黄昏或阴天多外出。

防治方法 冬春季清除杂草，特别是秧田附近的游草及其他禾本科杂草等越冬寄主，降低虫源基数；同一品种、同一类型田应集中种植，改变插花种植现象；受害水稻生长势弱，适当地增施肥料可使水稻迅速恢复生长，减少损失。

药剂防治：一般在秧田卷叶率达10%～15%或百株虫量达100～200头，本田卷叶率达20%～30%或百株虫量达200～300头，即进行化学防治。可用5%丁硫·杀虫单颗粒剂1.8～2.5kg/亩、45%马拉硫磷乳油80～100ml/亩、40%水胺硫磷乳油75～150ml/亩、90%敌百虫晶体1 500倍液、5%丁烯氟虫腈悬浮剂1 500倍液、10%吡虫啉可湿性粉剂1 500～2 000倍液、2.5%高效氟氯氰菊酯乳油2 000～2 500倍液，对水均匀喷雾。

14. 稻绿蝽

分布为害 稻绿蝽（*Nezara viridula*）成虫和若虫吸食稻株汁液，影响作物生长发育，造成减产。

形态特征 成虫全绿型，长椭圆形，青绿色（越冬成虫暗赤褐）。头近三角形，触角5节，复眼黑，单眼红。前胸背板边缘黄白色，侧角圆，稍突出，小盾片长三角形，前翅稍长于腹末。足绿色，跗节3节。腹下黄绿或淡绿色，密布黄色斑点（图1-80）。卵杯形，初产黄白色，后转红褐，顶端有盖，周缘白色。若虫共5龄，1龄若虫腹背中央有3块排成三角形的黑斑，后期黄褐，胸部有一橙黄色圆斑。2龄若虫体黑色。3龄若虫体黑色，第1、2腹节背面有4个对称的白斑。4龄若虫头部有“T”形黑斑。5龄若虫体绿色，触角4节（图1-81）。

图1-80 稻绿蝽成虫

图1-81 稻绿蝽5龄若虫

发生规律 北方稻区1年发生1代，四川、江西1年发生3代，广东1年发生4代，少数5代。以成虫在杂草、土缝、灌木丛中越冬。卵成块产于寄主叶片上，规则地排成3～9行。1～2龄若虫有群集性，若虫和成虫有假死性，成虫并有趋光性和趋绿性。

防治方法 冬季清除田园杂草地被，消灭部分成虫。同一作物集中连片种植，避免混栽套种。灯光诱杀成虫。

药剂防治适期在2、3龄若虫盛期，对达到防治指标(水稻百蔸虫量8.7～12.5头)，且水稻离收获期1个月以上、虫口密度较大的田块，可用2.5%溴氰菊酯乳油2 000倍液、20%氰戊菊酯乳油2 000倍液、2.5%高效氟氯氰菊酯乳油2 000倍液、10%吡虫啉可湿性粉剂1 500倍液、90%敌百虫晶体600～800倍液均匀喷雾，15天后再防1次。

三、水稻各生育期病虫害防治技术

（一） 水稻病虫害综合防治历的制订

水稻栽培管理过程中，应总结本地水稻病虫害的发生特点和防治经验，制定病虫害防治计划，适时进行田间调查，及时采取防治措施，有效控制病虫杂草的为害，保证丰产、丰收。

稻田病虫害的综合防治工作历见表1-1，各地应根据自己的情况采取具体的防治措施。

表1-1 稻田病虫害的综合防治历

生育期	日期	主要防治对象	次要防治对象
秧苗至移栽期	4月下旬至6月中旬	二化螟、三化螟、稻蓟马、稻飞虱、稻瘿蚊；恶苗病、苗瘟、细菌性条斑病	烂秧病、条纹叶枯病、黑条矮缩病
分蘖、拔节期	7月中旬至8月上旬	三化螟、二化螟、稻纵卷叶螟、纹枯病、叶瘟病、白叶枯病	稻瘿蚊、稻秆潜蝇、稻飞虱、稻苞虫、稻螟
孕穗成熟期	8月中旬至9月	二化螟、稻纵卷叶螟、穗颈瘟、稻曲病	三化螟、稻飞虱、大螟、稻粒黑粉病、胡麻斑病

（二） 育秧移栽期病虫害防治技术

育秧期或水稻直播田的播种期，是病虫害防治的一个重要时期，是培育壮苗、夺取高产的一个重要环节（图1-82至图1-83）。

图1-82　水稻育秧期

图1-83　水稻移栽期

这一时期主要病害有烂秧病、恶苗病，同时苗瘟、纹枯病等病害开始侵染为害。在生产上应结合农业措施，同时进行种子处理和适时药剂防治。

种子处理，用40%线菌清可湿性粉剂600倍液，浸种24～36小时；或35%恶霉灵400倍液浸种48小时；或50%溴硝醇1 000倍液浸种72小时；用10%浸种灵乳油5 000倍液浸种24小时；或25%咪鲜胺乳油，水秧3 000倍液，旱秧2 000倍液，浸种72小时；或10%二硫氰基甲烷乳油5 000倍液，浸种3～5天；或25%丙环唑乳油1 000倍药液浸种2～3天，防治水稻恶苗病。用50%代森铵溶液500倍浸种12～24小时，防治水稻细菌性条斑病。用90%晶体敌百虫800倍液或40%氧乐果乳油800倍液浸秧根后用塑料膜覆盖5小时后移栽，防治稻瘿蚊。

当秧田里发现绵腐病时，及时喷洒硫酸铜1 000倍液、50%福美双可湿性粉剂800～1 000倍液；发生立枯病时，可以喷施20%甲基立枯磷乳油500～1 000倍液、20%多·森铵悬浮剂300～500倍液等。

这一时期为害严重的害虫有稻瘿蚊、负泥甲、蝼蛄等。在生产上应结合农业措施，同时进行种子处理和适时药剂防治。

用90%敌百虫晶体800倍液、40%氧乐果乳油800倍液、2.5%溴氰菊酯乳油1 000～1 500倍液浸秧根后用塑料膜覆盖5小时后移栽，防治稻瘿蚊。

负泥甲成虫在5月下旬开始出现，幼虫为害盛期约6月下旬至7月上旬。在3%左右稻苗上有卵时（卵块多产在叶面及叶鞘间），可用2.5%溴氰菊酯乳油或2.5%氯氟氰菊酯乳油1 000～1 500倍液喷雾。

蝼蛄是水稻旱育苗苗床主要虫害，因其在土壤中窜行，造成幼苗根系松动，水分抽干而导致死亡。主要用溴氰菊酯进行防治，具体用法如下：2.5%溴氰菊酯乳油1 000倍液，在发现蝼蛄后用喷壶均匀到浇到苗床上。

（三） 分蘖至拔节期病虫害防治技术

水稻分蘖至拔节期气温较高（图1-84），有利于各种病害的发生与发展。该期叶瘟病、水稻纹枯病是防治的重点，其他病害的为害也不能忽视。

发病初期用40%稻瘟灵乳油1 000倍液、50%四氯苯酞可湿性粉剂1 000倍液、40%敌瘟磷乳剂1 000倍液、50%异稻瘟净乳剂500～800倍液、5%菌毒清水剂500倍液、20%三环唑可湿性粉剂1 000倍液、50%克菌丹可湿性粉剂400～500倍液、7%氰菌胺颗粒剂2kg/亩、80%代森锰锌可湿性粉剂400倍液、2.0%灭瘟素可湿性粉剂500～1 000倍液喷雾、25%咪鲜胺乳油40～60ml/亩，防治叶瘟，间隔期为7～10天，连喷2～3次。可兼治胡麻斑病。

井冈霉素是防治水稻纹枯病的特效药。在发病初期用5%井冈霉素水剂100ml/亩对水50kg喷雾或对水400kg泼浇。也可用20%三唑酮乳油50～76ml/亩、50%多菌灵可湿性粉剂100g/亩、30%菌核净可湿性粉剂50～75g/亩、23%噻氟菌胺悬浮剂14～25ml/亩，加水40～60kg、10%多氧霉素可湿性粉剂800～1 500倍液喷雾。

在叶瘟和纹枯病混发时，可在发病初期用50%甲基硫菌灵可湿性粉剂1 000倍液或50%灭菌丹可湿性粉剂400～500倍液喷雾。

该期二化螟、三化螟、稻纵卷叶螟、稻飞虱是防治的重点，其他病虫的为害也不能忽视。

在水稻分蘖盛期，害虫正值低龄幼虫期，用40%三唑磷乳油60～100ml/亩、20%哒嗪硫磷乳油75～100ml/亩、90%杀虫单可溶性粉剂50～75g/亩、18%杀虫双水剂250～300ml/亩、25%丁烯氟虫腈·三唑磷乳油50～70ml/亩对水50～75kg均匀喷雾，也可对水400kg进行大水量泼浇；保持3～5cm浅水层持续3～5天可提高防效。对二化螟、三化螟、稻纵卷叶螟有较好的防效，可兼治稻瘿蚊等。

在分蘖期到圆秆拔节期，稻飞虱平均每丛稻有虫1头，或孕穗、抽穗期，每丛有虫10头左右时，可用25%噻嗪酮可湿性粉剂50～60g/亩、20%异丙威乳油200～250ml/亩、25%速灭威可湿性粉剂75～100g/亩、10%吡虫啉可湿性粉剂10～20g/亩、80%敌敌畏乳油100ml/亩对水75kg喷雾或加水300～400kg泼浇。

图1－84　水稻分蘖拔节期生长情况

（四）破口至抽穗期病虫害防治技术

水稻破口至抽穗期易感多种病害（图1－85），对水稻生长威胁较大的有纹枯病、穗颈瘟、胡麻斑病、白叶枯病、稻曲病等。

纹枯病丛发病率达10%时，可用5%井冈霉素水剂200ml/亩、20%稻保乐（三环唑·多菌灵·井冈霉素）可湿性粉剂100～120g/亩、4.5%井·硫铜水剂90ml/亩、50%氯溴异氰脲酸可溶性粉剂40g/亩对水50～60kg均匀喷雾，也可对水400kg进行泼浇。可兼治稻曲病。

图1－85　水稻抽穗期生长情况

防治穗颈瘟，可用20%三环唑·井冈霉素悬浮剂100～120ml/亩、20%三环唑可湿性粉剂70～100g/亩对水50～60kg喷雾。

防治胡麻斑病，可用30%爱苗（苯醚甲环唑·丙环唑）乳油15ml/亩、40%稻瘟灵乳油100ml/亩、20%三唑酮可湿性粉剂100g/亩、40%异稻瘟净乳油150～200ml/亩、25%嘧菌酯悬浮剂40g/亩、25%咪鲜胺乳油40～60ml/亩、50%异菌脲悬浮剂或可湿性粉剂65～100g/亩对水50～60kg喷雾。

发现白叶枯病中心病株后，及时喷药防治，可用10%硫酸链霉素可湿性粉剂50～100g/亩、3%中生菌素水剂60ml/亩、50%氯溴异氰尿酸水溶性粉剂25～50g/亩对水50～60kg均匀喷雾。

稻曲病发生严重的地区，可用18%曲纹清（井冈霉素·烯唑醇）可湿性粉剂40g/亩、20%三苯基醋酸锡可湿性粉剂100g/亩、28%稻后安（氧化亚铜·三唑酮）可湿性粉剂50g/亩、35%稻曲清（三苯基醋酸锡·三唑酮）可湿性粉剂60g/亩、30%琥胶肥酸铜可湿性粉剂100～125g/亩对水50～60kg均匀喷雾。

水稻破口至抽穗期易感多种虫害，对水稻生长威胁较大的有稻纵卷叶螟、稻飞虱、三化螟、二化螟，根据气候特点，及时的进行化学防治，减少产量损失。

在水稻破口期，三化螟、二化螟正值2～3龄幼虫期，可用50%二嗪磷乳油80～120ml/亩、20%三唑磷乳油100～150ml/亩、50%稻丰散乳油100～120ml/亩、18%杀虫双水剂250～300ml/亩、3.5%丁烯氟虫腈·溴氰菊酯乳油30～50ml/亩、15%三唑磷·阿维菌素微乳剂300～500ml/亩、40%噻嗪酮·杀虫单可湿性粉剂75～120g/亩对水50kg均匀喷雾。当虫口密度较大时，应连续喷药2次，间隔5～7天。同时兼治稻纵卷叶螟。

防治稻飞虱，可用10%吡虫啉可湿性粉剂20～30g/亩、25%噻嗪酮可湿性粉剂50～70g/亩对水50～60kg均匀喷雾。

（五）孕穗成熟期病虫害防治技术

水稻穗期的病害为害也较重（图1-86），其中，为害较重的病害主要为穗瘟，有时水稻白叶枯病、稻曲病、水稻胡麻斑病发生也很严重。生产上应注意田间调查，及时采取防治措施。防治时可参考上述药剂。

图1-86 水稻孕穗成熟期生长情况

水稻生长中后期（孕穗灌浆）的主要虫害防治，是夺取水稻高产、优质的关键措施之一。如何根据水稻穗期虫害发生特点，巧妙地实施总体防治技术，有效地控制虫害的发生与为害，成为水稻生产上的重要环节。这一时期的主要害虫有二化螟、稻纵卷叶螟、稻飞虱、稻苞虫。

在水稻穗期，幼虫1～2龄高峰期，用50%丙溴磷乳油100～120ml/亩、25%喹硫磷乳油100～130ml/亩、50%杀螟丹可溶性粉剂100～150g/亩、20%抑食肼可湿性粉剂50～100g/亩、2%阿维菌素乳油10～20ml/亩、5%丁烯氟虫腈悬浮剂20～60ml/亩、20%虫酰肼悬浮剂40ml/亩、18%三唑磷・毒死蜱乳油380～650ml/亩、75%乙酰甲胺磷可溶性液剂50ml/亩对水60kg均匀喷雾，为害严重时，间隔5～7天再喷1次，连喷2～3次。可有效的防治二化螟、稻纵卷叶螟的为害。

可用30%乙酰甲胺磷乳油150～227ml/亩、48%毒死蜱乳油70～90ml/亩、45%马拉硫磷乳油100～120ml/亩、25%噻虫嗪水分散粒剂2～4g/亩对水75kg喷雾或加水300～400kg泼浇，防治稻飞虱。

防治稻弄蝶，可用50%杀螟硫磷乳油1 000倍液、50%辛硫磷乳油1 500倍液、25%喹硫磷乳油1 500倍液、2.5%溴氰菊酯乳油2 000倍液喷雾。

四、稻田杂草防治技术

水稻栽培方式多种多样，有水育秧田、旱育秧田、湿润育秧田、水直播田、旱直播田、移栽田等，应针对各地特点，选择正确的杂草防治策略和除草剂安全高效应用技术。

(一)水稻秧田杂草防治

1. 秧田杂草的发生特点

秧田杂草种类很多，但为害较大的主要是稗草、莎草科杂草，以及节节菜、陌上菜、眼子菜等主要杂草。一般说，稗草的为害最为普遍而且严重，它与水稻很难分清，不易人工剔除，常常作为“夹心稗”移入本田；另外在秧田为害较为普遍的是莎草科杂草，如扁秆□草等，其块茎发芽生长极快，不仅严重影响秧苗的生长，而且影响拔秧的速度和质量；牛毛毡、藻类也形成某些地区性的严重为害(图1－87)。

图1－87 水稻秧田生长情况

在秧田杂草的发生时间上，稗草、异型莎草、牛毛毡一般在播后一星期内陆续发生，而扁秆藨草、眼子菜等杂草要在播后10天左右才开始发生。

稗草的发生受气温影响很大。一般田间气温达到10℃以上时，在湿润的表土层内，稗草种子就能吸水萌发，随着气温的升高，萌发生长加快。据调查，在华北地区从4月中旬就开始出土，到5月上旬便达到出土的高峰，以后由于秧苗的生长，形成荫蔽的秧床而使杂草的发生量下降。稗草的发生历期(17.3～17.6℃)分别为针前期5天、针期2天、一叶期1天、二叶期4～5天、三叶期5～6天、四叶期5～7天。莎草科杂草，扁秆藨草的越冬块茎发芽较快，但一般要在10℃以上的平均气温时才能发芽，气温高发芽生长也加快。

我国目前育秧田类型主要有水育秧田、湿润(半干旱)育秧田和旱育秧田三种(图1-88)。不同育秧方式，因其水层管理的差异，杂草种类和发生规律亦不尽相同。

(1) **水育秧田**　在育秧过程中，秧板经常保持水层，由于稗草及其他湿生杂草种子萌发需要足够的氧气，因此能有效地抑制杂草的发生；但水分充足，秧苗生长迅速，秧苗较嫩弱，扎根不牢，如播后芽前遇低温，易倒秧、烂秧。水育秧田仅在南方各省早春气温较高且比较稳定的稻田使用。

(2) **湿润育秧田**　湿润育秧田是我国使用面积较大、历史较长的育秧方式。在播种出苗的一段时间内，秧板不建水层，而采取沟灌渗水来维持秧板湿润状态，供应稻种发芽所需水分，直到一叶一心期，才建立稳定的水层，并适当地落干晒田。在这种湿润、薄水条件下，秧苗生长缓慢，但较为苗壮，有利于培育壮苗；但是，在湿润秧田中，杂草种类及数量均大大增加，尤其是稗草及湿生杂草的种子，在湿润无水层的条件下，较深层的种子也能取得所需氧气而萌发出土，不仅增加了杂草的数量，而且由于萌发深度不一，发生期和高峰期亦有延长。秧板满水以后，虽然抑制了部分稗草及湿生杂草的萌发，而水生的双子叶杂草如节节菜、水苋菜等很快萌发，出现秧田第二次出草高峰。

图1-88 水稻育秧类型对比

(3)**旱育秧田** 旱育秧田是近年来推广的省地、省水、省工的育秧方式，目前已普遍应用。整地时施足底肥，苗床做好后浇透水、播种，播量较湿润秧田为大。播后盖经筛的细土，然后盖膜。出苗后(播种后8～10天)揭膜，以后正常管理。旱育秧田杂草种类增加，出现大量湿生和旱生杂草，包括大量一年生禾本科杂草和莎草科杂草，各地杂草种类差异较大。

2．**秧田杂草的防治技术**

(1)**水育秧田杂草防治技术**：水育秧田比较有利于杂草的发生(图1－89)，要加强秧田杂草的防治。要加强水层管理，促进秧苗生长迅速、健壮，如播后芽前遇低温，易倒秧、烂秧，除草剂药害加重。

水育秧田，可以用下列除草剂种类和施药方法进行杂草防治。

30%丙·苄可湿性粉剂60～90g/亩或10%苄嘧磺隆可湿性粉剂6～25g/亩＋30%丙草胺乳油50～75ml/亩，在播后2～4天用药，掌握在稗草萌芽至立针期施药除草效果最佳。施药时要用浅水层，并保持4～6天。

2.5%五氟磺草胺油悬剂30～50ml/亩，在水稻秧苗2叶期，对水15～30kg喷雾，掌握在稗草1.5～2.5叶期最好，施药前要排干水，施药后1天及时灌水，并保持3～5cm水层5～7天。

17.2%苄·哌丹可湿性粉剂200～250g/亩或10%苄嘧磺隆可湿性粉剂10～20g/亩＋50%哌草丹乳油25～30ml/亩，在水稻秧田立针期，对水40kg喷雾，水育秧田施药前将田水排干喷药，秧苗2叶1心期保持畦面湿润，3叶期后灌水上畦面。播种前，秧厢畦面应尽量平整，秧苗立针期前，秧板保持湿润，不积水是确保安全用药的主要关键技术。种子未扎根出苗前，如遇大雨积水淹没种子，则应立即排水护种保苗，重新施药。

图1－89 水稻水育秧田生长与杂草发生情况

45%苄·禾敌细粒剂180g/亩拌毒土15kg，在水稻秧苗2叶1心期，均匀撒施。施药后应注意保持水层，缺水时应缓灌补水，切勿排水；施药后田间水层不宜过深，严禁水层淹过水稻心叶。

32%苄·二氯可湿性粉剂，60~75g/亩，秧苗2叶1心期，稗草2叶期时施药最佳，排干田间水层后，对适量水均匀喷雾，药后一天田间建立并保持水层。注意要用准药量，如草量、草龄较大时要适当加大用药量。

(2) 湿润育秧田杂草防治技术 湿润育秧田(图1-90)是一种重要的育秧方法。可以进行播前和播种后苗前土壤处理及苗期茎叶处理。秧田杂草的防治策略：第一，防除秧田稗草是防除稻田稗草的关键所在，要抓好秧田稗草的防除；第二，秧田早期必须抓好以稗草为主兼治阔叶杂草的防除；第三，加强肥水管理，促进秧苗早、齐、壮，防止长期脱水、干田是秧田杂草防除的重要农业措施。

图1-90 水稻湿润育秧田生长与杂草发生情况

生产中，湿润育秧田通常在播后芽前和苗期进行施药除草。

播种前处理，在整好苗床(秧板)后，以喷雾法(个别药剂用撒施法)将配制好的药剂(或药土)施于床面，间隔适当时间，润水播种，用药液量通常为30～40kg/亩。

播后苗前处理，露地湿润育秧田，由于播后苗前不具有水层，厢(床、畦)面裸露而难维持充分湿润，因此用药量要比覆盖湿润育秧田提高20%～30%。用药种类， 应选择水旱兼用或对水分要求不严格的丁恶混剂、杀草丹、哌草丹、苄嘧磺隆和丁草胺等，以保持稳定的药效；而丙草胺和禾草特，对水分条件要求比较严格，不宜在这种育秧田的播后苗前施用。

常用除草剂品种及应用技术如下。

20%丁·恶(丁草胺+恶草酮)乳油，以20%乳油100～150ml/亩，配成药液喷施，施药后2～3天播种。秧板和苗床不积水，勿露籽，适当盖土。

17.2%苄·哌丹可湿性粉剂200～250g/亩或10%苄嘧磺隆可湿性粉剂10～20g/亩+50%哌草丹乳油25～30ml/亩，在水稻秧田立针期，对水40kg喷雾，水育秧田施药前将田水排干喷药，秧苗2叶1心期保持畦面湿润，3叶期后灌水上畦面。

45%苄·禾敌细粒剂180g/亩拌细土15kg，在水稻秧苗2叶1心期，均匀撒施。施药后应注意保持水层，缺水时应缓灌补水，切勿排水；施药后田间水层不宜过深，严禁水层淹过水稻心叶。

32%苄·二氯可湿性粉剂60～75g/亩，秧苗2叶1心期，稗草2叶期时施药最佳，排干田间水层后，对适量水均匀喷雾，药后1天田间建立并保持水层。注意要用准药量，如杂草数量和草龄较大时要适当加大用药量。

恶草酮，以12%乳油100～150ml/亩，或25%乳油50～75ml/亩，配成药液喷施，施药后2～3天播种。

丁草胺，以60%丁草胺乳油80～100ml/亩，配成药液喷施，施药后2～3天播种。可以有效防除稗草、莎草等一年生禾本科和莎草科杂草，也能防治部分阔叶杂草。秧田使用丁草胺的关键技术为播前施药，在齐苗前秧板上切忌积水，否则会产生严重的药害，影响出苗率和秧苗的素质；秧田要平，秧苗1叶1心期施药时，要灌浅水层，灌不到水的地段除草效果差，深灌的地段易产生药害(丁草胺在秧田施用安全性差，在未探明其安全使用技术之前，一般不宜在秧田大量推广使用丁草胺)。

禾草特，在稗草1.5～2叶期，用96%禾草特乳油100～150ml/亩，拌细土或细沙撒施，主要防除稗草，其次抑制牛毛毡和异型莎草。当气温稳定在12～15℃、阴雨天数多、日照不足的情况下，使用禾草特后一周左右，水稻秧苗幼嫩叶首先出现褐色斑点，然后所有叶片均出现斑点，天气转晴、气温升高，斑点将自然消失。禾草特施药后如遇大雨易形成药害，水层太深，漫过秧心，易造成药害。秧苗生长过弱施药时也易产生药害。

苯达松，在稻苗3～4叶期，用48%苯达松水剂100～150ml/亩，配成药液， 排干水层后喷施，药后一天复水。可以防除莎草科杂草、鸭舌草、矮慈姑、节节菜等。

丁草胺+丙草胺，在水稻播种后2天用60%丁草胺乳油60ml/亩+30%丙草胺乳油60ml/亩，配成药液喷雾，常规管理，可以有效防除一年生禾本科、莎草科和阔叶杂草。二者复配除草效果好，而且对作物安全。

丁草胺+禾草特，在水稻播种后2天用60%丁草胺乳油60ml/亩+96%禾草特乳油100ml/亩，配成药液喷雾，常规管理，可以有效防除一年生禾本科、莎草科和阔叶杂草。二者复配虽没有增效作用，但可以扩大杀草谱，而且对作物安全。

(3) **旱育秧田杂草防治技术** 部分地区水源较缺、水源没有保证时，农民常采用旱育秧的方式(图1-91)。旱育苗床的杂草多为旱地杂草，种类复杂，为害较大，在防治上要抓好适期。生产中，通常在播后芽前和苗期进行施药除草。

部分地区水源较缺、水源没有保证时，农民常采用旱育秧的方式(图1-91)。旱育苗床的杂草多为旱地杂草，种类复杂，为害较大，在防治上要抓好适期。生产中，通常在播后芽前和苗期进行施药除草。

旱育苗床，在播种盖土后苗前施药，可以用下列除草剂：

20%丁·恶(丁草胺+恶草酮)乳油，以20%乳油100～150ml/亩，配成药液喷施，施药后2～3天播种。注意播种时勿露籽，适当盖土。

35.75%苄·禾可湿性粉剂100～120g/亩或10%苄嘧磺隆可湿性粉剂10～20g/亩+50%禾草丹乳油25～30ml/亩，施药适期在播种当天至1叶1心期，覆膜秧田宜在秧苗1叶1心期施药，施药时，板面保持湿润，但不可积水或有水层，待秧苗长到2叶1心期后才可灌浅水层。

图1-91　水稻旱育秧田生长与杂草发生情况

30%丙·苄可湿性粉剂60～90g/亩或10%苄嘧磺隆可湿性粉剂6～25g/亩+30%丙草胺乳油50～75ml/亩，在播后2～4天用药。用药量要准确，施药前要盖土均匀，不能露籽，施药要均匀。

在水稻发芽出苗后，稗草1～3叶期，可以用下列除草剂：

32%苄·二氯可湿性粉剂60～75g/亩，秧苗2叶1心期，稗草2叶期时施药最佳，排干田间水层后，对适量水均匀喷雾，药后1天田间建立并保持水层。注意要用准药量，如草量、草龄较大时要适当加大用药量。

2.5%五氟磺草胺油悬剂40～60ml/亩，秧苗2叶1心期，稗草2叶期时施药最佳，施药前要排干水，施药后1天及时灌水，并保持水层，注意要用准药量，如草龄较大时要适当加大用药量。

(二)水直播稻田杂草防治

水直播稻田省去了育秧移栽的环节，因而具备省水、省田、省工、省时的特点，另外还可以推迟水稻播期以避开灰飞虱的迁入为害高峰，控制条纹叶枯病的发生，深受广大稻农的喜爱(图1-92)。但由于直播稻前期采取干干湿湿管理，秧苗与杂草同步生长，田间旱生杂草与湿生甚至水生杂草混生，草相复杂、草害严重，除草难度大，很大程度上制约了直播稻发展。

1. 水直播稻田杂草的发生特点

水直播稻田杂草发生时间长，整个出草时间长达50多天，基本上与水稻同步生长。直播田稗草及千金子数量明显高于移栽田；杂草密度大，杂草与水稻的共生期长，且前期秧苗密度低，杂草个体生长空间相对较大，有利于杂草生长，为害秧苗。经过大量观察，直播稻田杂草具有两个明显的萌发高峰。水稻播后3~5天就有杂草出土，水稻播后10~15天出现第一个出草高峰，该期以稗草、千金子、马唐、鳢肠等湿生杂草为主；播后20~25天出现第二个出草高峰，该期主要是异型莎草、球花碱草、鸭舌草、水蓼、节节菜等莎草科和阔叶类杂草。

图1-92　直播稻田杂草发生情况

2. 水直播稻田杂草的防治技术

化学除草是水直播稻田除草最有效的手段，水直播稻田除草通常采用“一封二杀三补”的治草策略。

“一封” 主要是指在水稻播种后到出苗前，利用杂草种子与水稻种子的土壤位差，针对杂草基数较大的田块，选择一些杀草谱宽、土壤封闭效果好的除草剂或配方来全力控制第一个出草高峰的出现，这阶段可选用的药剂主要有：

36%丁·恶乳油150~180ml/亩；

16%丙草·苄可湿性粉剂100g/亩；

30%丙草胺(含安全剂)乳油100ml/亩+10%苄嘧磺隆可湿性粉剂10~20g/亩；土表均匀喷雾，对前期杂草可以取得理想的防效。浸种后露白播种，以加快水稻出苗，争取齐苗提前，拉大出苗与出草的时间差，促进秧苗先于杂草形成种群优势，在一定程度上达到压低杂草基数和抑制杂草生长的效果。直播稻播后7~20天是杂草萌发第一个高峰期，其出草量一般会占总出草量的65%，因此，控制第一出草高峰是直播稻田化学除草的关键。

“二杀” 是指在水稻3叶期、杂草2~3叶期前后，此时田间已建立水层，这时期除草意义重大；既可有效防除前期残存的大龄杂草，同时又可有效控制第二个出草高峰，这时期可以选用的除草剂主要有：

50%二氯喹啉酸可湿性粉剂30~50g/亩，对水30kg，进行茎叶喷雾处理，可以有效防除稗草；

10%氰氟草酯乳油40~60ml/亩，对水30kg，进行茎叶喷雾处理，可以有效防除千金子；

2.5%五氟磺草胺油悬剂40~60ml/亩，对水30kg，茎叶喷雾处理，可有效防除稗草、莎草科杂草及部分阔叶杂草。

32%苄·二氯可湿性粉剂60～75g/亩，秧苗2叶1心期，稗草2叶期时施药最佳，可以有效防治稗草、莎草科杂草和双子叶杂草；

施药时排干田间水层后，药后2～3天田间建立并保持水层。注意要用准药量，如草量、草龄较大时要适当加大用药量。

“三补” 对那些恶性杂草和有第二出草高峰的杂草，应根据“一封”、“二杀”后除草效果，于播后30～35天有针对性地选择相关除草剂进行挑治或补杀。挑治、补治残草，这时草龄往往较大，适用的高效又安全的除草剂较少，用药量应适当加大。

防除千金子，可以用10%氰氟草酯乳油80～100ml/亩；

防除稗草、莎草及部分阔叶杂草，可用2.5%五氟磺草胺油悬剂60～80ml/亩；

防除空心莲子草等阔叶杂草、莎草，可以用20%2甲4氯钠盐水剂250～300ml/亩，或选用20%氯氟吡氧乙酸乳油40～60ml/亩。

以上药剂对水30kg，进行茎叶喷雾处理，施药时排干田间水层后，药后2～3天田间建立并保持水层。

加强水层管理以水控制杂草的发生，在水层管理上，2叶期前坚持湿润灌溉，促进出苗扎根，2叶期开始建立浅水层。既促进秧苗生长，又抑制杂草生长。

(三)旱直播稻田杂草防治

水稻旱直播栽培是近年来发展起来的一种栽培方式，可以有效节约育秧成本、减轻劳动强度、避开稻飞虱为害高峰等独特优势，具有省工、投资少、节水抗灾能力强等优点(图1-93)。近年来，北方地区常年出现季节性干旱，导致水稻生产不稳定，有些年份个别地区甚至导致水田弃耕，所以北方地区发展抗旱抗灾的旱直播稻具有较好的前景。但是，旱稻草相复杂、草害严重，除草难度大，严重影响着旱稻的发展。

图1-93 旱直稻田杂草发生情况

1．旱直播稻田杂草的发生特点

旱直播稻田的杂草问题日益突出。由于旱直播稻前期田间无水、以湿润为主，田间旱生杂草与湿生杂草混生，草相复杂、杂草种类一般要多于移栽稻田，杂草为害严重，且有2～3个出草高峰，防除杂草难度加大，严重影响秧苗素质及水稻产量，因此，能否科学掌握直播田杂草发生规律、明确直播稻田杂草防除技术，对促进直播稻发展具有非常重要的现实意义。

旱直播稻田的杂草不齐，一般可以分为3个出草高峰，第一个出草高峰一般在水稻播后5～7天，主要杂草为稗草、千金子、马唐、牛筋草、鳢肠等禾本科杂草，出草数量占整个生育期的50%以上；第二个出草高峰一般在播后15～20天，主要杂草为异型莎草、陌上菜、鸭舌草等莎草科杂草以及一些阔叶杂草为主；第三个出草高峰，一般在播后20～30天，主要为萤蔺、水莎草为主的杂草。

2．旱直播稻田杂草的防治技术

化学除草是旱直播稻田除草最有效的手段，旱直播稻田除草通常采用“一封二杀三补”的治草策略。针对旱直播稻田杂草种类多、为害重、出草早、出草期长的特点，一次施药除草效果较差，应做到“一封、二杀、三补”的防治方法。

“一封” 就是在播后苗前进行土壤处理。这是旱直播稻田杂草防除的最关键一步，封闭的好坏直接影响整个季节的田间除草效果，应选用杀草谱广、土壤封闭效果好的除草剂。

36%丁·恶乳油150～180ml/亩，是生产上应用最广的旱直播田封闭除草剂，在旱直播稻播种后出苗前土表均匀喷雾，可以有效防治稻田多种一年生禾本科杂草和阔叶杂草。施药后3～5天内遇大雨应及时排水，以免影响水稻的安全性。

也可以施用20%吡嘧·丙草胺可湿性粉剂80～120g/亩、16%丙草·苄可湿性粉剂100g/亩、或30%丙草胺(含安全剂)乳油100ml/亩+10%苄嘧磺隆可湿性粉剂10～20g/亩，在旱直播稻播种后出苗前土表均匀喷雾，对水稻安全，有效防治一年生禾本科杂草、阔叶杂草和莎草科杂草。

“二杀” 是指在水稻3叶期、杂草2～3叶期前后，这时期杂草已经出苗且处于幼苗期，易于取得较好的防治效果，应对前期未能有效除草的田块及时施药防治。既可有效防除前期残存的大龄杂草，同时又可有效控制第二个出草高峰，这时期可以选用的除草剂主要有：

2.5%五氟磺草胺油悬浮剂60～80ml/亩，对水30kg，进行茎叶喷雾处理，可以有效防除稗草、千金子、鳢肠等多种一年生禾本科杂草、阔叶杂草和莎草科杂草；该药对水稻安全，但不宜在水稻立针期施药，遇低温下施药对水稻的安全性下降，易于发生药害；

2.5%五氟磺草胺油悬浮剂60～80ml/亩+10%苄嘧磺隆可湿性粉剂10～15g/亩，对水30kg/亩，进行茎叶喷雾处理，可以有效防除稗草等多种一年生禾本科杂草、阔叶杂草和莎草科杂草；

50%二氯喹啉酸可湿性粉剂30～50g/亩，对水30kg，进行茎叶喷雾处理，可以有效防除稗草；

10%氰氟草酯乳油40～60ml/亩，对水30kg，进行茎叶喷雾处理，可以有效防除千金子；

32%苄·二氯可湿性粉剂60～75g/亩，秧苗2叶1心期，稗草2叶期时施药最佳，可以有效防治稗草、莎草科杂草和阔叶杂草；

“三补” 主要是对未防除的恶性杂草和第二、三出草高峰的杂草，在水稻生长期有针对性地选择相关除草剂进行挑治或补杀。挑治、补治残草，这时草龄往往较大，适用的高效又安全的除草剂较少，应注意药效和安全性。

防除千金子，可以用10%氰氟草酯乳油80～100ml/亩；

防除空心莲子草等阔叶杂草、莎草，可以用20%2甲4氯钠盐水剂250～300ml/亩，或选用20%氯氟吡氧乙酸乳油40～60ml/亩。以上药剂对水30kg，进行茎叶喷雾处理。

(四)水稻移栽田杂草防治

1．水稻移栽田杂草的发生特点

移栽稻田的特点是秧苗较大，稻根入土有一定的深度，抗药性强；但其生育期较秧田长，一般气温适宜时，杂草种类多，交替发生；因此，施用药剂的种类和适期也不同。一年生杂草的种子因水层隔绝了空气，大多在1cm内表土层中的种子才能获得足够的氧气而萌发；一般这类杂草在水稻移栽后3～5天，稗草率先萌发，1～2周内达到萌发高峰。多年生杂草的根茎较深，可达10cm以上，出土高峰在移栽后2～3周(图1－94)。

图1－94　水稻移栽田生长情况

2．水稻移栽田杂草的防治技术

根据各种杂草的发生特点，对水稻移栽田杂草的化学防除策略是狠抓前期，挑治中、后期。通常是在移栽前或移栽后的前(初)期采取土壤处理；以及在移栽后的中后期采取土壤处理或茎叶处理。前期(移栽前至移栽后10天)，以防除稗草及一年生阔叶杂草和莎草科杂草为主；中后期(移栽后10～25 天)则以防除扁秆藨草、眼子菜等多年生莎草科杂草和阔叶杂草为主。具体的施药方式可以分在移栽前、移栽后前期和移栽后中后期 3 个时期进行。

对于矮慈姑等多年生恶性杂草发生严重的田块，在水稻移栽前一天，施用10%苄嘧磺隆可湿性粉剂15～20g/亩+60%丁草胺乳油100～150ml/亩，以药土法撒施。可以有效防除矮慈姑及其他多种阔叶杂草和莎草等。

移栽前1～2天，用50%莎扑隆可湿性粉剂200～400g/亩，制成药土撒施或配成药液泼浇，并搅拌于3～5cm表土层中。此药剂处理主要用于防除扁秆藨草、异型莎草、萤蔺等莎草科杂草较多的稻田。

在水稻移栽田移栽后施用除草剂，除必须排干水层喷洒到茎叶上的几种除草剂外，其他都应在保水条件下施用，并且大部分药剂施药后需要在5～7天内不排水、不落干，缺水时应补灌至适当深度。

扑草净、恶草酮、丁恶混剂和莎扑隆，在移栽前施用最好。因为移栽前施用可借拉板耢平将药剂赶匀，并附着于泥浆土的微粒下沉，形成较为严密的封闭层，比移栽后施用效果好而安全。水稻移栽前施用除草剂，多是在拉板耢平时，将已配制成的药土、药液或原液，就混浆水分别以撒施法、泼浇法或甩施法施到田里。撒施药土的用量为20kg/亩，泼浇药液的用量为30kg/亩。

移栽后前(初)期封闭土表的处理方法，已被广泛应用。移栽后的前期是各种杂草种子的集中萌发期，此时用药容易获得显著效果。但这一时期又恰是水稻的返青阶段，因此使用除草剂的技术要求严格，防止产生药害。施药时期，早稻一般在移栽后5~7天，中稻在移栽后5天左右，晚稻在移栽后3~5天。此外，还应根据不同药剂的特性、不同地区的气候而适当提前或延后。药剂安全性好，施药期间气温较高、杂草发芽和水稻返青扎根较快，可以提前施药；反之，则适当延后。施药方法，主要采用药土撒施或药液泼浇。大部分除草剂还可结合追肥掺拌化肥撒施。

水稻移栽后的中后期，如有稗草和莎草科杂草及眼子菜、鸭舌草、矮慈姑等一些阔叶杂草发生，可于水稻分蘖盛期至末期施用除草剂进行防治。

水稻田除草剂种类较多，使用方法差别较大，下面分别介绍一些常用除草剂的应用技术。

丁草胺，在移栽前1~2天，也可在移栽后5~7天，用60%丁草胺乳油100~150ml/亩，制成药土撒施或配成药液泼浇。

恶草酮，在水稻移栽前2~3天，用12%恶草酮乳油100~150ml/亩或25%恶草酮乳油50~75ml/亩；也可在移栽后5~7天，用12%恶草酮乳油100~150ml/亩，制成药土撒施或配成药液泼浇。

禾草丹，在移栽前2~3天或水稻移栽后3~7天，用50%禾草丹乳油200~400ml/亩， 制成药土撒施或配成药液泼浇，还可用原液或加等量水配成母液甩施。在有机质含量过高或用稻草还田的地块，最好不用禾草丹，以免造成水稻矮化。

莎扑隆，移栽前1~2天，用50%莎扑隆可湿性粉剂200~400g/亩， 制成药土撒施或配成药液泼浇，并搅拌于3~5cm表土层中。在移栽后5天左右，用50%莎扑隆可湿性粉剂100~200g/亩，制成药土撒施。此药剂处理主要用于防除扁秆藨草、异型莎草、萤蔺等莎草科杂草较多的稻田。

苄嘧磺隆，对于矮慈姑等发生严重的田块，在水稻移栽前一天，施用10%苄嘧磺隆可湿性粉剂15~20g/亩，以药土法撒施。可以有效防除矮慈姑及其他多种阔叶杂草、莎草。水稻移栽后，于一年生阔叶杂草和部分莎草科杂草2叶期左右，可单用10%苄嘧磺隆可湿性粉剂15~26g/亩，制成药土撒施，施药期间田间保持水层 2 天左右。试验表明，水稻移栽后1~8天施药，此时杂草出芽前至2~3叶期，除草效果最好；在插秧后15天施药，除草效果开始下降。试验表明，以10%苄嘧磺隆可湿性粉剂15g/亩，可以有效地防除稻田中的节节菜、 鸭舌草、矮慈姑、益母草、眼子菜等阔叶杂草，平均除草效果达96%；对水莎草、萤蔺等多年生莎草科杂草也有一定的除草效果，平均防效为71.0%，对稗草的防效较差。该药对水稻安全，

对水稻分蘖有一定的促进作用。持效期一般为45~57天；正常情况下施药，对后茬小麦、油菜的生长无不良影响。

吡嘧磺隆，在稗草发生较少的稻田，于一年生阔叶杂草和部分莎草科杂草2叶期左右、稗草1.5~2叶期，可单用10%吡嘧磺隆可湿性粉剂10~18g/亩，制成药土撒施。据试验，施药后在土表淋水或灌一定深度的水层，可以明显提高防除效果。

禾草特，在移栽后5~10天，用96%禾草特乳油100~200ml/亩，制成药土撒施或配成药液泼浇。

哌草丹，在移栽后3~7天，用50%哌草丹乳油150~250ml/亩，制成药土撒施或配成药液泼浇。

乙氧氟草醚，大苗移栽田，在移栽后5~7天，用24%乙氧氟草醚乳油10~20ml/亩，配成细药砂撒施， 或对水洒施，对稗草、异型莎草、鸭舌草、水苋菜、益母草、节节菜等一年生杂草有90%以上的除草效果。施药时要有一定水层，在施药田块内由于土地高低不平，往往水深处

易发生药害，尤其在秧苗小、水浸到稻叶时药害更为严重，而水浅处可能由于受药量少而除草效果差。试验表明，不论水层深浅，小秧苗的药害比老壮秧苗药害重；处在深水层的秧苗药害比浅水层的重，尤其是小苗处于深水层，叶片常浸在水中，药害严重，但大苗在浅水层下用药，对秧苗的生长无明显的影响。施药后1天排水会降低药效，而施药后4天排水不影响药效。该药剂在田间分解快，对后茬无残留影响。用药量以有效成分2～2.5g/亩，在插秧后3～5天内用药的田块内，水稻株高、植株及根的鲜重和对照相近，并无抑制分蘖的现象；但用量有效成分达5g/亩，其水稻分蘖比对照减少3.2%～12.7%。插秧后4天内用药防除稗草效果达100%，主要是由于此时稻田内稗草种子刚萌芽，幼芽都浸在水内易被杀死；如在插秧后8天施药，部分稗草已顶出水面，防除效果明显降低；如在插秧后15天施药，大部分稗草已顶出水面，防除效果很差。

甲羧除草醚，在移栽后4～6天，用80%甲羧除草醚可湿性粉剂150～200g/亩，制成药土撒施或配成药液泼浇。

杀草胺，在移栽后3～5天，用60%杀草胺乳油60～120ml/亩，制成药土撒施或配成药液泼浇。

环庚草醚，在移栽后5天左右，用10%环庚草醚乳油13～20ml/亩，制成药土撒施。施药时必须保持一定的水层，3～5天内不能排水，否则除草效果将下降。试验表明，用10%环庚草醚乳油13～20ml/亩，在水稻移栽后4～6天对水洒施，对稗草防治效果在84.5%～96.4%，防除异型莎草的效果在88%～92%，对鸭舌草、节节菜防效较差，对眼子菜、矮慈姑无效。在水稻插秧后3～4天施药，此时稗草、异型莎草刚刚萌芽，草苗尚未顶出水面，防除效果较好，待杂草长大后伸出水面，防除效果将明显下降。

丙草胺，水稻移栽后5～7天，用50%丙草胺乳油60ml/亩，制成药土撒施。

莎稗磷，在水稻移栽后4～8天，用莎稗磷有效成分30g/亩，配成药土撒施或配成药液喷施。可以有效防除一年生禾本科和莎草科杂草。施药时保持水层3～6[illegible]，田间保水4～5天。

二氯喹啉酸，在水稻移栽后7～15天、稗草2～3叶期，用50%二氯喹啉酸可湿性粉剂40g/亩，制成药土撒施或配成药液泼浇，而以药液喷雾效果最好。如药量加大50%，能防除4～6叶大稗草。二氯喹啉酸施药时对水层管理要求不太严格，田间保持3～6cm水层、浅水层、排干水均可，但以二氯喹啉酸施药时排干田间水层的除稗效果最佳。杀稗持效期一般可达28～35天，基本上可以达到一次施药控制整个生育期内的稗草为害。

苯达松，在移栽后10～20天，用48%苯达松水剂150～250ml/亩，以药液喷雾法施入，喷药前一天排水，喷药后一天复水。此药对水稻比较安全，如扁秆藨草发生比较严重，可以适当加大药量。

2甲4氯钠盐，在水稻移栽后15～25天，用20%2甲4氯钠盐水剂140～280ml/亩，以药液喷雾法施入。喷药前一天排水，喷药后一天灌水。

丁草胺＋恶草酮，在水稻移栽前2～3天，用60%丁草胺乳油80ml/亩＋25%恶草酮乳油40ml/亩，或20%丁恶(丁草胺和恶草酮的混剂)乳油100～150ml/亩，制成药土撒施或配成药液泼浇。

丁草胺＋苄嘧磺隆，在移栽后5～7天，用60%丁草胺乳油80～100ml/亩＋10%苄嘧磺隆可湿性粉剂15～20g/亩，制成药土撒施。可以有效防除稗草、牛毛毡、扁秆藨草、雨久花、慈姑、萤蔺等多种杂草。在粳稻移栽田施用，对水稻分蘖稍有抑制作用。

苄嘧磺隆＋哌草丹，在移栽后5～7天，用50%哌草丹乳油150ml/亩＋10%苄嘧磺隆可湿性粉剂15～20g/亩，制成药土撒施。

苄嘧磺隆＋禾草丹，在移栽后5～7天，用50%禾草丹乳油200ml/亩＋10%苄嘧磺隆可湿性粉剂15～20g/亩，制成药土撒施。

苄嘧磺隆＋环庚草醚，在移栽后5～7天，用10%环庚草醚乳油10～15ml/亩＋10%苄嘧磺隆可湿性粉剂15～20g/亩，制成药土撒施。

异丙甲草胺＋苄嘧磺隆，在移栽后5～7天，用72%异丙甲草胺乳油15ml/亩＋10%苄嘧磺隆可湿性粉剂15～20g/亩，制成药土撒施。异丙甲草胺与苄嘧磺隆混用在除草谱上表现出明显的互补性。在以禾本科和莎草为主的地区，单用异丙甲草胺就能有效地防除主要的一年生杂草；但在草相复杂、阔叶杂草种类和数量较多的地区，异丙甲草胺与苄嘧磺隆混用可以表现出优秀的除草效果。二者混用对水稻安全。

乙草胺＋苄嘧磺隆，在移栽后5～7天，用50%乙草胺乳油15ml/亩＋10%苄嘧磺隆可湿性粉剂15～20g/亩，制成药土撒施。

丁草胺＋吡嘧磺隆，在移栽后5～7天，用60%丁草胺乳油80～100ml/亩＋10%吡嘧磺隆可湿性粉剂10～15g/亩，制成药土撒施。

吡嘧磺隆＋哌草丹，在移栽后5～7天，用50%哌草丹乳油150ml/亩＋10%吡嘧磺隆可湿性粉剂10～15g/亩，制成药土撒施。

吡嘧磺隆＋禾草丹，在移栽后5～7天，用50%禾草丹乳油200ml/亩＋10%吡嘧磺隆可湿性粉剂10～15g/亩，制成药土撒施。

吡嘧磺隆＋环庚草醚，在移栽后5～7天，用10%环庚草醚乳油10～15ml/亩＋10%吡嘧磺隆可湿性粉剂10～15g/亩，制成药土撒施。

异丙甲草胺＋吡嘧磺隆，在移栽后5～7天，用72%异丙甲草胺乳油15ml/亩＋10%吡嘧磺隆可湿性粉剂10～15g/亩，制成药土撒施。

乙草胺＋吡嘧磺隆，在移栽后5～7天，用50%乙草胺乳油15ml/亩＋10%吡嘧磺隆可湿性粉剂10～15g/亩，制成药土撒施。

克草胺＋苄嘧磺隆，南方大苗移栽田，于移栽后5～7天，用25%克草胺乳油80～100ml/亩＋10%苄嘧磺隆可湿性粉剂15～20g/亩，制成药土喷施或配成药液喷施、泼浇。

克草胺＋吡嘧磺隆，南方大苗移栽田，于移栽后5～7天，用25%克草胺乳油80～100ml/亩＋10%吡嘧磺隆可湿性粉剂10～15g/亩，制成药土喷施或配成药液喷施、泼浇。

禾草特＋恶草酮，移栽后5～7天，用96%禾草特乳油100～150ml/亩＋25%恶草酮乳油50ml/亩，制成药土撒施或配成药液泼浇。

禾草特＋苄嘧磺隆，在移栽后7～10天、稗草3叶期左右，用96%禾草特乳油100ml/亩＋10%苄嘧磺隆可湿性粉剂15～20g/亩，制成药土撒施或配成药液泼浇。禾草特＋吡嘧磺隆，在移栽后7～10天、稗草3叶期左右，用96%禾草特乳油100ml/亩＋10%吡嘧磺隆可湿性粉剂10～15g/亩，制成药土撒施或配成药液泼浇。

丁西(丁草胺+西草净)，在早稻移栽后3～5天、晚稻移栽后2～4天，用5.3%丁西颗粒剂400～600g/亩，配成药土撒施于田中，施药时要求水层3～5cm，保水8～10天，放干田水后换上干净水，施药时及施药后田中不要有泥露出水面。可以有效防除稗草、眼子菜、牛毛毡、陌上菜、异型莎草、四叶萍、丁香蓼、萤蔺等杂草，对节节菜、鸭舌草、矮慈姑也有一定的防效。施药期间断水易发生药害。

稗草是稻田重要杂草(图1-95)，要及时进行防治。水稻移栽田稗草幼苗期杂草防治，稗草1～5叶期内，用50%二氯喹啉酸可湿性粉剂30～40g/亩，对水40kg，在田中无水层但湿润状态下喷雾，施药后24～48小时复水。稗草5叶期后应加大剂量。

水稻移栽田稗草3～5叶期，可以用2.5%五氟磺草胺油悬剂60～80ml/亩；施药前排干水，施药后24～72小时上水，保水5～7天。

图1-95　水稻移栽田稗草发生情况

部分水稻移栽田，鸭舌草发生严重(图1-96)。在水稻移栽后早稻7~9天、晚稻6~12天，以25%苄·甲磺·乙可湿性粉剂(苄嘧磺隆1.3%+甲磺隆0.3%+乙草胺23.4%)20~25g/亩、或8%苄·甲磺·异丙甲细颗粒剂(苄嘧磺隆0.8%+甲磺隆0.16%+异丙甲草胺7.2%)75~105g/亩，配成药液喷施。可以有效防除萤蔺、牛毛毡、异型莎草、鸭舌草、节节菜、陌上菜、四叶萍等多种阔叶杂草，对矮慈姑也具有较强的抑制作用。对水稻株高有一定的影响，而处理后20天能基本恢复。

图1-96　水稻移栽田鸭舌草发生情况

部分水稻移栽田，鸭舌草发生严重也可以用48%苯达松水剂100～200ml/亩+ 20%氯氟吡氧乙酸乳油40～50ml/亩或20%2甲4氯钠盐水剂140～280ml/亩，以药液喷雾法施入，喷药前一天排水，喷药后一天复水。此药对水稻比较安全，如扁秆藨草发生比较严重，可以适当加大药量。

部分水稻移栽田眼子菜发生较重(图1-97)，防除眼子菜，要抓好水稻分蘖盛期至分蘖末期(一般在移栽后20～30天)，眼子菜基本出齐，大部分叶片3～5叶期(叶片由茶褐色转为绿色)，保持浅水层，毒土法施药。用5.3%丁西颗粒剂(丁草胺4%+西草净1.3%)400～600g/亩，配成药土撒施于田中，施药时要求水层3～5cm，保水8～10天，放干田水后换上干净水，施药时及施药后田中不要有泥露出水面。在移栽后5～7天，用50%乙草胺乳油15ml/亩+10%吡嘧磺隆可湿性粉剂10～15g/亩，制成药土撒施。施药时要求水层3～5cm，保水8～10天。

图1-97　水稻移栽田眼子菜发生情况

部分水稻移栽田空心莲子草发生严重(图1-98)，田间空心莲子草幼苗期，用20%氯氟吡氧乙酸乳油50ml/亩、或48%苯达松水剂150ml/亩+56%2甲4氯钠盐原粉30～60g/亩，以药液喷雾法施入。喷药前一天排水，喷药后1天灌水。混用比单用苯达松成本低，比单用2甲4氯钠盐安全。

图1-98　水稻移栽田空心莲子草发生情况

第二章　小麦病虫草害原色图解

小麦是我国第二大农作物，小麦耐寒、耐旱，适应能力强，栽培广泛，常年栽培面积4亿亩。冬小麦占84%，主要分布在长城以南，岷山、唐古拉山以东的黄河、淮河及长江流域，包括河南、河北、山东、江苏、四川、安徽、陕西、湖北、山西、北京等省市。春小麦约占16%左右，主要分布在长城以北，岷山、大雪山以西的宁夏、青海、新疆、甘肃、内蒙古、黑龙江等省（自治区）。全世界小麦病虫害有200多种，我国报道的小麦病虫害有100多种。病虫的为害不仅造成产量损失，而且大大影响小麦品质。

一、小麦病害

我国报道的小麦病害有50多种，其中小麦白粉病、纹枯病、锈病发生最重。

1. 小麦白粉病

分布为害　小麦白粉病是一种世界性病害，在各地小麦产区均有分布为害。被害麦田一般减产10%左右，严重地块损失高达20%～30%，个别地块甚至达到50%以上（图2-1）。

图2-1　小麦白粉病为害情况

症　　状　小麦白粉病在苗期至成株期均可为害。该病主要为害叶片，严重时也可为害叶鞘、茎秆和穗部。病部初产生黄色小点，而后逐渐扩大为圆形或椭圆形的病斑，表面生一层白粉状霉层（分生孢子），霉层以后逐渐变为灰白色，最后变为浅褐色，其上生有许多黑色小点（闭囊壳）（图2-2至图2-4）。

图2-2 小麦白粉病为害叶片症状

图2-3 小麦白粉病为害茎秆症状

图2-4 小麦白粉病为害穗部症状

病 原 *Blumeria graminis* f.sp. *tritici* 称禾本科布氏白粉菌，属子囊菌亚门真菌。菌丝生于寄主体表，以吸器伸入寄主表皮细胞。病斑霉层内的黑色小颗粒为病菌的闭囊壳（图2-5）。

发生规律 小麦白粉病菌的越夏方式有两种：一是以分生孢子在夏季气温较低地区的自生麦苗或夏播小麦上继续侵染繁殖或以潜伏态度过夏季；另一种是以病残体上的闭囊壳在低温、干燥的条件下越夏。在以分生孢子越夏的地区，秋苗发病较早、较重，在无越夏菌源的地区则发病较晚，较轻或不发病，秋苗发病以后一般均能越冬。病菌越冬的方式有两种：一是以分生孢子的形态越冬；另一种是以菌丝状潜伏在病叶组织内越冬。影响病菌越冬率高低的主要因素是冬季的气温，其次是湿度。越冬的病菌先在植株底部叶片上呈水平方向扩展，以后依次向中部和上部叶片发展（图2-6）。

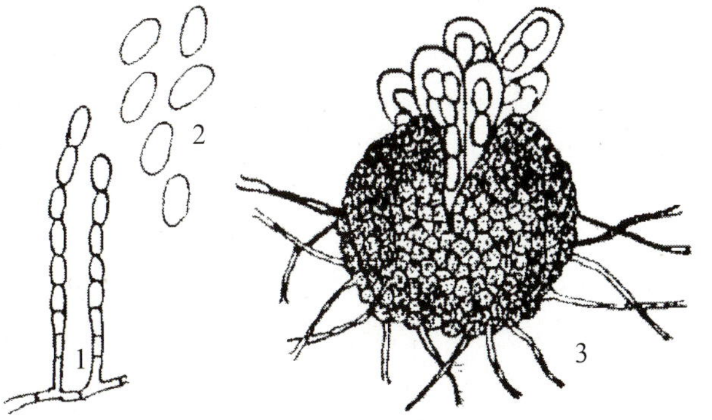

图2-5 小麦白粉病病菌

1.分生孢子梗 2.分生孢子 3.闭囊壳和子囊

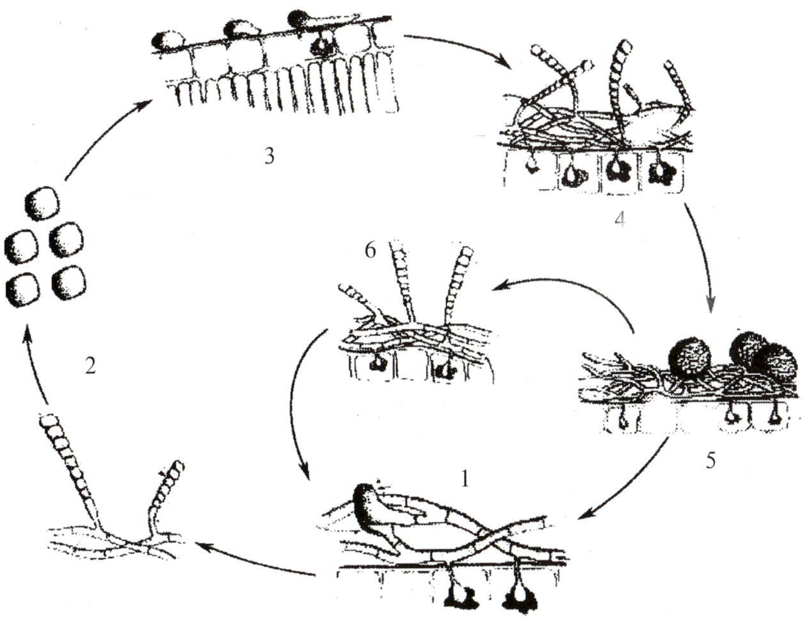

图2-6 小麦白粉病病害循环过程

1.菌丝体越冬 2.分生孢子 3.早春侵染小麦 4.分生孢子经气流传播再侵染
5.闭囊壳或菌丝在自生麦苗上越夏 6.分生孢子

影响春季流行因素有：①菌源，主要是当地菌源多少；②温度，温度高，始病期就早，潜育期短病情发展快；③雨量，春季降雨量较多且分布均匀，病害发生较重；④日照，在春季发病期间日照少，阴天多，病害发生较重；⑤肥料，氮肥过多，发病重；⑥水浇地比旱地发病重，但极旱条件下，发病重；⑦种植过密田块发病严重。

防治方法 在白粉病菌越夏区或秋苗发病重的地区，可适当晚播以减少秋苗发病率，避免播量过高，造成田间群体密度过大；控制氮肥用量，增加磷钾肥特别是磷肥用量。

小麦播种期，可以通过拌种控制麦田病原基数，可以用下列杀菌剂：15%三唑酮可湿性粉剂，按种子重的0.2%~0.3%（有效成分）拌种，兼治条锈病、纹枯病等；2%烯唑醇可湿性粉剂按种子重量1%~2%拌种；1.5%三唑醇悬浮剂种衣剂30~45g/100kg种子；15%三唑醇可湿性粉剂30~45g/100kg种子；6%戊唑醇悬浮种衣剂（重量/容量）3~4g/100kg种子；2.5%咯菌腈悬浮剂100~200ml/100kg种子；用药剂对适量水，加入种子均匀搅拌，应拌种后及时播种，堆闷时间过长影响发芽和出苗。

小麦孕穗末期至抽穗初期，小麦白粉病开始普遍发病为害（图2-7），应及时施用15%三唑酮可湿性粉剂50～100g/亩+75%百菌清可湿性粉剂50～60g/亩、25%丙环唑乳油35～50ml/亩+70%代森锰锌可湿性粉剂50～60g/亩、12.5%烯唑醇可湿性粉剂45～60g/亩+75%百菌清可湿性粉剂50～60g/亩、30%苯醚甲环唑·丙环唑乳油15～20ml/亩、6%戊唑醇·福美双可湿性粉剂175～200g/亩、33%纹霉净（三唑酮·多菌灵）可湿性粉剂50g/亩，对水30～40kg均匀喷雾，兼治小麦纹枯病。

图2-7　小麦白粉病为害初期

在小麦的抽穗扬花期，白粉病发生较普遍时（图2-8），可以用20%三唑酮乳油40～45ml/亩、12.5%腈菌唑乳油15～30ml/亩、12.5%粉唑醇悬浮剂30～60ml/亩、25%丙环唑乳油40～60ml/亩、12.5%烯唑醇可湿性粉剂45～60g/亩、30%苯醚甲环唑·丙环唑乳油15～20ml/亩、6%戊唑醇·福美双可湿性粉剂175～200g/亩、25%咪鲜胺乳油50～60ml/亩、30%醚菌酯悬浮剂30～40ml/亩等，对水30～40kg均匀喷雾，均匀喷施，间隔7天再喷1次。

图2-8　小麦白粉病为害后期叶片受害情况

在小麦灌浆期，白粉病大面积发生时（图2－9），应及时采取有效的防治措施，防治不好将严重地影响小麦产量。可以用12%腈菌·酮（腈菌唑·三唑酮）乳油25～30ml/亩、15%烯唑·三唑酮（烯唑醇·三唑酮）乳油40～50ml/亩、15%井冈·三唑酮可湿性粉剂100～130ml/亩、15%三唑酮可湿性粉剂80～120g/亩、12.5%烯唑醇可湿性粉剂40～60g/亩、6%戊唑醇微乳剂200ml/亩、12.5%腈菌唑乳油20～30ml/亩等，对水40kg喷雾，可有效控制为害。

图2－9　小麦白粉病后期为害茎秆情况

2．小麦纹枯病

分布为害　小麦纹枯病发生普遍而严重。在长江中下游和黄淮平原麦区逐年加重。小麦纹枯病对产量影响极大。一般使小麦减产10%～20%，严重地块减产50%左右，个别地块甚至绝收（图2－10至图2－11）。

图2－10　湿度大时小麦纹枯病为害植株症状

图2-11　小麦纹枯病为害茎基部症状

症　状　小麦各生育期均可受害，造成烂芽、病苗死苗、花秆烂茎、倒伏、枯孕穗等多种症状（图2-12至图2-15）。①病苗死苗：主要在小麦3～4叶期发生，在第一叶鞘上呈现中央灰白、边缘褐色的病斑，严重时因抽不出新叶而造成死苗。②花秆烂茎：返青拔节后，下部叶鞘产生中部灰白色、边缘浅褐色的云纹状病斑，多个病斑相连接，形成云纹状的花秆。田间湿度大时，病叶鞘内侧及茎秆上可见蛛丝状白色的菌丝体，以及由菌丝纠缠形成的黄褐色的菌核。③倒伏：由于茎部腐烂，后期极易造成倒伏。④枯孕穗：发病严重的主茎和大分蘖常抽不出穗，形成“枯孕穗”，有的虽能够抽穗，但结实减少，籽粒秕瘦，形成“枯白穗”。

图2-12　小麦纹枯病云纹斑花秆状

图2-13　小麦纹枯病菌茎基部的白色菌丝体

图2-14　小麦纹枯病菌在茎秆上的菌核

图2-15　小麦纹枯病为害后期形成白穗状

病　　原　无性世代 *Rhizoctonia cerealis* 称禾谷丝核菌 *Rhizoctonia solani* 称立枯丝核菌，均属半知菌亚门真菌，以前者为主。两个种均有各自的菌丝融合群。禾谷丝核菌菌丝双核初无色，渐变黄白色，后成褐色，菌核小，菌丝较细，不产生无性孢子。立枯丝核菌菌丝细胞多核，菌核色泽较深，菌丝较粗（图2-16）。

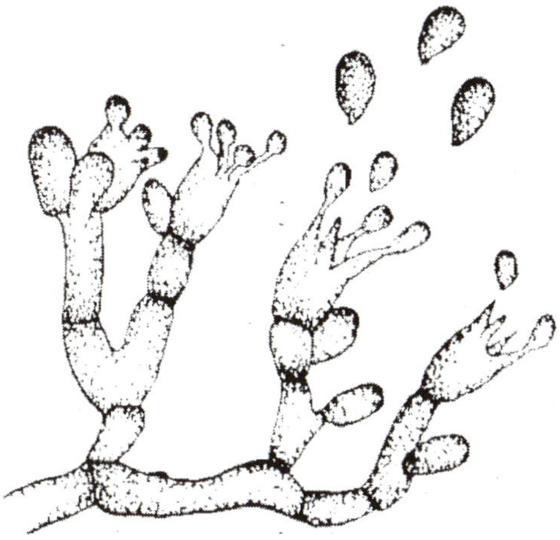

图2-16　小麦纹枯病担子梗、担子、担孢子

发生规律　以菌核和菌丝体在田间病残体中越夏越冬，作为第二年的初侵染源，其中菌核的作用更为重要。小麦纹枯病是典型的土传病害，带菌土壤可以传播病害，混有病残体和病土而未腐熟的有机肥也可以传病。此外，农事操作也可传播。土壤中的菌核和病残体长出的菌丝接触寄主后，形成附着胞或侵染垫产生侵入丝直接侵入寄主，或从根部伤口侵入。冬麦区小麦纹枯病在田间的发生过程可分为以下5个阶段（图2-17）：①冬前发病期。土壤中越夏后的病菌侵染麦苗，在3叶期前后始见病斑，整个冬前分蘖期内，病株率一般在10%以下，早播田块有些可达10%～20%。侵染以接触土壤的叶鞘为主，冬前这部分病株是后期形成白穗的主要来源。②越冬静止期。麦苗进入越冬阶段，病情停止发展，冬前发病株可以带菌越冬，并成为春季早期发病的重要侵染来源之一。③病情回升期。本期以病株率的增加为主要特点，时间一般在2月下旬至4月上旬。随着气温逐渐回升，病菌开始大量侵染麦株，病株率明显增加，激增期在分蘖末期至拔节期，此时病情严重度不高，多为1～2级。④发病高峰期。一般发生在4月上中旬至5月上旬。随着植株拔节与病菌的蔓延发展，病菌向上发展，严重度增加。高峰期在拔节后期至孕穗期。⑤病情稳定期。抽穗以后，茎秆变硬，气温也升高，阻止了病菌继续扩展。一般在5月上、中旬，病斑高度与侵染茎数都基本稳定，病株上产生菌核而后落入土壤，重病株因失水枯死，田间出现枯孕穗和枯白穗。小麦纹枯病靠病部产生的菌丝向周围蔓延扩展引起再侵染。田间发病有两个侵染高峰第一个是在冬前秋苗期；第二个则是在春季小麦的返青拔节期。

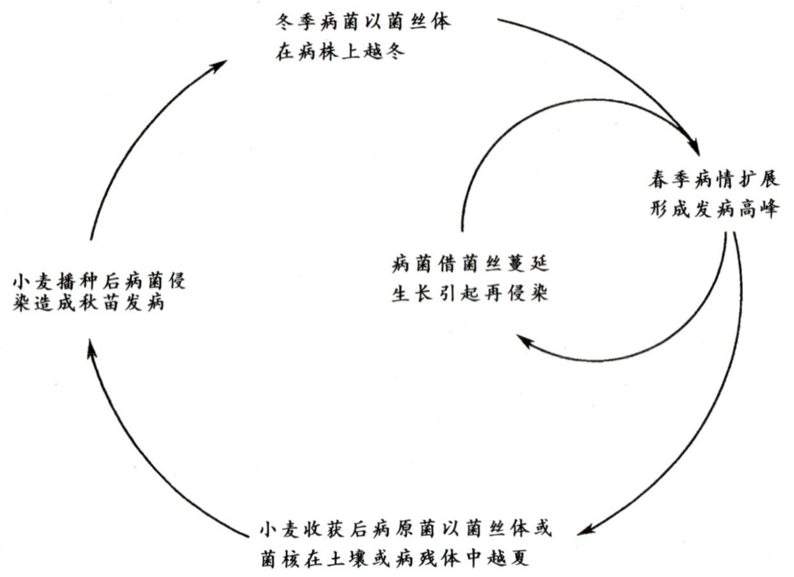

图2-17 小麦纹枯病病害循环

影响小麦纹枯病发生流行的因素包括品种抗性、气候因素、耕作制度及栽培技术等。

(1) 品种抗病性 20世纪60年代以前我国北方麦区小麦品种以当地的农家品种为主，品种遗传上存在异质性。20世纪70年代以来各地在品种推广上趋于单一化，大量推广矮秆品种。目前生产上推广的品种绝大多数为感病品种，只有极少数表现耐病或中抗，缺乏免疫和高抗品种。感病品种的大面积推广，是当前小麦纹枯病严重发生的原因之一。

(2) 耕作与栽培措施 小麦地连作年限长，土壤中菌核数量多，有利于菌源积累，发病重。另外小麦早播气温较高，纹枯病发病重，适期迟播纹枯病发生轻。

(3) 灌溉条件的改善 播种密度的增高，化肥特别是速效氮肥施用量的增加有利于纹枯病发生流行。高产田块纹枯病重于一般田块。

(4) 气候条件 不同发病阶段对气象因子的反应有显著差异。一般冬前高温多雨有利于发病，春季气温已基本满足纹枯病发生的要求，湿度成为发病的主导因子。3月至5月上旬的雨量与发病程度密切相关。

(5) 土壤条件 小麦纹枯病发生与土壤类型也有一定关系。砂壤土地区纹枯病重于黏土地区，黏土地区纹枯病重于盐碱土地区。中性偏酸性土壤发病较重。

防治方法 小麦纹枯病的发生与农田生态状况关系密切，在病害控制上应以改善农田生态条件为基础，结合药剂防治的策略。

农业防治：种植抗（耐）病品种；加强栽培管理，促进小麦生长健壮。适期播种，避免过早播种，以减少冬前病菌侵染麦苗的机会。合理掌握播种量，创造不利于病菌生长发育的条件。避免过量施用氮肥，平衡施用磷、钾肥，特别是重病田要增施钾肥，以增强麦株的抗病能力。带病残体的粪肥要经高温腐熟后再施用。根据当地麦田杂草群落结构与分布以及土壤、环境等条件，选择适应本地区麦田的化学除草剂，做好杂草化学防除工作，或配合人工除草。麦田管理、关键是提高整地质量，培育壮苗和加强麦田排灌系统的建设，做到沟渠配套、排灌畅通，以降低田间湿度。提倡早春中耕，促进麦苗健壮。春季有寒潮时，要看天灌水，尽量减轻低温、寒害的影响。

种子处理：可用2.5%咯菌腈悬浮剂100～200ml/100kg种子；1.5%三唑醇悬浮剂种衣剂30～45g/100kg种子； 2%戊唑醇湿拌种剂3～4g/100kg种子；15%三唑醇可湿性粉剂30～45g/100kg种子；30g/L苯醚甲环唑悬浮种衣剂6～9g/100kg种子。用药剂对适量水，加入种子均匀搅拌，应拌种后及时播种，堆闷时间过长影响发芽和出苗。

春季是病害的发生高峰期，仅靠种子处理很难控制春季病害流行，在小麦返青拔节期应根据病情发展及时进行喷雾防治。以分蘖末期施药防效最好，拔节期次之，孕穗期较差。

在小麦分蘖末期纹枯病零星发生，病株率达5%时（图2-18），应及时施药防治。可用50%多菌灵可湿性粉剂80～100g/亩+50%福美双可湿性粉剂100～150g/亩、70%甲基硫菌灵可湿性粉剂50～75g/亩+70%百菌清可湿性粉剂80～100g/亩、5%井冈霉素水剂100～150ml/亩、3%多抗霉素可湿性粉剂60～120g/亩+2%嘧啶核苷类抗生素水剂150～200ml/亩，对水60～75kg喷雾，或对水7.5～10kg低容量喷雾。

图2-18 小麦拔节期纹枯病为害初期症状

在小麦孕穗期，纹枯病发生较普遍时，应适当加大药量及时防治。可用5%井冈霉素水剂150～170ml/亩、70%甲基硫菌灵可湿性粉剂50～75g/亩+15%三唑酮可湿性粉剂50～100g/亩、25%丙环唑乳油35～50ml/亩、10%井冈·蜡芽菌（井冈霉素·蜡质芽孢杆菌）悬浮剂200～260g/亩、12.5%烯唑醇可湿性粉剂45～60g/亩、30%多·酮（多菌灵·三唑酮）悬浮剂70～90ml/亩、28%井·酮（井冈霉素·三唑酮）可湿性粉剂60～100g/亩、30%苯醚甲环唑·丙环唑乳油15～20ml/亩、6%戊唑醇·福美双可湿性粉剂175～200g/亩，对水60～75kg喷雾。

3. 小麦锈病

分布为害 在我国发生的小麦锈病有3种，即条锈、叶锈和秆锈。小麦条锈病主要发生于西北、西南、黄淮等冬麦区和西北春麦区，在流行年份可减产20%～30%，严重地块甚至绝收；小麦叶锈病以西南和长江流域发生较重，华北和东北部分麦区也较重；小麦秆锈病在华东沿海、长江流域和福建、广东、广西的冬麦区及东北、内蒙古等春麦区发生流行（图2-19）。

图2-19 小麦叶锈病为害叶片症状

症　状 叶锈病主要为害叶片，产生疱疹状病斑，夏孢子堆橘红色，呈不规则散生，一般多发生在叶片的正面，少数可穿透叶片，成熟后表皮开裂一圈，散出橘黄色的夏孢子（图2-20）。

图2-20　小麦叶锈病为害叶片症状

条锈病主要发生在叶片上，叶片初发病时夏孢子堆鲜黄色，与叶脉平行，且排列成行，像缝纫机轧过的针脚一样，呈虚线状，后期表皮破裂，出现铁锈色粉状物（图2-21）。

图2-21　小麦条锈病为害叶片症状

秆锈病主要为害茎秆和叶鞘，夏孢子堆最大，隆起高，褐黄色，不规则散生，常连接成大斑，成熟后表皮易破裂，表皮大片开裂且向外翻成唇状，散出大量锈褐色粉末（图2-22）。

图2-22　小麦秆锈病为害茎秆症状

病　原　小麦叶锈病病菌为小麦隐匿柄锈菌 *Puccinia recondita*，属担子菌亚门柄锈菌属。夏孢子单胞，球形或近球形，黄褐色，表面有微刺。冬孢子双胞，棍棒状，上宽下窄，顶部平截或稍倾斜，暗褐色。性子器橙黄色，球形或扁球形。性孢子产生于性子器，椭圆形。锈子器生于性子器相对应的叶背病斑上，杯形或短圆筒状。锈孢子链生于锈子器内，球形或椭圆形（图2-23至图2-24）。

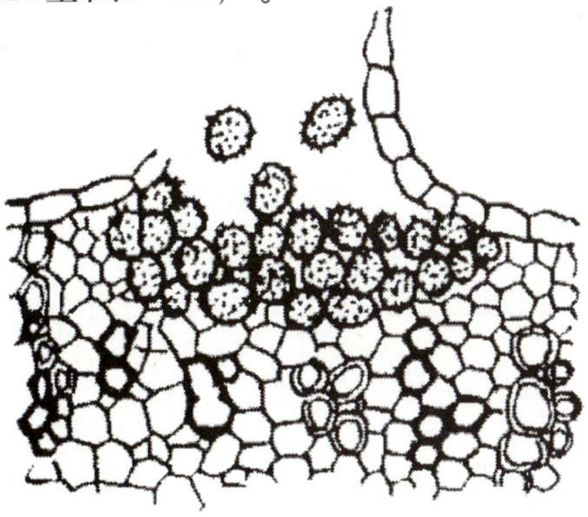

图2-23　小麦叶锈病夏孢子堆和夏孢子

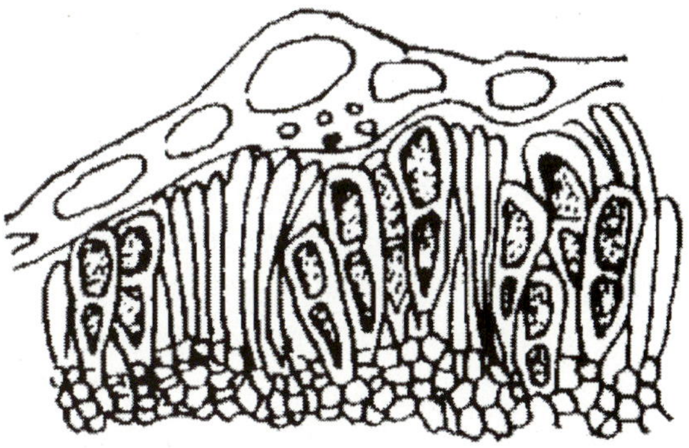

图2-24　小麦叶锈病冬孢子堆和冬孢子

小麦条锈病病菌为条形柄锈菌 *Puccinia striiformis*，属担子菌亚门柄锈菌属。夏孢子堆长椭圆形，裸露后呈粉状，橙黄色。夏孢子单胞、球形，表面有细刺，鲜黄色。冬孢子堆多生于叶背，长期埋生于寄主表皮下，灰黑色。冬孢子双胞，棍棒形，顶部扁平或斜切；分隔处稍缢缩（图2-25至图2-26）。

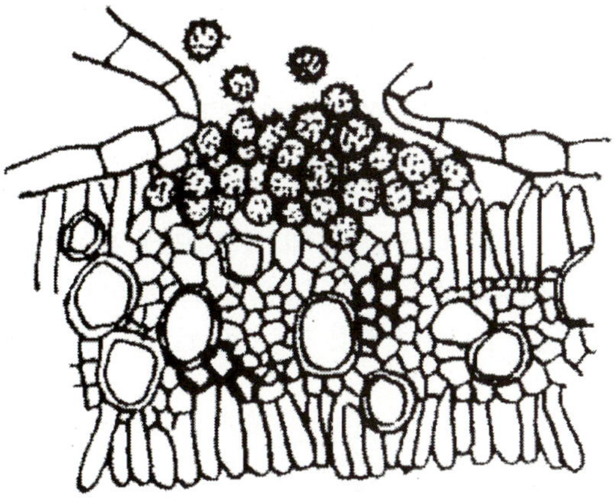

图2-25　小麦条锈病夏孢子堆和夏孢子

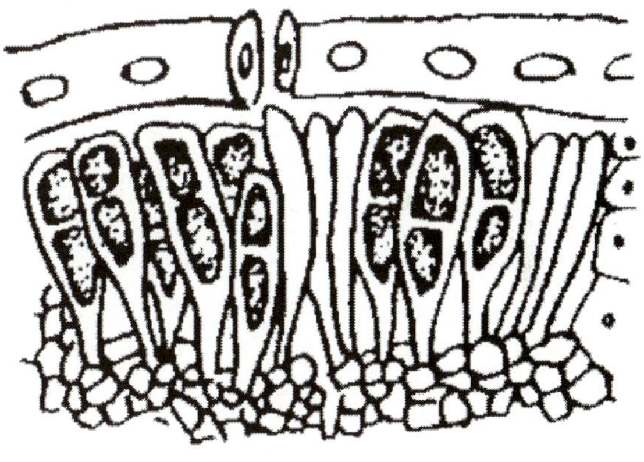

图2-26　小麦条锈病冬孢子堆和冬孢子

小麦秆锈病菌为禾柄锈菌 *Puccinia graminis* ，属担子菌亚门柄锈菌属。夏孢子堆椭圆形至狭长形。夏孢子单胞，暗黄色，长圆形。冬孢子有柄，双胞，椭圆形或长棒形，浓褐色，表面光滑，横隔处稍缢缩（图2-27至图2-28）。

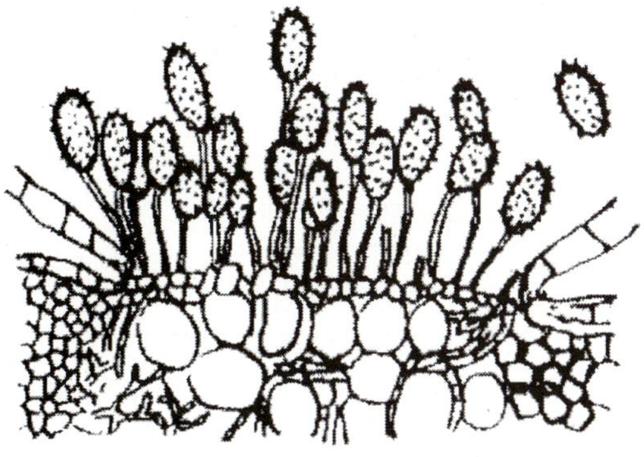

图2-27　小麦秆锈病夏孢子堆和夏孢子

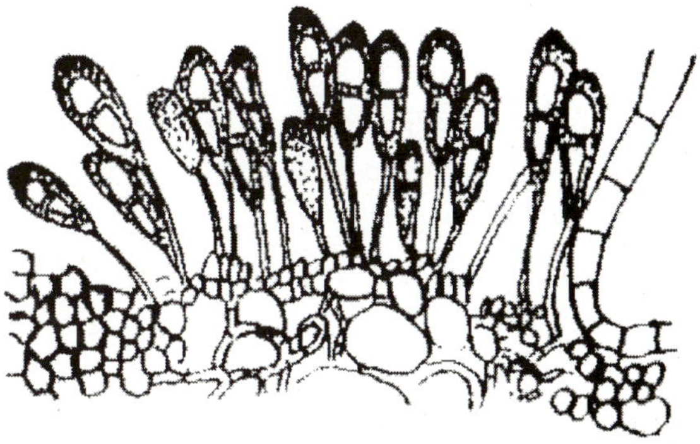

图2-28　小麦秆锈病冬孢子堆和冬孢子

发生规律 叶锈病菌是一种多孢型转主寄生的病菌。在小麦上形成夏孢子和冬孢子，冬孢子萌发产生担孢子，在唐松草和小乌头上形成锈孢子和性孢子。以夏孢子世代完成其生活史。该菌夏孢子萌发后产生芽管从叶片气孔侵入，在叶面上产生夏孢子堆和夏孢子，进行多次重复侵染。秋苗发病后，病菌以菌丝体潜伏在叶片内或少量以夏孢子越冬，冬季温暖地区，病菌不断传播蔓延。北方春麦区，由于病菌不能在当地越冬，病菌则从外地传来，引起发病。冬小麦播种早，出苗早发病重。一般9月上中旬播种的易发病，冬季气温高，雪层厚，覆雪时间长，土壤湿度大，发病重。毒性强的小种多，能使小麦抗病性丧失，造成大面积发病。

小麦条锈病菌主要以夏孢子在小麦上完成周年的侵染循环（图2-29），是典型的远程气传病害。其侵染循环可分为越夏、侵染秋苗、越冬及春季流行4个环节。秋季越夏的菌源随气流传播到冬麦区后，遇有适宜的温湿度条件即可侵染冬麦秋苗，秋苗的发病开始多在冬小麦播后1个月左右。秋苗发病迟早及多少，与菌源距离和播期早晚有关，距越夏菌源近、播种早则发病重。翌年小麦返青后，越冬病叶中的菌丝体复苏扩展，当旬均温上升至5℃时显症产孢，如遇春雨或结露，病害扩展蔓延迅速，引致春季流行，成为该病主要为害时期。在具有大面积感病品种前提下，越冬菌量和春季降雨成为流行的两大重要条件。品种抗病性差异明显，但大面积种植具同一抗源的品种，由于病菌小种的改变，往往造成抗病性丧失。

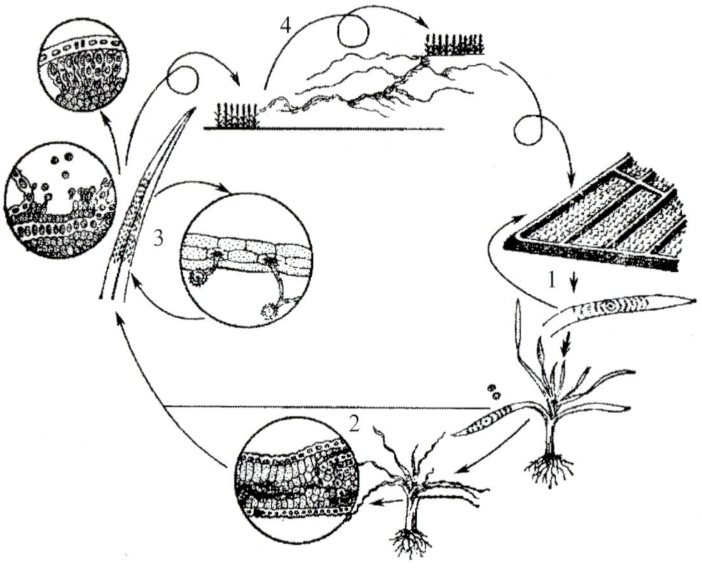

图2-29 小麦条锈病病害循环

1.秋苗发病 2.越冬 3.春季流行 4.越夏

秆锈菌只以夏孢子世代在小麦上完成侵染循环（图2-30）。研究表明，我国小麦秆锈菌是以夏孢子世代在南方为害秋苗并越冬，在北方春麦区引起春夏流行，通过菌源的远距离传播，构成周年侵染循环。翌年春、夏季，越冬区菌源自南向北、向西逐步传播，造成全国大范围的春、夏季流行。由于大多数地区无或极少有本地菌源，春、夏季广大麦区秆锈病的流行几乎都是外来菌源所致，所以田间发病都是以大面积同时发病为特征，无真正的发病中心。但在外来菌源数量较少、时期较短的情况下，在本地繁殖1～2代后，田间可能会出现一些"次生发病中心"。小麦品种间抗病性差异明显，该菌小种变异不快，品种抗病性较稳定，近20年来没有大的流行。一般来说，小麦抽穗期的气温可满足秆锈菌夏孢子萌发和侵染的要求，决定病害是否流行的主要因素是湿度。对东北和内蒙古春麦区来说，如华北地区发病重，夏孢子数量大，而本地5～6月气温偏低，小麦发育迟缓，同时6～7月降雨日数较多，就有可能大流行。北部麦区播种过晚，秆锈病发生重；麦田管理不善，追施氮肥过多过晚，则加重秆锈病发生。

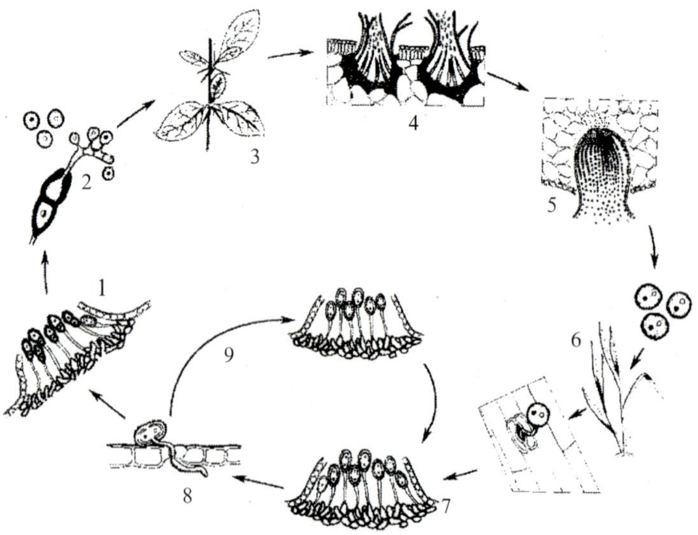

图2-30 小麦秆锈病病害循环

1.冬孢子 2.担孢子 3.小蘖 4.性孢子 5.锈孢子 6.锈孢子侵染小麦 7.夏孢子 8.夏孢子侵染 9.再侵染

防治方法 小麦叶锈病应采取以种植抗病品种为主，栽培防病和药剂防治为辅的综合防治措施。

选育推广抗(耐)病良种，精耕细作，消灭杂草和自生麦苗，控制越夏菌源；在秋苗易发生锈病的地区，避免过早播种，可显著减轻秋苗发病，减少越冬菌源；合理密植和适量适时追肥，避免过多过迟施用氮肥。锈病发生时，南方多雨麦区要开沟排水；北方干旱麦区要及时灌水，可补充因锈菌破坏叶面而蒸腾掉的大量水分，减轻产量损失。

药剂拌种是控制菌量的重要手段。可用15%三唑酮可湿性粉剂60～100g/100kg种子；25%三唑醇干拌剂35～40g/100kg种子；12.5%烯唑醇可湿性粉剂60～80g/100kg种子；24%唑醇·福美双悬浮种衣剂160～200g/100kg种子，拌种时将药液稀释，然后将药液喷洒到种子上，边喷边拌，拌后闷种4～6小时播种。

图2-31 小麦叶锈病拔节期为害田间症状

小麦返青拔节期后，发现中心病株时（图2-31），及时进行预防和防治，可用15%三唑酮可湿性粉剂50～100g/亩+75%百菌清可湿性粉剂50～60g/亩、25%丙环唑乳油35～50ml/亩+70%代森锰锌可湿性粉剂50～60g/亩、12.5%烯唑醇可湿性粉剂45～60g/亩+75%百菌清可湿性粉剂50～60g/亩、30%苯醚甲环唑·丙环唑乳油15～20ml/亩、33%纹霉净（三唑酮·多菌灵）可湿性粉剂50g/亩，对水30～40kg均匀喷雾，间隔8～10天，连续喷2～3次。

孕穗期前后发生中心病团，且发病较多时（图2-32至图2-33），可用25%三唑酮可湿性粉剂40～50g/亩、25%戊唑醇水乳剂60～70ml/亩、25%腈菌唑乳油45～50ml/亩、12.5%烯唑醇可湿性粉剂30～50g/亩、12.5%氟环唑悬浮剂48～60ml/亩、15%福美双·三唑酮可湿性粉剂60～80g/亩、25%三唑酮可湿性粉剂60～80g/亩+50%多菌灵可湿性粉剂100g/亩、40%氟硅唑乳油10～20ml/亩等，对水40～50kg均匀喷雾，间隔8～10天，连续喷2次。

图2-32 小麦叶锈病孕穗期为害症状

图2-33 小麦条锈病孕穗期为害症状

小麦扬花期前后，田间发病比较严重(图2-34至图2-35)，可用25%丙环唑乳油30～40ml/亩、12.5%烯唑醇可湿性粉剂40～60g/亩、25%腈菌唑乳油50～60ml/亩、5%己唑醇悬浮剂30～40ml/亩、40%氟硅唑乳油10～20ml/亩、20%烯肟·戊唑醇悬浮剂10～20ml/亩、12.5%粉唑醇悬浮剂30～50ml/亩，对水40～50kg均匀喷雾。

图2-34　小麦条锈病扬花期为害田间症状

图2-35　小麦叶锈病扬花期为害症状

4. 小麦全蚀病

分布为害　小麦全蚀病是一种毁灭性的典型的根部病害（图2-36），广泛分布于世界各地。而今已扩展到我国西北、华北、华东等地。

图2-36　小麦全蚀病灌浆期形成的白穗症状

症　　状　只侵染根部和茎基部。幼苗感病，初生根部根茎变为黑褐色，严重时病斑连在一起，使整个根系变黑死亡。分蘖期地上部分无明显症状，重病植株表现稍矮，基部黄叶多。拔出麦苗，用水冲洗麦根，可见种子根与地下茎都变成了黑褐色。在潮湿情况下，根茎变色，部分形成基腐性的“黑脚”症状（图2-37）。最后造成植株枯死，形成“白穗”（图2-38至图2-39）。

图2-37　小麦全蚀病为害呈“黑脚”状

图2-38　小麦全蚀病为害病健株比较情况

图2-39　小麦全蚀病后期田间受害症状

病　　原 *Gaeumannomyces graminis* 称禾顶囊壳，属子囊菌亚门真菌（图2-40）。匍匐菌丝粗壮，栗褐色，有隔。分枝菌丝淡褐色，形成两类附着枝：一类裂瓣状，褐色，顶生于侧枝上；另一类简单，圆筒状，淡褐色，顶生或间生。

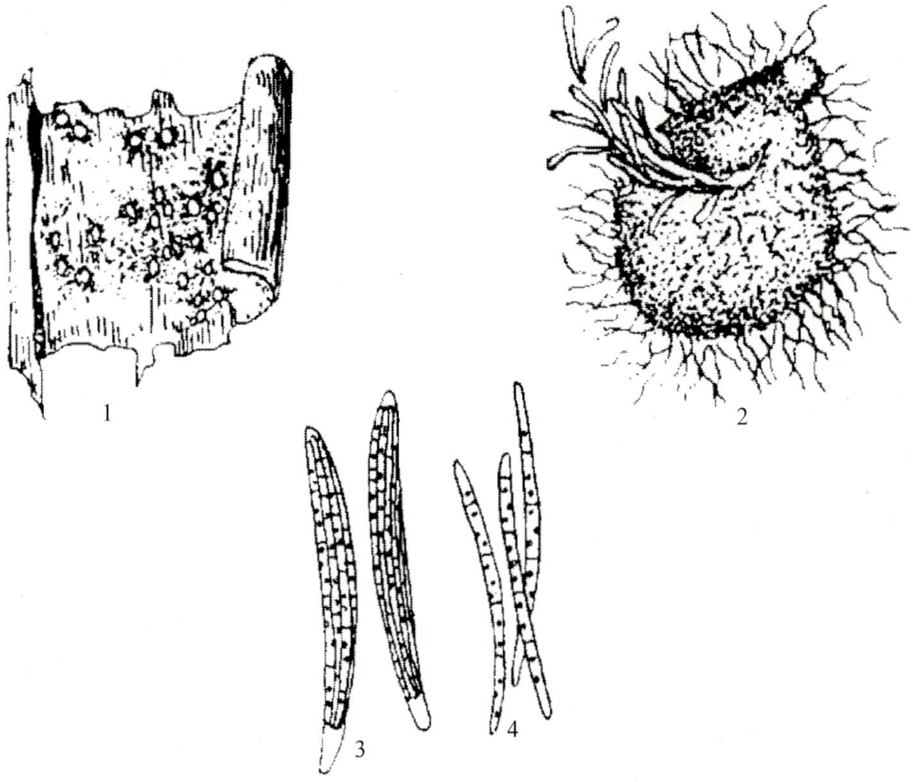

图2-40　小麦全蚀病病菌

1.叶鞘内的子囊壳　2.子囊壳放大　3.子囊　4.子囊孢子

发生规律 小麦全蚀病菌是土壤寄居菌，以潜伏菌丝在土壤中的病残体上腐生或休眠，是主要的初侵染菌源。除土壤中的病菌外，混有病菌的病残体和种子亦能传病，小麦整个生育期均可感染，但以苗期侵染为主。病菌可由幼苗的种子根、胚芽以及根颈下的节间侵入根组织内，也可通过胚芽鞘和外胚叶进入寄主组织内。12～18℃的土温有利于侵染。因受温度影响，冬麦区有年前、年后两个侵染高峰，冬小麦播种越早，侵染期越早，发病越重，全蚀病以初侵染为主，再侵染不重要。小麦、大麦等寄主作物连作，发病严重，一年两熟地区小麦和玉米复种，有利于病菌的传递和积累，土质轻松，碱性，有机质少，氮、磷缺乏的土壤发病均重。不利于小麦生长和成熟的气候条件，如冬春低温和成熟期的干热风，都可使小麦受害加重。小麦全蚀病有明显的自然衰退现象，一般表现为上升期、高峰期、下降期和控制期4个阶段，达到病害高峰期后，继续种植小麦和玉米，全蚀病衰退，一般经1～2年即可控制为害。

防治方法 小麦全蚀病的防治应以农业措施为基础，充分利用生物、化学的防治手段达到保护无病区，控制初发病区，治理老病区的目的。药剂防治以种子处理为主来预防。

种子处理：可用12.5%硅噻菌胺悬浮剂200ml、2.5%咯菌腈悬浮种衣剂+3%苯醚甲环唑悬浮种衣剂200ml+200ml、3%苯醚甲环唑悬浮种衣剂400～600ml、10%多微酮可湿性粉剂300～400g、6%戊唑醇种子处理剂50ml、2.5%咯菌腈悬浮剂100～200ml拌麦种100kg；或用25%丙环唑乳油种子重量的0.1%～0.2%、12.5%烯唑醇可湿性粉剂种子重量的0.2%拌种。

在拌种的基础上，在返青拔节期进行药剂灌根，可以用30%苯醚甲环唑·丙环唑乳油20～30g/亩、1.5%多抗霉素可湿性粉剂80～160g/亩+25%腈菌唑乳油45～54ml/亩、40%氟硅唑乳油20～30ml/亩、2.5%咯菌腈悬浮剂20～40ml/亩，对水80～100kg，顺麦垄淋浇于小麦基部。

5. 小麦黑穗病

分布为害　小麦黑穗病包括散黑穗病、腥黑穗病，是小麦上的重要病害。在世界各国麦区均有发生，我国主要分布在华北、西北、东北、华中和西南各省。

症　　状　黑穗病主要发生在穗部。病穗比健穗抽穗早，初抽出时病穗外包有一层浅灰色的薄膜，后薄膜破裂消失，露出黑色粉末（图2-41至图2-42）。

图2-41　小麦散黑穗病为害穗部症状

图2-42　小麦散黑穗病为害田间症状

腥黑穗病发生于穗部，抽穗前症状不明显，抽穗后至成熟期症状明显。病株全部籽粒变成菌瘿，菌瘿较健粒短胖。初为暗绿色，后变为灰白色，内部充满黑色粉末，最后菌瘿破裂，散出黑粉，并有鱼腥味（图2-43至图2-44）。

图2-43　小麦腥黑穗病为害穗部症状

图2-44　小麦腥黑穗病为害麦粒症状

病　　原　小麦散黑穗病菌，有性世代为散黑粉菌 *Ustilago nuda*，属担子菌亚门真菌，麦穗上黑粉为冬孢子。冬孢子略呈球形或近球形，浅黄色至茶褐色，半边颜色较淡，表面生有微细突起（图2-45）。

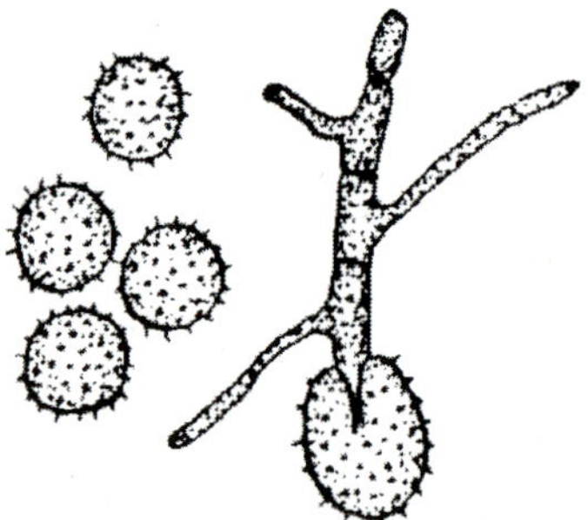

图2-45　小麦散黑穗病菌冬孢子及其萌发

小麦腥黑穗病菌：病原主要有2种，即网腥黑粉菌*Tilletia caries*、光腥黑粉菌*Tilletia foetida* 均属担子菌亚门真菌。小麦网腥黑粉菌孢子堆生在子房内，外包果皮，与种子同大，内部充满黑紫色粉状孢子，具腥味。孢子球形至近球形，浅灰褐色至深红褐色。小麦光腥黑粉菌孢子堆同上。孢子球形或椭圆形，有的长圆形至多角形，浅灰色至暗褐色，表面平滑，也具腥味（图2-46）。

发生规律　小麦散黑穗病菌属花器侵染类型，一年只有一次侵染（图2-47）。病穗散出冬孢子时期，恰值小麦开花期，冬孢子借风力传送到健花柱头上。当柱头刚刚开裂并有湿润分泌物时，孢子发芽产生菌丝和单核分枝菌丝，亲和性单核菌丝结合后产生双核侵染菌丝，多在子房下部或籽粒的顶端冠基部穿透子房壁表皮直接侵入，并穿透果皮和珠被，进入珠心，潜伏于胚部细胞间隙。当籽粒成熟时，菌丝体变为厚壁休眠菌丝，以菌丝状态潜伏于种子胚里。这种内部带病种子播种后，胚里的菌丝随着麦苗生长，直到生长点，以后并随着植株生长而伸展，形成系统侵染。在孕穗期到达穗部，在小穗内继续生长发育，到一定时期，菌丝变成冬孢子，成熟后散出，被风传到健穗的花器上萌发侵入，以菌丝状态潜伏于种子胚内越冬，造成下一年发病。

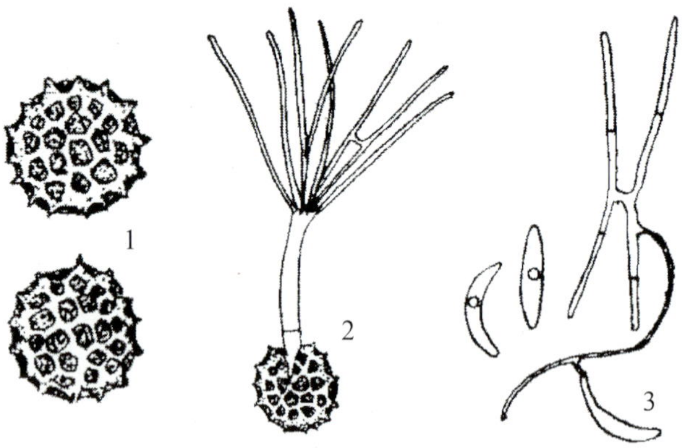

图2-46　小麦网腥黑穗病菌

1.冬孢子 2.冬孢子萌发产生担孢子、担孢子结合 3.接合孢子产生小孢子

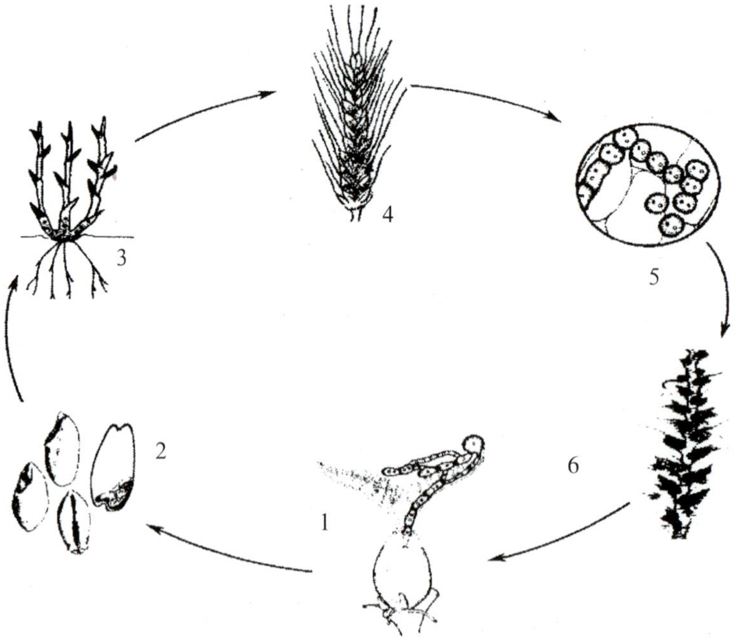

图2-47　小麦散黑穗病病害循环

1.冬孢子萌发侵入小麦子房 2.菌丝在种胚中越冬 3.侵染幼苗 4.麦穗 5.麦粒内形成冬孢子 6.病穗后期

小麦腥黑穗病病菌以厚垣孢子附在种子外表或混入粪肥、土壤中越冬或越夏。腥黑穗病是一种单循环系统侵染的病害（图2–48），其侵染来源有3个方面：①种子带菌。小麦在脱粒时，碾碎了病粒，使冬孢子附着在种子表面，或菌瘿及菌瘿的碎片混入种子间，均可成为种子传病的来源。②粪肥带菌。打麦场上的麦糠、碎麦秸及尘土混入肥料，或用带菌麦草饲喂牲畜及带菌种子饲喂家禽，通过消化道后，冬孢子未死亡，而使粪肥成为侵染来源。③土壤带菌。病粒落入田间，或靠近打麦场的麦田，在打场时，由风吹入冬孢子，而造成土壤传染。一般以种子带菌为主。种子带菌亦是病害远距离传播的主要途径。粪肥和土壤传病是次要的，但在某些局部地区也可能起主要作用。如山东及吉林的扶余县等地区，习惯上用土壤和麦种同时播种，粪肥传病则是主要的。在麦收后寒冷而干燥的地区，如内蒙古春麦区，病菌冬孢子在土壤中存活的时间较长，土壤传病的作用较大。播种带菌的小麦种子，当种子发芽时，冬孢子也随即萌发，由芽鞘侵入幼苗，并到达生长点，菌丝随小麦生长而发展，到小麦孕穗期，病菌侵入幼穗的子房，破坏花器，形成黑粉，使整个花器变成菌瘿。

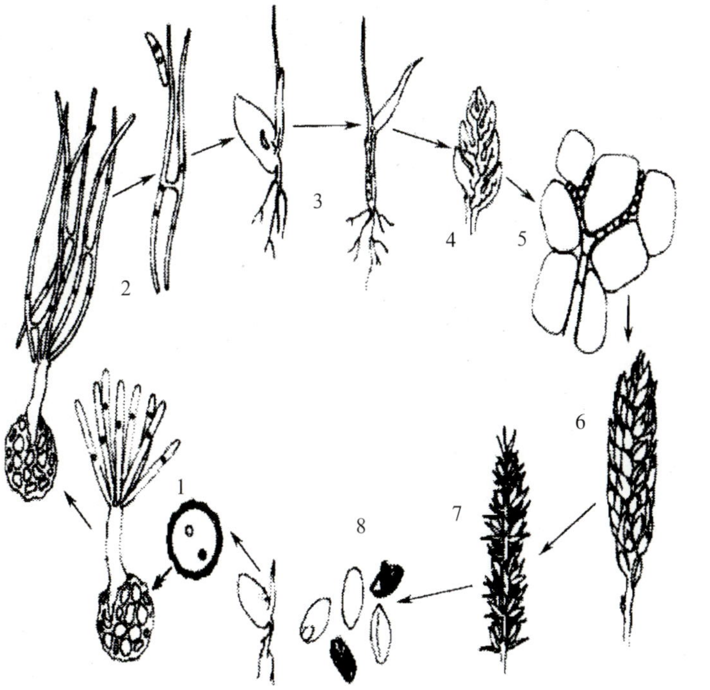

图2–48　小麦腥黑穗病病害循环

1.冬孢子及其萌发　2.H形双核菌丝　3.小麦苗期　4.小麦穗期
5.冬孢子　6.健穗　7.病穗　8.冬孢子在种子内休眠

防治方法　小麦黑穗病的防治应采用以加强检疫和种子处理为主，农业防治和抗病品种为辅的综合防治措施。加强检疫工作，防止病害随种子或商品粮传入我国。播种的种子要在精选后严格进行消毒，田间管理时应注意施用无病肥，及时拔除病株等。适期播种，播种不宜过深。施用腐熟的有机肥。以土壤和粪肥传播为主的病害，可采用与非寄主作物实行1～2年轮作，或1年水旱轮作，并要施无病肥。

药剂拌种是防治小麦黑穗病最经济有效的措施。可用15%三唑酮乳油60～100ml/100kg种子、50%多菌灵可湿性粉剂150g+70%敌磺钠粉剂400g/100kg种子、70%五氯硝基苯可湿性粉剂250g+12.5%烯唑醇可湿性粉剂160～240g/100kg种子、5.5%二硫氰基甲烷乳油20ml+20%萎锈灵乳油500ml/100kg种子、3%苯醚甲环唑悬浮种衣剂按1：1 000（药：种）、45%敌磺钠粉剂300g/100kg种子、40%拌·福（拌种双·福美双）可湿性粉剂40～80g/100kg种子、17%多·福（多菌灵·福美双）悬浮种衣剂243～283g/kg种子、50%唑酮·福美（三唑酮·福美双）种衣剂100～125g/100kg种子、2%戊唑醇湿拌剂2～3g/100kg种子、75%萎锈·福美双可湿性粉剂180～210g/100kg种子。

6．小麦秆黑粉病

分布为害 小麦秆黑粉病是小麦上的重要病害。在世界各国麦区均有发生，我国主要分布在华北、西北、东北、华中和西南各省。

症　状 主要为害茎秆、叶片、穗。茎秆上产生条纹状黑褐色冬孢子堆，病株分蘖多，有时无效分蘖可达百余个。叶片上产生条纹状黑褐色冬孢子堆，易扭曲、干枯。为害严重时多不抽穗而卷曲在叶鞘内，或穗小畸形，粒少粒秕（图2－49至图2－50）。

图2－49 小麦秆黑粉病为害田间症状

图2－50 小麦秆黑粉病为害茎秆症状

病　原 *Urocystis tritici* 称小麦条黑粉菌，属担子菌亚门真菌(图2－51)。病菌冬孢子圆形或椭圆形，褐色，以1～4个冬孢子为核心，外围以若干不孕细胞组成孢子团。孢子团圆形或长椭圆形。

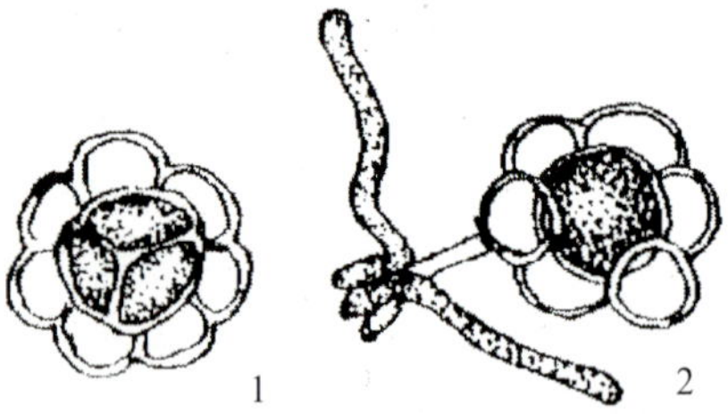

图2－51 小麦秆黑粉病病菌
1.冬孢子 2.冬孢子萌发

发生规律 以冬孢子团散落在土壤中或以冬孢子黏附在种子表面及肥料中越冬或越夏，成为该病初侵染源。以土壤传播为主，土壤中越冬的冬孢子，萌发后从幼苗芽鞘侵入，并进入生长点，为系统侵染病害，一年只能侵染一次。

防治方法 小麦黑穗病的防治应采用以加强检疫和种子处理为主，农业防治和抗病品种为辅的综合防治措施。适期播种，播种不宜过深。施用腐熟的有机肥。

药剂拌种是防治小麦秆黑粉病最经济有效的措施。可用15%三唑酮乳油60～100g+50%多菌灵可湿性粉剂150g、12.5%烯唑醇可湿性粉剂160～240g、20%萎锈灵乳油500ml拌麦种100kg；或用2%戊唑醇种衣剂1：700～1 000（药：种）、25%三唑醇粉剂1：100、3%苯醚甲环唑悬浮种衣剂按1：1 000（药：种）进行拌种。

7．小麦赤霉病

分布为害 小麦赤霉病别名麦穗枯、烂麦头、红麦头，是小麦的主要病害之一。小麦赤霉病在全世界普遍发生，主要分布于潮湿和半潮湿区域，尤其气候湿润多雨的温带地区受害比较严重。

症 状 从幼苗到抽穗都可受害，其中为害最严重的是穗腐。小麦扬花时，初在颖片上产生水浸状浅褐色斑，渐扩大至整个小穗，小穗枯黄。湿度大时，病斑处产生粉红色胶状霉层，后期其上产生密集的蓝黑色小颗粒。用手触摸，有突起感觉，籽粒干瘪并伴有白色至粉红色霉（图2-52至图2-53）。

图2-52 小麦赤霉病为害穗部症状

图2-53 小麦赤霉病病粒和健粒比较

病 原 该病由多种镰刀菌引起。有 *Fusarium graminearum* 称禾谷镰孢，*F. avenaceum* 称燕麦镰孢，*F. culmorum* 称黄色镰孢，*F. moniliforme* 称串珠镰孢，*F. acuminatum* 称税顶镰孢等，都属于半知菌亚门真菌。优势种为禾谷镰孢（*F. graminearum*），其大型分生孢子镰刀形，有隔膜3~7个，顶端钝圆，基部足细胞明显，单个孢子无色，聚集在一起呈粉红色黏稠状。小型孢子很少产生（图2-54）。

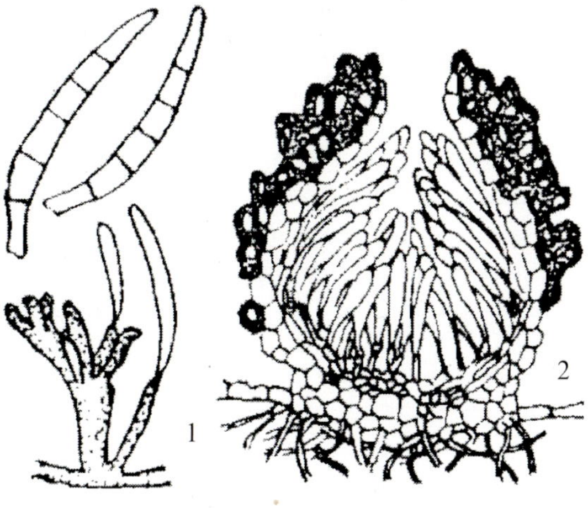

图2-54 小麦赤霉病菌

1.分生孢子梗和分生孢子 2.子囊壳和子囊

发生规律 小麦赤霉病菌腐生能力强，在北方地区麦收后可继续在麦秸、玉米秆、豆秸、稻桩、稗草等植物残体上存活，并以子囊壳、菌丝体和分生孢子在各种寄主植物的残体上越冬。土壤和带病种子也是重要的越冬场所。病残体上的子囊壳和分生孢子以及带病种子是下一个生长季节的主要初侵染源。种子带菌是造成苗枯的主要原因，而土壤中如有较多的病菌则有利于产生茎基腐症状。小麦抽穗后至扬花末期最易受病菌侵染（此时正遇病残体上子囊孢子产生的高峰期），乳熟期以后，除非遇上特别适宜的阴雨天气，一般很少侵染。子囊孢子借气流和风雨传播，孢子落在麦穗上后萌发产生菌丝，先在颖壳外侧蔓延后经颖片缝隙进入小穗内并侵入花药。侵入小穗内的菌丝往往靠花药残骸或花粉粒作为营养并不断生长繁殖，进而侵害颖片两侧薄壁细胞以至胚和胚乳，引起小穗凋萎（图2-55）。小穗被侵染后，条件适宜，3~5天即可表现症状。然后菌丝逐渐向水平方向的相邻小穗扩展，也向垂直方向穿透小穗轴进而侵害穗轴输导组织，导致侵染点以上的病穗出现枯萎。潮湿条件下病部可产生分生孢子，借气流和雨水传播，进行再侵染。小麦赤霉病虽然是一种多循环病害，但因病菌侵染寄主的方式和侵染时期比较严格，穗期靠产生分生孢子再侵染次数有限，作用也不大。穗枯的发生程度主要取决于花期的初侵染量和子囊孢子的连续侵染。对于成熟参差不齐的麦区，早熟品种的病穗有可能为中晚熟品种和迟播小麦的花期侵染提供一定数量的菌源。迟熟、颖壳较厚、不耐肥品种发病较重；田间病残体菌量大发病重；地势低洼、排水不良、黏重土壤，偏施氮肥、密度大，田间郁闭发病重。

图2-55 小麦赤霉病病害循环

1.子囊孢子 2.病穗 3.病粒 4.枯苗

5.分生孢子再侵染 6.子囊壳 7.病残体

防治方法　防治小麦赤霉病应采取以农业防治和减少初侵染源为基础，充分利用抗病品种，及时喷洒杀菌剂相结合的综合防治措施。播种时要精选种子，播种量不宜过大，合理施肥。

种子处理是防治芽腐和苗枯的有效措施。可用50%多菌灵可湿性粉剂100～200g、15%粉锈灵可湿性粉剂160g湿拌100kg种子。

小麦扬花初期，田间有零星发病（图2-56）是防治小麦赤霉病的防治适期，间隔7～10天再喷1次，连喷3～4次。可用60%多菌灵盐酸盐可湿性粉剂70～90g/亩、40%多菌灵·三唑酮可湿性粉剂100～125g/亩、50%多菌灵可湿性粉剂40～60g/亩、70%甲硫·福美双可湿性粉剂84～98g/亩、30%戊唑·福美双可湿性粉剂18～27g/亩、28%烯肟·多菌灵（烯肟菌胺·多菌灵）可湿性粉剂10～20g/亩、42%甲基硫菌灵·苯醚甲环唑可湿性粉剂40～60g/亩、36%多菌灵·咪鲜胺可湿性粉剂40～60g/亩、36%三氯异氰尿酸可湿性粉剂50～70g/亩、12.5%烯唑醇可湿性粉剂50g/亩、25%丙环唑乳油40ml/亩，对水30～40kg喷雾。

图 2-56　小麦赤霉病为害田间症状

8. 小麦叶枯病

分布为害　小麦叶枯病是引起小麦叶斑和叶枯类病害的总称。世界上报道的叶枯病的病原菌达20多种。我国目前以雪霉叶枯病、链格孢叶枯病、壳针孢类叶枯病、黄斑叶枯病等在各产麦区为害较大，已成为我国小麦生产上的一类重要病害，多雨年份和潮湿地区发生尤其严重（图2-57）。

图2-57　小麦叶枯病为害田间症状

症　状　黄斑叶枯病：主要为害叶片，可单独形成黄斑。叶片染病初期生黄褐色斑点，后扩展为椭圆形至纺锤形大斑，病斑中央色深，有不大明显的轮纹，边缘有边界不明显，外围生黄色晕圈，后期病斑融合，导致叶片变黄干枯（图2-58至图2-59）。

图2-58　小麦黄斑叶枯病初期症状

图2-59　小麦黄斑叶枯病后期症状

雪霉叶枯病：主要为害叶片、叶鞘。病斑初为水渍状，后扩大为近圆形或椭圆形大斑，边缘灰绿色，中央污褐色。病斑表面常形成砖红色霉层，潮湿时病斑边缘有白色菌丝薄层，有时产生黑色小粒点（图2-60）。

图2-60 小麦雪霉叶枯病为害叶片症状

链格孢叶枯病：主要为害叶片和穗部。初期在叶片上形成较小的黄色褪绿斑，后扩展为中央灰褐色，边缘黄褐色长圆形病斑，潮湿时病斑上可产生灰黑色霉层（图2-61）。

图2-61 小麦链格孢叶枯病为害叶片症状

病　原　小麦雪霉叶枯病：*Gerlachia nivalis* 称雪腐格霉，属半知菌亚门真菌（图2-62）。分生孢子无色，镰刀形，两端尖细，无脚胞。分生孢子梗短而直，棍棒状，无隔，产孢细胞瓶状或倒梨形，有环痕。子囊壳埋生，球形或卵形，顶端乳头状。子囊棍棒状或圆柱状。子囊孢子纺锤形至椭圆形，无色。

链格孢叶枯病菌：*Alternaria tenuis* 称细链格孢，属半知菌亚门真菌。分生孢子梗直，分枝或不分枝，橄榄色或黑褐色。分生孢子卵形至倒棍棒形，褐色，有喙（图2-63）。

针孢类叶枯病菌：*Septoria tritici* 称小麦壳针孢，属半知菌亚门真菌。分生孢子器生于寄主表皮下，黑褐色，球形，端有孔口。孔口小，微突出。大型分生孢子无色，细长，微弯曲，两端圆，有3～5个隔膜，数量多；小型分生孢子单胞，微弯，细短，无色。

黄斑叶枯病菌：*Drechslera tritici-repentis* 称小麦德氏霉，属半知菌亚门真菌。子囊孢子无色至黄褐色，长椭圆形。分生孢子浅色至枯草色，圆柱形，直或稍弯，顶端钝圆，下端呈蛇头状尖削，脐孔腔型凹陷（图2-64）。

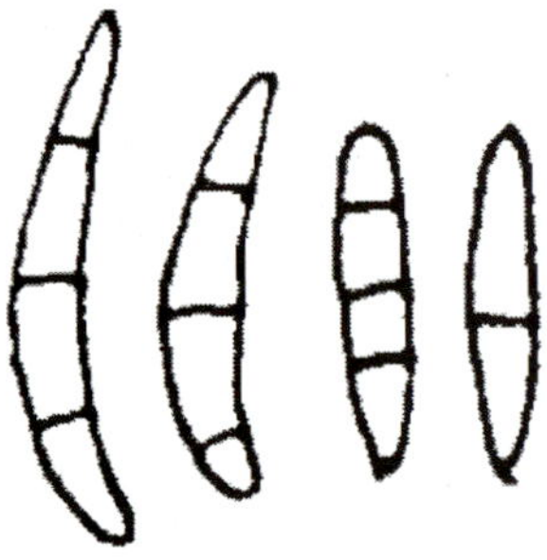

图2-62　小麦雪霉叶枯病菌分生孢子

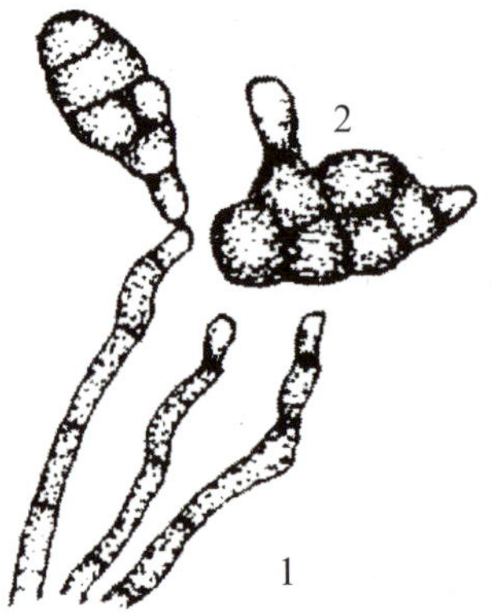

图2-63　小麦链格孢叶枯病菌
1.分生孢子梗　2.分生孢子

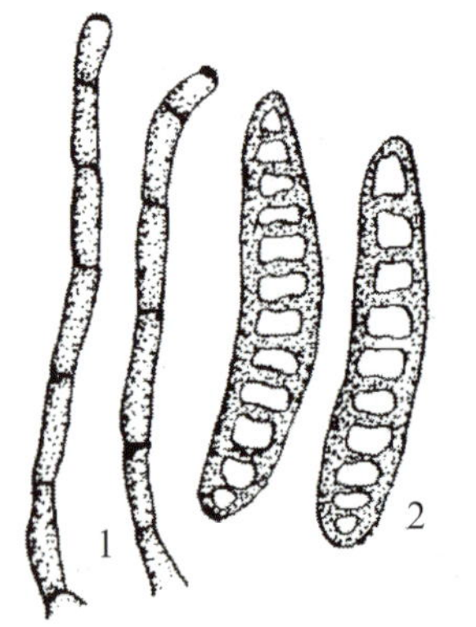

图2-64　小麦黄斑叶枯病菌
1.分生孢子梗　2.分生孢子

发生规律　几种叶枯病菌多以菌丝体潜伏于种子内或以孢子附着于种子表面，或以菌丝、分生孢子器、子囊壳在病残体中越夏或越冬。种子和田间病残体上的病菌为苗期的主要初侵染来源。一般感病较重的种子，常常不能出土就腐烂而死。病轻者可出苗，但生长衰弱。病组织及残体所产生的分生孢子或子囊孢子借风雨传播，直接侵入或由伤口和气孔侵入寄主。如温度和湿度条件适宜，发病后不久病斑上便又产生分生孢子或子囊孢子，进行多次再侵染，致使叶片上产生大量病斑，干枯死亡。尽管多数叶枯病菌在整个生育期均可为害，但以抽穗后灌浆期发生较重，是主要为害时期。

发病条件　小麦叶枯病的发病程度与气象因素、栽培条件、菌源数量、品种抗病性等诸多因素有关。

气候因素：潮湿多雨和比较冷凉的气候条件有利于小麦雪霉叶枯病的发生。14～18℃适宜于菌丝生长、分生孢子和子囊孢子的产生，18～22℃则有利于病菌侵染和发病。4月下旬至5月上旬降雨量对病害发展影响很大，如此期降雨量超过70mm发病严重，40mm以下则发病较轻。苗期受冻，幼苗抗逆力弱，叶枯病往往发生较重。小麦开花期到乳熟期潮湿（空气相对湿度>80%）并配合有较高的温度(18～25℃)有利于各种叶枯病的发展和流行。

栽培条件：氮肥施用过多，冬麦播种偏早或播量偏大，造成植株群体过大，田间郁闭，发病重；东北地区报道，春小麦过迟播种，幼苗根腐叶枯病也重。麦田灌水过多，或生长后期大水漫灌，或地势低洼排水不良，有利于病害发生。

菌源数量：种子感病程度重，带菌率高，播种后幼苗感病率和病情指数也高。东北地区研究报道，种子感病程度与根腐叶枯病病苗率和病情指数之间呈高度正相关。

防治方法　使用健康无病种子，适期适量播种；施足基肥，氮磷钾配合使用，以控制田间群体密度，改善通风透光条件。控制灌水，雨后还要及时排水。小麦扬花期至灌浆期是防治叶枯病的关键时期。

种子处理：用种子重量的0.2%～0.3%的50%福美双可湿性粉剂拌种，或33%纹霉净（三唑酮·多菌灵）可湿性粉剂按种子重量0.2%拌种；或用70%代森锰锌可湿性粉剂100倍液浸种24～36小时。

在小麦扬花至灌浆期，用12.5%烯唑醇可湿性粉剂22～30g/亩、20%三唑酮乳油100ml/亩、50%福美双可湿性粉剂100g/亩对水40～50kg均匀喷施；或用50%多菌灵可湿性粉剂1 000倍液、50%甲基硫菌灵可湿性粉剂1 000倍液、40%氟硅唑乳油6 000～8 000倍液、75%百菌清可湿性粉剂500～600倍液、50%异菌脲可湿性粉剂1 500倍液喷雾。

9. 小麦颖枯病

分布为害　20世纪70年代以来，该病在中国局部地区零星发生，且往往与根腐叶斑病、叶斑病等叶枯性病害混合发生，未引起注意。近几年来，小麦颖枯病的发生和为害日益严重。目前，该病害在国内冬、春麦区均有发生。一般叶片受害率50%～98%，颖壳受害率10%～80%，一般减产1%～7%，严重者达30%以上，严重影响了小麦的产量和质量。

症　状　小麦从种子萌发至成熟期均可受害，但主要发生在小麦穗部和茎秆上，叶片和叶鞘也可受害。穗部症状在乳熟期最明显，多在穗的顶端或上部小穗上先发生。初在颖壳上产生深褐色斑点，后变枯白色，扩展到整个颖壳，并在其上长满菌丝和小黑点（分生孢子器），病重的不能结实。病斑在叶的正、背面都可发生，但以正面为多。有的叶片受侵染后无明显病斑，而全叶或叶的大部变黄；剑叶被害多卷曲枯死。叶鞘发病后变黄，上生小黑点，常使叶片早枯。茎节受害呈褐色病斑，其上也生细小黑点（图2－65至图2－66）。

图2－65　小麦颖枯病为害麦穗症状

图2－66　小麦颖枯病为害麦粒症状

病　　原　小麦颖枯病病菌*Septoria nodorum*称颖枯壳针孢，属半知菌亚门真菌。分生孢子器埋生寄主皮层下，散生或成行排列，扁球形，暗褐色，顶端孔口微露。分生孢子为狭圆柱形，直或微弯曲，无色透明，两端钝圆，初为单胞，成熟时有1～3个隔膜，隔膜处稍缢缩，每个细胞有1个核。菌丝分枝、分隔，前期透明，后期变黑。

发生规律　冬麦区病菌在病残体或附在种子上越夏，秋季侵入麦苗，以菌丝体在病株上越冬。春麦区以分生孢子器和菌丝体在病残体上越冬，次年条件适宜，释放出分生孢子侵染春小麦，借风、雨传播。高温多雨条件有利于颖枯病发生和蔓延。连作田发病重。春麦播种晚，偏施氮肥，生育期延迟加重病害发生。

防治方法　选用无病种子，清除病残体，麦收后深耕灭茬。消灭自生麦苗，降低越夏、越冬菌源实行2年以上轮作。春麦适时早播，施用充分腐熟有机肥，增施磷、钾肥，加强田间管理，开沟排水，降低地下水位，控制颖枯病的为害。

种子处理：用50%多福混合粉（多菌灵：福美双为1：1）500倍液浸种48小时或用50%多菌灵可湿性粉剂、70%甲基硫菌灵可湿性粉剂、40%拌种双可湿性粉剂，按种子量 0.2%拌种。也可用 25%三唑酮可湿性粉剂75g拌闷种100kg。

重病区，在小麦抽穗期喷洒70%代森锰锌可湿性粉剂 600倍液+70%甲基硫菌灵可湿性粉剂800～1 000倍液、75%百菌清可湿性粉剂800～1 000倍液+25%苯菌灵乳油800～1 000倍液、25%丙环唑乳油2 000倍液+65%代森锌可湿性粉剂500倍液，间隔15～20天1次，连喷2～3次。

10. 小麦黑颖病

分布为害 小麦黑颖病是一种细菌性病害，在我国东北、西北、华北、西南麦区均有发生。主要为害穗部，在孕穗开花期受害较重，造成植株提早枯死，穗形变小，籽粒干秕，减产10%～30%。

症　　状 主要为害小麦叶片、叶鞘、穗部、颖片及麦芒。穗部染病，穗上病部为褐色至黑色的条斑，多个病斑融合在一起后颖片变黑发亮。颖片染病后引起种子感染。致病种子皱缩或不饱满。发病轻的种子颜色变深。叶片染病，初呈水渍状小点，渐沿叶脉向上、下扩展为黄褐色条状斑。穗轴、茎秆染病，产生黑褐色长条状斑。湿度大时，以上病部均产生黄色细菌脓液（图2-67至图2-69）。

图2-67 小麦黑颖病为害叶片和叶鞘症状

图2-68 小麦黑颖病为害颖片症状

图2-69 小麦黑颖病为害后期症状

病　　原 *Xanthomonas campestris* pv. *translucenes*称油菜单胞菌小麦致病变种，属细菌。菌体杆状，极生单鞭毛，革兰氏染色阴性，有荚膜，无芽孢，好气性（图2-70）。

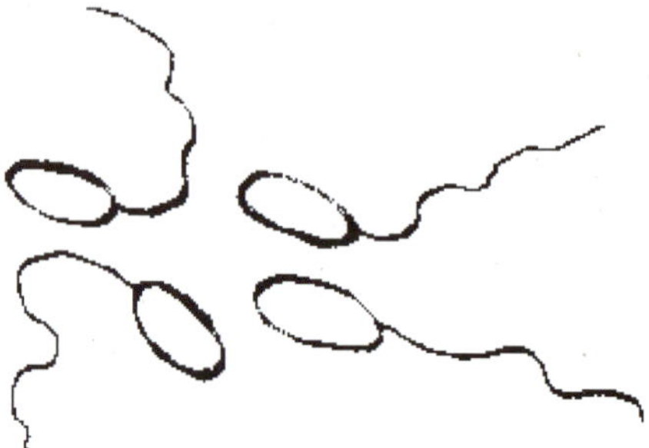

图2-70 小麦黑颖病原细菌

发生规律 种子带菌是该病主要初侵染源，其次病残体和其他寄主也可带菌，病菌也能在田间病残组织内存活并传病，但病残组织腐解后，病菌即难生存。在小麦生长季节，病菌从种子进入导管，后到达穗部，产生病斑。病部溢出菌脓具大量病原细菌，借风雨、昆虫及接触传播，从气孔或伤口侵入，进行多次再侵染。高温高湿利于该病扩展，因此小麦孕穗期至灌浆期降雨频繁，温度高发病重。

防治方法 建立无病留种田，选用抗病品种。合理轮作倒茬，清除病残物和杂质。

种子处理：可采用防治小麦散黑穗病变温浸种法，28～32℃浸4小时，再在53℃水中浸7分钟。或用1%石灰水，在30℃下浸种24小时，晒干后播种。用种子重量0.2%的40%拌种双干拌种，防效较好。也可用15%叶枯唑胶悬剂5 000倍液浸种12小时，14%络氨铜水剂200g/100kg拌种，晾干后播种。

小麦孕穗期即发病初期，开始喷洒25%叶枯唑可湿性粉剂100～150g/亩、72%农用链霉素可溶性粉剂12～20g/亩，或用新植霉素4 000倍液效果也很好，每隔7～10天喷1次，连续喷2～3次，防病增产效果显著。

11. 小麦黄矮病

分布为害 目前，主要分布在西北、华北、东北、华中、西南及华东等冬麦区、春麦区及冬春麦混种区。

症 状 主要表现叶片黄化，植株矮化。叶片典型症状是新叶发病从叶尖渐向叶基扩展变黄，黄化部分占全叶的1/3～1/2，叶基仍为绿色，且保持较长时间，有时出现与叶脉平行但不受叶脉限制的黄绿相间条纹（图2-71）。

病 原 黄症病毒属（*Luteovirus*）中的大麦黄矮病毒（Barley yellow dwarf virus，BYDV）引起。BYDV不能由土壤、病株种子、汁液等传播，只能由蚜虫传播。

发生规律 此病的侵染循环在冬麦区和冬春麦混种区是有差异的。冬麦区5月中、下旬，各地小麦渐进入黄熟期，麦蚜因植株老化，营养不良，产生大量有翅蚜向越夏寄主（次生麦苗、野燕麦、虎尾草等）迁移，在越夏寄主上取食、繁殖和传播病毒。秋季小麦出苗后，麦蚜又迁回麦地，特别是田边的小麦上取食、繁殖和传播病毒，并以有翅成蚜、无翅成蚜、若蚜在麦苗基部越冬，有些地区也产卵越冬。冬前感病的小麦是第二年早春的发病中心。冬、春麦混种区如甘肃河西走廊一带，5月上旬，麦蚜逐渐产生有翅蚜，向春小麦、大麦、玉米、糜子、高粱及禾本科杂草上迁移。晚熟春麦、糜子和自生麦苗是麦蚜和大麦黄矮病毒的主要越夏场所。9月下旬，冬小麦出苗后，麦蚜又迁回麦田，在冬小麦上产卵越冬，大麦黄矮病毒也随之传到冬小麦麦苗上，并在小麦根部和分蘖节里越冬。在干旱半干旱地区，秋季天旱，温度高，降温迟，接着春季温度回升快，春旱的年份，就是重病流行年；秋季多雨而春季旱，一般为轻病流行年；如秋春两季都多雨，则发病较轻；秋季旱而春季

图2-71 小麦黄矮病叶片受害症状

多雨，则可能中度发生，小麦品种间对黄矮病的抗病性有差异。大流行年份的气候特点是冬春雨雪少，7月气温低，10月气温高；冬季温暖，早春气温回升快，麦二叉蚜的生长有利，病毒传播快。此外，土地肥沃的麦田比薄瘠的麦田发病轻，冬灌的比不冬灌的发病轻，迟播的比早播的发病轻。阳坡重、阴坡轻，旱地重、水浇地轻；粗放管理重、精耕细作轻，瘠薄地重。

防治方法 选用抗病丰产品种。加强栽培管理，重病区应着重改造麦田蚜虫的适生环境，清除田间杂草，减少毒源寄主。增施有机肥，扩大水浇面积，创造不利于蚜虫繁殖，而有利于小麦生长发育的生态环境，以减轻为害，因地制宜地合理调整作物布局，春麦区适当早播，合理密植，当麦蚜开始在冬小麦根际附近越冬时，进行冬灌，有显著的治蚜效果。田间如发现植株有明显矮化、丛生、花叶等病状时，应即行拔除，及早改种其他作物，以免贻误农时。

药剂拌种：50%辛硫磷乳油按种子重量的0.3%进行拌种，堆闷3～5小时播种，也可用种子重量0.3%的48%毒死蜱乳油拌种，并可兼治地下害虫和麦蜘蛛。

根据各地虫情，在10月下旬至11月中旬喷1次药，以防止麦蚜在田间蔓延、扩散，减少麦蚜越冬基数。冬麦返青后到拔节期防治1～2次，就能控制麦蚜与小麦黄矮病的流行。春麦区根据虫情，在5月上、中旬喷药效果较好。秋苗期喷雾重点防治未拌种的早播麦田，春季喷雾重点防治发病中心麦田及蚜虫早发麦田，可喷施40%氧乐果乳油1 000～1 500倍液、50%灭蚜松乳油1 000～1 500倍液、2.5%溴氰菊酯乳油1 000～2 000倍液、50%辛硫磷乳油2 000～3 000倍液、30%乙酰甲胺磷乳油2 000倍液喷施。

12. 小麦黄花叶病

分布为害 小麦黄花叶病主要分布于我国四川、陕西、江苏、浙江、湖北、河南等省。近年来，该病在河南、陕西等地不断扩大蔓延，成为不少麦区的新问题。

症　　状 该病在冬小麦上发生严重。染病后冬前不表现症状，到春季小麦返青期才出现症状，染病株在小麦4～6叶后的新叶上产生褪绿条纹，少数心叶扭曲畸形，以后褪绿条纹增加并扩散。病斑联合成长短不等、宽窄不一的不规则条斑，形似梭状，老病叶渐变黄、枯死。病株分蘖少，萎缩，根系发育不良，重病株明显矮化（图2－72至图2－73）。

病　　原 Wheat yellow mosaic virus（WYMV）称小麦黄花叶病毒。病毒粒体为线状。

发生规律 小麦黄花叶病毒的自然传播介体为禾谷多黏菌(*Polymyxa graminis*)。另据报道，病株汁液摩擦也可传病，但是对发病影响不大。禾谷多黏菌是禾谷类植物根部表皮细胞内的一种严格寄生菌，病毒在其休眠孢子囊内越夏，秋播后随孢子囊萌发传至游动孢子，当游动孢子侵入小麦根部表皮细胞时，病毒即进入小麦体内。多黏菌在小麦根部细胞内可发育成变形体并产生游动孢子进行再侵染。土壤中的休眠孢子囊可随耕作、流水等方式扩大为害范围。春季多雨低温，地势低洼，重茬连作，土质砂壤，播种偏早等条件均会使病情加重。

防治方法 选用抗病品种。轮作倒茬。与非禾本科作物轮作3～5年，适当迟播。避开病毒侵染的最适时期，减轻病情。发病初期及时追施速效氮肥和磷肥，促进植株生长，减少为害和损失。施用农家肥要充分腐熟，提倡施用酵素菌沤制的堆肥。麦收后应尽可能清除病残体，避免通过病残和耕作措施传播蔓延。

图2－72　小麦黄花叶病为害植株症状

图2-73　小麦黄花叶病为害田间症状及不同品种抗性比较

土壤处理：在小面积发病时，可用溴甲烷、二溴乙烷处理土壤，用量为60~90ml/亩，重病地块小麦播种前采用焦木酸原液或1：4的稀释液处理土壤。

13. 小麦胞囊线虫病

分布为害　此病是世界禾谷类作物上重要病害，目前已发现该病在河南、河北、山东、湖北、安徽、北京、山西、甘肃、青海等10多个省市均有分布。

症　　状　受害小麦幼苗矮黄，根系短分叉，后期根系被寄生呈瘤状，露出白亮至暗褐色粉粒状胞囊，胞囊老熟易脱落，仅在成虫期出现。线虫为害后，病根常受次生性土壤真菌如立枯丝核菌等为害，致使根系腐烂（图2-74至图2-76）。

图2-74　小麦胞囊线虫病为害麦苗田间症状

图2-75　小麦胞囊线虫病为害根部症状

图2-76　小麦胞囊线虫病为害后期田间症状

病　原　*Heterodera avenae*称燕麦胞囊线虫，属于线形动物门异皮线虫属（图2-77），该线虫2龄幼虫线状，口针粗壮，基部球大，前端稍凹；中食道球卵圆形；尾部尖，透明尾较长。雌成虫梨形或柠檬形，老熟成胞囊时脱掉一层浅白色的亚晶膜，外角质层变厚成褐色胞囊。胞囊柠檬形，深褐色。雄成虫线形，体环清晰，口针基部球圆形，交合刺成对。

发生规律　病原线虫主要以胞囊在土壤中越冬，越夏。以2龄幼虫从根尖紧靠生长点的延长区侵入，在根内移行至维管束中柱，用口针刺吸维管束细胞吸取营养。此后，定居于薄壁组织中。雌成虫孕卵后，体躯急剧膨大，撑破寄主根表皮露于根表。线虫主要经土壤传播。农具、农事操作的物具，人、畜黏带的土壤以及水流等也可进行传播（图2-78）。在幼虫孵化期恰逢天气凉爽而土壤湿润，砂质土壤、缺肥地块、灌溉条件差的地块受害重。

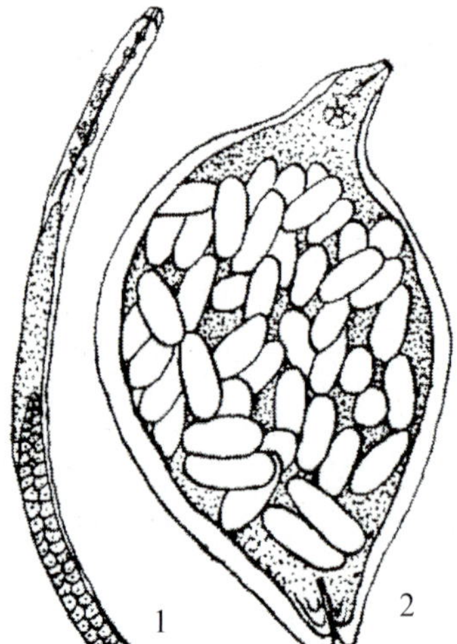

图2-77　小麦孢囊线虫

1.雄虫 2.雌虫

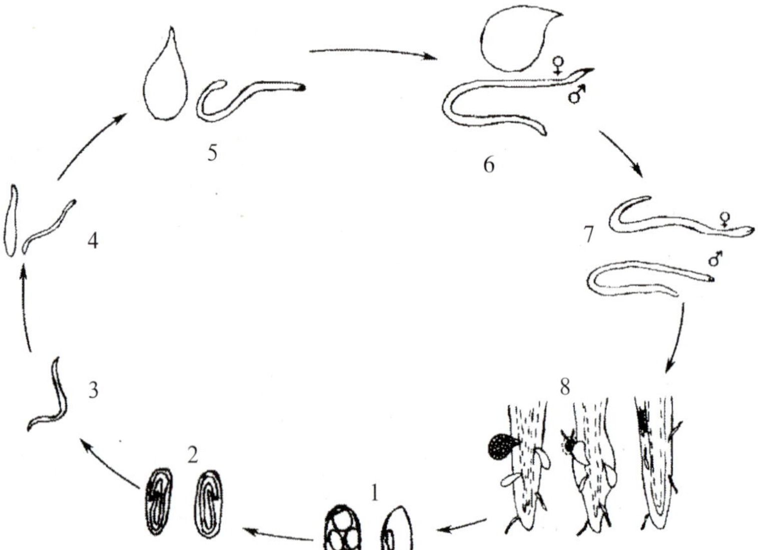

图2-78　小麦胞囊线虫生活史

1.卵 2.一龄幼虫 3.二龄幼虫 4.三龄幼虫 5.四龄幼虫 6.成虫 7.经4次蜕皮后的成虫 8.受害根

防治方法 选用抗（耐）病品种。与麦类及非麦类作物隔年或3年轮作。春麦区适当晚播，要平衡施肥，提高植株抵抗力。施用土壤添加剂，控制根际微生态环境，使其不利于线虫生长和寄生。

在小麦返青时施用0.5%阿维菌素颗粒剂2.5～3kg/亩、3%辛硫磷颗粒剂1.5kg/亩、3%克百威颗粒剂2～5kg/亩、10%克线磷颗粒剂200g/亩处理土壤，也可用杀线虫内吸型颗粒剂沟施或种衣剂拌种、闷种，控制早期侵染。

14. 小麦根腐病

分布为害 小麦根腐病分布在全国各地，东北、西北春麦区发生较重，黄淮海冬麦区也很普遍。

症　状 全生育期均可引起发病，苗期引起根腐，成株期引起叶斑、穗腐或黑胚。苗期染病种子带菌严重的不能发芽，轻者能发芽，但幼芽脱离种皮后即死在土中，有的虽能发芽出苗，但生长细弱。幼苗染病后在芽鞘上产生黄褐色至褐黑色梭形斑，边缘清晰，中间稍褪色，扩展后引起种根基部、根间、分蘖节和茎基部褐变（图2-79），病组织逐渐坏死，上生黑色霉状物，最后根系朽腐，麦苗平铺在地上，下部叶片变黄，逐渐黄枯而亡。成株期染病叶片上出现梭形小褐斑，后扩展为长椭圆形或不规则形浅褐色斑，病斑两面均生灰黑色霉，病斑融合成大斑后枯死，严重的整叶枯死。叶鞘染病产生边缘不明显的云状斑块，与其连接叶片黄枯而死。小穗发病出现褐斑和白穗。

图2-79 小麦根腐病为害茎基部症状

病　原 *Bipolaris sorokiniana* 称根腐平脐蠕孢，及多种镰孢菌如 *Fusarium graminearum* 称禾谷镰孢、*F. avenaceum*称燕麦镰孢、*F. culmorum* 称黄色镰孢均属半知菌真菌。

发生规律 病菌以菌丝体和厚垣孢子在病残体和土壤中越冬，成为翌年的初侵染源。该菌在土壤中存活2年。生产上播种带菌种子也可引致苗期发病。幼苗受害程度随种子带菌量增加而加重，如侵染源多则发病重；在种子带菌为主的条件下，种子被害程度较其带菌率对发病影响更大；生产上土壤温度低或土壤湿度过低或过高均易发病，土质瘠薄或肥水不足抗病力下降及播种过早或过深发病重。

防治方法 选用抗根腐病的品种。种植不带黑胚的种子。施用腐熟的有机肥，麦收后及时耕翻灭茬，使病残组织当年腐烂，以减少下年初侵染源。进行轮作换茬，适时早播、浅播。土壤过湿的要散墒后播种，土壤过干则应采取镇压保墒等农业措施减轻受害。

种子处理：可用50%异菌脲可湿性粉剂、50%福美双可湿性粉剂、20%三唑酮乳油，按种子重量的0.2%～0.3%拌种，防效可达60%以上。

在发病初期及时喷药进行防治。效果较好的药剂有：50%异菌脲可湿性粉剂60～100g/亩、15%三唑酮乳油40～60ml/亩+50%多菌灵可湿性粉剂50～60g/亩、25%丙环唑乳油25～40ml/亩对水75kg喷雾。

成株开花期，可以用25%丙环唑乳油4 000倍液+50%福美双可湿性粉剂100g/亩，对水均匀喷洒。

成株抽穗期，可用25%丙环唑乳油40ml/亩、25%三唑酮可湿性粉剂100g/亩，对水75kg喷洒1～2次。

15. 小麦细菌性条斑病

图2-80 小麦细菌性条斑病为害叶片症状

分布为害 小麦细菌性条斑病是小麦上的主要病害之一。分布在北京、山东、新疆、西藏等地，小麦发病株率达85%～100%，平均病株率98%，减产20%～30%，并且造成品质和等级下降。

症　状 主要为害叶片，严重时也可为害叶鞘、茎秆、颖片和籽粒。被害叶片初期呈水渍状半透明斑点或条斑，再沿叶脉向上下扩展，变成长条状，呈现油渍发亮褐色斑（图2-80），常出现小颗粒状细菌脓。以抽穗和扬花期最重，使被害株提前枯死，穗形变小，籽粒干秕，造成减产。

病　原 *Xanthomonas campestris* pv. *undulose* 称野油菜黄单胞菌波形致病变种，属细菌。菌体短杆状，两端钝圆，极生单鞭毛。菌体大多数单生或双生，个别链状。革兰氏染色阴性，好气性。

发生规律 病菌随病残体在土中或在种子上越冬，翌春从寄主的自然孔口或伤口侵入，经3～4天潜育即发病，在田间经暴风雨传播蔓延，进行多次再侵染。在5～7月大的暴风雨次数多，造成叶片产生大量伤口，致细菌多次侵染，易流行成灾。生产上冬麦较春麦易发病，一般土壤肥沃，播种量大，施肥多且集中，尤其是施氮肥较多，致植株密集，枝叶繁茂，通风透光不良则发病重。

防治方法 选用抗病品种，建立无病留种田。适时播种，冬麦不宜过早。春麦要种植生长期适中或偏长的品种，采用配方施肥技术。收获后应及时耕翻灭茬，增加土壤有机质，提高土壤的熟化过程。增施有机肥，不偏施氮肥，合理密植，防止倒伏。提高灌水质量，切忌大水漫灌。

种子处理：用45℃水恒温浸种3小时，晾干后播种；也可用1%生石灰水在30℃下浸种24小时，晾干后再用种子重量0.25%的40%拌种双粉剂拌种；或用种子重量0.2%的70%敌磺钠可溶性粉剂拌种或用72%农用硫酸链霉素可溶性粉剂1 000倍液浸种8小时。

发病前或发病初期可用72%农用硫酸链霉素可溶性粉剂15～30g/亩对水75kg、90%敌磺钠可溶性粉剂15～25g/亩对水50kg进行叶面喷雾，间隔7～10天喷1次，共喷2～3次。

16. 小麦雪腐病

症　状 主要为害小麦幼苗的根、叶鞘和叶片，一般易发生在有雪覆盖或刚刚融化的麦田。病株上初生浅绿色水渍状病斑，布满灰白色松软霉层，后产生大量黑褐色的菌核。病部组织腐烂，病叶极易破碎（图2-81至图2-82）。

病　原 *Typhula incarnata* 淡红或肉孢核瑚菌，属担子菌亚门真菌。菌核球形至扁球形，初红褐色，后变为黑褐色。子实体柄细长，有毛，基部膨大。担子棍棒状，顶生担子梗4个，上生担孢子。担孢子顶端圆，基部尖，稍弯，无色。

发生规律 病菌腐生能力差，只能以寄生状态和休眠状态存活，小麦在秋冬之交（10月中下旬至11月上旬，土壤高湿度、土壤温度2～10℃时）为主要感染期，菌核萌发产生的担孢子放射至空中可随气流传播侵染幼苗，由菌核产生的菌丝也可直接侵染麦苗，并蔓延为害，直至雪层下温度降到零度以下，才暂时停止蔓延。早春从积雪融化起病菌继续为害，小麦返青后，症状最为典型和明显，此时病部产生明显的菌丝层和菌核。当温度上升到15℃以上时，病菌便停止为害，并以菌核在土壤中越夏。冬季积雪时间长，土壤不结冻，土温0℃左右易发病，连作地发病重。

防治方法 各地应根据具体情况，与玉米、棉花、大豆等作物轮作；进行伏耕灭茬，施足

图2-81　小麦雪腐病为害麦苗症状

图2-82　小麦雪腐病为害麦苗田间症状

基肥，氮磷钾肥合理搭配，适当提早追肥，促使早化雪，注意排除田间多余雪水，适期播种，都可减轻发病。冬灌时间不宜过迟，以防积雪后致土壤湿度过大。积雪融化后要及时做好开沟排水和春耙工作。

种子处理：用种子重量0.3%的40%多菌灵超微可湿性粉剂拌种，防效可达90%以上。

降雪前10天左右，可用5%五氯硝基苯粉剂2.5kg/亩、40%菌核净粉剂0.75kg/亩、25%多菌灵可湿性粉剂150～200g/亩对水40kg均匀喷洒。

17. 小麦秆枯病

分布为害　小麦秆枯病在我国华北、西北、华中、华东均有发生，部分地区发病较严重。病因发病率一般在10%左右，个别重病田块发病率可达50%以上。

症　状　自苗期到抽穗结实期均可发病，主要发生在茎秆和叶鞘上。麦苗出土后1个月便可出现症状，在叶片、叶鞘内，出现黑色粪状物，四周有梭形的褐色白斑（图2-83）。病株拔节后，在叶鞘上形成有明显边缘的褐色云斑，病斑中间有黑色或灰黑色的虫粪状物，叶鞘内有一层白色菌丝。有的茎秆内也充满菌丝。叶片下垂卷曲。抽穗后茎秆与叶鞘间的菌丝层变为灰黑色，形成许多针尖大小的小黑点突破叶鞘。此时茎基部被病斑包围而干缩，甚至倒折，形成枯白穗和秕粒。

图2-83　小麦秆枯病为害茎秆症状

病　　原 *Gibellina cerealis*称禾谷绒座壳，属子囊菌亚门真菌（图2-84）。子座初埋生在寄主表皮下，成熟后外露。子囊壳椭圆形，埋生在子座内，长颈外露。子囊棒状，有短柄，内有子囊孢子8个。子囊孢子梭形，双胞，黄褐色，两端钝圆。

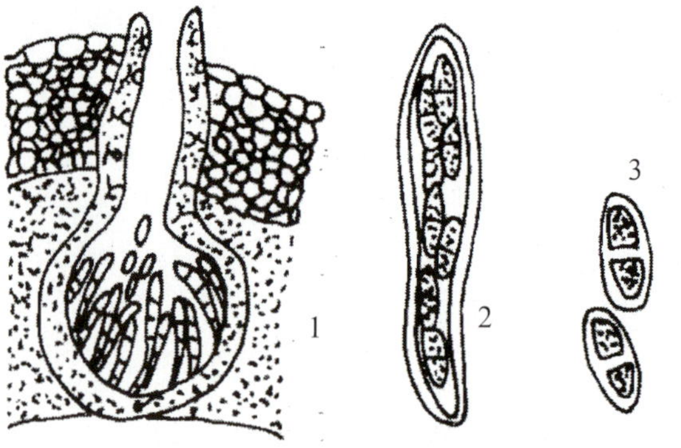

图2-84　小麦秆枯病病菌
1.叶鞘内的子囊壳剖面　2.子囊　3.子囊孢子

发生规律 病菌随病残体在土壤中越夏，成为初侵染源。小麦播种后，病菌萌发侵染小麦幼苗的芽鞘和叶鞘，到春天，病菌自下而上，由外层到深层发展。以土壤带菌为主，未腐熟粪肥也可传播。病原菌在土壤中存活3年以上。小麦在出苗后即可被侵染，植株间一般互不侵染。田间湿度大，地温10～15℃适宜秆枯病发生。小麦3叶期前容易染病，叶龄越大，抗病力越强。一般早播麦田发生轻，当土壤湿度大、施肥不足、土壤瘠薄、栽培不良、植株生长衰弱时，发病均较重。

防治方法 选用抗（耐）病品种，各地可因地制宜选用。及时清除田间病残体，集中沤肥或烧毁；深翻土地。轮作倒茬；避免苗期土壤过湿；合理施肥，使小麦增强抗病能力；重病田实行3年以上轮作。混有麦秸的粪肥要充分腐熟或加入酵素菌进行沤制。适期早播，土温降至侵染适温时小麦已超过3叶期，抗病力增强。

药剂拌种，用50%福美双可湿性粉剂500g拌麦种100kg、50%拌种双可湿性粉剂或50%福美双可湿性粉剂400g拌麦种100kg、40%多菌灵可湿性粉剂100g加水3kg拌麦种50kg、50%甲基硫菌灵可湿性粉剂按种子重量的0.2%拌种，可以减轻病害。

18. 小麦霜霉病

分布为害 小麦霜霉病主要分布在我国山东、河南、四川、安徽、浙江、陕西、甘肃、西藏等省区。由于病株多不能抽穗或穗而不实，所以造成部分发病地块的严重减产。

症　　状 通常在田间低洼处或水渠旁零星发生。该病在不同生育期出现症状不同。苗期染病病苗矮缩，分蘖稍增多，叶片淡绿或有轻微条纹状花叶。返青拔节后染病叶色变浅，并出现黄白条形花纹，叶片变厚，皱缩扭曲，病株矮化，不能正常抽穗或穗从旗叶叶鞘旁拱出，弯曲成畸形龙头穗（图2-85）。病株茎秆粗壮，表面覆一层白霜状霉层。

图2-85　小麦霜霉病为害叶片症状

病　　原　*Sclerophthora macrospora* 称孢指疫霉小麦变种，属鞭毛菌亚门真菌（图2-86）。孢囊梗从寄主表皮气孔中伸出，常成对，个别3根，粗短，不分枝或少数分枝，顶生3～4根小枝，上单生孢子囊。孢子柠檬形或卵形，顶端有1乳头状突起，无色，顶部壁厚。菌丝体蔓生，后细胞组织中细胞变形，形成浅黄色的卵孢子。初期结构模糊，后清晰可见成熟卵孢子球形至椭圆形或多角形，卵孢子壁与藏卵器结合紧密。

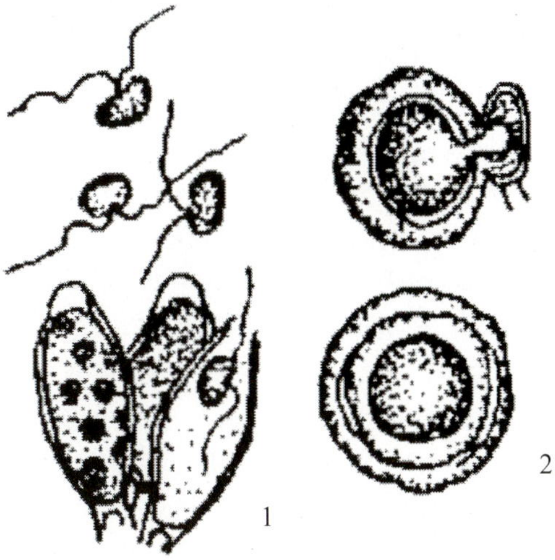

图2-86　小麦霜霉病病菌

1.孢子囊和游动孢子　2.卵孢子

发生规律　病菌以卵孢子在土壤内的病残体上越冬或越夏。卵孢子在水中经5年仍具发芽能力。一般休眠5～6个月后发芽，产生游动孢子，在有水或湿度大时，萌芽后从幼芽侵入，成为系统性侵染。卵孢子发芽适温19～20℃，孢子囊萌发适温16～23℃，游动孢子发芽侵入适宜水温为18～23℃。小麦播后芽前麦田被水淹超过24小时，翌年3月又遇有春寒，气温偏低利于该病发生，地势低洼、稻麦轮作田易发病。

防治方法　种植抗病品种；实行轮作，发病重的地区或田块，应与非禾谷类作物进行1年以上轮作；健全排灌系统，严禁大水漫灌，雨后及时排水防止湿气滞留，发现病株及时拔除以减少菌源积累。

药剂拌种，播前每50kg小麦种子用25%甲霜灵可湿性粉剂100～150g加水3kg拌种，晾干后播种。或用40%敌磺钠粉剂或50%萎锈灵粉剂，按种子重量的0.7%拌种。

必要时在播种后，喷洒0.1%硫酸铜溶液或58%甲霜灵·锰锌可湿性粉剂800～1 000倍液、72%霜脲·锰锌可湿性粉剂600～700倍液、69%烯酰·锰锌可湿性粉剂900～1 000倍液、72.2%霜霉威水剂800倍液。

19. 小麦白秆病

分布为害　小麦白秆病是西藏冬小麦的主要病害之一，在我国四川北部、青海、甘肃及西藏高寒麦区也有发生。平均发病率为37.3%，染病植株的千粒重降低34.8%，种子发芽率轻者降低10%～20%，重者无发芽力。

症　　状　主要为害叶片和茎秆。小麦各生育阶段均可发病。常见有系统性条斑和局部斑点两种症状。条斑型：叶片染病从叶片上基部产生与叶脉平行向叶尖扩展的水渍状条斑，初为暗褐色，后变草黄色。边缘色深，黄褐色至褐色，每个叶片上常生2～3个条斑。条斑愈合，叶片即干枯。叶鞘染病病斑与叶斑相似，常产生不规则的条斑，条斑从茎节起扩展至叶片基部，轻时出现1～2个条斑，灰褐色至黄褐色，严重时叶鞘枯黄（图2-87）。茎秆上的条斑多发生在穗颈节，少数发生在穗颈节以下1～2节，症状与叶鞘相似。

图2-87　小麦白秆病为害茎秆症状

病　原 *Selenophoma tritici*称小麦壳月孢，属半知菌亚门真菌。分生孢子器埋生在寄主表皮下的气孔腔内，球形至扁球形，浅褐色或褐色，孔口突出在气孔处；分生孢子梗缺，产孢细胞内壁芽殖式产孢，瓶型，外壁平滑无色。分生孢子无隔无色，镰刀形或新月形，弯曲，顶端渐尖细，基部钝圆。

发生规律 病菌以菌丝体或分生孢子器在种子和病残体上越冬或越夏。在青藏高原低温干燥的条件下，种子种皮内的病菌可存活4年，其存活率随贮藏时间下降。土壤带菌也可传病，但病残体一旦翻入土中，其上携带的病菌只能存活2个月。在田间早期病害出现后，病部可产生分生孢子器，释放出大量分生孢子，侵入寄主的组织，使病害扩展。该病害流行程度与当地种子带菌率高低，小麦品种的抗病程度及小麦拔节后期开花至灌浆阶段温湿度高低及田间小气候有关。在青藏高原7、8月多雨、气温偏低易于该病流行。向阳的山坡地，气温较高，湿度低，通风良好则发病轻；背阴的麦田，温度偏低，湿度偏大则发病重。

防治方法 对小麦实行检疫，防止该病进入无病区。建立无病留种田，选育抗病品种。对病残体多的或靠近场面的麦田，要实行轮作，以减少菌源。

种子处理：用25%三唑酮可湿性粉剂20g拌10kg麦种或40%拌种双粉剂5～10g拌10kg种子、25%多菌灵可湿性粉剂20g拌10kg种子，拌后闷种20天或用28～32℃冷水预浸4小时后，置入52～53℃温水中浸7～10分钟，也可用54℃温水浸5分钟。浸种时要不断搅拌种子，浸后迅速移入冷水中降温，晾干后播种。

田间出现病株后，可喷洒50%甲基硫菌灵可湿性粉剂800倍液、50%苯菌灵可湿性粉剂1 500倍液。

20. 小麦炭疽病

症　状 主要为害叶鞘和叶片。叶鞘染病，麦株基部叶鞘先发病，初生褐色病变，产生1～2cm长的椭圆形病斑，边缘暗褐色，中间灰褐色，后沿叶脉纵向扩展成长条形褐斑，致病部以上叶片发黄枯死。叶片染病，形成近圆形至椭圆形病斑。后期病部连成一片，致叶片早枯。以上病部均有小黑粒点，即病原菌的分生孢子盘。茎秆染病，产生梭形褐色病斑（图2－88）。

图2－88　小麦炭疽病为害叶片症状

病　　原　*Colletotrichum graminicola*称禾生炭疽菌，属半知菌亚门真菌。分生孢子盘长形，黑褐色，初埋生在叶鞘的表皮下，后黑色小粒点突破表皮外露。具深褐色刚毛，刚毛具隔膜，正直或微弯。分生孢子梗短小，无色至褐色，具分隔，不分枝，分生孢子单胞无色，新月形至纺锤形。有性态为*Glomerella graminicola*称禾生小丛壳，属子囊菌亚门真菌。

发生规律　病菌以分生孢子盘和菌丝体在寄主病残体上越冬或越夏，也可附着在种子上传播。播种带菌的种子或幼苗根及极颈或基部的茎接触带菌的土壤，即可染病。侵染后10天病部就可出现分生孢子盘。在田间气温25℃左右，湿度大，有水膜的条件下有利于病菌侵染和孢子形成。杂草多的连作地，肥料不足、土壤碱性地块利于发病。小麦品种间抗病性差异明显。

防治方法　选用抗病的小麦品种。与非禾本科作物进行3年以上轮作。收获后及时清除病残体或深翻。

发病重的地区或地块，可喷洒50%苯菌灵可湿性粉剂1500倍液、25%苯菌灵乳油800倍液，病害为害严重时，可间隔10～15天再喷1次，连喷2～3次。

21. 小麦黑胚病

症　　状　主要为害种子，严重降低种子的发芽率和发芽势。幼苗的株高、鲜重、干重等都有减低。含有黑胚粒的小麦，商品价值降低。罹病种子胚部变褐色或黑褐色，严重的种胚皱缩（图2−89）。除胚端外，种子的腹沟、种背等部位也有黑褐色斑块，变色面积甚至可超过种子表面积的1／2以上。

病　　原　*Bipolaris sorokiniana*称根腐离蠕孢，属半知菌亚门真菌。

发生规律　病菌的分生孢子在小麦乳熟后期开始侵染籽粒和种胚，随着种子成熟，黑胚率增高。在乳熟期至蜡熟期降水多，常诱发黑胚病大发生。田间空气相对湿度达90%以上、易结露时发病也重。偏施氮肥的高水肥地块发病重于旱地，雨后收获的种子重于雨前收获的。颖壳口松的品种多发。

防治方法　栽培轻病的品种，加强田间管理，实施健身栽培，种子药剂拌种，在灌浆至成熟期田间喷药保护。

图2−89　小麦黑胚病为害种子症状

22. 小麦褐斑病

症　　状　主要为害下部叶片。初生圆形至椭圆形褪绿病斑，后变紫褐色，无轮纹，后期病部产生黑色小粒点（图2−90），即病原菌的分生孢子器。该病西北麦区发生较多。

图2−90　小麦褐斑病为害叶片症状

病　　原 *Ascochyta graminicola*称禾生壳二孢，属半知菌亚门真菌。分生孢子器球形，埋生至半埋生，壁膜质。分生孢子圆筒形至椭圆形，双胞无色，隔膜处稍缢缩。

发生规律 病菌以菌丝体和分生孢子器在病残体上越冬或越夏，翌年产生分生孢子，借风雨传播进行初侵染和再侵染。植株生长茂密，天气潮湿或田间湿度大易发病，基部接近地面叶片发病重。

防治方法 发病重地区避免在低洼处种植小麦。合理密植。雨后及时排水，防止湿气滞留，可减轻发病。

23. 小麦眼斑病

症　　状 主要为害距地面15~20cm植株基部的叶鞘和茎秆，病部产生典型的眼状病斑，病斑初浅黄色，具褐色边缘，后中间变为黑色，长约4cm，上生黑色虫屎状物（图2-91）。病情严重时病斑常穿透叶鞘，扩展到茎秆上，严重时形成白穗或茎秆折断。

图2-91 小麦眼斑病为害茎基部症状

病　　原 *Pseudocercosporella herpotrichoides*称匍毛拟小尾孢，属半知菌亚门真菌。菌丝黄褐色，线状，具分枝；还有一种菌丝暗色，壁厚，似子座。分生孢子梗不分枝，无色，全壁芽生产孢，合轴式延伸。分生孢子圆柱状，端部略尖，稍弯，4~6个隔膜，无色。

发生规律 病菌以菌丝在病残体中越冬或越夏，成为主要初侵染源。分生孢子靠雨水飞溅传播，传播半径1~2m，孢子萌发后从胚芽鞘或植株近地面叶鞘直接穿透表皮或从气孔侵入，气温6~15℃，湿度饱和利其侵入。冬小麦发病重于春小麦。

防治方法 与非禾本科作物进行轮作。收获后及时清除病残体和耕翻土地，促进病残体迅速分解。适当密植，避免早播，雨后及时排水，防止湿气滞留。

必要时在发病初期开始喷洒36%甲基硫菌灵悬浮剂500倍液、50%苯菌灵可湿性粉剂1 500倍液。

24. 小麦麦角病

症　　状 主要为害穗部，产生菌核，造成小穗不实而减产。被侵染的小花在开花期分泌黄色蜜露状黏液（含有大量分生孢子），子房逐渐膨大，但不结麦粒，而是形成病原菌的菌核露出颖壳外（图2-92）。菌核紫黑色，麦粒状、刺状或角状，依寄主种类而不同。

图2－92　小麦麦角病为害麦穗症状

病　　原　*Claviceps purpurea* 称麦角菌，属子囊菌亚门真菌。子座有柄，顶部扁球形，内生多数子囊壳，成熟后释放出大量子囊孢子。

发生规律　病菌主要以菌核落于土壤中或混杂在种子间越冬。菌核在土壤中可存活1年。在干燥条件下，混杂在种子间的菌核寿命可长达15年。菌核在土壤中经一段时间的休眠后，在春季或初夏萌发，产生许多肉眼可见的红褐色子座。随春播麦种进入土壤的菌核，当年春季不萌发，至翌年春季才萌发。病原菌子囊孢子发生期大致与麦株开花期相吻合。子囊孢子随气流或雨水飞溅而传播，落在小麦花器上，萌发后产生侵染菌丝，从胚珠基部侵入，然后在子房壁细胞间隙和胚珠细胞内扩展。几天后在子房表面长出菌丝体、子实层和含有大量分生孢子的蜜露状黏液。天气较冷凉，高湿，花期延长，麦角病发生较重。开颖授粉的品种和雄性不育系发病率较高。

防治方法　清选种子，汰除菌核。病田与玉米、豆类、高粱等非寄主作物轮作一年。病田深耕，将菌核翻埋于下层土壤，距地表至少4cm以上。早期清除田间、地边的禾本科杂草，减少潜在菌源。

25. 小麦冻害

症　　状　冻害较轻麦田：主要表现为叶色暗绿，叶片像用开水烫过一样，以后逐渐枯黄。受冻麦苗，一般先从生长锥表现症状。受冻的生长锥初期表现为不透明状，以后细胞解体萎缩变形。麦株主茎及大分蘖的幼穗受冻后，仍能正常抽穗和结实；但穗粒数明显减少。冻害较重时：主茎、大分蘖幼穗及心叶冻死，其余部分仍能生长；冻害严重的麦田：小麦叶片、叶尖呈水烫一样地硬脆，后青枯或青枯成蓝绿色，茎秆、幼穗皱缩死亡（图2－93）。

病　　因　小麦春季冻害分早春冻害和晚霜冻害两种类型。生产上后者发生较多，且受害重。晚霜冻害是晚霜引致突然降温，对小麦形成低温伤害。尤其是暖冬年份，播种偏早、播量偏大的春性品种，受害重。北方的小麦冻害，主要发生在3月下旬至4月上、中旬，其为害程度与降温幅度、持续时间、降温陡度有关。降温幅度和徒度大，低温持续时间长，受害重。对小麦来说，进入拔节后，抗寒性明显下降。突然降温后麦株体温下降到0℃以下时，细胞间隙的水首先结冰。如温度继续降低，细胞内也开始结冰，造成细胞脱水凝固而死。

防治方法　注意选用适合当地的抗寒小麦品种。提高播种质量，播种深度掌握在3～5cm之间。

适时浇好冻水：一要看温度：日均温3～10℃时开始浇。二要看墒情：当砂土地土壤相对湿

图2-93 小麦冻害田间症状

度低于60%，壤土地低于70%，黏土地低于80%，要进行浇水。三要看苗情：麦苗长势好、底墒足或稍旺的田块，可适当晚浇或不浇，防止群体过旺、过大。四要适量：浇水量不宜过大。一般当天浇完，地面无积水即可。使土壤持水量达到80%。

早春补水：当早春干土层厚度大于3cm时，要及时补水，改善土壤墒情，解除干土层威胁，减轻冻害降低死苗率。培育冬前壮苗，冬春镇压。在拔节至孕穗期，晚霜来临前浇水或叶面喷水，可提高近地面叶片温度。

小麦受冻后采取补救措施，及时加强水肥管理。对叶片受冻、幼穗没有受冻的麦田，应抢早浇水，防止幼穗脱水死亡。幼穗已受冻麦田，应追速效氮肥，每亩追硝酸铵10～13kg或碳酸氢铵20～30kg，并结合浇水、中耕松土，促使受冻麦苗尽快恢复生长。一般不要毁种、刈割或放牧，要设法挽救。

提倡于小麦拔节至灌浆期喷洒芸苔素内酯3 000～5 000倍液，隔10天1次，连续喷洒2次，可提高小麦抗旱、抗干热风能力。此外于小麦苗期、返青拔节期、灌浆期各喷1次芸苔素内酯3 000～5 000倍液，提高抗干热风能力。

26. 小麦倒伏

症　状　在小麦生育中后期，发生局部或大部分倒伏，严重影响小麦成熟，降低千粒重，造成减产（图2-94）。据调查因倒伏每亩平均减产35kg左右，直接影响小麦大面积高产、稳产。

图2-94　小麦倒伏田间症状

病　　因　一是气候因素：在小麦灌浆末期，由于先后阴雨，伴随阵风或大风，可造成小麦大面积倒伏。二是栽培措施不当：如播种量过大，返青起身期进行追肥浇水致基部节间拉长，特别是第一节间茎秆中糖分积累减少，茎壁变薄，减弱了抗倒能力。生产上在5月下旬小麦穗部重量增加，浇了麦黄水的高产田，土壤松软，遇风后均会发生不同程度倒伏。三是品种间对倒伏能力有一定差异。

防治方法　选用抗倒伏的小麦品种高产麦区以选用抗逆性强，综合性状好抗倒的品种为主。各高产品种搭配比例协调，做到布局合理，达到灾害年份不减产，风调雨顺年份更高产。

播种前种子用40%矮壮素75ml/亩对水后均匀拌种，晾干后播种。也可用多效唑100～300mg/kg喷洒在麦种上，晾干后播种。

科学肥水：高产麦田一定要及时浇好越冬水、拔节水、灌浆水，一般不浇返青水和麦黄水。春季返青起身期以控为主，控制肥水，到小麦倒二叶露尖，拔节后再浇水，酌情追肥。

防病治虫，推广化控：对小麦纹枯病、白粉病、蚜虫等采取预防为主、综合防治的措施。一旦达到防治指标，及时喷药，增加小麦抗逆力和抗倒伏能力。必要时在小麦起身期拔节前喷洒15%多效唑粉剂50～60g/亩，对水40～50kg，可有效的控制旺长，缩短基部节间。也可在冬小麦返青起身期使用20%壮丰安乳剂小麦专用型30～40ml/亩，对水25～30kg均匀喷施。也可于小麦分蘖后期、拔节前期喷洒千分之三矮壮素(CCC)，对小麦生长发育有明显抑制作用。

二、小麦虫害

小麦是我国第二大重要农作物，栽培广泛。小麦主要虫害有30多种，为害较重的有小麦蚜虫、麦叶螨、吸浆虫、地下害虫等，严重影响着小麦的丰产与丰收。

1. 蚜虫

分　　布　蚜是我国小麦的重要害虫之一，其种类主要包括麦长管蚜（*Macrosiphum avenae*）、麦二叉蚜（*Schizaphis graminam*）、禾谷缢管蚜（*Rhopalosphum padi*）3种。

为害特点　蚜前期集中在叶正面或背面（图2−95），后期集中在穗上刺吸汁液，致受害株生长缓慢，分蘖减少，千粒重下降；同时，分泌的蜜露诱发煤污病的发生。还可传播多种病毒（图2−96）。

图2−95　麦蚜为害叶片及麦穗症状

图2−96　麦蚜为害小麦田间症状

形态特征 长管蚜：无翅孤雌蚜体长卵形，草绿色至橙红色，头部略显灰色，腹侧具灰绿色斑。有翅孤雌蚜体椭圆形，绿色；触角黑色。腹管长圆筒形，黑色，尾片长圆锥状（图2-97）。

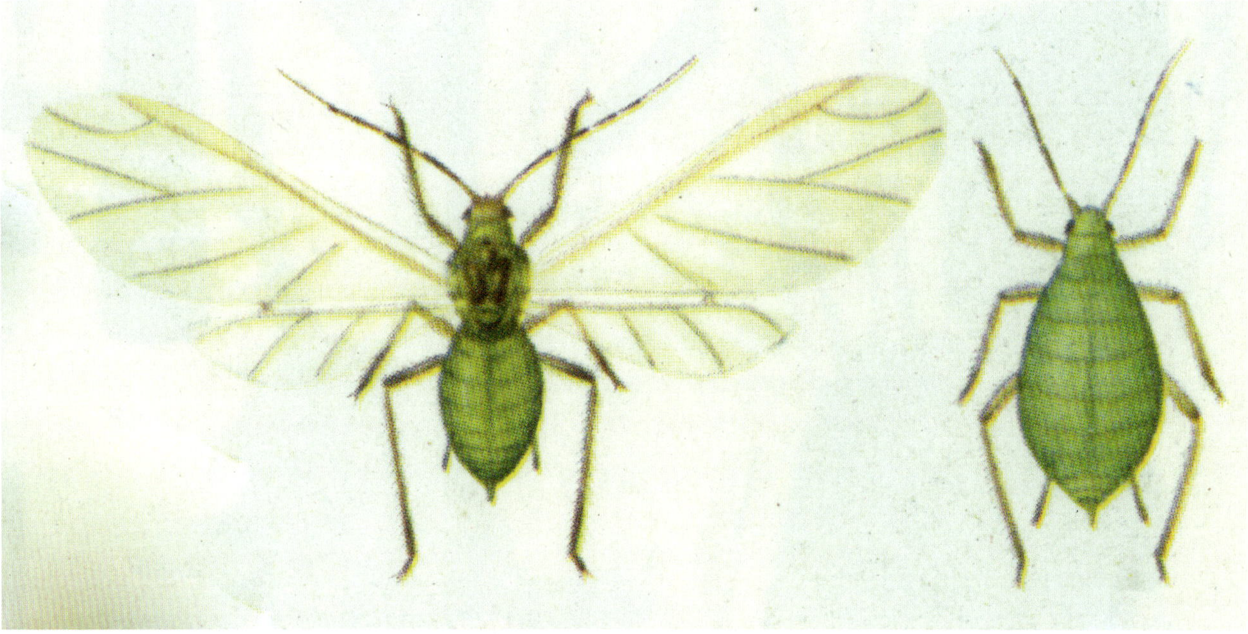

图2-97 麦长管蚜

麦二叉蚜：无翅孤雌蚜体卵圆形，淡绿色，背中线深绿色，腹管浅绿色，顶端黑色。中胸腹部具短柄。触角6节，尾片长圆锥形。有翅孤雌蚜体长卵形，体绿色，背中线深绿色。头、胸黑色，腹部色浅。触角黑色共6节，前翅中脉二叉状（图2-98至图2-100）。

图2-98 麦二叉蚜

图2-99　麦二叉蚜无翅蚜田间为害情况

图2-100　麦二叉蚜有翅蚜田间为害情况

发生规律　1年发生20～30代，多数地区以无翅孤雌成蚜和若蚜在麦株根际或四周土块缝隙中越冬。该虫在我国中部和南部属不全周期型，即全年进行孤雌生殖不产生性蚜世代，夏季高温季节在山区或高海拔的阴凉地区麦类自生苗或禾本科杂草上生活。在麦田春、秋两季出现两个高峰，夏天和冬季蚜量少。秋季冬麦出苗后从越夏寄主上迁入麦田进行短暂的繁殖，出现小高峰，为害不重。11月中下旬后，随气温下降开始越冬。春季返青后，气温高于6℃开始繁殖，低于15℃繁殖率不高，气温高于16℃，麦苗抽穗时转移至穗部，虫田数量迅速上升，直到灌浆和乳熟期蚜量达高峰，气温高于22℃，产生大量有翅蚜，迁飞到阴凉地带越夏。5月中旬，小麦抽穗扬花，麦蚜繁殖极为迅速，至乳熟期达到高峰，对小麦为害最严重。麦长管蚜性喜光照，较耐潮湿，特嗜穗部，主要分布在寄主上部叶片，是黄矮病的主要传病媒介昆虫，9月上旬均温14～16℃进入发生盛期，9月底出现性蚜，10月中旬开始产卵，11月中旬旬均温4℃进入产卵盛期并以此卵越冬。翌年3月中旬进入越冬卵孵化盛期，历时1个月，4月中旬开始迁移，6月中旬又产生有翅蚜，迁飞到冷凉地区越夏。

防治方法　适时集中播种。冬麦适当晚播，春麦适时早播。合理施肥浇水。主要抓好苗期蚜虫、蚜虫发生初期的防治。

防治苗期蚜虫，可用50%辛硫磷乳油100ml、40%毒死蜱乳油40～60ml拌小麦种子100kg、40%乙酰甲胺磷乳油100ml/亩，对水15～25kg，拌麦种150～250kg，拌后堆闷12小时后播种；或用10%吡虫啉可湿性粉剂200～400g拌小麦种子100kg，或用35%丁硫克百威种子处理剂以种子重量0.8%的药剂拌种，还可兼治其他地下害虫。

小麦苗期，田间蚜虫发生初期，华北地区可于4月上中旬，发现中心株时（图2-101），及时施药防治，可用10%吡虫啉可湿性粉剂30～40g/亩、10%吡虫啉可湿性粉剂20～30g/亩+48%毒死蜱乳油15～25ml/亩、10%烯啶虫胺水剂10～20ml/亩、1.8%阿维菌素乳油10～15ml/亩、50%抗蚜威可湿性粉剂20～30g/亩、25%柴油·吡虫啉乳油40～60ml/亩、10%吡虫·灭多威乳油60～80ml/亩、15%阿维·毒死蜱乳油20～30ml/亩、3.15%阿维·吡虫啉乳油25～35ml/亩、25%吡蚜酮可湿性粉剂16～20g/亩，对水40～50kg均匀喷雾，间隔7～10天，视虫情连喷1～3次。

图2-101　小麦蚜虫点片发生期为害症状

防治穗期麦蚜，在扬花灌浆初期（图2-102），百株蚜量超过500头，应及时进行田间喷药，可用速效性与持效期长的药剂配合施用，可用25%吡虫啉·噻嗪酮可湿性粉剂16～20g/亩、3%啶虫脒乳油40～50ml/亩、40%柴油·乐果乳油90～120ml/亩、40%氧乐果乳油50～75ml/亩、23%溴氰·氧乐果乳油70～100ml/亩、20%高氯·马乳油30～50ml/亩、12%甲氰·吡虫啉乳油40～60ml/亩、10%氟氯氰·唑磷乳油30～50ml/亩、2%氰戊·吡虫啉乳油30～50ml/亩、5%高氯·吡虫啉乳油20～50ml/亩、7.5%氯氟·吡虫啉悬浮剂30～35ml/亩，对水40～50kg均匀喷雾。如发生严重时，间隔7～10天，再喷1次。

图2-102　小麦蚜虫穗期为害症状

2. 叶螨

分　　布　麦叶螨主要有两种，麦圆叶爪螨（*Penthaleus major*）和麦长腿岩螨（*Petrobia latens*）。麦圆叶爪螨分布在我国北纬29°～37°地区；麦长腿岩螨分布在北纬34°～43°地区，主害区在长城以南、黄河以北干旱、高燥麦区。有些地区两者混合发生、混合为害。

为害特点　以成、若虫吸食麦叶汁液，受害叶上出现细小白点，后麦叶变黄，麦株生育不良，植株矮小，严重的全株干枯（图2-103至图2-104）。

图2-103　小麦叶螨前期发生为害症状

图2-104　小麦叶螨严重发生为害症状

形态特征 麦圆叶爪螨（图2－105）：成虫体卵圆形，黑褐色。足、肛门周围红色。卵椭圆形，初暗褐色，后变浅红色。若螨共4龄。1龄称幼螨，3对足，初浅红色，后变草绿色至黑褐色。2、3、4龄若螨4对足，体似成螨。

麦长腿岩螨（图2－106）：成虫体纺锤形，两端较尖，紫红色至褐绿色。4对足，其中1、4对特别长。卵有2型：越夏卵圆柱形，卵壳表面有白色蜡质；非越夏卵球形，粉红色，表面生数十条隆起条纹。若虫共3龄。

图2－105 麦圆叶爪螨

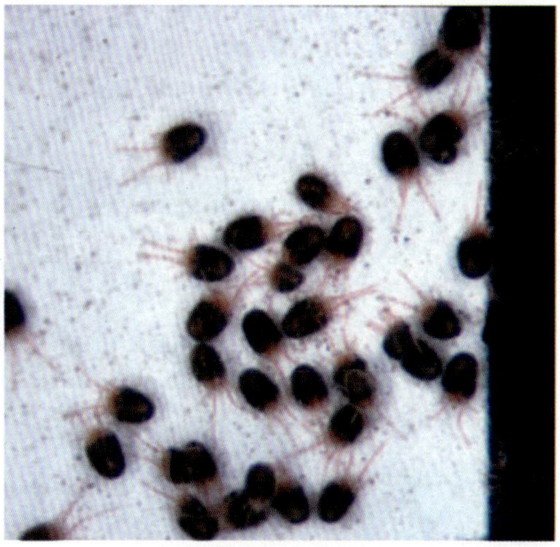

图2－106 麦长腿岩螨

发生规律 麦圆叶爪螨1年发生2～3代，即春季繁殖1代，秋季1～2代，完成1个世代46～80天，以成若虫和卵在麦株及杂草上越冬，冬季几乎不休眠，耐寒力强，翌春2、3月越冬螨陆续孵化为害。3月中下旬至4月上旬虫口数量大，4月下旬大部分死亡，成虫把卵产在麦茬或土块上。10月越夏卵孵化，为害秋播麦苗。喜潮湿，多在早8：00～9：00以前和午后16：00～17：00以后活动。多行孤雌生殖，每雌产卵20多粒；春季多把卵产在小麦分蘖丛或土块上，秋季多产在须根或土块上，多聚集成堆，每堆数十粒，卵期20～90天，越夏卵期4～5个月。生长发育适温8～15℃，相对湿度高于70%，水浇地易发生。

麦长腿岩螨年生3～4代，以成虫和卵越冬，翌春2～3月成虫开始繁殖，越冬卵开始孵化，4～5月田间虫量多，5月中下旬后成虫产卵越夏，10月上中旬越夏卵孵化，为害秋苗，喜干旱，白天活动，以下午15：00～16：00最盛，遇雨或露水大时，即潜伏麦丛或土缝中不动。完成一个世代需24～46天。多行孤雌生殖。把卵产在麦田中硬土块或小石块及秸秆或粪块上，成、若虫亦群集，有假死性。

防治方法 收后及时浅耕灭茬；冬春进行灌溉，及时清理田边杂草。主要抓好发生初期的防治，可以有效的控制叶螨的为害。

在叶螨发生初期（图2－107），用20%哒螨灵乳油20～40ml/亩、40%三唑磷乳油20～40ml/亩、1.8%阿维菌素乳油10～20ml/亩，对水40～50kg均匀喷雾。

图2－107 小麦叶螨为害初期症状

小麦田叶螨严重发生期（图2-108），用20%三氯杀螨醇乳油20～30ml/亩、40%氧乐果乳油10ml/亩、50%马拉硫磷乳油10～15ml/亩、20%哒螨灵可湿性粉剂10～20g/亩、73%炔螨特乳油30～50ml/亩、5%噻螨酮乳油50～65ml/亩、40%三唑磷乳油20～40ml/亩、1.8%阿维菌素乳油10～20ml/亩，对水40～50kg均匀喷雾，可有效地防治麦叶螨。

图2-108　小麦叶螨为害盛期症状

3. 麦叶蜂

分　　布　叶蜂（*Dolerus tritici*）主要分布在华东、华北、东北、甘肃、安徽、江苏等省。

为害特点　幼虫为害麦叶，从叶边缘向内咬食成缺刻，重者可将麦叶全部吃光（图2-109）。

图2-109　麦叶蜂为害麦叶症状

形态特征　成虫体大部黑色略带蓝光，前胸背板、中胸前盾片、翅基片锈红色，翅膜质透明略带黄色，头壳具网状刻纹。小盾片黑色近三角形，有细稀刻点。触角线状9节（图2-110）。卵肾脏形，表面光滑，浅黄色。幼虫共5龄，末龄幼虫体圆筒状，胸部稍粗，腹末稍细，各节具横皱纹（图2-111至图2-112）。蛹淡黄到棕黑色。

图2-110　小麦叶蜂成虫

图2-111　麦叶蜂低龄幼虫

图2-112　麦叶蜂末龄幼虫

发生规律　1年发生1代，以蛹在土中20cm左右处结茧越冬。翌年3～4月成虫羽化，交尾后用产卵器沿叶背主脉处锯一裂缝，边锯边产卵，卵粒成串，卵期10天左右，4月中旬至6月中旬进入幼虫为害期，4月中旬是幼虫为害最盛期。幼虫老熟后入土做土茧越夏，10月化蛹越冬。成虫喜在9：00～15：00活动，飞翔力不强，夜晚或阴天隐蔽在小麦、大麦根际处，成虫寿命2～7天。幼虫共5龄，1～2龄幼虫日夜在麦叶上取食，3龄后畏强光，3龄后白天隐蔽在麦株下部或土块下，夜晚出来为害。进入4龄后，食量剧增，幼虫有假死性，遇振动即落地。喜湿冷，忌干热。冬季气温高，土壤水分充足，翌春湿度大温度低，3月雨小，有利于该虫发生，砂质土壤麦田比黏性土受害重。

防治方法　老熟幼虫在土中时间长，将尚未化蛹的休眠幼虫翻到地面，破坏其化蛹越冬场所，杀死幼虫。如能采取水旱轮作，可得到彻底根治。掌握幼龄幼虫期做好防治，可有效的控制为害。

在幼虫发生期至3龄幼虫前（图2-113），喷洒90%晶体敌百虫50ml/亩、80%敌敌畏乳油50ml/亩、50%辛硫磷乳油50ml/亩、40%氧乐果乳油2 000倍液、40%水胺硫磷乳油100ml/亩、5%氯氰菊酯乳油35ml/亩、1.8%阿维菌素乳油15ml/亩；也可用2.5%敌百虫粉或4.5%甲敌粉1.5～2.5kg/亩、1.5%乐果粉剂1.5～2.5kg/亩喷粉，或兑细干土20～25kg顺麦垄撒施。宜选择在傍晚或上午10：00前，可提高防治效果。

图2–113　麦叶蜂为害小麦田间症状

4．蝼蛄

分　　布　分布在全国各地，为害农作物常见种有东方蝼蛄（*Gryllotalpa orientalis*）和华北蝼蛄（*Gryllotalpa nispina*）。

为害特点　蝼蛄为多食性害虫，蝼蛄成虫和若虫在土中咬食刚播下的种子和幼芽，或将幼苗根、茎部咬断，使幼苗枯死，受害的根部呈乱麻状。蝼蛄在地下活动，将表土穿成许多隧道，使幼苗根部透风和土壤分离，造成幼苗因失水干枯致死，缺苗断垄，严重的甚至毁种。

形态特征　华北蝼蛄：成虫身体比较肥大（图2–114），体黄褐色，全身密布黄褐色细毛；前胸背板中央有1凹陷不明显的暗红色心脏形斑；前翅黄褐色，覆盖腹部不到一半，后翅纵卷成筒形附于前翅之下；腹部圆筒形、背面黑褐色，有7条褐色横线；足黄褐色，前足发达，中后足细小，后足胫节背侧内缘有距1～2个或消失。卵椭圆形，初产时黄白色，较小。若虫共13个龄期，初龄若虫头小，腹部肥大，行动迟缓，全身乳白色，渐变土黄色，以后每蜕1次皮，颜色随之加深，5龄以后，与成虫体色、体形相似（图2–115）。

图2–114　华北蝼蛄成虫

图2–115　华北蝼蛄若虫

东方蝼蛄：成虫灰褐色，全身密被细毛，头圆锥形，触角丝状，前胸背板卵圆形，中间具一明显的暗红色长心脏形凹陷斑。前足为开掘足，后足胫节背面内侧具3~4个刺，腹末具1对尾须（图2-116）。卵椭圆形，初乳白色，孵化前为暗紫色。若虫与成虫相似（图2-117）。

图2-116 东方蝼蛄成虫

图2-117 东方蝼蛄若虫

发生规律 华北蝼蛄：3年左右完成1代。以成虫和8龄以上若虫越冬。翌春4月下旬、5月上旬越冬成虫开始活动，6月开始产卵，6月中、下旬孵化为若虫，10至11月以8~9龄若虫越冬。来年4月上、中旬越冬若虫开始活动为害，秋季以大龄若虫越冬。第3年春季，大龄若虫越冬后开始活动为害，8月上中旬若虫老熟，羽化为成虫。经过补充营养成虫进入越冬期。成虫昼伏土中，夜间活动。有趋光性，从4月至11月为蝼蛄的活动为害期，以春、秋两季为害最严重。

东方蝼蛄：在江西、四川、江苏、陕南、山东等地，1年发生1代；在陕北、山西、辽宁等地两年发生1代。以成虫或若虫在地下越冬。翌春，随着地温上升而逐渐上移，到4月上中旬即进入表土层活动。5月中旬至6月中旬温度适中，作物正处于苗期，此期是蝼蛄为害的高峰期。6月下旬至8月下旬天气炎热，开始转入地下活动，东方蝼蛄已接近产卵末期。9月上旬以后，天气凉爽，大批若虫和新羽化的成虫又上升到地面为害，形成第2次为害高峰。10月中旬以后，随着天气变冷，蝼蛄陆续入土越冬。

防治方法 夏收后，及时翻地，破坏蝼蛄的产卵场所；秋收后，进行大水灌地，使向深层迁移的蝼蛄，被迫向上迁移，在结冻前深翻，把翻上地表的害虫冻死。

种子处理：可以有效地防治蝼蛄等地下害虫，保苗效果可长达20天，可用40%辛硫磷乳油72~96g/100kg种子、20%甲基异柳磷乳油40g/100kg种子、50%二嗪磷乳油100~200g/100kg种子。

在蝼蛄为害严重的地块，也可将药剂撒于播种沟内，然后进行耙地，可用20%毒死蜱微囊悬浮剂550~650g/亩、3%辛硫磷颗粒剂3~4kg/亩、1.1%苦参碱粉剂2~2.5kg /亩。

小麦生长期被害，也可用50%辛硫磷乳油或20%甲基异柳磷乳油2 000倍液、35%甲基硫环磷乳油500~1000倍液浇灌。

5. 蛴螬

分　　布 蛴螬是鞘翅目金龟甲总科幼虫的总称。其成虫通称金龟子。蛴螬在我国分布很广，各地均有发生，但以我国北方发生较普遍。据资料记载，我国蛴螬的种类有1 000多种，其中，华北大黑鳃金龟、暗黑鳃金龟、铜绿丽金龟、黑绒金龟为优势虫种。

为害特点 蛴螬的食性很杂，是多食性害虫，为害作物幼苗、种子及幼根、嫩茎。蛴螬主要在地下为害，咬断幼苗根茎，切口整齐，造成幼苗枯死，或蛀食块根、块茎，造成孔洞，使作物生长衰弱，影响产量和品质。同时，被蛴螬造成的伤口有利于病菌的侵入，诱发其他病害。成虫金龟子主要取食植物地上部的叶片，有的还为害花和果实。

形态特征 华北大黑鳃金龟（*Holotrichia diomphalia*）：成虫长椭圆形，黑色或黑褐色（图2−118），有光泽。鞘翅上散生小刻点。卵初产时长椭圆形，乳白色，表面光滑，孵化前呈球形，壳透明。老熟幼虫身体弯曲近C形（图2−119），体壁较柔软，多皱纹。头部前顶毛每侧3根呈1纵列，其中两根紧挨于冠缝旁。肛门孔3裂缝状。肛腹片后部覆毛区中间无刺毛列只有钩毛群。蛹：裸蛹，初为白色，最后变为黄褐色至红褐色。

图2−118 华北大黑鳃金龟成虫

图2−119 华北大黑鳃金龟幼虫

暗黑鳃金龟（*Holotrichia parallela*）：成虫初羽化时鞘翅乳白色、质软，后变红褐色（图2−120），之后鞘翅硬化变为黑褐色或黑色，无光泽。初产卵乳白色，长椭圆形，半透明。老熟幼虫头部前顶毛每侧1根，位于冠缝两侧。肛门孔3裂缝状。肛腹片后部覆毛区中间无刺毛列，只有钩毛群，其上端有2个单排或双排的钩毛，呈“V”字形排列，中间具裸区（图2−121）。蛹为离蛹，初化蛹乳白色，后变黄白色。

图2− 120 暗黑鳃金龟成虫

图2−121 暗黑鳃金龟幼虫

铜绿丽金龟（*Anomala carpulenta*）：成虫略小，头、前胸背板、小盾片和鞘翅铜绿色（图2-122），发光。雄虫腹面黄褐色，雌虫腹面黄白色。初产卵乳白色，长椭圆形。老熟幼虫（图2-123）肛腹片后部覆毛区中间的刺毛列由长针状刺毛组成，每列多为15~18根，两列刺毛尖大部彼此相遇和交叉，两刺毛列平行，只后端稍岔开些，刺毛列前边远没有达到钩毛群的前缘（图2-124）。初化蛹乳白色，后变淡黄色。

图2-122 铜绿丽金龟成虫

图2-123 铜绿丽金龟幼虫

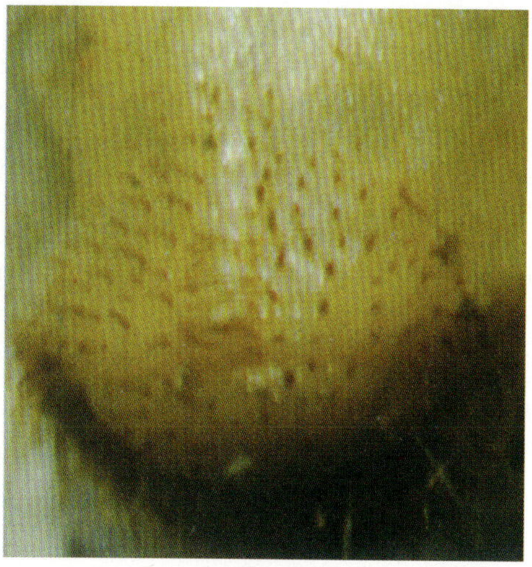

图2-124 铜绿丽金龟幼虫肛腹片

黑绒金龟（*Maladera orientalis*）：成虫体卵圆形，前狭后宽，黑色或黑褐色，有丝绒般闪光。唇基黑色，光泽强，前缘与后缘微翘起，中间纵隆。前胸背板横宽，两侧中段外扩，密部细刻点，侧缘列生褐色刺毛。鞘翅侧缘微弧形，边缘具稀短细毛，纵肋明显（图2-125）。卵椭圆形，乳白色，光滑。老熟幼虫两侧颊区触角基部上方具1圆形暗斑（伪单眼）（图2-126），肛腹片后部覆毛区满布顶端尖弯的刺毛，前缘双峰状，中间裸区楔状，楔尖朝向尾部，将覆毛区一分为二，刺毛列位于覆毛区后缘，由16~22根锥刺毛组成，呈横弧状态排列，其中间隔开宽些（图2-127）。蛹为离蛹。

图2-125 黑绒金龟成虫

图2-126 黑绒金龟幼虫

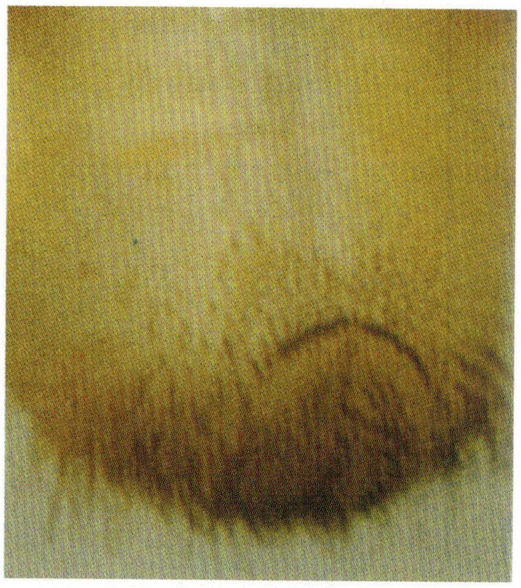

图2-127 黑绒金龟幼虫肛腹片

发生规律 华北大黑鳃金龟：在辽宁两年完成1代，黑龙江2~3年完成1代，以成虫和幼虫交替越冬。东北南部越冬成虫5月中下旬出土为害，随之产卵，幼虫盛发期在7月中旬，8月上中旬化蛹，10月中下旬以3龄幼虫越冬。

暗黑鳃金龟：在黄淮地区一年发生1代，以老熟幼虫在地下20~40cm处越冬，少数成虫也可越冬。越冬幼虫春季不为害，5月中旬化蛹，成虫期在6月上旬至8月上旬，盛发期在7月中旬前后，幼虫为害盛期在8月中下旬。

铜绿丽金龟：每年发生1代，以幼虫越冬。在辽宁5月上中旬越冬幼虫出土为害，6月中下旬化蛹，成虫产卵盛期7月上中旬，8～9月幼虫盛发取食花生、甘薯等，至10月中旬以老熟幼虫越冬。黄淮流域越冬幼虫3月下旬至4月上旬开始活动为害，5～6月化蛹，成虫发生在5月下旬至8月上旬，6月中旬为害最盛。7～9月为幼虫为害期，10月上旬3龄幼虫入土越冬。

黑绒金龟：我国长江以北地区一年发生1代，以成虫越冬。4～6月为成虫活动期，5日平均气温10℃以上开始大量出土。6～8月为幼虫生长发育期。

防治方法 多施腐熟的有机肥料，合理控制灌溉，或及时灌溉，促使蛴螬向土层深处转移，避开幼苗最易受害时期。播种前拌种，或在播种或移栽前进行土壤处理，可以有效的减少虫量；或者在发生为害期药剂灌根，也可有效的防治害虫的为害。

播种前拌种，用50%辛硫磷乳油500ml，加水20～25kg，拌种子250～300kg，或40%甲基异柳磷乳油500ml，加水15～20kg，拌种200kg。

在播种或移栽前进行土壤处理，用50%辛硫磷乳油200～250ml/亩，加水10倍，喷于25～30kg细土上拌成毒土，或用2%甲基异柳磷粉2～3kg/亩加25～30kg细土拌成毒土；或用3%克百威颗粒剂、5%二嗪磷颗粒剂2.5～3kg/亩处理土壤，顺垄条施，随即浅锄，或以同样用量的毒土撒于种沟或地面，随即耕翻，或结合灌水施入。

在蛴螬已发生为害且虫量较大时，用3.5%丁烯氟腈·溴乳油90～120ml/亩、40%氯·辛乳油250ml/亩、48%毒死蜱乳油200ml/亩、40%辛硫磷乳油500ml/亩、40%治螟磷乳油500ml/亩、40%甲基异柳磷乳油250ml/亩、30%邦得乳油（10%毒死蜱+20%辛硫磷）400～600ml/亩对水40～50kg进行灌根，每株灌150～250ml。

6. 金针虫

分　　布 我国金针虫有60多种，为害小麦的有20多种，其中为害较重的有沟金针虫、细胸金针虫。沟金针虫（*Pleonomus canaliculatu*）分布区极广，自内蒙古、辽宁，直至长江沿岸的扬州、南京，西至陕西、甘肃等省均有分布，主要发生在旱地平原地段。细胸金针虫（*Agriotes fuscicollis*）分布在包括从黑龙江沿岸至淮河流域，西至陕西、甘肃等省区，主要发生在水湿地和低洼地。

为害特点 金针虫以幼虫终年在土中生活为害。为多食性地下害虫，主要为害多种作物的种子、幼苗和幼芽，能咬断刚出土的幼苗，也可钻入幼苗根茎部取食为害（图2-128至图2-130），造成缺苗断垄。

图2-128　金针虫为害小麦症状

图2-129　沟金针虫为害麦苗症状

图2-130　金针虫为害小麦田间症状

形态特征　沟金针虫：成虫深栗褐色，扁平，密生金黄色细毛，体中部最宽，前后两端较狭（图2-131）。卵乳白色，近似椭圆形。幼虫黄褐色，体形扁平，较宽，胴部背面中央有一明显的纵沟，尾节粗短，深褐色无斑纹（图2-132）。蛹体细长，乳白色，近似长纺锤形（图2-133）。

图2-131　沟金针虫成虫

图2-132　沟金针虫幼虫

细胸金针虫：成虫黄褐色，体中部与前后部宽度相似，体形细长，密生灰色短毛，有光泽（图2－134）。卵乳白色，近似椭圆形。幼虫淡黄褐色，细长，圆筒形，胴部背面中央无纵沟，尾节圆锥形，背面基部两侧各有褐色圆斑一个，并有四条深褐色纵沟（图2－135）。蛹乳白色，近似长纺锤形。

图2－133 沟金针虫蛹

图2－134 细胸金针虫成虫

图2－135 细胸金针虫幼虫

发生规律 沟金针虫：3年完成1代，以成虫和幼虫在土壤中深20～80cm处越冬。次年3月开始活动，4月份为活动盛期。4月中旬至6月上旬为产卵期，幼虫期很长，直到第三年8至9月份在土中化蛹。在一年中，它有两个主要为害时期，即春季为害期（3月中旬至5月上旬，以4至5月最重）和秋季为害期（9月下旬至10月上旬）。

细胸金针虫：多两年完成1代，也有1年或3至4年完成1代的。仅以幼虫在土层深处越冬。翌年3月上中旬开始出土，为害返青麦苗或早播作物，4至5月为害最盛，成虫期较长，有世代重叠现象。较耐低温，故秋季为害期也较长。

防治方法 换茬时进行精耕细耙，有机肥要充分腐熟后再施用。播种期的土壤处理可减轻为害，也可在金针虫发生期药剂灌根防治。

播种或定植时，可用3%克百威颗粒剂3kg、3%丁硫克百威颗粒剂3kg拌100kg种子，或用48%毒死蜱乳油∶种子1∶50拌种；也可用5%辛硫磷颗粒剂1.5～2.0kg/亩拌细干土100kg撒施在播种（定植）沟（穴）中，然后播种或定植。

在金针虫已发生为害且虫量较大时，可用50%杀螟硫磷乳油800倍液、50%丙溴磷乳油1 000倍液、25%亚胺硫磷乳油800倍液、1.8%阿维菌素乳油3 000倍液、5%氟啶脲乳油1 500液、5%氟虫脲乳油4 000倍液、50%甲萘威可湿性粉剂600倍液等药剂灌根防治。

7. 黏虫

分　　布 黏虫（*Mythimna separata*）是世界性的害虫，我国20多个省都有发生，轻发年发生40万亩～50万亩，中发年发生100万亩～200万亩，重发年300万亩～400万亩。

为害特点 幼虫食叶，大发生时可将作物叶片全部食光（图2－136），造成严重损失。

图2-136 黏虫为害小麦叶片症状

形态特征 成虫：体长15～17mm，翅展36～40mm，头部及胸部灰褐色，触角丝状。腹部暗褐色，前翅灰黄褐色、黄色或橙色，变化较多；内线不显，只有几个黑点，环纹、肾纹褐黄色，界限不显著，肾纹后端有一小白点，两侧各有一个小黑点；后翅暗褐色，向基部渐浅。卵：扁圆形，有光泽，表面有网状纹，卵块状排列成行（图2-137）。幼虫：初孵体长2mm，老熟幼虫体长30mm左右，头部淡黄褐色，有暗褐色网状花纹，咀嚼式口器，上唇略呈长方形（前缘中部凹陷）。幼虫蜕皮5次共6龄，1～3龄幼虫取食嫩叶，体灰褐稍带绿色，4龄后虫口密度大，光照足时黑绒色，密度小时淡黄绿色（图2-138）。胸、腹部圆筒形，5条明显纵带，背中线白色，边缘有黑线，亚背线蓝褐色。蛹：初化蛹时乳白色，后变红褐至黑褐色，胸背有多列横皱纹，腹背5～7节上沿各脊一列线状尖刻若锯齿，腹末有3对尾刺，中间两根较粗直，两侧的小而弯。

图2-137 黏虫成虫

图2-138 黏虫老龄幼虫

发生规律 每年发生世代数全国各地不一，从北至南世代数为：东北、内蒙古年生2～3代，华北中南部3～4代，江苏淮河流域4～5代，长江流域5～6代，华南6～8代。黏虫属迁飞性害虫，在湖南、江西、浙江一带，以幼虫和蛹在稻桩、田埂杂草、绿肥田、麦田表土下等处越冬；在广东、福建南部终年繁殖，无越冬现象。北方春季出现的大量成虫系由南方迁飞所至。成虫产卵于叶尖或嫩叶、心叶皱缝间，常使叶片成纵卷。初龄幼虫仅能啃食叶肉，使叶片呈现白色斑点；3龄后可蚕食叶片成缺刻，5～6龄幼虫进入暴食期。幼虫共6龄。老熟幼虫在根际表土1～3cm做土室化蛹。成虫昼伏夜出，傍晚开始活动。黄昏时觅食，半夜交尾产卵，黎明时寻找隐蔽场所。成虫对糖醋液趋性强，产卵趋向黄枯叶片。

发生条件 虫发生的数量与为害程度，受气候条件、食料营养及天敌的影响很大，如环境适合，发生就严重，反之，为害较轻。①气候条件：温湿度对黏虫的发生影响很大，雨水多的年份黏虫往往大发生。成虫产卵适温为15～30℃，最适温为19～25℃，相对湿度为90%左右。不同温湿度对幼虫的成活和发育影响也很大，特别是1龄幼虫更为明显。②食物营养的关系：成虫卵巢发育需要大量的碳水化合物，主要是糖类。早春蜜源植物多的地区，第1代幼虫就多。幼虫喜食禾本科植物，取食后发育较快，而且蛹重较大，成虫也较健壮。

防治方法 防治黏虫的关键措施是做好预测预报，防治幼虫于3龄以前，有条件的地区，最好消灭黏虫于蛾卵阶段。

在卵孵化盛期至幼虫3龄前，及时喷洒90%晶体敌百虫30g/亩、50%甲基对硫磷乳油100ml/亩、苏云金杆菌乳剂200ml/亩、2.5%氯氟氰菊酯乳油12～20ml/亩、2.5%溴氰菊酯乳油10～15ml/亩、35%伏杀硫磷乳油100～133ml/亩对水40～50kg喷雾；或用50%马拉硫磷乳油1 000～1 500倍液、50%辛硫磷乳剂1 000倍液、50%杀螟松乳剂1 000倍液、50%甲萘威可湿性粉剂1 000～2 000倍液喷施效果均好。

8. 吸浆虫

分　　布 小麦吸浆虫在我国小麦上发生的吸浆虫有麦红吸浆虫（*Sitodiplosis mosellana*）和麦黄吸浆虫（*Comtarinia tritci*）两种。麦红吸浆虫主要分布在黑龙江、内蒙古、吉林、辽宁、宁夏、甘肃、青海、河北、山西、陕西、河南、山东、安徽、江苏、浙江、湖北及湖南等平原麦区；麦黄吸浆虫主要分布在山西、内蒙古、河南、湖北、陕西、四川、甘肃、青海、宁夏等高纬度地区。

为害特点 该虫主要以幼虫为害小麦花器和乳熟籽粒，吸食浆液，造成瘪粒而减产。一般被害麦地减产30%～40%，严重者减产70%～80%，甚至造成绝收。是小麦产区毁灭性的一种害虫（图2-139）。

图2-139 小麦吸浆虫为害小麦穗部症状

形态特征　红吸浆虫：雌成虫体橘红色，复眼大，黑色，前翅透明，有4条发达翅脉，后翅退化为平衡棍，触角细长，念珠状（图2－140）。卵长卵形，浅红色。幼虫体椭圆形，橙黄色（图2－141）。蛹：裸蛹，橙褐色。

麦黄吸浆虫：雌体鲜黄色，产卵器伸出时与体等长。雄虫体腹部末端的把握器基节内缘无齿。卵呈香蕉形，末端有透明带状附属物。幼虫体黄绿色，体表光滑，前胸腹面有剑骨片。蛹鲜黄色。

图2－140　麦红吸浆虫成虫

图2－141　麦红吸浆虫幼虫

发生规律　两种吸浆虫每年发生1代，以末龄幼虫在土壤中结圆茧越夏和越冬。翌年小麦进入拔节期，越冬幼虫破茧上升到表土层；小麦孕穗时，再结茧化蛹；小麦开始抽穗，开始羽化出土，当天交配后把卵产在未扬花的麦穗上，各地成虫羽化期与小麦进入抽穗期一致。小麦抽穗扬花期为害较重。如雨水充沛、气温适宜常会引起吸浆虫的大发生。

防治方法　施足基肥，春季少施化肥，使小麦生长发育整齐健壮。小麦孕穗期是防治该虫的关键时期。

在小麦播种前撒毒土防治土中幼虫，于播前进行土壤处理。用2.5%甲基异柳磷颗粒剂1.3～2kg/亩加20kg干细土，拌匀制成毒土撒施在地表。

小麦孕穗期，可用40%甲基异柳磷乳油或50%辛硫磷乳油150ml/亩、48%毒死蜱乳油100～125ml/亩加20kg细土制成毒土，均匀撒在地表，然后进行锄地，把毒土混入表土层中，如施药后灌一次水，效果更好。

这时期也可结合防治麦蚜，喷施40%乐果乳油或80%敌敌畏乳油100ml/亩、50%马拉硫磷乳油35ml/亩、4.5%氯氰菊酯乳油40ml/亩、2.5%溴氰菊酯乳油或20%氰戊菊酯乳油2 000倍液防治成虫等。该虫卵期较长，发生严重时可连续防治2次。

9. 麦茎蜂

分布为害　麦茎蜂（*Cephus pygmaeus*）分布全国各地。幼虫钻蛀茎秆，严重的整个茎秆被食空，老熟幼虫钻入根茎部，从根茎部将茎秆咬断或仅留少量表皮连接，断面整齐，受害小麦很易折倒。

形态特征　成虫全体黑色发亮（图2－142），头部黑色，复眼发达，触角丝状共19节，端部

图2-142 麦茎蜂成虫

数节稍肥大。口器咀嚼式，上唇黑褐色，上腭端部黑褐色，中部米黄色，基部黑色。翅痣色深明显。卵：初产卵白色透亮，长椭圆形，将孵化时变成水渍状透明圆形。幼虫体乳白色，前进时呈"S"状白色或淡黄褐色，头部淡棕色，胸足退化呈圆形肉疣状突起，体多皱褶。蛹：裸蛹，外被薄茧。

发生规律 一年发生1代，以老熟幼虫在茎基部或根茬中结薄茧越冬。翌年4月化蛹，5月中旬羽化，5月下旬进入羽化期持续20多天，羽化后雌蜂把卵产在茎壁较薄的麦秆里，产卵时用产卵器把麦茎锯1小孔，把卵散产在茎的内壁上。幼虫孵化后取食茎壁内部，3龄后进入暴食期，常把茎节咬穿或整个茎秆被食空，逐渐向下蛀食到茎基部，麦穗变白，幼虫老熟后在根茬中结透明薄茧越冬。

防治方法 茎蜂由于卵、幼虫隐蔽在麦茎内为害，越冬幼虫在根茬潜伏，麦收后碾压根茬，机耕深翻，重害区大面积集中连片倒茬上下功夫，在成虫羽化盛期前撒施毒砂。麦茎蜂为单食性害虫，各地应有计划地实行大面积连片轮作倒茬，大片不种麦，改种豆类、薯类、玉米等。

土壤处理：夏初冬麦二水前、春麦头水前撒施40%甲基异柳磷乳油250～300ml/亩，加细砂土30kg。或用5%辛硫磷颗粒剂2.5～4kg对细沙土20～30kg，于小麦抽穗前孕穗初期（成虫出土盛期）在灌水或雨前均射散施于麦田。

在小麦抽穗前孕穗期成虫出土盛期，可用90%晶体敌百虫35～50g/亩、48%毒死蜱乳油25ml/亩对水50kg、80%敌敌畏乳油1 000～1 200倍液，间隔7～10天喷1次，连喷2次；也可喷撒1.5%乐果粉或2.5%敌百虫粉1.5～2.5kg/亩。

10. 麦种蝇

分布为害 麦种蝇（*Hylemyia coarctata*）在我国的新疆、甘肃、宁夏、青海、陕西、内蒙古、山西、黑龙江等省（区）均有分布。以幼虫侵入茎基部蛀食，引起心叶枯死，重者缺苗断垄，甚至翻耕改种，从而造成减产（图2-143）。

图2-143 麦种蝇为害麦株症状

形态特征 雄成虫体暗灰色（图2-144）。头银灰色，额窄，额条黑色。复眼暗褐色，在单眼三角区的前方，间距窄，几乎相接。触角黑色。胸部灰色。腹部上下扁平，狭长细瘦，较胸部色深。翅浅黄色，具细黄褐色脉纹，平衡棒黄色。足黑色。雌虫体灰黄色。卵长椭圆形，腹面略凹，背面凸起，一端尖削，另一端较平，初乳白色，后变浅黄白色，具细小纵纹。幼虫体蛆状（图2-145），乳白色，老熟时略带黄色。围蛹纺锤形（图2-146），初为淡黄色，后变黄褐色，两端稍带黑色，羽化前黑褐色，稍扁平，后端圆形有突起。

图2-144 麦种蝇成虫

图2-145 麦种蝇幼虫

图2-146 麦种蝇蛹

发生规律 一年发生1代，以卵在土内越冬。翌年3月越冬卵孵化为幼虫，初孵幼虫栖息在植株茎秆、叶及地面上，先在小麦茎基部钻一小孔，钻入茎内，头部向上，蛀食心叶组织成锯末状。幼虫耐饥力强，每头幼虫只为害一株小麦，无转株为害习性。幼虫活动为害盛期在3月下旬至4月上旬。4月中旬幼虫爬出茎外，钻入6~9cm土中化蛹，4月下旬至5月上旬为化蛹盛期。6月初蛹开始羽化，6月中旬为成虫羽化盛期，7~8月为成虫活动盛期。雌虫9月中旬开始产卵，每雌产卵9~48粒，产卵后即死亡，10月雌虫全部死亡。

防治方法 提倡与其他作物轮作2~3年，可有效控制麦种蝇的为害。

药剂拌种：冬小麦用40%甲基异柳磷乳油按种子量的0.2%拌种，春小麦用40%甲基异柳磷乳油按种子量的0.1%进行拌种均能收到一定的防治效果。

土壤处理：小麦播种前耕最后一次地时，用40%甲基异柳磷乳油或50%辛硫磷乳油250ml/亩，加水5kg，拌细土20kg撒施，边撒边耕，可防成虫在麦地产卵。

春季幼虫开始为害时，用80%敌敌畏乳油50ml/亩，加水50kg喷地面，然后翻入地内。4月中下旬，幼虫爬出茎外将钻入土内化蛹时，可用90%晶体敌百虫50g/亩、50%辛硫磷乳油200~500ml/亩加水50kg喷雾，或喷施50%敌敌畏乳油1 000倍液，以防幼虫钻入土内化蛹。

11. 麦黑斑潜叶蝇

分布为害 黑斑潜叶蝇（*Cerodonta denticornis*）分布甘肃、台湾等省。以幼虫潜食叶肉，潜痕弯曲窄细（图2-147）。

图2-147　麦黑斑潜叶蝇为害叶片症状

形态特征　成虫体黄褐色（图2-148）。头部黄色，间额褐色，单眼三角区黑色，复眼黑褐色，具蓝色荧光。触角黄色，触角芒不具毛。胸部黄色，背面具一“凸”字形黑斑块，前方与颈部相连，后方至中胸后盾片中部，黑斑中央具“V”字形浅洼；小盾片黄色，后盾片黑褐色。翅透明浅黑褐色。平衡棍浅黄色。幼虫体乳白色，蛆状（图2-149）。腹部端节下方具1对肉质突起，腹部各节间散布细密的微刺。蛹浅褐色，体扁，前后气门可见。

图2-148　麦黑斑潜叶蝇成虫

图2-149　麦黑斑潜叶蝇幼虫

发生规律　发生代数不详，可能以蛹越冬。4月上、中旬成虫开始在麦田活动，把卵产在麦叶上，幼虫孵化后潜入叶肉为害，造成麦叶部分干枯。幼虫老熟后，由虫道爬出，附着在叶表化蛹和羽化。4月下旬在春麦苗上发生普遍，9月间发生在自生麦苗上。

防治方法　消灭成虫为主，于冬麦返青时，成虫发生期，在田间喷撒2.5%敌百虫粉，消灭成虫，防其产卵。

12. 管蓟马

分布为害　管蓟马（*Haplothrips tritici*）成、若虫以锉吸式口器，锉破植物表皮，吮吸叶汁。小麦孕穗期，成虫即从开缝处钻入花器内为害，影响小麦扬花，严重时造成小麦白穗。为害麦粒。麦粒灌浆乳熟期，成虫和若虫先后或同时，躲藏在护颖与外颖内吸取麦粒的浆液，致使结实不饱满，麦粒空瘪（图2-150）。同时还由于蓟马刮食破坏细胞组织，麦粒上出现褐色斑块，降低了面粉质量，减少出粉率。

图2-150　小麦管蓟马为害麦穗症状

形态特征　成虫全体黑色（图2-151），头部略呈长方形与前胸相辖。复眼分离，触角8节。前翅仅有一条不明显的纵脉，并不延至顶端。腹部末端成管状，端部有6根细长的尾毛，尾毛间各生短毛一根。卵乳黄色，长椭圆形。若虫初孵化时淡黄色，后逐渐转变为橙色、鲜红色（图2-152），触角及尾管黑色，无翅。前蛹及伪蛹，体色淡红，四周着生白色绒毛。

图2-151　小麦管蓟马成虫

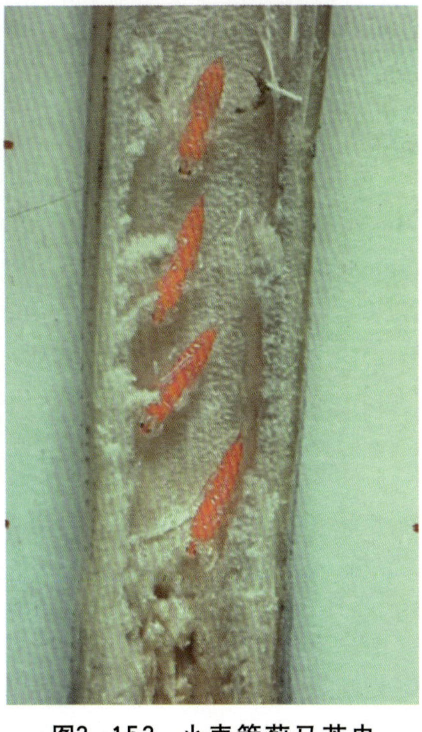

图2-152　小麦管蓟马若虫

发生规律　一年发生1代，以若虫在麦根或场面地下10cm处越冬，1～5cm处密度最大。翌年日均温8℃时开始活动，约5月中旬进入化蛹盛期，5月中下旬羽化，6月上旬进入羽化盛期，羽化后进入麦田，在麦株上部叶片内侧叶耳、叶舌处吸食汁液，后从小麦旗叶叶鞘顶部或叶鞘缝隙处侵入尚未抽出的麦穗上，为害花器，有时一个旗叶内群集数10头至数百头成虫。6月上中旬冬麦全部抽穗，成虫大量向春麦上迁飞，6月中旬达高峰，高峰期比冬麦晚半个月，但发生密度春麦往往大于冬麦。小麦灌浆期是为害最严重的阶段。

防治方法 进行合理的轮作倒茬。适时早播。秋季或麦收后及时进行深耕，清除麦场四周杂草，破坏其越冬场所，可降低越冬虫口基数。

小麦孕穗期，大量蓟马迁飞到麦穗上为害产卵，是防治成虫的有利时期，及时喷洒20%丁硫克百威乳油、10%吡虫啉可湿性粉剂、1.8%阿维菌素乳油、10%虫螨腈乳油2 000倍液。

小麦扬花期是防治初孵若虫的有利时期。可用75%乙酰甲胺膦可溶性粉剂60g/亩、90%敌百虫晶体50~70g/亩、80%敌敌畏乳油50ml/亩对水30kg喷雾，注意防治初孵若虫。

13. 麦穗夜蛾

分布为害 麦穗夜蛾（*Apamea sordens*）分布在内蒙古、甘肃、青海等省。初孵幼虫先取食穗部花器和子房，个别取食颖壳内壁幼嫩表面，食尽后转移为害，2~3龄后在籽粒里取食潜伏，4龄后幼虫转移至旗叶上吐丝缀连叶缘成筒状，日落后寻找麦穗取食，仅残留种胚，致使小麦不能正常生长和结实（图2-153）。

形态特征 成虫全体灰褐色（图2-154），前翅有明显黑色基剑纹，在中脉下方呈燕飞形，环状纹、肾状纹银灰色，边黑色；基线淡灰色双线，亚基线、端线浅灰色双线，锯齿状；亚端线波浪形浅灰色；前翅外缘具7个黑点，缘毛密生；后翅浅黄褐色。卵圆球形，卵面有花纹。末龄幼虫头部具浅褐黄色“八”字纹。虫体灰黄色，腹面灰白色。蛹黄褐色或棕褐色。

图2-153 麦穗夜蛾为害麦穗症状

图2-154 麦穗夜蛾成虫

发生规律 一年发生1代，以老熟幼虫在田间或地埂表土越冬。翌年4月越冬幼虫出蛰活动，4月底至5月中旬幼虫化蛹，6~7月成虫羽化，6月中旬至7月上旬进入羽化盛期，白天隐蔽在麦株或草丛下，黄昏时飞出活动，取食小麦花粉或油菜。初孵幼虫先取食穗部的花器和子房，吃光后转移，4龄进入暴食期，将小麦旗叶吐丝缀连成筒状，9月中旬幼虫开始在麦茬根际松土内越冬。

防治方法 麦收时要注意杀灭麦株底下的幼虫，以减少越冬虫口基数。

诱杀成虫：利用成虫趋光性，在6月上旬至7月下旬安装黑光灯诱杀成虫。

掌握在4龄前及时喷洒80%敌敌畏乳油1 000~1 500倍液、90%晶体敌百虫900~1 000倍液、50%辛硫磷乳油1 000倍液，4龄后白天潜伏，应在日落后喷洒上述杀虫剂防治。

14. 秀夜蛾

分布为害 秀夜蛾（*Amphipoea fucosa*）分布东北、华北、西北、西藏高原、长江中下游及华东麦区。一般减产10%～20%，严重减产40%～50%。幼虫喜在水浇地、下湿滩地及黏壤土地块为害，3龄前钻茎为害，4龄后从麦秆的地下部咬烂入土，栖息在薄茧内继续为害附近麦株，致小麦呈现枯心或全株死亡，造成缺苗断垄。

形态特征　成虫头部、胸部黄褐色（图2–155），腹背灰黄色，腹面黄褐色，前翅锈黄至灰黑色，环纹、肾纹白色至锈黄色，上生褐色细纹，边缘暗褐色，亚端线色浅，外缘褐色，缘毛黄褐色。后翅灰褐色，缘毛、翅反面灰黄色。卵半圆形，初白色，3、4天后变为褐色。末龄幼虫体灰白色，头黄色，四周具黑褐色边，从中间至后缘生黑褐色斑4个，从前胸后缘至腹部第9节的背中线两侧各具红褐色宽带1条。蛹棕褐色，2根尾刺，末端呈弯钩状。

图2–155　秀夜蛾成虫

发生规律　北方春麦区一年发生1代，以卵越冬。翌年5月上中旬开始孵化，3龄前幼虫蛀茎为害，4龄后从麦秆地下部咬烂入土，继续为害他株，5月下至6月下旬进入为害盛期，老熟幼虫为害后于6月下旬至7月上中旬化蛹，化蛹处多在被害株附近地下1～3cm土表。7月下至8月中旬进入羽化盛期，成虫盛发后随即进入产卵盛期。

防治方法　合理轮作，深翻土地除茬灭卵，集中烧毁可减少虫源。翻地深度超过15cm，翌年初孵幼虫大部分不能出土。在小麦3叶期浇水，这时正值初孵幼虫为害盛期，浇水后可减轻为害。除掉根茬，将麦根除掉集中烧毁，减少越冬卵量。

灯光诱杀：在成虫盛发期，大面积设置20瓦黑光灯诱杀成虫在产卵之前。

发生严重地区或田块，随播种施4%辛硫磷颗粒剂或0.5%硫环磷颗粒剂2～3kg/亩，对初孵幼虫防效80%以上。

幼虫期可用80%晶体敌百虫1 000倍液灌根。

15. 麦秆蝇

分　　布　麦秆蝇（*Meromyza saltatrix*）主要分布在新疆、内蒙古、宁夏以及河北、河南、山西、陕西、甘肃部分地区。

为害特点　以幼虫钻入小麦等寄主茎内蛀食为害，初孵幼虫从叶鞘或茎节间钻入麦茎，或在幼嫩心叶及穗节基部1／5～1／4处呈螺旋状向下蛀食，形成枯心、白穗、烂穗，不能结实。

形态特征　成虫体为浅黄绿色，复眼黑色，有青绿色光泽。单眼区褐斑较大，边缘越出单眼之外。胸部背面具3条黑色或深褐色纵纹，中间一条纵纹前宽后窄，直连后缘棱状部的末端，两侧的纵纹仅为中纵纹的一半或一多半，末端具分叉。触角黄色，基部黄色。足黄绿色。后足腿节膨大（图2－156）。卵纺锤形，白色，表面具纵纹10条。末龄幼虫体黄绿色或淡黄绿色，头端有一黑色口钩，呈蛆形。蛹属围蛹，蛹壳透明，体色初期淡，后期黄绿。

图2－156　麦秆蝇成虫

发生规律　内蒙古等春麦区年生2代，冬麦区年生3～4代，以幼虫在寄主根茎部或土缝中或杂草上越冬。春麦区翌年5月上中旬始见越冬代成虫，5月底、6月初进入发生盛期，6月中、下旬为产卵高峰期，6月下旬是幼虫为害盛期，为害20天左右。第一代幼虫于7月中下旬麦收前大部分羽化并离开麦田，把卵产在多年生禾本科杂草上。麦秆蝇在内蒙古仅一代幼虫为害小麦，成虫羽化后把卵产在叶面基部。冬麦区1、2代幼虫于4、5月为害小麦，3代转移到自生麦苗上，第4代转移到秋苗上为害。河南一年有两个为害高峰期。幼虫老熟后在为害处或野生寄主上越冬。该虫产卵和幼虫孵化需较高湿度，小麦茎秆柔软、叶片较宽或毛少的品种，产卵率高，为害重。

防治方法　选用抗虫品种。防治麦秆蝇最经济有效的途径，各地应加强对当地品种的鉴定并引进、培育适应当地的抗虫良种。春麦适当早播，冬麦适当晚播以避开成虫产卵为害。加强小麦的栽培管理，因地制宜、深翻土地、增施肥料、适时早播、适当浅播、合理密植及时灌排。精耕细作，都对麦秆蝇繁殖为害不利。精细收获，铲除杂草，可减少其越夏场所。

掌握越冬代成虫发生情况，是药剂防治的关键。可用1.8%阿维菌素乳油2 500倍液、10%吡虫啉可湿性粉剂2 500倍液、40%乙酰甲胺磷乳油2 000倍液、80%敌敌畏乳油1 000倍液、25%速灭威可湿性粉剂600倍液、50%敌敌畏乳油与40%乐果乳油1∶1混合后1 000倍液喷雾，隔6～7天后喷第2次药。每亩喷对好的药液50～75L，把卵控制在孵化之前。

三、小麦各生育期病虫害防治技术

（一）　小麦病虫害综合防治历的制订

小麦栽培管理过程中，应总结本地小麦病虫害的发生特点和防治经验，制定病虫害防治计划，适时进行田间调查，及时采取防治措施，有效控制病虫的为害，保证丰产、丰收。

病虫害的综合防治工作历见表2–1，各地应根据自己的情况采取具体的防治措施。

表2–1　麦田病虫害的综合防治历

生育期	日期	主要防治对象	次要防治对象	防治措施
播种期	10月上旬	地下害虫、黑穗病、全蚀病、赤霉病、锈病	白粉病、病毒病、根腐病、叶枯病、蚜虫、红蜘蛛、吸浆虫	土壤处理、药剂拌种
冬前秋苗期	2月中下旬	纹枯病	白粉病、锈病、红蜘蛛、蚜虫	喷施杀菌剂、杀虫剂
分蘖末期	10月中旬至11月下旬	纹枯病		喷施杀菌剂、杀虫剂
返青、拔节至孕穗期	3月上旬至4月上旬	病毒病、锈病、红蜘蛛、吸浆虫、麦茎蜂	白粉病、纹枯病、叶枯病、根腐病、麦杆蝇、控制其旺长	喷施杀菌剂、杀虫剂、杀螨剂及植物激素
抽穗至灌浆期	4月中旬至5月上旬	赤霉病、白粉病、颖枯病、叶枯病、吸浆虫、蚜虫	根腐病、黏虫、麦叶蜂	喷施杀菌剂、杀虫剂
成熟期	5月中下旬	蚜虫、白粉病	黏虫、赤霉病、病毒病	施用杀虫剂、杀菌剂、微肥

（二）播种期病虫害防治技术

播种期是防治病虫害的关键时期。这一时期防治的主要虫害有地老虎、蛴螬、蝼蛄、金针虫等地下害虫，土壤处理可以防治小麦吸浆虫越冬幼虫，药剂拌种可以减少地下害虫及其他苗期害虫的为害。

小麦病害如黑穗病、赤霉病、根腐病主要是靠种子或土壤带菌进行传播的，而且从幼苗期就开始侵染，所以，对于这些病害，进行种子处理是最有效的防治措施。另外，通过适当的药剂拌种，可以减轻苗期白粉病、锈病、纹枯病、叶枯病、病毒病等多种病害的为害。

还可以通过施用激素和微肥，培育壮苗，增强植株的抗病力。

药剂拌种的常用方法：

可以用50%辛硫磷乳油500ml加水20～25kg，拌种子250～300kg，或用40%甲基异柳磷乳油500ml加水15～20kg，拌种200kg，堆闷2～3小时后播种。防治蝼蛄、蛴螬、金针虫等地下害虫。

可以用15%三唑酮可湿性粉剂60～100g、12.5%烯唑醇可湿性粉剂60～80g拌麦种50kg；或用2%戊唑醇按种子重量的0.1%～0.15%拌种，边喷边拌，拌后闷种4～6小时播种，可以防治小麦黑穗病、赤霉病等病害。

用12.5%硅噻菌胺悬浮剂200ml、2.5%咯菌腈悬浮剂100ml加水1.5～2kg，拌麦种50～100kg，对小麦全蚀病有较好的防效。

土壤处理：在地下害虫或小麦吸浆虫发生严重的地区，用3%甲基异柳磷或辛硫磷颗粒剂3～4kg/亩，在犁地前均匀的撒施地面，随犁地翻入土中。对一些害虫的卵也有一定的防治效果。

（三）冬前苗期病虫害防治技术

小麦冬前苗期（图2–157）的病虫相对较轻，但在有些年份因气温相对偏高，蚜虫、红蜘蛛、白粉病、锈病也有发生，可根据情况具体的防治。

图2-157 小麦冬前苗期生长情况

可喷洒40%氧化乐果乳油1 000倍液、50%辛硫磷乳油1 500倍液，每亩喷药液40~50kg，防治蚜虫、红蜘蛛等。

用15%三唑酮可湿性粉剂60~70g/亩、12.5%烯唑醇可湿性粉剂32~48g/亩，对水40~50kg喷雾，兼治小麦白粉病、锈病等。

这时期的小麦较弱，用药时要严格控制用量注意避免产生药害。11月中旬土壤干旱时，应浇越冬水，以增加土壤水分，稳定地温，对小麦安全越冬有利，使小麦免受冻害。

（四）分蘖末期病虫害防治技术

该期是纹枯病开始发生时期（图2-158），要注意调查，及时防治小麦纹枯病。

图2-158 小麦分蘖期及病虫害为害情况

纹枯病初发时，可用5%井冈霉素水剂50～75ml/亩对水100kg、50%多菌灵可湿性粉剂50g/亩+20%三唑酮乳油40～60ml/亩，对水60kg，12.5%烯唑醇可湿性粉剂10～15g/亩对水100kg喷雾。

（五） 返青、拔节至孕穗期病虫害防治技术

该期是预防小麦病虫害的一个关键时期（图2-159）。

早春，气温开始回升，病虫开始活动，干旱时，麦田红蜘蛛发生为害，锈病也开始入侵，应加强田间的预测预报。对于小麦吸浆虫发生严重的地区，要进行蛹期防治。

这一时期病虫防治以红蜘蛛、锈病、纹枯病为主，可兼治白粉病。

图2-159 小麦返青拔节期病虫为害情况

红蜘蛛虫口数量大时，喷洒15%哒螨灵乳油2 000～3 000倍液、1.8%阿维菌素乳油2 000～4 000倍液、40%氧化乐果乳油1 000～1 500倍液、40%三氯杀螨醇乳油1 500倍液、50%马拉硫磷乳油2 000倍液，视虫情隔10～15天再喷1次。

小麦纹枯病病株率达5%，可用5%井冈霉素水剂200ml/亩、30%爱苗乳油（苯醚甲环唑＋丙环唑）15ml/亩、12.5%烯唑醇可湿性粉剂20～35g/亩、25%丙环唑乳油25～30ml/亩、2%嘧啶核苷类抗生素水剂150～200ml/亩、40%多菌灵胶悬剂50～100ml/亩、70%甲基硫菌灵可湿性粉剂50～75g/亩，对水40～50kg均匀喷雾。

锈病为害时，每亩用15%三唑酮可湿性粉剂50g、12.5%烯唑醇可湿性粉剂每亩用药15～30g，对水 50～70kg喷雾，或对水10～15kg进行低容量喷雾。可兼治白粉病等其他病害。

小麦锈病、叶枯病、纹枯病混发时，于发病初期，用12.5%烯唑醇可湿性粉剂20～35g/亩，对水50～80kg喷施效果优异，既防治锈病，又可兼治叶枯病和纹枯病。

结合小麦病害的防治，喷洒15%多效唑粉剂，每亩用药50～60g，对水40～50kg，可有效的控制旺长，缩短基部节间，防治小麦倒伏。

（六）抽穗至灌浆期病虫害防治技术

该期是蚜虫、红蜘蛛、白粉病、赤霉病的重要发生期（图2－160），应注意田间调查，及时防治，控制病虫为害，减少损失。

图2－160 小麦抽穗至灌浆期病虫为害情况

麦蚜发生期（图2–161），可用10%吡虫啉可湿性粉剂2 000～3 000倍液、3%啶虫脒乳油1 500～3 000倍液、1.8%阿维菌素乳油2 000～4 000倍液、50%抗蚜威可湿性粉剂1 500～3 000倍液、40%氧化乐果乳油1 500倍液、50%马拉硫磷乳油1 000倍液、2.5%溴氰菊酯乳油3 000倍液。

图2–161　小麦蚜虫为害症状

麦田红蜘蛛发生较重时（图2–162），用20%三氯杀螨醇乳油20～30ml/亩、40%氧乐果乳油10ml/亩、20%哒螨灵可湿性粉剂10～20g/亩、73%炔螨特乳油30～50ml/亩、5%噻螨酮乳油50～66ml/亩，对水40～50kg均匀喷雾，可有效地防治麦蜘蛛。

图2–162　小麦红蜘蛛为害症状

防治麦叶蜂（图2–163），可用40%氧化乐果乳油1 500～2 000倍液、50%辛硫磷乳油1 500倍液、5%氯氰菊酯乳油800倍液、10%虫螨腈乳油800～1 000倍液均匀喷雾。

图2-163 麦叶蜂发生为害症状

小麦白粉病发生较重时（图2-164），用12.5%烯唑醇可湿性粉剂，亩用有效成分4~6g；45%硫胶悬剂300倍液、20%三唑酮乳油1 000倍液均匀喷施。

图2-164 小麦白粉病为害症状

小麦纹枯病发生较重时（图2-165），可用5%井冈霉素水剂200ml/亩、30%苯醚甲环唑+丙环唑乳油15ml/亩、12.5%烯唑醇可湿性粉剂20~35g/亩、25%丙环唑乳油25~30ml/亩、20%三唑酮乳油750倍液、2%嘧啶核苷类抗生素水剂150~200ml/亩对水40~50kg均匀喷雾。

图2-165　小麦纹枯病为害症状

小麦锈病发生较重时（图2-166），可用15%三唑酮可湿性粉剂30~40g/亩、25%戊唑醇水乳剂25~33ml/亩、25%粉唑醇悬浮剂16~20ml/亩、12.5%烯唑醇可湿性粉剂25~30g/亩、25%丙环唑乳油40ml/亩、12.5%氟环唑悬浮剂45~60ml/亩、25%腈菌唑乳油45~54ml/亩、40%氟硅唑乳油6~8ml/亩对水40~50kg均匀喷雾。

图2-166　小麦锈病为害症状

田间小麦赤霉病等开始发生期（图2-167），用60%多菌灵盐酸盐可湿性粉剂70～90g/亩、50%多·福·硫（多菌灵·福美双·硫磺）可湿性粉剂100～150g/亩、40%百菌灵（多菌灵·三唑酮）可湿性粉剂100～125g/亩、25%咪鲜胺乳油50～75ml/亩、40%氯溴异氰尿酸可溶性粉剂40g/亩、42%甲·醚（甲基硫菌灵·苯醚甲环唑）可湿性粉剂40～60g/亩、36%多·咪鲜（多菌灵·咪鲜胺）可湿性粉剂40～60g/亩对水40～50kg喷雾。

麦蚜、白粉病混发时（图2-168），喷洒11%氧乐·酮乳油100ml/亩、50%抗蚜威可湿性粉剂10～15g/亩+15%三唑酮可湿性粉剂30～50g/亩对水50kg喷雾，用量应根据病虫发生的程度具体调整。

图2-167　小麦赤霉病为害症状

图2-168　蚜虫与白粉病为害混发症状

（七）　成熟期病虫害防治技术

5月中旬以后，小麦进入成熟期，是小麦丰产丰收关键时期。该期应加强预测预报，及时防治病虫害，在防治策略上以治疗为主，具有针对性，确保丰收。

小麦生育后期，可视具体情况浇麦黄水，既能满足需水要求，又能防御轻干热风危害。小麦进入黄熟后，应及时抓住晴朗天气，成熟一片收一片，以防灾害天气出现。

四、麦田杂草防治技术

近年来，麦田杂草发生严重，麦田杂草种类较多、草相差异较大；同时，各地小麦的生长情况和栽培模式不同，除草剂的应用历史不同；另外，还要考虑土质、环境条件等因素，应针对不同情况正确地选择麦田除草剂品种。

(一)南方稻麦轮作麦田禾本科杂草防治

长江流域稻麦轮作田，主要是看麦娘等禾本科杂草和牛繁缕等阔叶杂草，但以禾本科杂草为主，看麦娘、日本看麦娘、茼草等杂草发生严重，另外，还有少量的早熟禾、硬草、雀麦、棒头草、长芒棒头草、蜡烛草、纤毛鹅观草、节节麦、碱茅等，这些禾本科杂草发生早，在水稻收割小麦播种后很快形成出苗高峰，难于控制，严重地为害小麦的生长(图2−169)。部分地区的农民防治方法不当，常对后茬作物发生药害，也有些农民施药2～3次(播后芽前施封闭药，冬前施药、返青期补治)，生产上应在小麦苗后冬前进行及时防治，正确地选用除草剂种类和施药方法，一次施药有效地控制杂草的为害。

在南方部分麦田，前茬水稻腾茬早、雨水大，在播前就有大量看麦娘等杂草出土的田块(图2−170)，需要在播前灭茬除草，可以在播前4～7天施药防治，可以用下列除草剂：

41%草甘膦水剂100ml/亩或20%百草枯水剂150～200ml/亩，对水30kg，均匀喷施，防治这些已出苗杂草，播后视草情再用其他麦田除草剂。该期施用草甘膦后，最好间隔7～14天，不要马上播种小麦。延长施药与播种的间隔时间，一方面可以提高杀草效果；另一方面，现在田间有机质下降，草甘膦分解缓慢，间隔期太短，易对小麦发生药害。

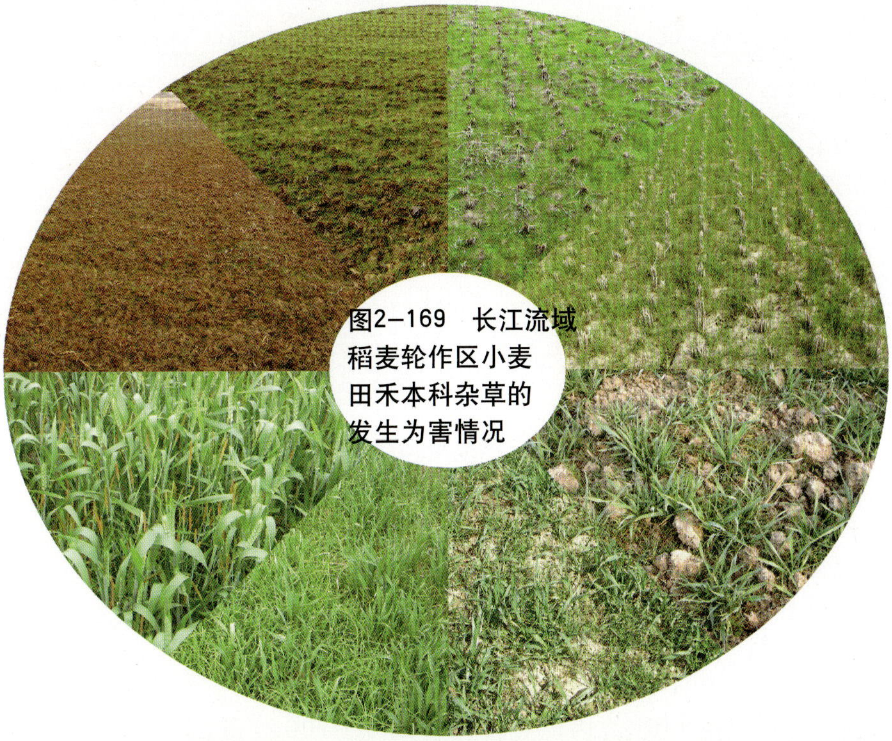

图2−169　长江流域稻麦轮作区小麦田禾本科杂草的发生为害情况

图2−170　稻茬小麦播种前发生大量杂草

一般性麦田，应在前茬收获后进行翻耕、整地(图2-171)。主要是在播后芽前施药。此期间针对草情可以选择如下一些药剂。

图2-171　小麦播种前地平墒好

在小麦播后苗前，在墒情较好情况下，可以使用：

25%绿麦隆可湿性粉剂200～300g/亩；

50%异丙隆可湿性粉剂100～150g/亩；

50%利谷隆可湿性粉剂100～130g/亩；

60%丁草胺乳油50ml/亩+25%绿麦隆可湿性粉剂150g/亩；

50%乙草胺乳油50ml/亩+50%异丙隆可湿性粉剂80～100g/亩；

60%丁草胺乳油50ml/亩+50%异丙隆可湿性粉剂80～100g/亩；

50%异丙隆可湿性粉剂80～100g/亩+10%甲磺隆可湿性粉剂5g/亩(仅限长江流域部分酸性土壤)；

50%异丙隆可湿性粉剂80～100g/亩+10%绿磺隆可湿性粉剂5g/亩(仅限长江流域部分酸性土壤)；

对水30kg，均匀喷雾，进行土壤处理。对于湿度较大、气温较低的麦田(图2-172)，用乙草胺、丁草胺可能会出现药害。特别是小麦播后芽前田间施用乙草胺、丁草胺后，遇持续低温、高湿条件，或施药量过大、小麦播种过浅，可能会出现药害，暂时性抑制小麦的生长，重者出苗缓慢、幼苗畸形、不能出苗，施药时应加以注意，尽量避免施用。甲磺隆和绿磺隆残效期较长，不能随意加大剂量，后茬不宜种植敏感作物。

酰胺类除草剂中乙草胺、丁草胺等多个品种可以用于麦田防治看麦娘、野燕麦、早熟禾、硬草等一年生禾本科杂草和部分阔叶杂草，对小麦相对安全。这些品种虽然没有在麦田单独登记使用，但乙草胺+异丙隆、丁草胺+绿麦隆等复配剂在麦田均有登记。酰胺类除草剂施用于麦田，遇持续低温、高湿条件，或施药量过大、小麦播种过浅，可能产生药害。药害表现为出苗缓慢、幼苗畸形、严重时不能出苗；在小麦苗期施用量过大时也会发生药害。

图2-172　稻茬小麦播种前土壤水多地湿

对于前期未能及时防治的情况(图2-173和图2-174)，应在小麦冬前期11月至12月上旬，或2月下旬至3月上旬及时采取防治措施。

图2-173　小麦冬前苗期禾本科杂草发生为害情况

图2-174　小麦冬前苗期禾本科杂草发生为害情况

在小麦冬前期，对于信阳等长江流域稻作麦区，是麦田防治杂草的最好时期，这一时期杂草基本出齐，且多处于幼苗期，防治目标明确，应视杂草的生长情况，于11月中下旬至12月上旬施药，防治一次即可达到较好的防治效果。

对于以看麦娘等禾本科杂草为主的地块，在杂草发生较早的时期，且大量杂草已出苗时，可以用：

50%异丙隆可湿性粉剂150～200g/亩；

50%异丙隆可湿性粉剂100～120g/亩+10%甲磺隆可湿性粉剂5～10g/亩(仅限长江流域部分酸性土壤)；

50%异丙隆可湿性粉剂100～120g/亩+10%绿磺隆可湿性粉剂5～10g/亩(仅限长江流域部分酸性土壤)；

对水30kg，均一喷雾进行土壤处理。

对于以看麦娘等禾本科杂草为主的地块，但杂草发生较晚较大时(如图2-175)，可以用：

6.9%精恶唑禾草灵水乳剂75～100ml/亩；

10%精恶唑禾草灵乳油75～100ml/亩；

50%异丙隆可湿性粉剂120～150g/亩+6.9%精恶唑禾草灵水乳剂50～100ml/亩；

70%氟唑磺隆水分散粒剂3～5g/亩+助剂10g/亩；

15%炔草酯可湿性粉剂15～20g/亩；

5%唑啉·炔草酯乳油60～100ml/亩；

对水30kg，均匀喷施。

对于以日本看麦娘、茵草等为主的地块，尽量在杂草基本出齐且处于幼苗期时及时施药，可以用：

3%甲基二磺隆油悬剂25～30ml/亩(并加入助剂)；

50%异丙隆可湿性粉剂150～175g/亩+10%甲磺隆可湿性粉剂8～10g/亩(仅限长江流域部分酸性土壤)；

50%异丙隆可湿性粉剂150～175g/亩+10%绿磺隆可湿性粉剂8～10g/亩(仅限长江流域部分酸性土壤)；

7.5%啶磺草胺水分散粒剂12g/亩；

图2-175 小麦冬前苗期禾本科杂草发生较大时为害情况

对水30kg，均匀喷雾，进行处理。甲磺隆和绿磺隆残效期较长，不能随意加大剂量，后茬不宜种植敏感作物。

冬前期施药时，应选择杂草基本出齐、杂草处于幼苗期、温度较高、墒情较好时及时施药，可以达到较好的除草效果，施药时一定要把握好施药时期和除草剂使用技术。

在小麦返青期，杂草快速生长，前期防治效果不好的田块，应于2月中下旬杂草充分返青且未太大时及时施药(图2-176)。

图2-176 小麦返青期禾本科杂草发生为害情况

对于以看麦娘等禾本科杂草为主的地块，可以用：

6.9%精恶唑禾草灵水乳剂75～100ml/亩；

10%精恶唑禾草灵乳油75～100ml/亩；

70%氟唑磺隆水分散粒剂4～5g/亩+助剂10g/亩；

15%炔草酯可湿性粉剂18～22g/亩；

5%唑啉·炔草酯乳油80～100ml/亩；

对水30kg，均匀喷施。

对于以日本看麦娘、菵草等为主的地块(图2-177)，防治适期已过，一般情况下难以达到理想的防治效果，应选择高效除草剂及时施用，可以用下列除草剂：

70%氟唑磺隆水分散粒剂4～6g/亩+助剂10g/亩；

3%甲基二磺隆油悬剂25～30ml/亩(并加入助剂)；

15%炔草酯可湿性粉剂20～25g/亩；

7.5%啶磺草胺水分散粒剂15g/亩；

6.9%精恶唑禾草灵水乳剂75～100ml/亩+15%炔草酯可湿性粉剂15～20g/亩；

对水30kg，均匀喷雾，进行土壤处理。因为精恶唑禾草灵对小麦有一定的药害，施药时务必均匀施药；选择药剂时应选择质量较好的产品；同时，考虑安全剂加入要足量。

图2-177 小麦返青期日本看麦娘等禾本科杂草发生为害情况

芳氧基苯氧基丙酸类除草剂中恶唑禾草灵(加入安全剂)、禾草灵等可以用于麦田防治多种禾本科杂草，对小麦相对安全，但药量过大或部分厂家由于安全剂加入量不够也会发生药害。甲基二磺隆对小麦易产生药害，特别是小麦开始拔节后或遇低温情况下易于产生药害。

(二)南方稻麦轮作麦田禾本科杂草——牛繁缕等杂草防治

长江流域稻麦轮作田，看麦娘、日本看麦娘、菵草等杂草发生严重；另外，还有少量的早熟禾、硬草、雀麦、棒头草、长芒棒头草、蜡烛草、纤毛鹅观草、碱茅等；同时，田间还有牛繁缕、碎米荠、大巢菜等阔叶杂草，这些杂草发生早，在水稻收割小麦播种后很快形成出苗高峰(图2-178)，应在小麦冬前早期进行及时防治。

图2-178　小麦田禾本科杂草——牛繁缕等的发生为害情况

在一些腾茬早，在播前就有大量看麦娘、牛繁缕、碎米荠等杂草出土的田块，播前2～4天用41%草甘膦水剂100ml/亩或20%百草枯水剂150～200ml/亩，对水30kg喷施，防治这些已出苗杂草，播后视草情再用其他麦田除草剂。该期施用草甘膦后，最好不要马上撒播小麦，以免发生药害。

一般性麦田，应在前茬收获后进行翻耕、整地。在小麦播后苗前，田间为看麦娘、日本看麦娘、草、棒头草、长芒棒头草、蜡烛草、纤毛鹅观草、牛繁缕、碎米荠、大巢菜等杂草，在墒情较好情况下，可以用：

50%乙草胺乳油50～100ml/亩+50%异丙隆可湿粉120～150g/亩；

50%异丙隆可湿性粉剂150～200g/亩；

50%利谷隆可湿性粉剂130～150g/亩；

60%丁草胺乳油50ml/亩 +10%甲磺隆可湿性粉剂8～10g/亩(仅限长江流域部分酸性土壤)；

50%异丙隆可湿性粉剂100～120g/亩+10%甲磺隆可湿性粉剂8～10g/亩(仅限长江流域部分酸性土壤)；

50%异丙隆可湿性粉剂100～120g/亩+10%绿磺隆可湿性粉剂8～10g/亩(仅限长江流域部分酸性土壤)；

对水30kg，均匀喷雾，进行土壤处理。对于湿度较大、气温较低的麦田，用乙草胺、丁草胺可能会出现暂时性抑制小麦的生长，施药时应加以注意，尽量避免施用。甲磺隆和绿磺隆残效期较长，不能随意加大剂量，后茬不宜种植敏感作物。

对于前期未能及时防治的麦田，应在小麦冬前期11月至12月上旬，或2月下旬至3月上旬及时采取防治措施。

在小麦冬前期，对于信阳等长江流域稻作麦区，可于11月中下旬至12月上旬，这一时期杂草基本出齐，且多处于幼苗期，防治目标明确，是防治上比较有利的时期(图2-179)。施药过晚药效下降，且易于发生药害；施药过早药效不稳定。

对于以看麦娘、牛繁缕、碎米荠、大巢菜等杂草为主的地块，可以用下列除草剂：

6.9%精恶唑禾草灵水乳剂50～75ml/亩+10%苯磺隆可湿性粉剂10～20g/亩；

10%精恶唑禾草灵乳油50～75ml/亩+10%苄嘧磺隆可湿性粉剂30～40g/亩；

50%异丙隆可湿性粉剂120～175g/亩+10%苄嘧磺隆可湿性粉剂30～40g/亩；

70%氟唑磺隆水分散粒剂4～5g/亩+助剂10g/亩+10%苄嘧磺隆可湿性粉剂30～40g/亩；

15%炔草酯可湿性粉剂18～22g/亩+10%苄嘧磺隆可湿性粉剂30～40g/亩；

对水30kg，均匀喷施。

图2-179　小麦冬前苗期禾本科杂草——牛繁缕等杂草发生为害情况

对于以日本看麦娘、□草、牛繁缕、碎米荠、大巢菜等为主的地块，可以用下列除草剂：

10%苄嘧磺隆可湿性粉剂30g/亩+3%甲基二磺隆油悬剂25～30ml/亩，并加入助剂；

70%氟唑磺隆水分散粒剂4～5g/亩+助剂10g/亩+10%苄嘧磺隆可湿性粉剂30～40g/亩；

50%异丙隆可湿性粉剂100～120g/亩+10%甲磺隆可湿性粉剂8～10g/亩(仅限长江流域部分酸性土壤)；

50%异丙隆可湿性粉剂100～120g/亩+10%绿磺隆可湿性粉剂8～10g/亩(仅限长江流域部分酸性土壤)；

对水30kg，均匀喷雾，进行土壤处理。甲磺隆和绿磺隆残效期较长，不能随意加大剂量，后茬不宜种植敏感作物。

在小麦返青期，杂草快速生长，前期防治效果不好的田块，应于2月中下旬杂草充分返青且未太大时及时施药(图2-180)。

图2-180　小麦返青期禾本科杂草——牛繁缕等杂草发生为害情况

对于以看麦娘、牛繁缕、碎米荠、大巢菜等杂草为主的地块，可以用：

6.9%精恶唑禾草灵水乳剂75～100ml/亩+10%苯磺隆可湿性粉剂10～20g/亩；

10%精恶唑禾草灵乳油75～100ml/亩+10%苄嘧磺隆可湿性粉剂30～40g/亩；

70%氟唑磺隆水分散粒剂4～5g/亩+助剂10g/亩+10%苄嘧磺隆可湿性粉剂30～40g/亩；

15%炔草酯可湿性粉剂18～22g/亩+10%苄嘧磺隆可湿性粉剂30～40g/亩；

对水30kg，均匀喷施。

对于以日本看麦娘、䒨草、牛繁缕、碎米荠、大巢菜等为主的地块，可以用下列除草剂。

10%苄嘧磺隆可湿性粉剂30g/亩+3%甲基二磺隆油悬剂25～30ml/亩+助剂；

70%氟唑磺隆水分散粒剂4～6g/亩+助剂10g/亩+10%苄嘧磺隆可湿性粉剂30～40g/亩；

15%炔草酯可湿性粉剂18～22g/亩+10%苄嘧磺隆可湿性粉剂30～40g/亩；

6.9%精恶唑禾草灵水乳剂100～125ml/亩+10%苄嘧磺隆可湿性粉剂30～40g/亩；

对水30kg，均匀喷雾。因为精恶唑禾草灵对小麦有一定的药害，施药时务必均匀施药；选择药剂时应选择质量较好的产品；同时，考虑安全剂加入要足量。

(三)南方稻麦轮作麦田禾本科杂草——猪殃殃等杂草防治

长江流域稻麦轮作田，对于长期施用除草剂的田块，特别是高处积水较少的地块，田间日本看麦娘、□草、猪殃殃等杂草发生严重(图2-181)；另外，还有看麦娘、早熟禾、硬草、雀麦、长芒棒头草、蜡烛草、纤毛鹅观草、节节麦、碱茅、牛繁缕、碎米荠、大巢菜、婆婆纳等杂草。该类草相主要发生在皖中北部、苏北、豫南等地，这些杂草发生早，在水稻收割小麦播种后很快形成出苗高峰，应抓好早期防治。一般于冬前期防治除草效果最好。

一般性麦田，应在前茬收获后进行翻耕、整地。在小麦播后苗前，田间为日本看麦娘、䒨草、猪殃殃、婆婆纳、棒头草、看麦娘、长芒棒头草、蜡烛草、纤毛鹅观草、节节麦、牛繁缕、碎米荠、大巢菜等杂草，在墒情较好情况下，可以用下列除草剂。

50%异丙隆可湿性粉剂150～200g/亩+10%苄嘧磺隆可湿性粉剂30～40g/亩；

50%利谷隆可湿性粉剂100～130g/亩+10%苯磺隆可湿性粉剂15～20g/亩；

50%异丙隆可湿性粉剂120～150g/亩+10%甲磺隆可湿性粉剂5g/亩(仅限长江流域部分酸性土壤)；

50%异丙隆可湿性粉剂120～150g/亩+10%绿磺隆可湿性粉剂5g/亩(仅限长江流域部分酸性土壤)；

对水30kg，均匀喷雾，进行土壤处理。甲磺隆和绿磺隆残效期较长，不能随意加大剂量，后茬不宜种植敏感作物。

图2-181 小麦田禾本科杂草、猪殃殃等杂草发生为害情况

在小麦冬前期11月至12月上旬防治比较有利，应及时采取防治措施。

在小麦冬前期，对于信阳等长江流稻作麦区，可于11月中旬至12月上旬，这一时期杂草基本出齐，且多处于幼苗期(图2-182)，防治目标明确。

对于以看麦娘、猪殃殃、婆婆纳、牛繁缕、碎米荠、大巢菜等杂草为主的地块，可以用以下除草剂。

6.9%精恶唑禾草灵水乳剂50～75ml/亩+10%苯磺隆可湿性粉剂15～20g/亩；

10%精恶唑禾草灵乳油50～75ml/亩+10%苄嘧磺隆可湿性粉剂30～40g/亩；

70%氟唑磺隆水分散粒剂4～5g/亩+助剂10g/亩+10%苄嘧磺隆可湿性粉剂30～40g/亩；

15%炔草酯可湿性粉剂18～22g/亩+10%苄嘧磺隆可湿性粉剂30～40g/亩；

50%异丙隆可湿性粉剂80～100g/亩+10%甲磺隆可湿性粉剂5g/亩(仅限长江流域部分酸性土壤)；

50%异丙隆可湿性粉剂80～100g/亩+10%绿磺隆可湿性粉剂5g/亩(仅限长江流域部分酸性土壤)；

10%精恶唑禾草灵乳油50～75ml/亩+10%苄嘧磺隆可湿性粉剂20～30g/亩+10%甲磺隆可湿性粉剂5g/亩(仅限长江流域部分酸性土壤)；

10%精恶唑禾草灵乳油50～75ml/亩+10%苯磺隆可湿性粉剂10～20g/亩+10%绿磺隆可湿性粉剂5g/亩(仅限长江流域部分酸性土壤)；

对水30kg/亩，均匀喷雾，进行土壤处理。甲磺隆和绿磺隆残效期较长，不能随意加大剂量，后茬不宜种植敏感作物。

对于以日本看麦娘、菵草、猪殃殃、婆婆纳、牛繁缕、碎米荠、大巢菜等为主的地块，可以用以下除草剂。

70%氟唑磺隆水分散粒剂4～5g/亩+助剂10g/亩+10%苄嘧磺隆可湿性粉剂30～40g/亩；

15%炔草酯可湿性粉剂18～22g/亩+10%苄嘧磺隆可湿性粉剂30～40g/亩；

10%精恶唑禾草灵乳油75～125ml/亩+10%苄嘧磺隆可湿性粉剂30～40g/亩；

50%异丙隆可湿性粉剂100～125g/亩+10%甲磺隆可湿性粉剂8～10g/亩(仅限长江流域部分酸性土壤)；

50%异丙隆可湿性粉剂100～125g/亩+10%绿磺隆可湿性粉剂8～10g/亩(仅限长江流域部分酸性土壤)；

对水30kg，均匀喷雾，进行土壤处理。甲磺隆和绿磺隆残效期较长，不能随意加大剂量，后茬不宜种植敏感作物。

图2–182 小麦冬前苗期禾本科杂草、猪殃殃等杂草发生为害情况

在小麦返青期，杂草快速生长，前期防治效果不好的田块(图2–183)，应于2月中下旬杂草充分返青且未太大时(图2–184)及时施药，施药过晚效果下降。

对于以看麦娘、猪殃殃、婆婆纳、牛繁缕、碎米荠、大巢菜等杂草为主的地块，可用以下除草剂配方。

6.9%精恶唑禾草灵水乳剂75～100ml/亩+20%氯氟吡氧乙酸乳油40～60ml/亩；

15%炔草酯可湿性粉剂15～20g/亩+20%氯氟吡氧乙酸乳油40～60ml/亩；

对水30kg，均匀喷雾。因为精恶唑禾草灵对小麦有一定的药害，施药时务必均匀施药；同时，考虑安全剂加入要足量。施药不宜过晚，小麦拔节期可能会发生一定程度的药害。

对于以日本看麦娘、菵草、猪殃殃、婆婆纳、牛繁缕、碎米荠、大巢菜等杂草为主的地块，可以用以下除草剂配方：

70%氟唑磺隆水分散粒剂4～5g/亩+助剂10g/亩+20%氯氟吡氧乙酸乳油40～60ml/亩；

15%炔草酯可湿性粉剂18～22g/亩+20%氯氟吡氧乙酸乳油40～60ml/亩；

对水30kg，均匀喷雾。因为精恶唑禾草灵对小麦有一定的药害，施药时务必均匀施药；选择药剂时应选择质量较好的产品；同时，考虑安全剂加入要足量。施药不宜过晚，小麦拔节后可能会发生一定程度的药害。

图2-183　小麦返青期禾本科杂草、猪殃殃等杂草发生为害情况

图2-184 小麦返青期禾本科杂草、猪殃殃等杂草发生为害情况

(四)南方稻麦轮作麦田禾本科杂草——稻槎菜等杂草防治

长江流域稻麦轮作田，对于长期施用除草剂的田块，田间日本看麦娘、□草、稻槎菜等杂草发生严重；另外，还有看麦娘、早熟禾、硬草、雀麦、棒头草、长芒棒头草、蜡烛草、纤毛鹅观草、节节麦、碱茅、牛繁缕、碎米荠、大巢菜等杂草。该类草相主要发生在安徽中北部、苏北、豫南等稻麦轮作区麦田，这些杂草发生严重、防治上比较困难，一般应抓好冬前期防治。在小麦冬前期，杂草大量发生，11月至12月上旬杂草基本出齐且多处于幼苗期时防治比较有利(图2–185)，应及时采取防治措施。对于以看麦娘、稻槎菜、牛繁缕、碎米荠、大巢菜等杂草为主的地块，可以用以下除草剂。

图2–185 小麦冬前苗期禾本科杂草、稻槎菜等杂草发生为害情况

6.9%精恶唑禾草灵水乳剂75~100ml/亩+20%氯氟吡氧乙酸乳油40~60ml/亩；

10%精恶唑禾草灵乳油75~100ml/亩+20%氯氟吡氧乙酸乳油40~60ml/亩；

70%氟唑磺隆水分散粒剂4~5g/亩+助剂10g/亩+20%氯氟吡氧乙酸乳油40~60ml/亩；

15%炔草酯可湿性粉剂15~20g/亩+20%氯氟吡氧乙酸乳油40~60ml/亩；

对水30kg，均匀喷雾。因为精恶唑禾草灵对小麦有一定的药害，施药时务必均匀施药；同时，考虑安全剂加入要足量。施药不宜过早，因为两种除草剂没有封闭除草效果，杂草未出苗时无效；也不能施药过晚，进入低温后除草效果和安全性均大大降低。

在小麦返青期，杂草快速生长，前期防治效果不好的田块，应于2月中下旬杂草充分返青且未太大时及时施药(图2–186)。

对于以看麦娘、日本看麦娘、稻槎菜、牛繁缕、碎米荠、大巢菜等杂草为主的地块，可以用以下除草剂配方：

6.9%精恶唑禾草灵水乳剂100~125ml/亩+20%氯氟吡氧乙酸乳油40~60ml/亩；

图2-186　小麦返青期禾本科杂草、稻槎菜等杂草发生为害情况

10%精恶唑禾草灵乳油100～125ml/亩+20%氯氟吡氧乙酸乳油40～60ml/亩；

70%氟唑磺隆水分散粒剂4～5g/亩+助剂10g/亩+20%氯氟吡氧乙酸乳油40～60ml/亩；

15%炔草酯可湿性粉剂18～22g/亩+20%氯氟吡氧乙酸乳油40～60ml/亩；

对水30kg，均匀喷雾。因为精恶唑禾草灵对小麦有一定的药害，施药时务必均匀施药；同时，考虑安全剂加入要足量。施药不宜过晚，小麦拔节期可能会发生一定程度的药害。

(五)沿黄稻麦轮作麦田硬草等杂草防治

沿黄稻麦轮作田，硬草发生量大，一般年份在小麦播种后2周后开始大量发生，个别干旱年份发生较晚。在小麦返青后开始快速生长，难于防治，常对小麦造成严重的为害(图2-187)。生产上应主要抓好冬前期防治，对于雨水较大的年份则应抓好播后芽前期施药防治；因为沿黄稻作麦区温度较低，小麦返青期及时防治也能收到较好的防治效果。

在小麦播后苗前，可以施用封闭除草剂进行防治，可以用下列除草剂。

50%异丙隆可湿性粉剂120～150g/亩；

50%乙草胺乳油50～75ml/亩+50%异丙隆可湿性粉剂80～100g/亩；

50%利谷隆可湿性粉剂100～130g/亩；

60%丁草胺乳油50～100ml/亩＋25%绿麦隆可湿性粉剂150g/亩；

对水30kg，均匀喷雾。遇连阴雨或低洼积水地块，对于湿度较大、播种较晚的麦田，用丁草胺、乙草胺可能会出现暂时性抑制小麦的生长，重的可致小麦不能发芽出苗。

图2-187 沿黄稻麦轮作麦田硬草等杂草发生为害情况

对于前期未能及时有效进行杂草防治的田块，应在小麦冬前期11月至12月上旬，或翌年3月上旬小麦返青期及时采取防治措施。在小麦冬前期，对于沿黄稻作麦区是杂草防治的最好时期，对于水稻收获后整地播种的小麦，在小麦出苗后3~5周内，即11月上中旬，硬草幼苗时施药最好(图2-188)。

小麦冬前期11月中旬至12月上旬，麦田杂草基本出齐且处于幼苗期，温度适宜，对于沿黄稻作麦区是杂草防治的最好时期，应及时采取防治措施。

对于以硬草为主的地块，可以用下列除草剂。

50%异丙隆可湿性粉剂150~175g/亩；

50%利谷隆可湿性粉剂130~150g/亩；

3%甲基二磺隆油悬剂25~30ml/亩+助剂；

7.5%啶磺草胺水分散粒剂9~12g/亩；

5%唑啉·炔草酯乳油60~100ml/亩；

对水30~45kg，均匀喷施，可以取得较好的除草效果。注意不要施药太晚，低温下施药效果差，对小麦的安全性降低，会出现黄化、枯死现象。部分地区农民为了争取农时和墒情，习惯将小麦种子撒播于水稻行间，这种小麦栽培模式下麦田除草剂不宜施药过早，应在水稻收获后让小麦充分炼苗，生长2~3周后麦苗恢复健状生长时施药，施药过早小麦易于发生药害、小麦黄化，生长受抑制。

图2-188　小麦冬前苗期硬草发生为害情况

对于杂草较多、防治较晚地块(图2-189)，应在11月中旬至12月上旬或翌年3月上中旬小麦返青期，温度适宜，应及时采取防治措施。

图2-189　小麦冬前苗期硬草较大时发生为害情况

对于以硬草、播娘蒿、荠菜为主的地块，可以用下列除草剂。

50%异丙隆可湿性粉剂150~175g/亩；

3%甲基二磺隆油悬剂25～30ml/亩+助剂；

10%精恶唑禾草灵乳油75～100ml/亩；

70%氟唑磺隆水分散粒剂4～5g/亩+助剂10g/亩；

15%炔草酯可湿性粉剂15～20g/亩；

对水30kg，均匀喷施。注意不要冬前施药太晚或返青期施药过早，低温下施药效果差，对小麦的安全性降低，会出现黄化、枯死现象。

对于沿黄稻作麦区以硬草、播娘蒿、荠菜为主的地块(图2-190)，在小麦冬前期，是杂草防治的最好时期，对于水稻收获后整地播种的小麦，在小麦出苗后5～7周，即11月中下旬，可以用下列除草剂。

50%异丙隆可湿性粉剂100～150g/亩+10%苄嘧磺隆可湿性粉剂30～40g/亩；

50%利谷隆可湿性粉剂100～130g/亩+10%苯磺隆可湿性粉剂15～20g/亩；

15%炔草酯可湿性粉剂15～20g/亩+10%苯磺隆可湿性粉剂粉15～20g/亩；

70%氟唑磺隆水分散粒剂4～5g/亩+助剂10g/亩+10%苄嘧磺隆可湿性粉剂30～40g/亩；

3%甲基二磺隆油悬剂25～30ml/亩+助剂+10%苯磺隆可湿性粉剂15～20g/亩；

对水30～45kg，均匀喷施。注意不要施药太晚，低温下施药效果差，对小麦的安全性降低，会出现黄化、枯死现象。

图2-190 小麦冬前苗期硬草和其他阔叶杂草发生为害情况

在小麦返青期，沿黄稻作麦区小麦返青较慢，一般在3月上中旬开始施药。因为这一时期由于天气多变、气温不稳定，应根据天气情况选择药剂及时施药。

对于硬草、播娘蒿、荠菜、牛繁缕为主的地块(图2-191)，可以用下列除草剂。

6.9%精恶唑禾草灵水乳剂75～100ml/亩+10%苯磺隆可湿性粉剂15～20g/亩；

10%精恶唑禾草灵乳油75～100ml/亩+10%苄嘧磺隆可湿性粉剂30～40g/亩；

15%炔草酯可湿性粉剂15～20g/亩+10%苄嘧磺隆可湿性粉剂30～40g/亩；

3%甲基二磺隆油悬剂25～30ml/亩+助剂；

对水30～45kg，均匀喷施。硬草较大密度较高时，会降低除草效果，施药时应适当加大施药水量和药剂量。

图2-191　小麦返青期硬草和其他阔叶杂草发生为害情况

在小麦返青期，沿黄稻作麦区小麦返青较慢，一般在3月上中旬开始施药。因为这一时期由于天气多变、气温不稳定，应根据天气情况选择药剂及时施药。对于以硬草、猪殃殃为主的地块(图2-192)，可以用下列除草剂。

图2-192 小麦返青期硬草和猪殃殃等阔叶杂草发生为害情况

6.9%精恶唑禾草灵水乳剂75~100ml/亩+20%氯氟吡氧乙酸乳油40~60ml/亩；

10%精恶唑禾草灵乳油75~100ml/亩+10%苄嘧磺隆可湿性粉剂35~45g/亩；

15%炔草酯可湿性粉剂15~20g/亩+10%苄嘧磺隆可湿性粉剂35~45g/亩；

对水30~45kg，均匀喷施。硬草等杂草较大和密度较高时，会降低除草效果，施药时应适当加大施药水量和药剂量。

（六）北方旱田野燕麦和阔叶杂草混生麦田杂草防治

在我国西北、华北等地，麦田野燕麦发生较重，对于以野燕麦和阔叶杂草混用的麦田应抓好小麦播后芽前和冬前期防治的有利时期，小麦拔节后防治比困难(图2-193)。

图2-193 小麦田野燕麦发生为害情况

在小麦播后芽前，对于以野燕麦为主的麦田，可以用下列除草剂。

40%野麦畏乳油150~200ml/亩(施药后立即浅混土)；50%异丙隆可湿性粉剂125~175g/亩；

50%乙草胺乳油50~75ml/亩+50%异丙隆可湿性粉剂120~150g/亩；

对水40kg，均匀喷施。野麦畏、乙草胺对小麦安全性较差，施药时药量过大或施药期间低温高湿均会加重药害。

在小麦冬前期或小麦返青期，对于野燕麦为主的地块（图2-194），在野燕麦3~4片叶到分蘖期，可以用下列除草剂。

图2-194 小麦苗期田间野燕麦发生为害情况

50%异丙隆可湿性粉剂125~175g/亩；
6.9%精恶唑禾草灵水乳剂75~100ml/亩；
10%精恶唑禾草灵乳油75~100ml/亩；
15%炔草酯可湿性粉剂15~20g/亩；
3%甲基二磺隆油悬剂25~30ml/亩+助剂；
5%唑啉·炔草酯乳油60~100ml/亩；
对水25~30kg，茎叶喷雾处理，可以达到较好的除草效果，但施药过晚药效下降。

在小麦冬前期或小麦返青期，对于野燕麦、播娘蒿、荠菜为主的地块，可以用下列除草剂。
50%异丙隆可湿性粉剂125~175g/亩；
6.9%精恶唑禾草灵水乳剂+15%噻磺隆可湿性粉剂10~20g/亩；
6.9%精恶唑禾草灵水乳剂+10%苯磺隆可湿性粉剂10~20g/亩；
对水25~30kg，茎叶喷雾处理。冬前不宜施药过早，杂草未出齐时效果下降；冬前施药太晚、气温较低，杂草生长缓慢施药效果较差，且小麦易于发生药害。小麦返青期施药时，施药过早、气温较低，杂草未充分返青和开始生长时施药除草效果和小麦安全性下降；施药太晚、杂草较大时，施药效果较差。

（七）北方麦田节节麦和雀麦的防治

在我国河北、京津等地，麦田节节麦、雀麦等恶性杂草发生较重，应抓好小麦冬前和返青期防治的有利时期，小麦拔节后防治比较困难(图2-195)。

图2-195 小麦田节节麦发生为害情况

在小麦冬前期或小麦返青期，对于节节麦、雀麦发生较重的地块(图2-196至图2-197)，在节节麦、雀麦3~4片叶到分蘖期，可以用下列除草剂。

3%甲基二磺隆油悬剂25~30ml/亩+助剂；

70%氟唑磺隆水分散粒剂4~5g/亩+助剂10g/亩；

对水25~30kg，茎叶喷雾处理，可以达到较好的除草效果，但施药过晚药效下降。甲基二磺隆对小麦安全性较差，施药过晚、施药不匀、施药量过大时易发生药害。

图2-196 小麦返青期节节麦发生为害情况

图2-197 小麦返青期雀麦发生为害情况

（八）播娘蒿、荠菜等混生麦田杂草防治

在黄淮海流域冬小麦产区，特别是除草剂应用较少的地区，麦田主要是播娘蒿、荠菜，个别地块有少量米瓦罐、麦家公、猪殃殃、佛座、泽漆等，杂草种类较多，但播娘蒿和荠菜占有绝对优势(图2-198)。这类作物田杂草易于防治，多数除草剂均能达到较好的除草效果。一般年份在小麦播种后2～3周杂草开始发生，墒情好时杂草发生量大；个别干旱年份发生较晚，杂草发生量较小，多数于11月中下旬至12月上旬基本出苗，幼苗期易于防治；在小麦返青后开始快速生长，难于防治，常对小麦造成严重的为害。生产上应主要抓好冬前期防治。

图2-198　小麦田播娘蒿发生为害情况

在小麦冬前期(图2－199)，于11月中下旬，选择墒情较好、杂草长势较旺较绿、气温较高且较稳定、5～7天内无寒流时施药除草效果较好。可以用下列除草剂：

10%苯磺隆可湿性粉剂10～20g/亩；

15%噻磺隆可湿性粉剂10～20g/亩；

10%苄嘧磺隆可湿性粉剂30～40g/亩；

对水30～45kg，均匀喷施，可以有效防治杂草，基本上可以控制小麦整个生育期的杂草为害。施药时施药过早时除草效果不好，杂草未出齐、天气干旱时除草效果下降；冬前施药过晚、气温下降、杂草色泽变暗入冬时施药效果不好。

图2－199 小麦冬前期田间播娘蒿发生为害情况

在小麦返青期，杂草开始返青开始旺盛生长时(图2－200)，一般在3月上中旬开始施药。因为这一时期由于天气多变、气温不稳定，应根据天气情况选择药剂及时施药。一般情况下可以用下列除草剂：

10%苯磺隆可湿性粉剂10～15g/亩；

15%噻磺隆可湿性粉剂10～15g/亩；

对水30～45kg，均匀喷施，可以有效防治麦田杂草。小麦返青期施药时，施药过早、气温较低，杂草未充分返青和开始生长时施药除草效果和小麦安全性下降；施药太晚、杂草较大时，施药效果较差。

在小麦返青后拔节前，3月上中旬，天气晴朗、气温高于10℃，且天气预报未来几天天气较好的情况下，一般情况下可以用下列除草剂：

25%溴苯腈乳油120～150ml/亩；

20%2甲4氯钠盐水剂150～200ml/亩；

48%麦草畏水剂15～20ml/亩；

72%2,4－滴丁酯乳油50ml/亩；

20%氯氟吡氧乙酸乳油40～50ml/亩。

对水30kg，均匀喷施，能有效防治播娘蒿、荠菜等杂草的为害。在小麦4叶之前或拔节后不能施用，低温下也不能施用；否则，可能对小麦发生严重的药害。

图2-200　小麦返青期田间播娘蒿发生为害情况

在小麦返青后拔节前，田间播娘蒿较大时(图2-201)，特别是近年来播娘蒿和荠菜等杂草抗药性增强，传统的施药方法效果不好、安全性下降，应正确地选择除草剂品种和施药方法。应于3月上中旬，天气晴朗、杂草叶色浓绿、气温高于10℃，且天气预报未来几天天气较好的情况下，一般情况下可用下列除草剂：

图2-201　小麦返青期田间播娘蒿较大时发生为害情况

10%苯磺隆可湿性粉剂10～15g/亩+10%乙羧氟草醚乳油10～15ml/亩；

15%噻磺隆可湿性粉剂15～20g/亩+10%乙羧氟草醚乳油10～15ml/亩；

10%苄嘧磺隆可湿性粉剂30～40g/亩+10%乙羧氟草醚乳油10～15ml/亩；

10%苯磺隆可湿性粉剂10～15g/亩+40%氟唑草酮水分散粒剂3～4g/亩；

15%噻磺隆可湿性粉剂15～20g/亩+40%氟唑草酮水分散粒剂3～4g/亩；

10%苄嘧磺隆可湿性粉剂30～40g/亩+40%氟唑草酮水分散粒剂3～4g/亩；

10%苯磺隆可湿粉10～15g/亩+10%乙羧氟草醚乳油10～15ml/亩+20%2甲4氯水剂75～120ml/亩；

10%苯磺隆可湿性粉剂10～15g/亩+25%溴苯腈乳油120～150ml/亩；

10%苯磺隆可湿性粉剂10～15g/亩+20%2甲4氯水剂150～200ml/亩；

10%苯磺隆可湿性粉剂10～15g/亩+72%2,4-滴丁酯乳油50ml/亩；

10%苯磺隆可湿性粉剂10～15g/亩+20%氯氟吡氧乙酸乳油40～50ml/亩；

对水30kg，均匀喷施，在小麦拔节后不能施用。

在小麦返青后拔节封行前，田间播娘蒿较大时，应正确选择除草剂品种、正确的施药时期和施药方法，充分了解除草剂的防治对象和施药技术要求，施药不当会降低除草效果，也有可能影响小麦的安全性和产量；施药得当时，除草迅速而彻底，对小麦生长安全。

（九）猪殃殃、播娘蒿、荠菜等混生麦田杂草防治

在华北冬小麦产区，近几年麦田杂草群落发生了较大的变化，猪殃殃等恶性杂草逐年增加，麦田杂草主要是猪殃殃、佛座、播娘蒿、荠菜，另外还会有麦家公、米瓦罐等。这类作物田杂草难于防治，必须针对不同地块的草情选择适宜的除草剂种类和适宜的施药时期，否则，就不能达到较好的除草效果。一般年份在小麦播种后2～3周杂草开始发生，个别干旱年份发生较晚，多数于11月中旬至12月上旬基本出苗，幼苗期易于防治；在小麦返青后开始快速生长，难于防治，常对小麦造成严重的危害(图2-202)。生产上应主要抓好冬前期防治。

图2-202 小麦田猪殃殃、播娘蒿、荠菜等发生为害情况

在小麦冬前期，于11月上中旬，杂草基本出齐、且杂草处于幼苗期、温度适宜，是防治上的最佳时期(图2-203)，应及时进行施药除草。可以用下列除草剂：

10%苯磺隆可湿性粉剂15～25g/亩；

15%噻磺隆可湿性粉剂15～25g/亩；

10%苄嘧磺隆可湿性粉剂35～40g/亩；

对水30～45kg，均匀喷施，可以有效防治杂草，基本上可以控制小麦整个生育期的杂草为害。根据杂草种类和大小适当调整除草剂用量；对于猪殃殃较多的地块，可以适当增加药剂用量。该期不宜施用氯氟吡氧乙酸，氯氟吡氧乙酸在小麦4叶前施药，对小麦会有一定程度的药害。

图2-203 小麦冬前期田间猪殃殃、播娘蒿发生为害情况

在小麦冬前期杂草较大时，或在小麦返青期，对于猪殃殃发生较多的地块防治适期已过；但在前期又未能进行有效防治的麦田，应在11月下旬至12月上旬、2月下旬至3月上旬气温较高、杂草青绿旺盛时(图2-204)及时施药。可以使用下列除草剂：

图2-204 小麦冬前晚期或返青期田间猪殃殃、播娘蒿发生为害情况

10%苯磺隆可湿性粉剂15～20g/亩+10%乙羧氟草醚乳油10～15ml/亩或20%氯氟吡氧乙酸乳油30～40ml/亩；

15%噻磺隆可湿性粉剂15～20g/亩+10%乙羧氟草醚乳油10～15ml/亩或20%氯氟吡氧乙酸乳油30～40ml/亩；

10%苄嘧磺隆可湿性粉剂30～40g/亩+10%乙羧氟草醚乳油10～15ml/亩或20%氯氟吡氧乙酸乳油30～40ml/亩；

20%氯氟吡氧乙酸乳油40～60ml/亩；

对水30～45kg，均匀喷施，可以有效防治杂草，基本上可以控制小麦整个生育期的杂草为害。因为这一时期天气多变、气温不稳定，应根据天气情况选择药剂及时施药。田间小麦未封行、猪殃殃不高时，可以用苯磺隆或噻磺隆、苄嘧磺隆加乙羧氟草醚；对猪殃殃发生较多较大的地块，最好加入20%氯氟吡氧乙酸乳油30～50ml/亩，对水30～45kg，均匀喷施，但小麦冬前不能施药太晚、小麦返青期不能施药太早，否则效果下降，安全性差；同时小麦返青后不能施药过晚，小麦拔节后施药，对小麦会有一定程度的药害。

(十)猪殃殃等杂草严重发生的麦田杂草防治

在黄淮海冬小麦产区，特别是中南部除草剂应用较多的地区，近几年麦田杂草群落发生了较大的变化，猪殃殃等恶性杂草逐年增加，麦田杂草主要是猪殃殃，另外还发生有佛座、播娘蒿、荠菜、麦家公和米瓦罐等。这类作物田杂草难于防治，必须针对不同地块的草情和生育时期选择适宜的除草剂种类和适宜的施药剂量，否则就不能达到较好的除草效果，对小麦为害严重(图2-205)。该区常年温度较高，进入冬季时寒冷较晚，麦田冬前杂草适宜发生和生长的时期较长，一般年份在小麦播种后2～3周杂草开始发生，多数于11月中下旬达到出苗高峰，一般年份到12月上旬还有大量猪殃殃等阔叶杂草不断地发芽出苗旺盛生长，杂草发生适期较华北麦区明显延长，为麦田杂草的防治增加了困难。该区小麦返青期开始的较早、春节后气温回升较快，前期未能防治的杂草，在小麦返青后开始快速生长，难于防治，常对小麦造成严重的为害。该区域麦田杂草的防治应分为三个阶段，针对每一阶段的特点采取相应的防治措施，生产上抓好冬前期防治特别关键。

图2-205 小麦田猪殃殃发生为害情况

第一阶段：对于黄淮海中南部除草剂应用较多的冬小麦产区，小麦冬前早期，于10月中下旬至11月上旬，对于适期播种的小麦，猪殃殃等阔叶杂草基本出苗(图2-206)，防治上比较有利，应及时进行施药除草；但是，施药防治后易于复发。对于豫南、皖中等黄淮中南部麦区，气温较高，在小麦冬前期，于10月中下旬至11月上旬，小麦播种出苗后猪殃殃等阔叶杂草大量出苗，本期施药一般可以取得较好的除草效果；但施药量偏低时，以后还会有杂草发生，影响整体除草效果；所以在小麦冬前早期(10月中下旬至11月上旬)施药必须考虑在杀死出苗杂草的同时，还要封闭住未来一个多月内(即11月中旬至12月上旬)不出杂草，兼有封闭和杀草双重功能。这一时期可以使用下列除草剂：

图2-206　黄淮海中南部麦区早期猪殃殃发生情况

10%苯磺隆可湿性粉剂20~35g/亩；

15%噻磺隆可湿性粉剂20~35g/亩；

10%苄嘧磺隆可湿性粉剂40~50g/亩；

10%苯磺隆可湿性粉剂15~20g/亩+10%甲磺隆可湿性粉剂5~7.5g/亩(仅限长江流域部分酸性土壤)；

10%苯磺隆可湿性粉剂15~20g/亩+10%绿磺隆可湿性粉剂5~7.5g/亩(仅限长江流域部分酸性土壤)；

对水30~45kg，均匀喷施，可以有效防治杂草，基本上可以控制小麦整个生育期的杂草为害。该期施药应注意墒情、杂草大小和施药时期，适当调整药剂种类和剂量，施药越早药量越应适当加大。

第二阶段：小麦冬前期，于11月中下旬至12月上旬，是防治上比较有利的时期，这一时期杂草已基本出齐，气温较高，应及时进行施药除草。但对于猪殃殃发生较重、较大的麦田(图2-207)，应注意采用一些速效除草剂，这一时期可以使用下列除草剂：

10%苯磺隆可湿性粉剂15~25g/亩；

15%噻磺隆可湿性粉剂15~25g/亩；

10%苄嘧磺隆可湿性粉剂35~45g/亩；

10%苯磺隆可湿性粉剂15~20g/亩+40%氟唑草酮干悬浮剂2~4g/亩；

15%噻磺隆可湿性粉剂15~20g/亩+40%氟唑草酮干悬浮剂2~4g/亩；

10%苄嘧磺隆可湿性粉剂20~30g/亩+40%氟唑草酮干悬浮剂2~4g/亩；

10%苯磺隆可湿性粉剂15~20g/亩+10%乙羧氟草醚乳油10~15ml/亩或20%氯氟吡氧乙酸乳油30~40ml/亩；

15%噻磺隆可湿性粉剂15~20g/亩+10%乙羧氟草醚乳油10~15ml/亩或20%氯氟吡氧乙酸乳油30~40ml/亩；

10%苄嘧磺隆可湿性粉剂20~30g/亩+10%乙羧氟草醚乳油10~15ml/亩或20%氯氟吡氧乙酸乳油30~40ml/亩；

图2-207 麦田冬前期猪殃殃发生情况

对水30～45kg，均匀喷施，可以有效防治杂草，基本上可以控制小麦整个生育期的杂草为害。该期施药应注意墒情、杂草大小和施药时期，适当调整药剂种类和剂量；施药过早时药量应适当加大，施药过晚、猪殃过大时可用20%氯氟吡氧乙酸乳油30～50ml/亩以提高除草效果；该期不能施药过晚，在气温低于8℃时，除草效果降低，对小麦的安全性较差或出现药害现象。

第三阶段：对于豫南、皖中北部麦区，在小麦返青期，对于猪殃殃发生较多的地块防治适期已过(图2-208)；但在前期未能进行有效防治的麦田，应在2月下旬至3月上旬尽早施药。

图2-208 南部麦区小麦返青期猪殃殃发生情况

对于田间小麦未封行、猪殃殃不高时，一般情况下可以用下列除草剂：

15%噻磺隆可湿性粉剂15～20g/亩+20%氯氟吡氧乙酸乳油30～50ml/亩；

10%苯磺隆可湿性粉剂15～25g/亩+20%氯氟吡氧乙酸乳油30～50ml/亩；

10%苯磺隆可湿性粉剂15～25g/亩+40%氟唑草酮干悬浮剂2～4g/亩+20%氯氟吡氧乙酸乳油30～50ml/亩；

对水30～45kg，均匀喷施，一般情况下可以达到较好的防治效果(图2-209)。应根据草情和后茬作物调整药剂种类和剂量，不宜施药过早，杂草未充分返青时药效不好；也不宜施药过晚，杂草过大时效果下降；施药过早和过晚均影响对小麦的安全性。

图2-209 在猪殃殃较大时，田间施用苯磺隆＋氯氟吡氧乙酸防治麦田猪殃殃田间效果

(十一)猪殃殃、佛座、播娘蒿、荠菜等混生麦田杂草防治

在黄淮海冬小麦产区，特别是中部除草剂应用较多的部分麦区，如河南省的漯河、平顶山、许昌、周口等地市，安徽省北部、江苏徐州等地，近几年麦田杂草群落发生了较大的变化，猪殃殃、佛座发生量较大，防治比较困难(图2-210)，必须针对不同地块的草情和生育时期选择适宜的除草剂种类和适宜的施药剂量，否则就不能达到较好的除草效果。一般年份在小麦播种后2~3周杂草开始发生，多数于11月中下旬达到出苗高峰，应抓好冬前期杂草的防治，在小麦返青后开始快速生长，难于防治，常对小麦造成严重的为害。

图2-210 小麦田猪殃殃、佛座、播娘蒿、荠菜等杂草发生为害情况

小麦冬前早期，于10月下旬至11月上中旬，对于适期播种的小麦，这时，猪殃殃、佛座、播娘蒿、荠菜、麦家公、米瓦罐等阔叶杂草大量出苗，且多处于幼苗期(图2－211)，防治上比较有利，应及时进行施药除草。对于施药较早、杂草较小时，可以使用下列除草剂：

10%苯磺隆可湿性粉剂15～25g/亩；

15%噻磺隆可湿性粉剂15～25g/亩；

10%苄嘧磺隆可湿性粉剂30～40g/亩；

对水30～45kg，均匀喷施，可以有效防治杂草，基本上可以控制小麦整个生育期的杂草为害。该期施药应注意墒情、杂草大小和施药时期，适当调整药剂种类和剂量，施药越早药量越应适当加大。

图2－211 麦田冬前期猪殃殃、佛座、播娘蒿、荠菜等杂草发生情况

小麦冬前早期，于10月下旬至11月，对于适期播种的小麦，猪殃殃、佛座、播娘蒿、荠菜、麦家公、米瓦罐等阔叶杂草基本齐苗，且杂草不太大，防治上比较有利(图2－212)，应及时进行施药除草。对于施药较晚，杂草较大较多时，可以使用下列除草剂：

图2－212 麦田冬前晚期猪殃殃、佛座、播娘蒿、荠菜等杂草发生情况

10%苯磺隆可湿性粉剂15～20g/亩+40%氟唑草酮干悬浮剂3～4g/亩；
15%噻磺隆可湿性粉剂15～20g/亩+40%氟唑草酮干悬浮剂3～4g/亩；
10%苄嘧磺隆可湿性粉剂20～30g/亩+40%氟唑草酮干悬浮剂3～4g/亩；
10%苯磺隆可湿性粉剂15～20g/亩+10%乙羧氟草醚乳油10～15ml/亩；
15%噻磺隆可湿性粉剂15～20g/亩+10%乙羧氟草醚乳油10～15ml/亩；
10%苄嘧磺隆可湿性粉剂20～30g/亩+10%乙羧氟草醚乳油10～15ml/亩；

对水30～45kg，均匀喷施，可以有效防治杂草，基本上可以控制小麦整个生育期的杂草危害。该期施药应注意墒情、杂草大小和施药时期，适当调整药剂种类和剂量；施药过早时药量应适当加大，施药过晚、猪殃殃过大时可用20%氯氟吡氧乙酸乳油30～50ml/亩以提高除草效果；该期不能施药过晚，在气温低于8℃时，除草效果降低，对小麦的安全性较差或出现药害现象。

在小麦返青期，对于猪殃殃、佛座发生较多的地块防治适期已过，佛座入春后即开花成熟，难于防治(图2-213)；对前期未能进行有效防治的麦田，杂草充分返青且杂草不太大时(图2-213之左图)，应在2月下旬至3月上旬尽早施药，以尽量减轻杂草的为害。

图2-213 麦田冬前晚期或返青期猪殃殃、佛座、播娘蒿、荠菜等杂草发生情况

对于田间小麦未封行、猪殃殃和佛座较小时，一般情况下可以用下列除草剂：
10%苯磺隆可湿性粉剂15～20g/亩+40%氟唑草酮干悬浮剂4g/亩；
15%噻磺隆可湿性粉剂15～20g/亩+40%氟唑草酮干悬浮剂4g/亩；
10%苄嘧磺隆可湿性粉剂20～30g/亩+40%氟唑草酮干悬浮剂4g/亩；
10%苯磺隆可湿性粉剂15～20g/亩+10%乙羧氟草醚乳油10～15ml/亩；
15%噻磺隆可湿性粉剂15～20g/亩+10%乙羧氟草醚乳油10～15ml/亩；
10%苄嘧磺隆可湿性粉剂20～30g/亩+10%乙羧氟草醚乳油10～15ml/亩；

对水30～45kg，均匀喷施。应根据草情和后茬作物调整药剂种类和剂量。因为这一时期天气多变、气温不稳定，应根据天气情况选择药剂及时施药。施药过早，杂草未充分返青时，施药效果不好；杂草太大、小麦封行时除草效果下降，且小麦易于发生斑点性药害。

(十二)婆婆纳、播娘蒿、荠菜等阔叶杂草混生麦田杂草防治

在黄淮海冬小麦产区，部分除草剂应用较多的麦区，近几年麦田杂草群落发生了较大的变化，婆婆纳发生量较大，防治比较困难(图2-214)，必须针对不同地块的草情和生育时期选择适

宜的施药剂量，否则就不能达到较好的除草效果。一般年份在婆婆纳小麦播种后2～3周开始发生，多数于11月达到出苗高峰，小麦返青期婆婆纳快速生长，3月即逐渐开花成熟。防治时应抓好冬前期杂草的防治，在小麦返青后开始快速生长，难于防治。

图2-214 小麦田婆婆纳、播娘蒿、荠菜等杂草发生为害情况

小麦冬前期，对于中南部麦区，气温较高，于10月下旬至11月上中旬，对于适期播种的小麦，婆婆纳、播娘蒿、荠菜、猪殃殃、麦家公、米瓦罐等阔叶杂草基本出苗，且多处于幼苗期，防治上比较有利(图2-215)，应及时进行施药除草。对于施药较早、杂草较小时，可以使用下列除草剂：

10%苯磺隆可湿粉15～25g/亩；

15%噻磺隆可湿粉15～25g/亩；

10%苄嘧磺隆可湿粉30～40g/亩；

对水30～45kg，均匀喷施，可以有效防治杂草，基本上可以控制小麦整个生育期的杂草为害。该期施药应注意墒情、杂草大小和施药时期，适当调整药剂种类和剂量，施药越早药量越大。

小麦冬前期，对于中南部麦区，气温较高，于11月下旬至12月上旬；对于华北麦区，于10月下旬至11月上中旬，对于适期播种的小麦，婆婆纳、播娘蒿、荠菜、猪殃殃、麦家公、米瓦罐等阔叶杂草大量出苗，且杂草较大较多时(图2-216)，应及时进行防治。

如果施药较晚，可以使用下列除草剂：

图2-215 小麦冬前期婆婆纳、播娘蒿、荠菜等杂草发生为害情况

图2-216 小麦冬前较晚时婆婆纳、播娘蒿、荠菜等杂草发生为害情况

10%苯磺隆可湿性粉剂15～20g/亩+10%乙羧氟草醚乳油10～15ml/亩；
15%噻磺隆可湿性粉剂15～20g/亩+10%乙羧氟草醚乳油10～15ml/亩；
10%苄嘧磺隆可湿性粉剂20～30g/亩+10%乙羧氟草醚乳油10～15ml/亩；
10%苯磺隆可湿性粉剂15～20g/亩+40%氟唑草酮干悬浮剂3～4g/亩；
15%噻磺隆可湿性粉剂15～20g/亩+40%氟唑草酮干悬浮剂3～4g/亩；
10%苄嘧磺隆可湿性粉剂20～30g/亩+40%氟唑草酮干悬浮剂3～4g/亩；

对水30～45kg，均匀喷施，可以有效防治杂草，基本上可以控制小麦整个生育期的杂草为害。该期施药应注意墒情、杂草大小和施药时期，适当调整药剂种类和剂量；对于中南部麦区施药过早时药量应适当加大；该期不能施药过晚，在气温低于8℃、杂草色泽暗黑开始入冬时，除草效果降低，对小麦的安全性较差或出现药害现象。

在小麦返青期，对于婆婆纳发生较多的地块防治适期已过，婆婆纳入春后即开花成熟，难以防治；对前期未能进行有效防治的麦田(图2-217)，应在2月下旬至3月上旬尽早施药，以尽量减轻杂草的为害。对于田间小麦未封行、婆婆纳较小时，一般情况下可以用下列除草剂。

10%苯磺隆可湿性粉剂15～20g/亩+10%乙羧氟草醚乳油10～15ml/亩；
15%噻磺隆可湿性粉剂15～20g/亩+10%乙羧氟草醚乳油10～15ml/亩；
10%苄嘧磺隆可湿性粉剂20～30g/亩+10%乙羧氟草醚乳油10～15ml/亩；
10%苯磺隆可湿性粉剂15～20g/亩+40%氟唑草酮干悬浮剂3～4g/亩；
15%噻磺隆可湿性粉剂15～20g/亩+40%氟唑草酮干悬浮剂3～4g/亩；
10%苄嘧磺隆可湿性粉剂20～30g/亩+40%氟唑草酮干悬浮剂3～4g/亩；

对水30～45kg，均匀喷施。应根据草情和后茬作物调整药剂种类和剂量。因为这一时期天气多变、气温不稳定，应根据天气情况选择药剂及时施药。

图2-217　小麦返青期婆婆纳、播娘蒿、荠菜等杂草发生为害情况

(十三)麦家公、婆婆纳等阔叶杂草混生麦田杂草防治

在黄淮海冬小麦产区，部分除草剂应用较多的麦区，近几年麦田杂草群落发生了较大的变化，麦家公、婆婆纳发生量较大，防治比较困难(图2-218)，必须针对不同地块的草情和生育时期选择适宜的除草剂种类和适宜的施药剂量，否则就不能达到较好的除草效果。一般年份在麦家公、婆婆纳小麦播种后2～3周开始发生，多数于11月份达到出苗高峰，小麦返青期麦家公、婆婆纳快速生长，3月即逐渐开花成熟。防治时应抓好冬前期杂草的防治，在小麦返青后开始快速生长，难以防治。

图2-218 小麦田麦家公、婆婆纳等杂草发生为害情况

小麦冬前期，对于中南部麦区，气温较高，于11月中下旬至12月上旬；对于华北麦区10月下旬至11月上中旬，对于适期播种的小麦，麦家公、婆婆纳、播娘蒿、荠菜、猪殃殃、米瓦罐等阔叶杂草大量出苗，且杂草较大较多时(图2-219)，应及时进行防治。可以使用下列除草剂。

图2-219 小麦冬前期麦家公、婆婆纳等杂草发生为害情况

10%苯磺隆可湿性粉剂15～20g/亩；

10%苄嘧磺隆可湿性粉剂30～40g/亩；

10%苯磺隆可湿性粉剂15～20g/亩+40%氟唑草酮干悬浮剂2～4g/亩；

15%噻磺隆可湿性粉剂15～20g/亩+40%氟唑草酮干悬浮剂2～4g/亩；

10%苄嘧磺隆可湿性粉剂20～30g/亩+40%唑草酮干悬浮剂2～4g/亩；

10%苯磺隆可湿性粉剂15～20g/亩+10%乙羧氟草醚乳油10～15ml/亩；

15%噻磺隆可湿性粉剂15～20g/亩+10%乙羧氟草醚乳油10～15ml/亩；

10%苄嘧磺隆可湿性粉剂20～30g/亩+10%乙羧氟草醚乳油10～15ml/亩；

对水30～45kg，均匀喷施，可以有效防治杂草，基本上可以控制小麦整个生育期的杂草为害。该期施药应注意墒情、杂草大小和施药时期，适当调整药剂种类和剂量；对于中南部麦区施药过早时药量应适当加大，不要用氟唑草酮和乙羧氟草醚；该期不能施药过晚，在气温低于8℃时，除草效果降低，对小麦的安全性较差或出现药害现象。

在小麦返青期，对于麦家公、婆婆纳发生较多的地块防治适期已过，麦家公、婆婆纳入春后即开花成熟，难以防治；对前期未能进行有效防治的麦田，应在2月下旬至3月上旬尽早施药，以尽量减轻杂草的为害。对于田间小麦未封行、麦家公和婆婆纳等杂草较小时(图2-220)，一般情况下可以用下列除草剂。

图2-220　小麦返青期麦家公、婆婆纳等杂草发生为害情况

10%苯磺隆可湿性粉剂15~20g/亩+40%氟唑草酮干悬浮剂3~4g/亩；
15%噻磺隆可湿性粉剂15~20g/亩+40%氟唑草酮干悬浮剂3~4g/亩；
10%苄嘧磺隆可湿性粉剂20~30g/亩+40%氟唑草酮干悬浮剂3~4g/亩；
10%苯磺隆可湿性粉剂15~20g/亩+10%乙羧氟草醚乳油10~15ml/亩；
15%噻磺隆可湿性粉剂15~20g/亩+10%乙羧氟草醚乳油10~15ml/亩；
10%苄嘧磺隆可湿性粉剂20~30g/亩+10%乙羧氟草醚乳油10~15ml/亩；
10%苯磺隆可湿性粉剂15~20g/亩+25%溴苯腈乳油100~150ml/亩；
15%噻磺隆可湿性粉剂15~20g/亩+25%溴苯腈乳油100~150ml/亩；
10%苄嘧磺隆可湿性粉剂20~30g/亩+25%溴苯腈乳油100~150ml/亩；

对水30~45kg，均匀喷施。应根据草情和后茬作物调整药剂种类和剂量。因为这一时期天气多变、气温不稳定，应根据天气情况选择药剂及时施药。麦家公等杂草较大时，除草效果下降或没有除草效果。

(十四)泽漆、播娘蒿、荠菜等混生麦田杂草防治

在华北冬小麦产区，特别是中北部除草剂应用较多的地区，近几年麦田杂草群落发生了较大的变化，泽漆等恶性杂草逐年增加，麦田杂草主要是泽漆、播娘蒿、荠菜，另外还会有狼紫草、麦家公、米瓦罐等(图2-221)。这类作物田杂草难以防治，必须针对不同地块的草情选择适宜的除草剂种类和适宜的施药时期。泽漆多在10至11月发生，但有一部分在2至3月发芽出苗。对于雨水较多或墒情较好的年份应抓好冬前期防治，但一般在小麦返青期防治效果更好。

图2-221 小麦田泽漆发生为害情况

在小麦冬前期，对于正常播种的麦田，如果田间泽漆等杂草大量发生，泽漆、播娘蒿、荠菜、麦家公、狼紫草等发生较多(图2-222)，可以于11月中下旬进行施药防治。可以施用下列除草剂。

图2-222 小麦冬前期田间泽漆发生为害情况

20%氯氟吡氧乙酸乳油40~50ml/亩；

10%苯磺隆可湿性粉剂15~20g/亩+20%氯氟吡氧乙酸乳油30~40ml/亩；

15%噻磺隆可湿性粉剂15~20g/亩+20%氯氟吡氧乙酸乳油30~40ml/亩；

10%苄嘧磺隆可湿性粉剂20~30g/亩+20%氯氟吡氧乙酸乳油30~40ml/亩；

10%苯磺隆可湿性粉剂15~20g/亩+10%乙羧氟草醚乳油10~15ml/亩；

15%噻磺隆可湿性粉剂15~20g/亩+10%乙羧氟草醚乳油10~15ml/亩；

10%苄嘧磺隆可湿性粉剂20~30g/亩+10%乙羧氟草醚乳油10~15ml/亩；

对水30kg，均匀喷施，可以有效地防治泽漆等杂草的为害。注意不要施药太早，泽漆未出齐时药效不好；也不要施药过晚，气温下降后药效下降，对小麦的安全性不好，易发生药害。

在小麦冬前期，对于正常播种的麦田，如果田间泽漆、播娘蒿、荠菜、麦家公、狼紫草等杂草大量发生，于11月中下旬小麦4叶期以后，选择墒情较好、天气晴朗、气温高于10℃，且天气预报未来几天天气晴好的情况下，可以用下列除草剂。

10%苯磺隆可湿性粉剂15～20g/亩+20%2甲4氯钠盐水剂150～200ml/亩或72%2,4-滴丁酯乳油50ml/亩；

15%噻磺隆可湿性粉剂15～20g/亩+20%2甲4氯钠盐水剂150～200ml/亩或72%2,4-滴丁酯乳油50ml/亩；

10%苄嘧磺隆可湿性粉剂20～30g/亩+20%2甲4氯钠盐水剂150～200ml/亩或72%2,4-滴丁酯乳油50ml/亩；

对水30kg，均匀喷施，可以有效地防治泽漆等杂草。施药后如遇持续低温易于发生药害。

对于泽漆、播娘蒿、荠菜、麦家公、狼紫草等杂草发生较多的田块(图2-223)，应抓好小麦返青期的防治，一般在3月上中旬开始施药。因为这一时期天气多变、气温不稳定，应根据天气情况选择药剂及时施药。一般情况下可以用下列除草剂。

图2-223　小麦返青期田间泽漆发生为害情况

20%氯氟吡氧乙酸乳油40～70ml/亩；

10%苯磺隆可湿性粉剂15～20g/亩+20%氯氟吡氧乙酸乳油30～50ml/亩；

15%噻磺隆可湿性粉剂15～20g/亩+20%氯氟吡氧乙酸乳油30～50ml/亩；

10%苄嘧磺隆可湿性粉剂20～30g/亩+20%氯氟吡氧乙酸乳油30～50ml/亩；

10%苯磺隆可湿性粉剂15～20g/亩+10%乙羧氟草醚乳油10～15ml/亩；

15%噻磺隆可湿性粉剂15～20g/亩+10%乙羧氟草醚乳油10～15ml/亩；

10%苄嘧磺隆可湿性粉剂20～30g/亩+10%乙羧氟草醚乳油10～15ml/亩；

对水30kg，均匀喷施，可以有效地防治泽漆等杂草。

对于泽漆发生较重，田间播娘蒿、荠菜、麦家公、婆婆纳、佛座等杂草发生较多的田块，应在小麦返青期及早防治，一般在3月上旬开始施药。因为这一时期天气多变、气温不稳定，应根据天气情况选择药剂及时施药。在天气晴朗、气温高于10℃、小麦和杂草叶色浓绿，且天气预报未来几天天气较好，在小麦拔节前可以用下列除草剂。

10%苯磺隆可湿性粉剂20～30g/亩+40%氟唑草酮干悬浮剂3～4g/亩；

15%噻磺隆可湿性粉剂20～25g/亩+40%氟唑草酮干悬浮剂3～4g/亩；

10%苯磺隆可湿性粉剂20～30g/亩+20%氯氟吡氧乙酸乳油25～40ml/亩；

15%噻磺隆可湿性粉剂20～25g/亩+20%氯氟吡氧乙酸乳油25～40ml/亩；

10%苄嘧磺隆可湿性粉剂20～30g/亩+20%氯氟吡氧乙酸乳油25～40ml/亩；

对水30kg，均匀喷施，注意不要施药太早，温度较低(低于10℃)、泽漆未返青时药效不好，小麦易发生药害；也不要施药过晚，杂草过大、小麦拔节后施药，药效下降，对小麦的安全性不好，易发生药害。

对于泽漆发生严重的田块而小麦未封行前(图2-224)，应抓好小麦返青期泽漆返青后及时施药的防治，一般在3月上中旬开始施药。因为这一时期天气多变、气温不稳定，一般在天气晴朗、气温高于10℃，且天气预报未来几天天气较好，应根据天气情况选用下列除草剂。

10%乙羧氟草醚乳油10～15ml/亩+20%氯氟吡氧乙酸乳油25～40ml/亩；10%苄嘧磺隆可湿性粉剂30～40ml/亩+20%氯氟吡氧乙酸乳油25～40ml/亩；

10%苯磺隆可湿性粉剂15～20ml/亩+20%氯氟吡氧乙酸乳油25～40ml/亩；

10%乙羧氟草醚乳油10～15ml/亩+20%2甲4氯钠盐水剂150～200ml/亩；

10%乙羧氟草醚乳油10～15ml/亩+ 72%2，4-滴丁酯乳油50ml/亩；

对水30kg，均匀喷施，一定要注意天气和小麦生育时期。注意不要施药太早，温度较低(低于10℃)、泽漆未返青时药效不好，小麦易于发生药害；也不要施药过晚，杂草过大、小麦拔节后施药，药效下降，对小麦的安全性不好，易于发生严重的药害。

图2-224　小麦返青期田间泽漆严重发生为害情况

(十五)猪殃殃、婆婆纳、泽漆、播娘蒿、荠菜等混生麦田杂草防治

在除草剂长期广泛应用的冬小麦产区，麦田杂草群落发生了严重的变化，猪殃殃、泽漆、婆婆纳等多种除草剂均难以防治的恶性杂草逐年增加。麦田杂草主要有猪殃殃、泽漆、婆婆纳，

另外，还有麦家公、米瓦罐、狼紫草等(图2-225)。目前，这类地块较少，主要集中在华北经济发达、农业生产条件较好或城市边缘地区麦田；但是，该类杂草防治较为困难，一般药剂基本上没有防治效果。生产上应针对不同的情况，采取幼苗期施药、分期挑治的方法，针对不同地块的杂草发生情况选择适宜的除草剂种类和适宜的施药时期。这些杂草多在10至11月发生，但有一部分在2至3月发芽出苗。对于雨水较多或墒情较好的年份应抓好冬前期防治，但一般泽漆较

图2-225　小麦田间猪殃殃、婆婆纳、泽漆混合发生为害情况

多的地块在小麦返青期防治效果更好。

在小麦冬前期，对于正常播种的麦田，如果田间猪殃殃、婆婆纳、泽漆等杂草大量发生，播娘蒿、荠菜、麦家公、狼紫草等发生较多(图2-226和图2-227)。田间杂草基本出齐、且处于幼苗期，视天气情况于11月中下旬温度较高时及时进行施药防治。可以施用下列除草剂。

图2-226　小麦冬前期田间泽漆发生前期为害情况

图2–227 适期播种麦冬前期田间泽漆发生为害情况

10%苯磺隆可湿性粉剂15～20g/亩+10%乙羧氟草醚乳油10～15ml/亩；

15%噻磺隆可湿性粉剂15～20g/亩+10%乙羧氟草醚乳油10～15ml/亩；

10%苄嘧磺隆可湿性粉剂20～30g/亩+10%乙羧氟草醚乳油10～15ml/亩；

10%苯磺隆可湿性粉剂15～20g/亩+40%氟唑草酮干悬浮剂3～4g/亩；

15%噻磺隆可湿性粉剂15～20g/亩+40%氟唑草酮干悬浮剂3～4g/亩；

10%苄嘧磺隆可湿性粉剂20～30g/亩+40%氟唑草酮干悬浮剂3～4g/亩；

10%苯磺隆可湿性粉剂15～20g/亩+20%氯氟吡氧乙酸乳油30～50ml/亩；

15%噻磺隆可湿性粉剂15～20g/亩+20%氯氟吡氧乙酸乳油30～50ml/亩；

10%苄嘧磺隆可湿性粉剂20～30g/亩+20%氯氟吡氧乙酸乳油30～50ml/亩；

对水30kg，均匀喷施，注意不要施药太早，杂草未出齐时药效不好；也不要施药过晚，气温下降后药效下降，对小麦的安全性不好，易于发生药害。

在小麦返青期，对于猪殃殃、婆婆纳、泽漆发生较多的地块防治适期已过，对前期未能进行有效防治的麦田(图2–228)，应在2月下旬至3月上旬尽早施药。对于田间小麦未封行、田间杂草较小时，一般情况下可以用下列除草剂。

10%苯磺隆可湿性粉剂15～20g/亩+40%氟唑草酮干悬浮剂3～4g/亩+20%氯氟吡氧乙酸乳油30～50ml/亩；

15%噻磺隆可湿性粉剂15～20g/亩+40%氟唑草酮干悬浮剂3～4g/亩+20%氯氟吡氧乙酸乳油30～50ml/亩；

10%苄嘧磺隆可湿性粉剂20～30g/亩+40%氟唑草酮干悬浮剂3～4g/亩+20%氯氟吡氧乙酸乳油30～50ml/亩；

10%苯磺隆可湿性粉剂15～20g/亩+10%乙羧氟草醚乳油10～15ml/亩+20%氯氟吡氧乙酸乳油30～50ml/亩；

15%噻磺隆可湿性粉剂15～20g/亩+10%乙羧氟草醚乳油10～15ml/亩+20%氯氟吡氧乙酸乳油30～50ml/亩；

10%苄嘧磺隆可湿性粉剂20～30g/亩+10%乙羧氟草醚乳油10～15ml/亩+20%氯氟吡氧乙酸乳油30～50ml/亩；

对水30～45kg，均匀喷施。因为这一时期天气多变、气温不稳定，应根据天气情况选择药剂及时施药。

图2-228　小麦返青期泽漆、猪殃殃、婆婆纳混合发生为害情况

(十六)麦田中后期打碗花、小蓟等杂草的防治

在华北冬小麦产区，特别是中北麦区，近几年随着除草剂的推广应用，麦田杂草群落发生了较大的变化，麦田杂草主要是播娘蒿、荠菜、泽漆、婆婆纳，另外，还会有狼紫草、麦家公、米瓦罐等；往往在小麦返青后，田间会发生大量的打碗花、小蓟，影响小麦的生长。必须针对不同地块的草情选择适宜的除草剂种类及时防治(图2-229)。

图2-229　麦田打碗花、小蓟等杂草发生为害情况

在小麦返青期，如果打碗花、小蓟大量发生(图2－230)，一般在3月上中旬开始施药。因为这一时期天气多变、气温不稳定，应根据天气情况选择药剂及时施药。在天气晴朗、气温高于10℃，且天气预报未来几天天气较好的情况下，一般情况下可以用下列除草剂。

图2－230 小麦返青期杂草发生为害情况

20%氯氟吡氧乙酸乳油50ml/亩；

10%苯磺隆可湿性粉剂15～20g/亩+20%氯氟吡氧乙酸乳油30～50ml/亩；

10%苯磺隆可湿性粉剂15～20g/亩+10%乙羧氟草醚乳油10～15ml/亩+20%氯氟吡氧乙酸乳油30～50ml/亩；

20%2甲4氯水剂150～200ml/亩；

72%2，4－滴丁酯乳油50ml/亩；

对水30kg，均匀喷施，一定要注意天气和小麦生育时期。注意不要施药太早，温度较低(低于10℃)、小麦和杂草浓绿，泽漆未返青时药效不好，小麦易于发生药害；也不要施药过晚，杂草过大、小麦拔节后施药，药效下降，对小麦的安全性不好，易于发生严重的药害。

在小麦拔节抽穗后，麦田打碗花、小蓟、藜大量发生，影响小麦的生长，该期施药效果下降，对小麦安全性较差，应尽早施用除草剂，可以用20%氯氟吡氧乙酸乳油50～75ml/亩，对水30kg，均匀喷施，压低喷头喷到麦行间下部杂草上，注意不能喷到上部嫩穗上。该期施药对小麦有一定的药害，建议尽量采用人工锄草的方法。

(十七)北方麦田藜等杂草防治

在华北北部冬小麦产区，麦田杂草种类较多。河北等地部分麦田在小麦返青拔节后，田间开始发生藜、小藜、播娘蒿、荠菜、泽漆、狼紫草、米瓦罐等(图2－231)；往往在小麦返青后快速生长。必须针对不同地块的草情选择适宜的除草剂种类及时防治。

在小麦返青期，藜、播娘蒿、荠菜、泽漆大量发生(图2－232)，根据区域温度回升和冬小麦长势，小麦返青后，温度明显回暖，在天气晴朗、气温高于10℃，且天气预报未来几天天气较好的情况下，一般情况下可以用下列除草剂。

10%苯磺隆可湿性粉剂15～20g/亩+20%氯氟吡氧乙酸乳油50ml/亩；

10%苯磺隆可湿性粉剂15～20g/亩+20%2甲4氯水剂150～200ml/亩；

10%苯磺隆可湿性粉剂15～20g/亩+72%2，4－滴丁酯乳油30～50ml/亩；

15%噻磺隆可湿性粉剂15～20g/亩+20%氯氟吡氧乙酸乳油30～50ml/亩；

对水30kg，均匀喷施，一定要注意天气和小麦生育时期。注意不要施药太早，温度较低(低

图2-231　小麦田藜发生为害情况

图2-232　小麦返青期藜发生为害情况

于10℃)、泽漆未返青时药效不好，小麦易于发生药害；也不要施药过晚，在杂草过大、小麦拔节后施药，药效下降，对小麦的安全性不好，易于发生严重的药害。

在小麦拔节抽穗后，麦田藜大量发生(图2-233)，影响小麦的生长，该期施药效果下降，对小麦安全性较差，应尽早施用下列除草剂。

20%氯氟吡氧乙酸乳油50～75ml/亩，对水30kg，均匀喷施，压低喷头喷到麦行间下部杂草上，注意不能喷到上部嫩穗上。该期施药对小麦有一定的药害，建议尽量采用人工锄草的方法。

图2-233 小麦拔节期藜发生为害情况

(十八)麦棉套作麦田杂草防治

在冬小麦产区，麦棉套作栽培方式较为普遍。该类麦区麦田主要是播娘蒿、荠菜，个别地块有少量米瓦罐、麦家公、猪殃殃、佛座、泽漆等(图2-234)。该类麦区小麦播种较晚、杂草发生规律性较差，冬前防治往往不能被重视；小麦返青期盲目使用除草剂，经常性出现药害。生产上应注意选择除草剂品种和施药技术。

在小麦冬前期，要注意选择持效期相对较短的除草剂品种(图2-235)。于11月中下旬至12月上旬，选择墒情较好、气温稳定在8℃时施药除草效果较好，可以用下列除草剂。

15%噻磺隆可湿性粉剂10～15g/亩；

25%溴苯腈乳油120～150ml/亩；

对水30kg，均匀喷施，可以有效防治杂草，基本上可以控制小麦整个生育期的杂草为害。

在小麦返青后拔节前(图2-236)，一般在3月上中旬开始施药。因为这一时期天气多变、气温不稳定，应根据天气情况选择药剂及时施药。在天气晴朗、气温高于10℃，且天气预报未来几天天气较好的情况下，可以用下列除草剂：

25%溴苯腈乳油120～150ml/亩；

20%氯氟吡氧乙酸乳油50～75ml/亩；

20%2甲4氯水剂150～200ml/亩；

图2-234 小麦与棉花套播田杂草发生为害情况

图2-235 麦棉套作田小麦冬前期杂草发生为害情况

72%2，4-滴丁酯乳油35～50ml/亩；

对水30kg，均匀喷施，一定要注意天气和小麦生育时期。注意不要施药太早，温度较低(低于10℃)、泽漆未返青时药效不好，小麦易于发生药害；也不要施药过晚，杂草过大、小麦拔节后施药，药效下降，对小麦的安全性不好，易于发生严重的药害。

图2-236　麦棉套作田小麦返青期杂草发生为害情况

（十九）小麦、花生轮套作麦田杂草防治

在冬小麦产区，小麦、花生套作方式较为普遍。该类麦区麦田主要是播娘蒿、荠菜，个别地块有少量米瓦罐、麦家公、猪殃殃、佛座、泽漆等(图2-237)。该类麦区小麦播种较晚，又多为砂壤土或砂碱地，常常由于墒情、天气、管理等方面存在较大差异，杂草发生规律性较差，冬前防治往往不能被重视；同时，在小麦、花生套作区，花生常在小麦收获前点播在小麦行间，小麦返青期盲目使用除草剂，经常性出现药害。生产上应注意选择除草剂品种和施药技术。

图2-237　小麦与花生轮作或套播田杂草发生为害情况

在小麦冬前期(图2-238)，要注意选择持效期相对较短或对花生安全的除草剂品种。于11月中下旬至12月上旬，选择墒情较好、气温稳定在8℃时施药除草效果较好，可以用下列除草剂。

图2-238 小麦与花生轮作或套播田冬前期杂草发生为害情况

15%噻磺隆可湿性粉剂10~15g/亩；

25%溴苯腈乳油120~150ml/亩；

对水30kg，均匀喷施，可以有效防治杂草，基本上可以控制小麦整个生育期的杂草为害。

在小麦返青期(图2-239)，一般在3月上中旬开始施药。因为这一时期天气多变、气温不稳定，应根据天气情况选择药剂及时施药。一般情况下可以用下列除草剂。

图2-239 小麦与花生轮作或套播田返青期杂草发生为害情况

15%噻磺隆可湿性粉剂10~15g/亩；

20%氯氟吡氧乙酸乳油50~75ml/亩；

对水30kg，均匀喷施。

在天气晴朗、气温高于10℃，且天气预报未来几天天气较好的情况下，可以用下列除草剂。

25%溴苯腈乳油120~150ml/亩；

20%氯氟吡氧乙酸乳油50~75ml/亩；

20%2甲4氯水剂150~200ml/亩；

72%2，4-滴丁酯乳油35～50ml/亩；

对水30kg，均匀喷施，一定要注意天气和小麦生育时期。注意不要施药太早，温度较低(低于10℃)、泽漆未返青时药效不好，小麦易于发生药害；也不要施药过晚，在杂草过大、小麦拔节后施药，药效下降，对小麦的安全性不好，易于发生严重的药害。

（二十）小麦、烟叶、辣椒等轮套作麦田杂草防治

在冬小麦产区，烟叶、辣椒等经济作物和蔬菜栽培面积较大，农民习惯于小麦与烟叶、辣椒等套作方式(图2-240)。该类麦区麦田主要是播娘蒿、荠菜，个别地块有少量米瓦罐、麦家公、猪殃殃、佛座、泽漆等。该类麦区小麦播种较晚、杂草发生规律性较差，冬前防治往往不能被重视；小麦返青期盲目使用除草剂，经常性出现药害。生产上应注意选择除草剂品种和施药技术。

图2-240　小麦与烟叶轮作套播田杂草发生为害情况

在小麦冬前期(图2-241)，要注意选择持效期相对较短或对后茬安全的除草剂品种。于11月中下旬至12月上旬，选择墒情较好、气温稳定在8℃时施药除草效果较好，可以用下列除草剂。

25%溴苯腈乳油120～150ml/亩；

20%氯氟吡氧乙酸乳油50～75ml/亩；

对水30kg，均匀喷施，可以有效防治杂草，持效期较短，对后茬相对比较安全。

在小麦返青期(图2-242)，一般在3月上中旬开始施药。因为这一时期天气多变、气温不稳定，应根据天气情况选择药剂及时施药。在天气晴朗、气温高于10℃，且天气预报未来几天天气较好的情况下，一般情况下可以用下列除草剂。

图2-241　小麦与烟叶套作田小麦冬前期杂草发生为害情况

图2-242　小麦与烟叶套作田小麦返青期杂草发生为害情况

25%溴苯腈乳油120～150ml/亩；

20%氯氟吡氧乙酸乳油50～75ml/亩；

20%2甲4氯水剂150～200ml/亩；

72%2，4-滴丁酯乳油35～50ml/亩；

对水30kg，均匀喷施，一定要注意天气和小麦生育时期。注意不要施药太早，温度较低(低于10℃)、泽漆未返青时药效不好，小麦易发生药害；也不要施药过晚，杂草过大、小麦拔节后施药，药效下降，对小麦的安全性不好，易发生严重的药害。

第三章 玉米病虫草害原色图解

玉米既是重要的粮食作物，也是重要的饲料作物，被誉为“饲料之王”，近年来，随着畜牧业、食品加工及酿酒业的发展，市场需求量不断增加。在我国种植面积较大的省份有山东、吉林、河南、黑龙江、河北、四川、辽宁等省。目前，全国每年种植面积达2 140万hm^2，占粮食作物种植面积的18.9%，仅次于水稻和小麦，位居第3位。玉米的种植面积只有小麦的2/3，而产量和小麦基本相等，年产量约为9 900万t，约占粮食作物总产量22%。

一、玉米病害

玉米病害是影响玉米生产的主要灾害，常年损失6%～10%。据报道，我国玉米病害有30多种，目前发生普遍而又严重的病害有大斑病、小斑病、锈病、褐斑病、弯孢霉叶斑病、病毒病、茎腐病、纹枯病、瘤黑粉病等。

1．玉米大斑病

分布为害 分布较广，主要发生在东北、华北春玉米和南方海拔高、气温较低的山区。

症　状 主要为害玉米的叶片。下部叶片先发病，在叶片上先出现水渍状青灰色斑点，然后沿叶脉向两端扩展，形成边缘暗褐色、中央淡褐色或青灰色的大斑，后期病斑常纵裂。严重时病斑融合，叶片变黄枯死（图3－1至图3－2）。

图3－1 玉米大斑病为害叶片症状

图3－2 玉米大斑病为害叶片田间症状

病　原 *Exserohilum turcicum*称玉米大斑凸脐蠕孢，属半知菌亚门真菌（图3－3）。分生孢子梗自气孔伸出，青褐色，单生或2～6根束生，褐色不分枝，直立或膝状弯曲，基细胞较大，顶端色淡。分生孢子呈梭形或长梭形，顶端细胞椭圆形，基细胞尖锥形，脐明显，突出于基细胞外部。

发生规律 残留在病叶组织中的菌丝体及分生孢子在地表和玉米秸垛内越冬，成为第二年发病的初侵染来源。玉米生长季节，越冬菌源产生孢子，随雨水飞溅或气流传播到玉米叶片上。在华北地区，春玉米6月上旬，夏玉米7月中旬。7~8月温度偏低，多高温，日照不足有利于病害发生。

防治方法 选用抗病品种，适期早播避开病害发生高峰。在心叶末期到抽雄期是防治的关键时期，防治指标：在抽雄前后，当田间病株率达70%以上，病叶率达20%时，开始喷药防治。

在玉米心叶期，病害发生前期，可喷施70%百菌清可湿性粉剂300倍液、65%代森锌可湿性粉剂500倍液、50%多菌灵可湿性粉剂500倍液+80%代森锰锌可湿性粉剂1000倍液等药剂保护。

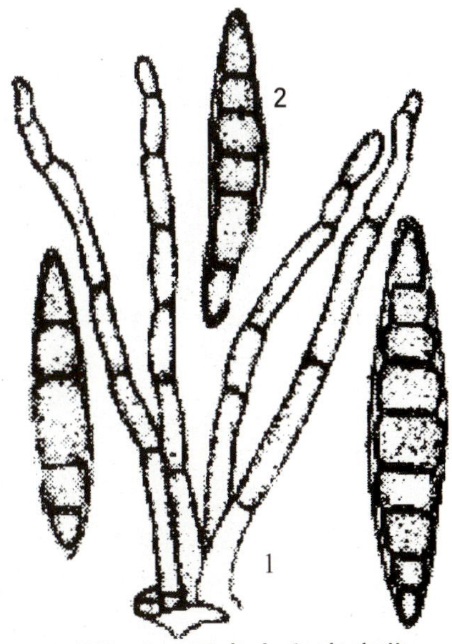

图3-3 玉米大斑病病菌
1.分生孢子梗 2.分生孢子

在心叶末期到抽雄期，可用50%腐霉利可湿性粉剂40~80g/亩、25%异菌脲悬浮剂120~200ml/亩、50%噻菌灵悬浮剂26~54ml/亩、40%敌瘟磷乳油50~75ml/亩、12.5%烯唑醇可湿性粉剂16~32g/亩、25%丙环唑乳油30~40ml/亩、25%戊唑醇可湿性粉剂60~70g/亩、25%联苯三唑醇可湿性粉剂50~80g/亩、25%咪鲜胺乳油60~100ml/亩、6%氯苯嘧啶醇可湿性粉剂30~50g/亩对水40~50kg喷施，间隔10天喷1次，连喷2~3次。

2. 玉米小斑病

分布为害 玉米小斑病是国内外普遍发生的病害。在温暖潮湿的玉米产区发病较重。

症 状 主要为害叶片，叶片上的病斑为椭圆形或纺锤形，较大，不受叶脉限制，灰色至黄褐色，病斑边缘褐色或边缘不明显，后期略有轮纹。或出现黄褐色坏死小斑点，有黄色晕圈，表面霉层很少。多数病斑连片，病叶变黄枯死（图3-4至图3-5）。

图3-4 玉米小斑病为害叶片症状

图3-5 玉米小斑病为害叶片后期症状

病 原 *Bipolaris maydis* 称玉蜀黍平脐蠕孢，属半知菌亚门真菌（图3-6）。分生孢子梗单生或2~3根束生，从病斑气孔中伸出，褐色，伸直或呈膝状弯曲，基部细胞大，顶端略细，孢痕明显。分生孢子为长椭圆形或近梭形，多弯向一方，中间最粗，向两端渐细，褐色或深褐色。

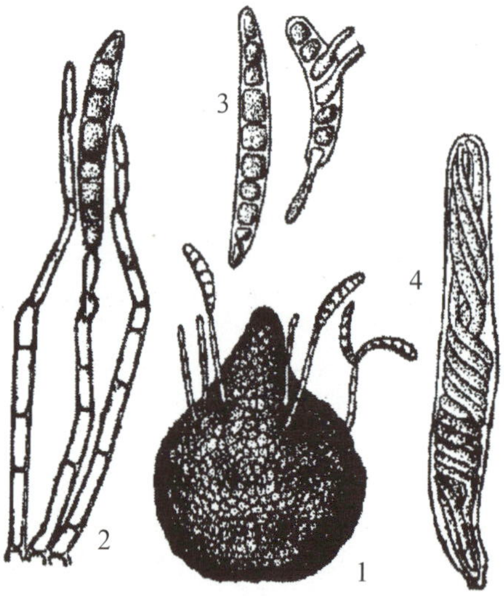

图3-6 玉米小斑病病菌
1.子囊壳 2.分生孢子梗
3.分生孢子 4.子囊和子囊孢子

发生规律 以休眠菌丝体和分生孢子在病残体上越冬，成为翌年发病初侵染源。分生孢子借气流传播，玉米孕穗、抽穗期降水多、湿度高，容易造成小斑病的流行（图3-7）。低洼地、过于密植荫蔽地、连作田发病较重。

防治方法 选用抗品种，清洁田园，深翻土地，控制菌源。适期早播，合理密植，避免脱肥。玉米心叶末期到抽雄期是防治的关键时期。

病害发生前期，可用50%敌菌灵可湿性粉剂500倍液、50%多菌灵可湿性粉剂500~600倍液、65%代森锌可湿性粉剂1 000倍液、75%百菌清可湿性粉剂500~800倍液等药剂均匀喷施。

病害发生初期，可用25%苯菌灵乳油40~50ml/亩、2%嘧啶核苷类抗生素水剂300~400ml/亩、50%腐霉利可湿性粉剂40~80g/亩、25%异菌脲悬浮剂80~100ml/亩、50%噻菌灵悬浮剂26~54ml/亩、12.5%烯唑醇可湿性粉剂16~32g/亩、25%丙环唑乳油30~40ml/亩、25%戊唑醇可湿性粉剂60~70g/亩、25%联苯三唑醇可湿性粉剂50~80g/亩、25%咪鲜胺乳油60~100ml/亩、6%氯苯嘧啶醇可湿性粉剂30~50g/亩对水40~50kg均匀喷施，间隔7~10天喷1次，连续喷2~3次。

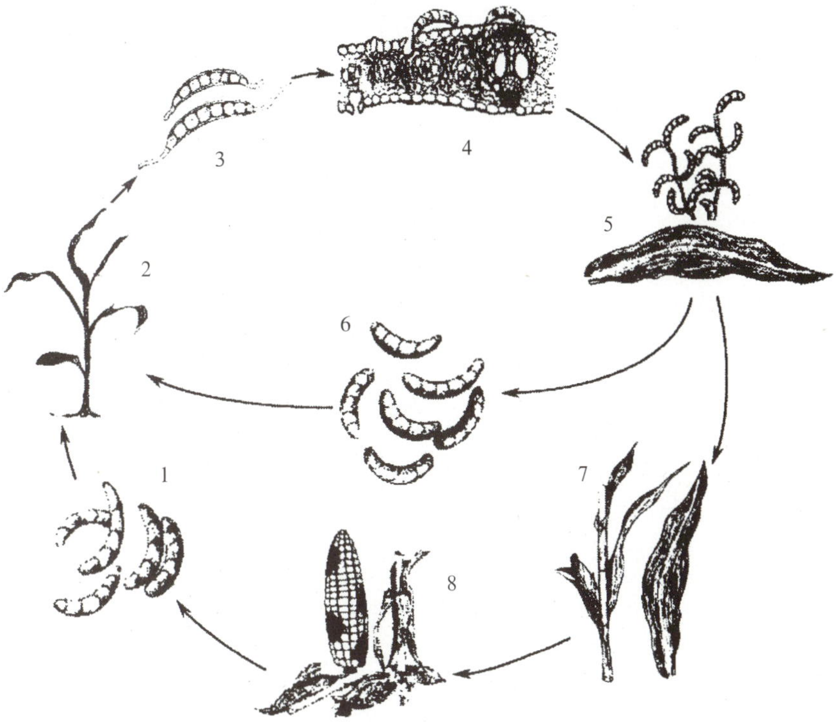

图3-7　玉米小斑病病害循环

1.分生孢子 2.被侵染植株 3.分生孢子在寄主组织上萌发产生芽管 4.侵染叶片 5.产生分生孢子梗和分生孢子 6.分生孢子释放再侵染 7.病叶 8.病菌在病残体上越冬

3. 玉米锈病

分布为害　玉米锈病在我国华南、西南、东北、华东及西北地区都有发生。

症　　状　主要侵害叶片，严重时也为害茎秆。发病初期在叶片基部散生或聚生淡黄色斑点，后凸起形成红褐色疱斑，后期病斑形成黑色疱斑（图3-8）。发生严重时，叶片上布满孢子堆，造成大量叶片干枯，植株早衰，籽粒不饱满，导致减产。茎秆受害，症状同叶片（图3-9）。

图3-8　玉米锈病为害叶片症状

图3-9 玉米锈病为害茎秆症状

病　　原 *Puccinia sorghi* 称玉米柄锈菌，属担子菌亚门真菌。夏孢子堆黄褐色。夏孢子浅褐色，椭圆形至亚球状，具细刺，有4个芽孔。冬孢子裸露时黑褐色，椭圆形至棍棒形，分隔处稍缢缩，柄浅褐色。

发生规律 病菌以夏孢子越冬。翌年借气流传播成为初侵染源。田间叶片染病后，产生夏孢子可在田间借气流传播，进行再侵染，蔓延扩展。5月下旬见玉米锈菌冬孢子，7月达到高峰，9月中旬又一高峰出现；6月底见夏孢子，8月中旬达高峰，6月中旬至7月中旬为玉米锈病的侵染期，玉米锈病从7月中旬开始发病，夏孢子靠气流传播，重复侵染，8月底为发病盛期。

防治方法 种植抗病品种。适当早播，合理密植，中耕松土，浇适量水，合理施肥。在7月中旬，田间病株率达6%时开始喷药防治。

在7月上旬，病害发生前期，可喷施一次50%多菌灵可湿性粉剂600～800倍液、75%百菌清可湿性粉剂800倍液、70%代森锰锌可湿性粉剂500～800倍液等保护剂。

7月中旬，病害发生初期，可用20%萎锈灵乳油150～300ml/亩、25%邻酰胺悬浮剂200～320ml/亩、30%醚菌酯悬浮剂30～50ml/亩、25%啶氧菌酯悬浮剂65ml/亩、20%唑菌胺酯水分散性粒剂80g/亩、25%肟菌酯悬浮剂25～50ml/亩、20%三唑酮乳油40～45ml/亩、12.5%烯唑醇可湿性粉剂16～32g/亩、12.5%氟环唑悬浮剂48～60ml/亩、40%氟硅唑乳油7.5～9.4ml/亩、50%粉唑醇可湿性粉剂8～12g/亩、5%己唑醇悬浮剂20～30ml/亩、25%丙环唑乳油30～40ml/亩、25%戊唑醇可湿性粉剂60～70g/亩、25%联苯三唑醇可湿性粉剂50～80g/亩、6%氯苯嘧啶醇可湿性粉剂30～50g/亩对水40～50kg喷雾，间隔10天左右喷1次，连防2～3次。

4. 玉米瘤黑粉病

分布为害 玉米瘤黑粉病分布极广，在我国南、北方玉米产区均有发生。

症　状　只感染幼嫩组织。苗期发病，常在幼苗茎基部生瘤，病苗茎叶扭曲畸形，明显矮化，可造成植株死亡。成株期发病，叶和叶鞘上的病瘤常为黄、红、紫、灰杂色疮痂病斑，成串密生或呈粗糙的皱折状，在叶基近中脉两侧最多，一般形成冬孢子前就干枯（图3-10至图3-11）。雌穗受害多在上半部或个别籽粒生瘤，病瘤一般较大，常突破苞叶外露（图3-12）。雄穗抽出后，部分小穗感染常长出长囊状或角状的小瘤，多几个聚集成堆，一个雄穗可长出几个至十几个病瘤。雌穗受害多在上半部或个别籽粒生瘤，病瘤一般较大，常突破苞叶外露（图3-13）。

图3-10　玉米瘤黑粉病为害叶片症状

图3-11　玉米瘤黑粉病为害叶鞘症状

图3-12　玉米瘤黑粉病为害雌穗症状

图3-13　玉米瘤黑粉病为害雄穗症状

病　　原 *Ustilago maydis*称黑粉菌，属担子菌亚门真菌（图3-14）。冬孢子球形或椭圆形，表面具细刺，黄褐色至深褐色。担子顶端和分隔处侧生4个无色、单胞、梭形或略弯曲的担孢子。

发生规律 病菌在土壤、粪肥或病株上越冬，成为翌年初侵染源。种子带菌进行远距离传播。春季气温回升，在病残体上越冬的冬孢子萌发产生担孢子，随风雨、昆虫等传播，引致苗期和成株期发病形成肿瘤，肿瘤破裂后冬孢子还可进行再侵染。该病在玉米抽穗开花期发病最快，直至玉米老熟后才停止侵害。

防治方法 种植抗病品种。施用充分腐熟有机肥。抽雄前适时灌溉，勿受旱。清除田间病残体，在病瘤未变之前割除深埋。玉米苗期喷施药剂可有效的预防病害的发生和发展，也可在抽雄期喷施药剂防治。

图3-14　玉米瘤黑粉病病菌
1.冬孢子　2.担子　3.担孢子

种子处理：可用20%萎锈灵乳油500ml拌100kg种子；15%三唑酮可湿性粉剂60~90g/100kg种子拌种；30g/L苯醚甲环唑悬浮种衣剂6~9ml/100kg种子；2%戊唑醇湿拌种剂2~3g/100kg种子拌种；25%三唑醇种子处理干粉剂30~45g/100kg种子拌种；25g/L咯菌腈悬浮种衣剂5~7.5ml/100kg种子浸种；40%拌种灵可湿性粉剂200g/100kg种子拌种；70%敌磺钠可溶性粉剂300g/100kg种子拌种；25%双胍辛胺水剂200~300ml/100kg种子。

在玉米出苗前，地表喷施50%克菌丹可湿性粉剂200倍液、50%多菌灵可湿性粉剂500~1 000倍液、50%福美双可湿性粉剂500~600倍液等药剂。

在玉米抽雄前，喷施15%三唑酮可湿性粉剂750~1 000倍液、12.5%烯唑醇可湿性粉剂750~1 000倍液、10%苯醚甲环唑水分散粒剂2 000~2 500倍液、25%丙环唑乳油500~1 000倍液、25%咪鲜胺乳油500~1 000倍液、30%氟菌唑可湿性粉剂2 000倍液，间隔7~10天，防治2~3次，可有效减轻病害。

5. 玉米纹枯病

分布为害 20世纪80年代以来，该病在一些地区为害日趋严重。在辽宁、河北、四川、浙江等省部分地区为害较重。

症　状 主要为害叶鞘，也可为害茎秆和苞叶，严重时引起果穗受害。发病初期多在基部1~2茎节叶鞘上产生暗绿色水渍状病斑，后扩展融合成不规则形或云纹状大病斑。病斑中部灰褐色，边缘深褐色，由下向上蔓延扩展。严重时根茎基部组织变为灰白色，次生根黄褐色或腐烂（图3-15）。多雨、高湿持续时间长时，病部长出稠密的白色菌丝体（图3-16），菌丝进一步聚集成多个菌丝团，形成小菌核（图3-17）。为害苞叶，症状同茎秆（图3-18）。

图3-15 玉米纹枯病为害茎秆症状

图3-16 玉米纹枯病后期白色菌丝团

图3-17 玉米纹枯病黑色菌核

图3-18 玉米纹枯病为害苞叶症状

病　　原 *Rhizoctonia solani* 称立枯丝核菌，属半知菌亚门真菌。具3个或3个以上的细胞核。菌核不规则形，褐色，表面粗糙。菌丝无色，较细，逐渐变粗短，棕紫色至褐色。分枝处缢缩且有一横隔。

发生规律 菌丝和菌核在病残体或土壤中越冬。翌春条件适宜，菌核萌发产生菌丝侵入寄主，后病部产生气生菌丝，在病组织附近不断扩展。在玉米拔节期开始发病，抽雄期发展快，吐丝灌浆期受害最重。

防治方法 种植抗病品种。秋季深翻土地，合理密植，避免偏施氮肥。玉米拔节期、抽雄期是防治的关键时期。

种子处理，可用25%三唑酮可湿性粉剂按种子重量的0.2%拌种；20%浸种灵乳油按种子重量0.02%拌种后堆闷24～48小时；2%戊唑醇湿拌种剂2～3g/100kg种子拌种；25%三唑醇种子处理干粉剂30～45g/100kg种子拌种；25g/L咯菌腈悬浮种衣剂5～7.5ml/100kg种子浸种。

在玉米拔节期，喷施1次保护剂，可用50%多菌灵可湿性粉剂70～80g/亩、50%甲基硫菌灵可湿性粉剂70～80g/亩等药剂。

在玉米抽雄期，可用5%井冈霉素水剂100～150ml/亩、23%噻氟菌胺悬浮剂14～25ml/亩、24%噻酰菌胺悬浮剂10～20ml/亩、75%灭锈胺可湿性粉剂67～83g/亩、20%氟酰胺可湿性粉剂100～125g/亩、25%邻酰胺悬浮剂200～320ml/亩、40%菌核净可湿性粉剂100～150g/亩、25%嘧菌酯悬浮剂60～90ml/亩、20%三唑酮乳油40～45ml/亩、10%苯醚甲环唑乳油15～30ml/亩、12.5%烯唑醇可湿性粉剂16～32g/亩、5%己唑醇悬浮剂20～30ml/亩、25%丙环唑乳油30～40ml/亩、0.3%多氧霉素水剂3 000～6 000ml/亩、5%有效霉素水剂100～150ml/亩、25%戊菌隆可湿性粉剂50～67g/亩对水40～50kg等药剂均匀喷施，间隔7～10天喷1次，连喷2～3次，重点喷施玉米基部。

6. 玉米弯孢霉叶斑病

分布为害 玉米弯孢霉叶斑病是20世纪80年代中后期在华北地区发生的一种为害较大的新病害，现在玉米各产区均有发生。

症　　状 主要为害叶片，叶部病斑初为水浸状褪绿半透明小点，后扩大为圆形、椭圆形、梭形或长条形，中心灰白色，边缘黄褐或红褐色，外围有淡黄色晕圈，并具有黄褐相间的断续环纹。潮湿条件下，病斑正反两面均可产生灰黑色图纸状物（图3-19）。

图3-19　玉米弯孢霉叶斑病为害叶片症状

病　　原　*Curvularia lunata*称弯孢霉，属半知菌亚门真菌（图3-20）。分生孢子梗褐色至深褐色，单生或簇生，较直或弯曲。分生孢子花瓣状聚生在梗端。分生孢子暗褐色，弯曲或呈新月形，具隔膜3个，两端细胞稍小，颜色也浅。

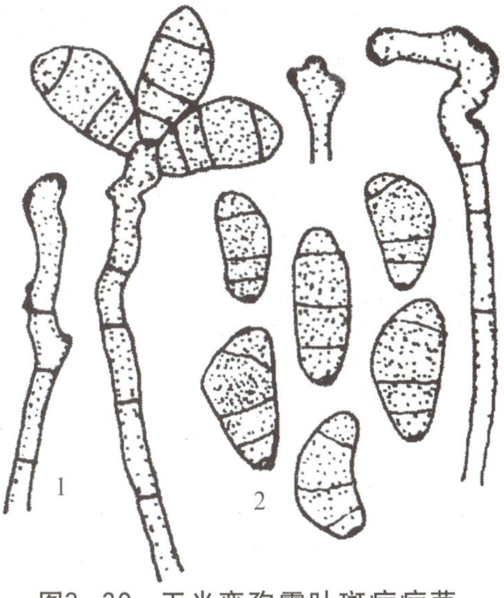

图3-20　玉米弯孢霉叶斑病病菌
1.分生孢子梗　2.分生孢子

发生规律　以菌丝体潜伏于病残体组织中越冬，也能以分生孢子状态越冬。苗期抗性较强，13叶期较感病，此病属于成株期病害。在华北地区，该病的发病高峰期是8月中旬到9月上旬，于玉米抽雄后。种植密度过大，地势低洼，造成高湿小气候而有利于病菌滋生，病害发生严重。

防治方法　清洁田园，玉米收获后及时清理病株和落叶，集中处理或深耕深埋，减少初侵染来源。玉米抽雄期是预防该病的关键时期。

7月上旬，病害发生前期，用50%多菌灵可湿性粉剂600倍液、75%百菌清可湿性粉剂600倍液、50%福美双可湿性粉剂600倍液、70%代森锰锌可湿性粉剂600倍液等药剂均匀喷施，可有效的减轻为害。

7月中下旬，当发病率在5%～7%，可用10%苯醚甲环唑水分散粒剂50g/亩、30%氟菌唑可湿性粉剂30g/亩、0.5%氨基寡糖素水剂100ml/亩、40%双胍三辛烷基苯磺酸盐可湿性粉剂60g/亩、70%甲基硫菌灵可湿性粉剂600倍液、40%氟硅唑乳油8 000～10 000倍液、50%异菌脲可湿性粉剂1 000倍液均匀喷雾，间隔10天喷1次，连喷2～3次。

7. 玉米褐斑病

分布为害 主要发生在四川、云南、贵州、广东、广西、江苏、陕西、河南、山东、河北、吉林等地区。

症 状 主要为害叶片、叶鞘和茎秆，叶片与叶鞘相连处易染病。叶片、叶鞘染病后病斑圆形至椭圆形，褐色或红褐色，病斑易密集成行，小病斑融合成大病斑，病斑四周的叶肉常呈粉红色，后期病斑表皮易破裂，散出褐色粉末（图3−21至图3−23）。

图3−21 玉米褐斑病为害叶片症状

图3−22 玉米褐斑病为害茎秆症状

图3−23 玉米褐斑病为害叶鞘症状

病　　原　*Physoderma maydis* 称玉蜀黍节壶菌，属鞭毛菌亚门真菌。休眠孢子椭圆形，一端扁平有盖，内生具乳头状突起无盖的排孢，释放出具单尾鞭毛的游动孢子；外生菌体为长椭圆形至长卵圆形的薄壁孢子囊，产生具单尾鞭毛的小型游动孢子。

发生规律　以休眠孢子囊在病残体上或土壤中越冬。翌年产生分生孢子借风雨传播到叶片上侵入为害。7～9月气温高、湿度大，长时间降雨易诱发此病。密度大的田块、低洼潮湿的田块发病较重。

防治方法　收获后彻底清除病残体，及时深翻。选用抗病品种。适时追肥、中耕锄草，促进植株健壮生长，提高抗病力。栽植密度适当，提高田间通透性。

在病害发生初期，可喷施50%多菌灵可湿性粉剂500倍液、70%甲基硫菌灵可湿性粉剂500～600倍液等药剂保护。

在玉米10～13叶期，发病初期，用25%嘧菌酯悬浮剂60～90ml/亩、30%醚菌酯悬浮剂30～50ml/亩、50%异菌脲可湿性粉剂500～1 000倍液、10%苯醚甲环唑水分散粒剂1 000～1 500倍液、40%腈菌唑水分散粒剂6 000～7 000倍液、50%苯菌灵可湿性粉剂1 500倍液、25%丙环唑乳油500～1 000倍液、25%咪鲜胺乳油500～1 000倍液、30%氟菌唑可湿性粉剂2 000倍液喷施。

8. 玉米灰斑病

症　　状　主要为害叶片，也可侵染叶鞘和苞叶。初在叶面上形成无明显边缘的椭圆形至矩圆形灰色至浅褐色病斑，后期变为褐色。扩展的病斑初期呈褐色，当病菌在叶背开始产孢时，病斑变成灰色长条病斑，与叶脉平行。该病最典型的特征是成熟病斑具有明显的平行边缘，病斑不透明。严重时病斑汇合连片，叶片枯死，叶片两面产生灰色霉层(分生孢子梗和分生孢子)，以叶背产生的多。湿度大时，病斑背面生出灰色霉状物，即病菌分生孢子梗和分生孢子（图3－24）。

图3－24　玉米灰斑病为害叶片症状

病　　原　*Cercospora zeae-maydis* 称玉蜀黍尾孢菌，属半知菌亚门真菌（图3－25）。菌落铺散状，菌丝体多埋生，常生小型子座。分生孢子梗3～10丛生，暗褐色，1～4个隔膜，直或稍弯，着生分生孢子处孢痕明显；分生孢子倒棍棒形，细长，直或稍弯，无色，具1～8个隔膜，基部倒圆锥形，脐点明显，顶端渐细，稍钝。

发生规律　病菌以菌丝体、子座在病残体上越冬，成为第2年田间的初次侵染来源。该菌在地表病残体上可存活7个月，但埋在土壤中的病残体上的病菌则很快丧失生命力。第2年春季，从子座组织上产生分生孢子，借风雨传播，进行再侵染。分生孢子着落在叶表后萌发产生芽管，芽管在气孔表面形成附着胞，然后通过侵染钉进入气孔。一般7～8月多雨的年份易发病。该病多在温暖、湿润的山区和沿海地带发生。

防治方法 选用抗病品种，农业防治玉米收获后，及时深翻或轮作，减少越冬菌源数量。播种时施足底肥，及时追肥，防止后期脱肥。搞好轮作倒茬，实行间作套种，改善田间小气候。加强田间管理，雨后及时排水，防止湿气滞留。

在发病初期，喷洒75%百菌清可湿性粉剂500倍液、50%多菌灵可湿性粉剂600倍液、40%克瘟散乳油800～900倍液、25%苯菌灵乳油800倍液、20%三唑酮乳油1 000倍液，间隔7～10天喷1次，连续2～3次，有较好的防治效果。

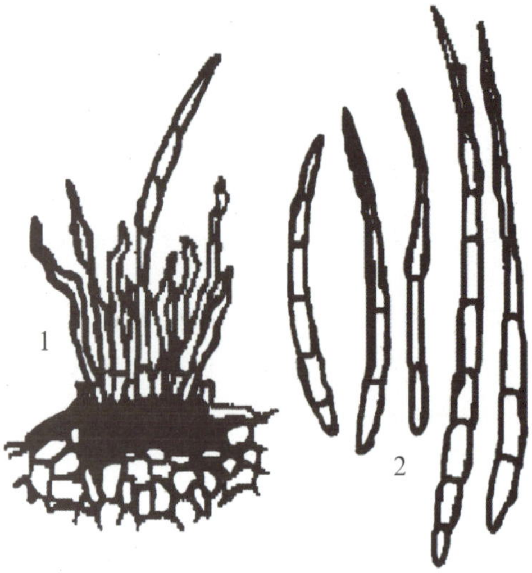

图3-25 玉米灰斑病病菌
1.分生孢子梗 2.分生孢子

9. 玉米青枯病

分布为害 玉米青枯病在我国东北、华北、华东、西南、西北等地区的15省、市、区发现其为害。

症　状 在玉米灌浆期开始发病，乳熟末期至蜡熟期进入显症高峰。从始见病叶至全株显症，常见有2种类型。青枯型：叶片自下而上突然萎蔫，迅速枯死，叶片灰绿色、水烫状。黄枯型：叶片逐渐变黄而死（图3-26）。

图3-26 玉米青枯病为害植株症状

病　原 *Pythium aphanidermatum* 称瓜果腐霉和 *Pythium inflatum* 称肿囊腐霉及*Pythium graminicola* 称禾生腐霉菌，属鞭毛菌亚门真菌。*Fusarium graminearum* 称禾谷镰孢、*F.moniliforme* 称串珠镰刀菌，属半知菌亚门真菌（图3-27至图3-28）。禾谷镰孢有性世代为 *Gibberella zeae* 称玉蜀黍赤霉；串珠镰孢有性世代为 *G. fujikuroi* 称藤仓赤霉，属子囊菌亚门真菌。

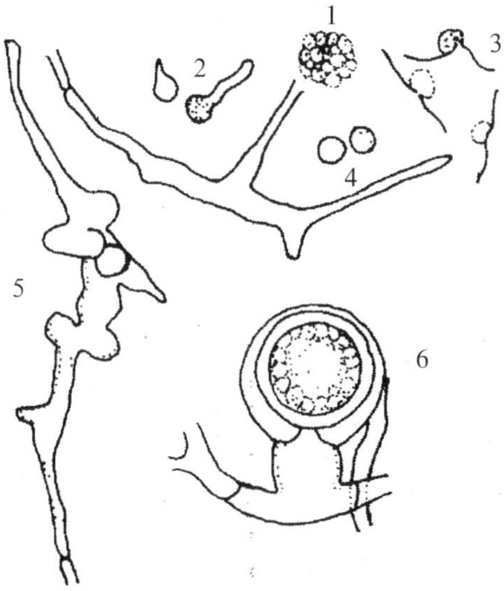

图3-27 玉米青枯病瓜果腐霉菌
1.游动孢子囊 2.游动孢子萌发
3.游动孢子 4.休止孢
5.休止孢萌发 6.卵孢子

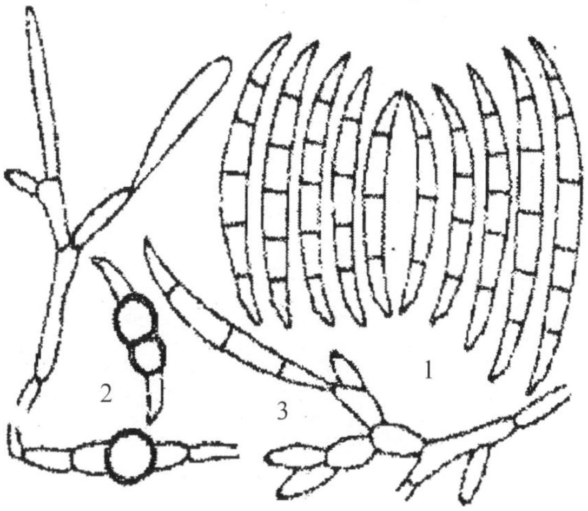

图3-28 玉米青枯病禾谷镰孢菌
1.大型分生孢子 2.厚垣孢子 3.产孢细胞

发生规律 该病是土传病害，禾谷镰刀菌以菌丝和分生孢子，腐霉菌以卵孢子在病残体组织内外、土壤中存活越冬。带病种子和病残体产生子囊壳，翌年3月中旬释放的子囊孢子是主要初侵染源，从根部伤口侵入。玉米抽雄期至成熟期高温、高湿是茎腐病发生流行的重要条件。串珠镰刀菌在高湿时不发病，而腐霉菌只在高湿条件下才发病。土壤质地黏重，地势低洼、透水性差，地下水位高的地块发病就重。

防治方法 选育和使用抗病品种。增施底肥农家肥及钾肥、硅肥。平整土地，合理密植，及时防治黏虫、玉米螟和地下害虫。玉米抽雄期至成熟期是防治该病的关键时期。

种子处理：用50%甲基硫菌灵可湿性粉剂500～1 000倍液浸种2小时，清水洗净后播种。

在玉米抽雄期，病害发生初期，用50%多菌灵可湿性粉剂600倍液+25%甲霜灵可湿性粉剂500倍液、70%甲基硫菌灵可湿性粉剂800倍液+40%乙膦铝可湿性粉剂300倍液+65%代森锌可湿性粉剂600倍液、50%腐霉利可湿性粉剂1 500倍液+72.2%霜霉威盐酸盐水剂800倍液+50%福美双可湿性粉剂600倍液喷淋根茎，间隔7～10天喷1次，连喷2～3次。

10. 玉米细菌性茎腐病

症　　状 主要为害中部茎秆和叶鞘。叶鞘上初现水渍状腐烂，病组织开始软化，散发出臭味。叶鞘上病斑不规则形，中央灰白色，边缘黑褐色，病健组织交界处水渍状尤为明显（图3-29）。湿度大时，病斑向上下迅速扩展，严重时植株常在发病后3～4天病部以上倒折，溢出黄褐色腐臭菌液。干燥条件下扩展缓慢，但病部也易折断，造成不能抽穗或结实。

病　　原 *Erwinia chrysanthemi* pv. *zeae* 称菊欧文氏菌玉米致病变种，属细菌。菌体杆状，两端钝圆，单生，偶成双链，革兰氏染色阴性，周生鞭毛6～8根，无芽孢，无荚膜。菌落圆形，低度突起，乳白色，稍透明。

发生规律 病菌在土壤中病残体上越冬，翌年从植株的气孔或伤口侵入。玉米60cm高时组织柔嫩易发病，害虫为害造成的伤口利于病菌侵入。此外，害虫携带病菌同时起到传播和接种的作用，如玉米螟、棉铃虫等虫口数量大则发病重。高温高湿利于发病；均温30℃左右，相对湿度高于70%即可发病；地势低洼或排水不良，密度过大，通风不良，施用氮肥过多，伤口多发病重。

图3-29 玉米细菌性茎腐病为害茎秆症状

防治方法 实行轮作，尽可能避免连作。收获后及时清洁田园，将病残株妥善处理，减少菌源。加强田间管理，采用高畦栽培，严禁大水漫灌，雨后及时排水，防止湿气滞留。田间发现病株后，及时拔除，携出田外沤肥或集中烧毁。

及时治虫防病，苗期开始注意防治玉米螟、棉铃虫等害虫，及时喷洒50%辛硫磷乳油1 500倍液。

在玉米喇叭口期喷洒25%叶枯唑可湿性粉剂600～1 000倍液、72%农用硫酸链霉素可溶性液剂4 000倍液、47%春雷霉素·氧氯化铜可湿性粉剂700倍液、50%氯溴异氰尿酸可溶性粉剂1 200倍液有预防效果。

11．玉米粗缩病

分布为害 近年北方冀、鲁、陕、晋、辽、津等省市暴发成灾，严重威胁玉米生产的发展。

症　状 玉米粗缩病病株严重矮化，仅为健株高的1/3~1/2，叶色深绿，宽短质硬，呈对生状，叶背面侧脉上现蜡白色突起物，粗糙明显。有时叶鞘、果穗苞叶上具蜡白色条斑。病株分蘖多，根系不发达易拔出。雄穗败育或发育不良，花丝不发达，结实少，重病株多提早枯死或无收（图3-30）。

图3-30 玉米粗缩病为害植株症状

病　　原　Maize rough dwarf virus（MRDV），称玉米粗缩病毒，属病毒。病毒粒体球形，钝化温度80℃，20℃可存活37天。

发生规律　主要靠灰飞虱传毒。灰飞虱成虫和若虫在田埂地边杂草丛中越冬，翌春迁入玉米田。冬小麦也是该病毒越冬场所之一。玉米5叶期前易感病，10叶期抗性增强。套种田、早播田及杂草多的玉米田发病重。玉米苗期是玉米粗缩病的敏感期。

防治方法　选用抗病品种。在病害重发地区，调整播期，使玉米对病害最为敏感的生育时期避开灰飞虱成虫盛发期，降低发病率。清除田间、地边杂草，减少毒源，提倡化学除草。合理施肥、灌水，加强田间管理，缩短玉米苗期时间。灰飞虱为害盛期，玉米7叶期是防治的关键时期。

种子处理，用5%吡虫啉乳油按种子重量的0.4%拌种，能有效地防治苗期灰飞虱，减轻病毒病的传播。

玉米苗期，喷洒5%菌毒清水剂300～500倍液、20%盐酸吗啉胍·乙酸铜可湿性粉剂500倍液、1.5%植病灵乳剂1 000倍液、10%混合脂肪酸乳油100～200倍液、0.5%菇类蛋白多糖水剂250～300倍液、4%嘧肽霉素水剂200～250倍液、2%宁南霉素水剂200～300ml/亩、2%氨基寡糖素水剂1 875～2 500ml/亩对水40～50kg，喷洒叶面，每7～10天1次，连续喷施2～3次。

在灰飞虱传毒为害期，尤其是玉米7叶期前，喷洒2%宁南霉素水剂300ml/亩＋10%吡虫啉可湿性粉剂35g/亩、80%敌敌畏乳油200～250ml/亩、20%异丙威乳油150～200ml/亩、48%毒死蜱乳油100～120ml/亩、25%噻虫嗪可湿性粉剂50～60g/亩、10%吡虫啉可湿性粉剂20～30g/亩对水40～50kg均匀喷雾，间隔6～7天1次，连喷2～3次。

12. 玉米矮花叶病毒病

分布为害　在我国河南、陕西、甘肃、河北、山东、山西、辽宁、北京、内蒙古均有发生。

症　　状　苗染病心叶基部出现椭圆形褪绿小点，断续排列成条点花叶状，并发展成黄绿相间的条纹症状，后期病叶叶尖的叶缘变红紫而干枯。病叶鞘、病果穗的苞叶也能现花叶状（图3-31）。

病　　原　Maize dwarf mosaic virus（MDMV），称玉米矮花叶病毒，属马铃薯Y病毒组。病毒粒体线状，致死温度 55～60℃，稀释限点 1 000～2 000倍。

图3-31　玉米矮花叶病毒病为害植株症状

发生规律 该病毒主要在雀麦、牛鞭草等寄主上越冬，是该病重要初侵染源，带毒种子发芽出苗后也可成为发病中心。传毒主要靠蚜虫的扩散而传播。生产上有大面积种植的感病玉米品种和对蚜虫活动有利的气候条件，即5至7月凉爽、降雨不多，蚜虫迁飞到玉米田吸食传毒，大量繁殖后辗转为害，易造成该病流行。

防治方法 因地制宜，合理选用抗病杂交种或品种，在田间尽早识别并拔除病株。适期播种和及时中耕锄草，可减少传毒寄主，减轻发病。

病害发生初期，可喷施20%盐酸吗啉胍·乙酸铜可湿性粉剂500倍液、1.5%植病灵乳剂1 000倍液、10%混合脂肪酸乳油100倍液、0.5%菇类蛋白多糖水剂250～300倍液、5%菌毒清水剂300倍液喷洒叶面。

在传毒蚜虫迁入玉米田的始期和盛期，及时喷洒40%氧乐果乳油800～1 000倍液、50%抗蚜威可湿性粉剂2 000～3 000倍液、10%吡虫啉可湿性粉剂1 500～2 000倍液。

13. 玉米丝黑穗病

分布为害 玉米丝黑穗病在华北、东北、华中、西南、华南和西北地区普遍发生。

症　　状 幼苗侵染的系统性病害，其症状有时在生长前期就有表现，但典型症状一般到穗期出现。生长前期5叶期后症状表现为病苗节间缩短，株型较矮，茎秆基部膨大，下粗上细，叶片簇生，叶色暗绿挺直。雌穗被害后，大多数变为一个基部膨大、端部较尖、较为短小、不能抽丝的圆锥形菌瘤。苞叶一般不破，黑粉也不外露。玉米乳熟后，有些苞叶变黄破裂散出黑粉。可看到内部有乱丝状的寄主维管束组织，故名丝黑穗病。雄穗受害后，多数情况下局部小穗变为黑粉包，穗形不变（图3－32至图3－33）。

图3－32　玉米丝黑穗病为害雄穗症状

图3－33　玉米丝黑穗病为害雌穗症状

病　　原 *Sporisorium reiliana* 称丝孢堆黑粉菌，属担子菌亚门真菌（图3－34）。冬孢子在没有成熟前集合成孢子球，成熟后分散。冬孢子球形或近球形，黄褐色至赤褐色。具厚壁，表面有细刺。冬孢子萌发生4个细胞的担子，侧生担孢子。担孢子无色、单胞、椭圆形。

发生规律 冬孢子在土壤中越冬，有些混入粪肥或黏附在种子表面越冬。土壤带菌是最重要的初次侵染来源，种子带菌是远距离传播的重要途径。一年只侵染一次。主要在玉米2～3叶期侵染为害，7叶期后不再侵染。冬孢子萌发产生的担子和担孢子，结合生成侵染丝，从幼芽或幼根侵入。并很快扩展到茎部沿生长点生长，花芽开始分化时，菌丝则进入花器原始体，侵入雌穗和雄穗，最后破坏雄花和雌花。

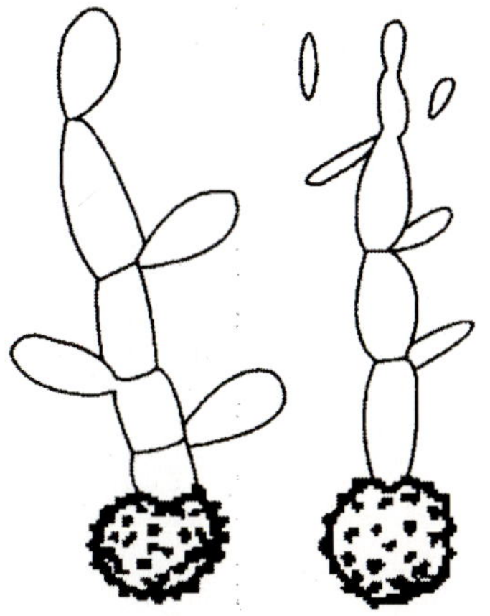

图3－34　玉米丝黑穗病病菌冬孢子及其萌发

防治方法　种植抗病杂交种，适当迟播。及时拔除病株。采用“乌米净”种衣剂包衣，这是目前最有效的方法。

可用25%三唑酮可湿性粉剂种子重量的0.2%、2%戊唑醇可湿性粉剂种子重量的0.2%进行拌种；或用15%福美双·烯唑醇种衣剂1：50（药：种，下同）、16%福·克·唑醇悬浮种衣剂1：50、15%三唑醇可湿性粉剂1：20、2.5%咯菌腈悬浮种衣剂1：500、40%萎锈灵可湿性粉剂1：400进行种子包衣；或用12.5%烯唑醇可湿性粉剂60～80g拌种子100kg，效果均佳。

14. 玉米干腐病

症　状　在玉米生育后期发生较重。症状以茎秆和果穗最为明显。茎秆被害，多在植株近基部4～5节或病穗附近的茎秆节间产生褐色、紫红色或黑褐色的斑块，叶鞘和茎秆之间常有白色菌丝相连。严重时病节髓部碎裂,组织腐败，极易倒折。果穗被害，穗轴空松，易于折断。剥去苞叶，籽粒变为暗褐色，失去光泽，粒间常有大量白色的菌丝体（图3－35）。病穗与苞叶之间也长满白色菌丝体，以致苞叶与果穗粘连，不易剥离。

病　原　*Stenocarpella maydis*称玉米狭壳柱孢和*S. macrospora*称大孢狭壳柱孢及*Diplodia frumenti* 称干腐色二孢，均属半知菌亚门真菌。

图3－35　玉米干腐病为害穗部症状

发生规律　以菌丝体和分生孢子器在种子和病株残体上越冬。在病株残体上越冬的分生孢子器，条件适宜产生大量的分生孢子，借气流和雨水传播发病。在田间条件下，侵染和发病高峰期出现在果穗成熟期及以后阶段，延迟收获会加重发病。玉米成熟期连续降雨，特别是早期干旱，吐丝后2～3周又遇高温多湿天气，病害更易流行。

防治方法　要建立无病留种田，收获后及时清洁田园，深翻灭茬，清除病残，减少菌源。避免偏施氮肥，提高抗病性。注意合理密植，及时防治病虫害等均可减轻发病。

播前用200倍液福尔马林浸种1小时或用50%多菌灵可湿性粉剂或70%甲基硫菌灵可湿性粉剂100倍液浸种24小时后，用清水冲洗晾干后播种。

抽穗期发病初，喷洒50%多菌灵可湿性粉剂800倍液、70%甲基硫菌灵可湿性粉剂1 000倍液、25%苯菌灵乳油800倍液、25%丙环唑乳油2 000倍液，重点喷果穗和下部茎叶，间隔7～10天1次，防治2～3次。

15.玉米穗腐病

症　状　果穗及籽粒均可受害，被害果穗顶部或中部变色，并出现粉红色、蓝绿色、黑灰色或暗褐色、黄褐色霉层，即病原的菌丝体、分生孢子梗和分生孢子。病粒无光泽，不饱满，质脆，内部空虚，常为交织的菌丝所充塞。果穗病部苞叶常被密集的菌丝贯穿，黏结在一起贴于果穗上不易剥离。仓贮玉米受害后，粮堆内外则长出疏密不等、各种颜色的菌丝和分生孢子，并散出发霉的气味（图3－36）。

图3－36 玉米穗腐病为害穗部症状

病 原 *Cladosporium herbarum* 称多主枝孢；*Penicillium oxalicum* 称草酸青霉；*Trichothecium roseum* 称粉红聚端孢，均属半知菌亚门真菌。

发生规律 病菌以菌丝体在种子、病残体上越冬，为初侵染病源。病原主要从伤口侵入，分生孢子借风雨传播。温度在15～28℃，相对湿度在75%以上，有利于病原的侵染和流行。高温多雨以及玉米虫害发生偏重的年份，穗腐和粒腐病也较重发生。玉米粒没有晒干，入库时含水量偏高，以及贮藏期仓库密封不严，库内湿度升高，也利于各种霉菌腐生蔓延，引起玉米粒腐烂或发霉。

防治方法 选用抗病品种；适当调节播种期，尽可能使玉米孕穗至抽穗期，不要与雨季相遇；发病后注意开沟排水，防止湿气滞留，可减轻受害程度。玉米吐丝授粉期至玉米乳熟期继续拔除病株，彻底扫残。适度密植，不用病株喂牛，防止粪肥带菌；清洁田园，处理田间病株残体等。同时秋季深翻土地，减少病原来源。

药剂拌种可以减少病原的初侵染，生长期注意防治玉米螟、棉铃虫和其他虫害，减少伤口侵染的机会。

二、玉米虫害

虫害是影响玉米生产的主要灾害，常年损失6%～10%。为害较严重的害虫有亚洲玉米螟、玉米蚜、黏虫、小地老虎等。其中玉米螟在我国各玉米产区均有发生；玉米蚜主要分布在华北、东北、西南、华南、华东等地；在黄淮海平原、华北平原及东南、西北、西南的河谷洼地等潮湿土壤地都是小地老虎的重发区。

1. 玉米螟

分 布 亚洲玉米螟（*Ostrinia furnacalis*）分布广泛，我国各玉米产区均有发生。

为害特点 初龄幼虫蛀食嫩叶形成排孔花叶。3龄后幼虫蛀入玉米茎秆，为害花苞、雄穗及雌穗，受害玉米营养及水分输导受阻，长势衰弱、茎秆易折，雌穗发育不良，影响结实（图3－37至图3－39）。

图3－37 玉米螟为害雌穗

图3－38 玉米螟为害玉米秆

图3－39 玉米螟为害玉米秆后期

形态特征 成虫体翅为黄褐色。雌蛾前翅鲜黄色，翅基2/3部位有棕色条纹及一条褐色波纹，外侧有黄色锯齿状线（图3－40）。雄蛾略小，翅色稍深；头、胸、前翅黄褐色，胸部背面淡黄褐色；前翅内横线暗褐色，波纹状；后翅淡褐色，中央有一条浅色宽带（图3－41）。卵扁椭圆形，鱼鳞状排列成卵块，初产乳白色，半透明，后转黄色。幼虫头和前胸背板深褐色，体背为淡灰褐色、淡红色或黄色等（图3－42至图3－43）。蛹黄褐至红褐色，臀棘显著，黑褐色（图3－44）。

图3-40　玉米螟雌虫

图3-41　玉米螟雄虫

图3-42　玉米螟幼虫

图3-43　玉米螟老熟幼虫

图3-44　玉米螟蛹

发生规律 东北及西北地区一年发生1～2代，黄淮及华北平原发生2～4代，江汉平原发生4～5代，广东、广西及台湾省发生5～7代，西南地区发生2～4代。均以老熟幼虫在寄主被害部位及根茬内越冬。在北方越冬幼虫5月中下旬进入化蛹盛期，5月下旬至6月上旬越冬代成虫盛发，在春玉米上产卵。1代幼虫6月中下旬盛发为害，此时春玉米正处于心叶期，为害很重。2代幼虫7月中下旬为害夏玉米（心叶期）和春玉米（穗期）。3代幼虫8月中下旬进入盛发，为害夏玉米穗及茎部。在春、夏玉米混种区发生重。

防治方法 在成虫羽化前的冬春季节，采用铡、轧、沤、烧、泥封等方法处理玉米秸和穗轴，消灭越冬幼虫。防治玉米螟的最佳适期为心叶末期，也就是大喇叭口期，这是防治玉米螟的关键时期。

在2～3龄幼虫期，可用25%氰戊·辛硫磷乳油80～100ml/亩、20%辛硫磷乳油200～250ml/亩、30%乙酰甲胺磷乳油125～220ml/亩、48%毒死蜱乳油70～90ml/亩、40%水胺硫磷乳油75～150ml/亩、40%三唑磷乳油60～100ml/亩、25%喹硫磷乳油120～150ml/亩、20%哒嗪硫磷乳油75～100ml/亩、50%二嗪磷乳油80～120ml/亩、10%杀螟腈可湿性粉剂100～200g/亩、25%仲丁威乳油200～250ml/亩、50%杀螟丹可溶性粉剂70～100g/亩、2.5%溴氰菊酯乳油20～30ml/亩、5.7%氟氯氰菊酯乳油30～40ml/亩、20%虫酰肼悬浮剂25～30ml/亩、24%甲氧虫酰悬浮剂20～30ml/亩、1%甲维盐乳油5～10ml/亩、8000IU/ml苏云金杆菌可湿性粉剂100～200g/亩对水40～50kg均匀喷雾。

玉米心叶末期，可用5%辛硫·三唑磷颗粒剂150～250g/亩、10%二嗪磷颗粒剂0.4～0.6kg/亩、1.5%辛硫磷颗粒剂0.5～0.75kg/亩、3%克百威颗粒剂2～3kg/亩、5%丙硫克百威颗粒剂2～3kg/亩拌细土15～20kg灌心。

穗期防治，花丝蔫须后，剪掉花丝，施用90%晶体敌百虫800～1 000倍液、50%辛硫磷乳油1 000倍液，滴于雌穗顶部，效果亦佳。

2. 玉米蚜虫

分　　布 玉米蚜虫（*Rhopalosiphum maidis*）主要分布在华北、东北、西南、华南、华东等地。

为害特点 苗期蚜虫群集于心叶为害，植株生长停滞，发育不良，甚至死苗（图3-45）。玉米抽穗后，移向新生的心叶中繁殖，在展开的叶面可见到一层密布的灰白色脱皮壳，这是玉米蚜为害的主要特征。穗期除刺吸汁液外，蚜虫则密布于叶背、叶鞘和穗部的穗苞或花丝上取食，还因蚜虫排泄的“蜜露”，黏附叶片，引起煤污病，常在叶面形成一层黑色的露状物，影响光合作用，千粒重下降，引起减产（图3-46至图3-50）。

图3-45 玉米蚜虫为害幼苗症状

图3-46　玉米蚜虫为害穗部症状

图3-47　玉米蚜为害茎秆症状

图3-48　玉米蚜为害叶片症状

图3-49　玉米蚜为害雄穗症状

图3-50　玉米蚜虫为害雌穗

形态特征　无翅孤雌蚜体长卵形（图3-51），体深绿色，披薄白粉，附肢黑色，复眼红褐色，体表有网纹。腹管长圆筒形，端部收缩，腹管具覆瓦状纹。尾片圆锥状，具毛4~5根。有翅孤雌蚜长卵形，头、胸黑色发亮，腹部黄红色至深绿色（图3-52）。触角6节比身体短。腹部2~4节各具1对大型缘斑。卵椭圆形。

图3-51 有翅孤雌蚜

图3-52 无翅孤雌蚜

发生现律 一年发生20代左右，以成、若蚜在麦类及早熟禾、看麦娘等禾本科杂草的心叶里越冬。翌年3～4月间随着气温上升，开始在越冬寄主上活动、繁殖为害。6月下旬7月初蚜虫由其他寄主迁往夏玉米，7月下旬初玉米蚜大量迁入，抽雄前蚜虫在心叶为害，7月底至8月上旬玉米进入抽雄期，玉米蚜迅速增殖。8月上旬至中旬进入盛期，百株蚜量达万头以上。8月下旬末天敌大量出现，气候干燥凉爽，蚜量急剧下降，9月上旬百株蚜量下降到500头左右。此时玉米蚜迅速下降，集中在雌穗苞叶或下部叶片，玉米收获前产生有翅蚜迁飞其他寄主。

防治方法 及时清除田间地头杂草。玉米播种前药剂拌种可减少蚜虫的为害，在玉米拔节期，发现中心蚜株喷药防治，可有效的控制蚜虫的为害。

玉米播种前，用70%吡虫啉湿拌种剂420～490g/100kg种子拌种。

在玉米拔节期，发现中心蚜株喷药防治，可有效的控制蚜虫的为害。可喷施30%乙酰甲胺磷乳油150～200ml/亩、48%毒死蜱乳油15～25ml/亩、40%氧乐果乳油50～75ml/亩、50%二嗪磷乳油80～120ml/亩、40%杀扑磷乳油30～60ml/亩、50%抗蚜威可湿性粉剂20～40g/亩、25%唑蚜威可湿性粉剂60～80g/亩、10%吡虫啉可湿性粉剂10～20g/亩对水40～50kg均匀喷雾。

当有蚜株率达30%～40%，出现“起油株”时应进行全田普治，可用2.5%高效氯氟氰菊酯乳油12～20ml/亩、4.5%高效氯氰菊酯乳油40～60ml/亩、2.5%溴氰菊酯乳油10～15ml/亩、20%氰戊菊酯乳油10～20ml/亩、25%噻虫嗪水分散粒剂8～10g/亩、25%吡蚜酮可湿性粉剂16～20g/亩、10%烯啶虫胺水剂10～20ml/亩、48%噻虫啉悬浮剂7～14ml/亩对水40～50kg均匀喷雾，为害严重时，可间隔7～10天再喷1次。

3. 稻蛀茎夜蛾

分布为害 在我国辽宁以南的水稻和玉米种植的区域均有分布，以幼虫蛀食玉米的生长点、茎秆和果穗，分别造成枯心苗、茎秆折断和烂苞（图3-53至3-56）。

图3-53 稻蛀茎夜蛾为害图

图3-54 稻蛀茎夜蛾为害茎

图3-55 稻蛀茎夜蛾为害雌穗

图3-56 稻蛀茎夜蛾为害雌穗

形态特征 成虫体长10~15mm，头胸部淡黄褐色，腹部淡黄色。前翅长方形，淡褐黄色，翅中部从翅基部至外缘有明显的暗褐色放射状纵纹，翅边缘暗褐色具缘毛，纵纹上各有2个小黑点。后翅银白色，雄蛾触角栉齿状，雌蛾触角丝状（图3-57）。幼虫体粗壮，头红褐色，胴体低龄为粉红色，高龄颜色变浅，腹侧边每节左右各一黑点，共8~10个组成一排（图3-58）。蛹初化时淡黄色，后变为黄褐色，背面颜色较深（图3-59）。

图3-57 稻蛀茎夜蛾雌虫

图3-58 稻蛀茎夜蛾幼虫

图3-59 稻蛀茎夜蛾蛹

发生规律 在华北南部一年发生4代，在华北北部一年发生3代，以老熟幼虫在玉米或水稻残桩内或近地面土壤中越冬（图3-60），次年3月中旬化蛹，4月上旬交尾产卵，3~5天达高峰期，4月下旬为孵化高峰期。

图3-60 稻蛀茎夜蛾越冬地

防治方法 春季在大螟化蛹羽化前处理完玉米秸秆。

掌握初见枯心苗和田间孵化始盛期，及时喷洒30%乙酰甲胺磷乳油125～227ml/亩、48%毒死蜱乳油70～90ml/亩、40%水胺硫磷乳油75～150ml/亩、25%喹硫磷乳油120～150ml/亩、20%哒嗪硫磷乳油75～100ml/亩、40%嘧啶氧磷乳油150～300ml/亩、50%杀螟丹可溶性粉剂70～100g/亩、25%甲萘威可湿性粉剂200～300g/亩、2.5%高效氯氟氰菊酯乳油25～50ml/亩、2.5%溴氰菊酯乳油20～30ml/亩、5.7%氟氯氰菊酯乳油30～40ml/亩、1%甲氨基阿维菌素苯甲酸盐乳油5～10ml/亩对水40～50kg，间隔5～7天喷1次，一般防治2～3次即可。

玉米心叶期，可用3%呋喃丹颗粒剂3kg/亩，1.5%辛硫磷颗粒剂0.5～0.75kg/亩拌土施于心叶或叶鞘内。

4. 桃蛀螟

分　布 桃蛀螟（*Dichocrocis punctiferalis* Guenée）分布于东北、华东、中南和西南地区的大部分省市，西北和台湾地区也有分布，是一种杂食性害虫(图3－61)。

图3－61 桃蛀螟为害穗部症状

为害特点 在玉米上以幼虫蛀食雌穗、茎秆，造成空秆、烂穗，引起籽粒霉烂（图3－61），玉米产量严重受损，玉米被害株率可达到30%～80%，其种群数量和为害程度在不同年份或一些地区，已经超过了亚洲玉米成为玉米生产的主要害虫。

形态特征 成虫体长11～13mm，翅展20～26mm，鲜草黄色。下唇须两侧黑色。前胸两侧有各带1黑点的披毛，腹部背面与侧面有成排的黑斑。前后翅草黄色，前翅约有25～26个黑斑，后翅约有10个黑斑（图3－62）。雌蛾腹部末端呈圆锥形，雄蛾腹部末端较钝，且有黑色毛丛。卵椭圆形，稍扁平。初产时乳白色，后变米黄色，孵化前呈暗红色。末龄幼虫体长22～25mm，体背淡红色，头部暗褐色，前胸背板深褐，体各节有粗大的灰褐色瘤点。腹足趾钩双序缺环（图3－63）。蛹褐色到深褐色，腹部第5、6、7各节背面前缘各生1列小齿，臀棘细长，上生钩刺1丛(图3－64)。

图3－62 桃蛀螟成虫

图3－63 桃蛀螟幼虫

图3-64 桃蛀螟蛹

发生规律 在华北地区一年发生3～4代，长江流域4～5代。以末代老熟幼虫在病残株和仓贮库缝隙中越冬。高粱、玉米、向日葵的秸秆里也有一少部分越冬幼虫。华北地区越冬代幼虫4月开始化蛹，5月上中旬羽化。第1代成虫及产卵盛期在7月上旬，7月中旬发生第2代幼虫，8月中下旬是第3代幼虫发生期，9～10月出现第4代幼虫，10月中下旬以老熟幼虫越冬。

防治方法 冬前高粱、玉米要脱空粒，并及时处理高粱、玉米、向日葵等寄主的秸秆、穗轴及向日葵盘。

成虫产卵盛期，喷洒90%晶体敌百虫800倍液、50%辛硫磷乳油1 000倍液、20%氰戊菊酯乳油1 000～2 000倍液、5%高效氯氰菊酯乳油2 000倍液、2.5%溴氰菊酯乳油1 000～2 000倍液、5%氟铃脲乳油2 000倍液、3%啶虫脒乳油1 000～1 500倍液、25%灭幼脲悬浮剂500倍液，间隔期7～10天，连喷2次。

5. 二点委夜蛾

分　　布 二点委夜蛾*Athetis*（*Proxenus*）*lepigone*分布于河北、山东、河南、安徽、江苏、山西和北京的黄淮海夏玉米种植区，同时在陕西、辽宁和湖北等地区也有分布。

为害特点 幼虫躲在玉米幼苗周围的碎麦秸下或在2.0～5.0cm的表土层，啃食幼苗茎秆、茎基部的幼嫩组织，包括气生根和主根，形成圆形或椭圆形孔洞，造成玉米倒伏，地上部玉米心叶萎蔫枯死，造成缺苗断垄（图3-65）。该虫喜欢隐蔽、潮湿的环境，小麦-玉米轮作区多见于小麦收割后秸秆还田地块，卵在麦秸下或潮湿的土表层孵化率高。

形态特点 卵馒头状或圆球形，带有光泽，卵粒较大，直径可达0.5～0.6 mm，卵壳表面隆起贯穿两极，隆起间具梯形纹（图3-66）。幼虫亦为土灰色，昼伏夜出，具“C”形假死性。老熟幼虫体长1.5～2.0cm左右，体色灰黄，头部褐色，幼虫各体节背面具一个倒三角形深褐色斑纹；气门黑色，气门上线黑褐色，气门下线白色。腹部背面有两条褐色背侧线，到胸节处消失，

图3-65 二点委夜蛾为害症状

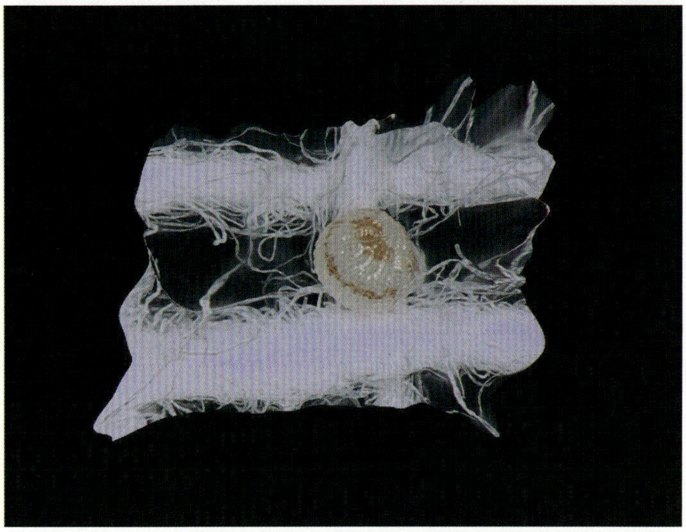

图3-66 二点委夜蛾卵

图3-67 二点委夜蛾幼虫

图3-68 二点委夜蛾蛹

图3-69 二点委夜蛾成虫

每节对称分布有4个呈梯形的白色中间有黑点的毛瘤（图3-67）。蛹长1.0cm左右，翅芽中前部有两个点状黑纹，化蛹初期虫体淡黄褐色，逐渐变为褐色，在土茧内化蛹，蛹为被蛹，纺锤形，蛹长约1.0~2.0cm左右（图3-68）。成虫体长1.0~1.2cm，翅展2.0cm，雌成虫虫体会略大于雄虫，头、胸、腹灰褐色，前翅灰褐色，有暗褐色细点；内线、外线暗褐色，环纹为一黑点；肾纹小，有黑点组成的边缘，外侧中凹，有一白点，每翅上粗看具两个黑点；外线波浪型，翅外缘有一列黑点。后翅白色微褐，端区暗褐色（图3-69）；腹部灰褐色。雄蛾外生殖器的抱器瓣端半部宽，背缘凹，中部有一钩状突起；阳茎内有刺状阳茎针。

发生规律 二点委夜蛾在黄淮海地区每年发生4代，其中越冬代成虫在4至5月陆续羽化，未形成明显的高峰，第一代成虫高峰在6月上中旬，第二代成虫高峰在7月中下旬，8月下旬9月初为第三代成虫高峰期。10月后幼虫老熟并停止取食，身体开始缩短，入土或借助麦秸和麦糠纤维做一丝质土茧。

防治方法 在小麦收割后清除田块内的秸秆或粉碎秸秆进行防治。

幼虫一般隐蔽于覆盖物之下，最好进行毒饵诱杀，采用50%辛硫磷乳油40ml/亩或者可用40.7%毒死蜱乳油或90%敌百虫按100ml药、500ml水、5kg诱饵（麦麸或棉饼，炒香最好）的比例配兑，亩用2.5~3kg为宜；或用50%辛硫磷乳油每亩50g，拌棉籽饼5kg；或用90%晶体敌百虫0.5kg加水3~4kg，喷在50kg碾碎炒香的棉籽饼或麦麸上，选用有效农药喷雾或配成毒饵、毒土顺垄撒施均有较好的防治效果。

6. 小地老虎

分　　布 小地老虎（*Agrotis ypsilon*）分布范围广，是杂食性害，成虫具迁飞习性，在我国北方不能越冬，在1月份0℃等温线为其越冬界限，10℃等温线以南为春季小地老虎的虫源地，我国玉米种植区均有分布。

为害特点 成虫昼伏夜出，卵多产于干枯杂草和土块上，寄主丰盛时产于寄主植物上，表面粗糙多毛者，落卵量大，幼虫一般6龄，1~2龄躲于寄主植物心叶取食，3龄开始扩散为害，昼伏夜出，4龄以上幼虫多从玉米茎基部咬成孔或咬穿造成枯心苗或者整株倒伏死苗（图3-70）。

图3-70　小地老虎危害

形态特点 卵半球形，直径约0.61mm，表面有纵横交错的隆起线纹，初产时乳白色，孵化前为褐色（图3-71）。

图3-71　小地老虎卵

高龄幼虫体长4.1~5.0cm，体稍扁，暗褐色，体表粗糙，布满龟裂状的皱纹和黑色小颗粒，背面中央有2条淡褐色纵带。头部唇基形状为等边三角形。腹部1~8节4个毛片，后方的2个较前方的2个要大1倍以上，腹部末节臀板有2条深褐色纵带（图3-72）。蛹长1.8~2.4cm，暗褐色，腹部第4~7节基部有圆形刻点，背面的大而色深，腹端具1对臀棘（图3-73）。成虫体长1.6~2.3cm，翅展4.2~5.4 cm，深褐色，前翅暗褐色，具有显著的肾状斑、环形纹、棒状纹和2个黑色剑状纹。在肾状纹外侧有一明显的尖端向外的楔形黑斑。在亚缘线上侧有2个尖端向内的楔形黑斑。雌虫触角丝状（图3-74），雄虫双栉状（端半部为丝状）（图3-75）。

发生规律 其世代数的多少，由各观测地点年积温决定，南岭以南地区1年6~7代；长江以南，南岭以北地区年4~5代；江淮、黄淮地区年4代；黄河、海河地区1年3~4代；东北中北部、内蒙古北部、甘肃西部年1~2代。

防治方法 量少时清晨在有断苗附近，拨开土块进行捕杀。

幼虫3龄前用喷雾、喷粉或撒毒土进行防治；3龄后田间出现断苗，可用毒饵诱杀。

喷雾：每公顷可选用50%辛硫磷乳油750ml，或2.5%溴氰菊酯乳油或40%氯氰菊酯乳油300~

图3-72　小地老虎幼虫

图3-73　小地老虎蛹

图3-74　小地老虎雌虫

图3-75　小地老虎雄虫

450ml、90%晶体敌百虫750g，对水750L喷雾；毒饵诱杀：90%晶体敌百虫0.5kg或50%辛硫磷乳油500ml，加水2.5～5L，喷在50kg碾碎炒香的棉籽饼、豆饼或麦麸上，于傍晚在受害作物田间每隔一定距离撒一小堆，或在作物根际附近围施，每公顷用75kg。毒草可用90%晶体敌百虫0.5kg，拌砸碎的鲜草75～100kg，每公顷用225～300kg。

7．东方黏虫

分　布　东方黏虫(*Mythimna separate*)成虫具远距离迁飞习性，在我国北方不能越冬，我国各地均有分布。

为害特点　东方黏虫幼虫受惊有假死和潜入土中的习性，幼虫暴食玉米叶片，造成减产，大发生时将玉米叶片吃光，只剩叶脉，造成严重减产，甚至绝收（图3-76）。成虫昼伏夜出，多在作物中下部枯黄叶尖、叶鞘内产卵。

图3-76　东方黏虫为害症状

形态特点 卵馒头形，初产时白色，颜色逐渐加深近孵化时为黑色。幼虫头顶有八字形黑纹，头部褐色黄褐色至红褐色，初孵幼虫有群集习性，2～3龄幼虫灰褐色或弱暗红色，4龄以上的幼虫多为灰黑色，身上有五条背线，又名“五色虫”。腹足外侧有黑褐纹，气门上有明显的白线（图3-77）。蛹红褐色，腹部5～7节背面前缘各有一列齿状点刻，臀棘上有4根刺。成虫体长1.7～2.0cm，淡灰褐色或黄褐色，雄蛾色较深。前翅有两个土黄色圆斑，外侧圆斑的下方有一小白点，白点两侧各有一小黑点，翅顶角有1条深褐色斜纹（图3-78）。

图3-77 东方黏虫幼虫

图3-78 东方黏虫成虫

发生规律 我国由南至北每年发生2～8代，其中，东北地区每年发生2～3代，华北地区每年发生3～4代。

防治方法 及时清理田间地头的杂草，降低成虫产卵栖境。

东方黏虫3龄前可用25%灭幼脲3号悬浮剂50ml/亩对水30kg、2.5%氯氰菊酯乳油或4.5%高效氯氰菊酯乳油20～30ml均匀喷雾；高龄幼虫时用48%毒死蜱乳油15～20ml或0.5%甲维盐30～40ml对水30kg进行叶面喷雾。

8. 劳氏黏虫

分　布 已知在广东、福建、台湾、四川、江西、湖南、湖北、浙江、江苏、山东、河南等地均有其分布。

为害特点 劳氏黏虫（*Leucania loreyi*）成虫夜间活动，交配产卵，有强烈的趋光性。幼虫白天潜伏，夜出活动，有假死习性。玉米抽穗前躲藏于心叶内，抽穗后藏于叶鞘筒、苞叶筒或苞叶与子实筒之间。幼虫5～6龄为暴食期，除取食叶片外，也取食玉米籽粒，苞叶和雌雄穗，受害严重的地块叶片被食殆尽，几乎见不到花丝。该虫以玉米田内幼虫多于高粱田。

图3-79 劳氏黏虫幼虫

形态特点 幼虫有6个龄期，个别有7龄，体色变化较大，为绿至黄褐色不等，杂以黑白褐等色的纵线5条，头部黄褐至棕褐色（图3-79）。蛹尾端有1对向外弯曲叉开的毛刺，其两侧各有一细小弯曲的小刺，小刺基部不明显膨大（图3-80）。成虫体长1.4～2.0cm，翅展3.3～4.4cm。头部和胸部灰褐至黄褐色，翅基片有两暗条，尖端灰色；腹部褐白色，雄蛾侧毛簇暗褐白色。前翅褐白色或灰黄色，前缘和内缘暗褐色，无环纹及肾纹，翅脉白色，带褐色条纹，翅脉有少量的褐色点，中室基部下方有一黑色条杖，中室下角有一白点，外缘部位的翅脉上有一系列黑点，缘毛灰褐色；后翅白色并微有紫色光泽，翅脉及外缘为褐色；后翅反面前缘为褐色，端线为一系列黑点。雄蛾外生殖器抱握器冠部钝圆形，端面无刚毛，但有显著次生毛基，端面外侧有刚毛3根，抱握腹向内侧合拢，四周有显著刚毛3根，抱器较小，其上着生密毛，抱器腹突不明显，抱器背无显著的感觉毛（图3-81）。

图3-80 劳氏黏虫蛹

图3-81 劳氏黏虫成虫

发生规律 我国由南至北每年发生2～8代，华北南部地区每年发生3～4代，翌年3月底至4月上旬越冬老熟幼虫化蛹，5月上旬羽化为成虫。

防治方法 可选用4.5%高效氯氰菊醋、2.5%溴氰菊酯、48%乐斯本以1 500倍液整株喷雾。

9．甜菜夜蛾

分　　布 甜菜夜蛾（*Spodoptera exigua*）具迁飞习性，在我国全境内均有分布。

为害特点 幼虫啃食玉米表皮叶肉，造成网状半透明的窗斑；3龄后分散为害，造成孔洞或缺刻；严重时吃光玉米叶片，仅剩叶脉和叶柄（图3-82）。

图3-82 甜菜夜蛾为害状

图3-83 甜菜夜蛾卵

图3-84 甜菜夜蛾幼虫

形态特点 卵多产于植株叶背和叶柄，卵块多层，圆球状，白色，成块产于叶面或叶背，粒不等排成1～3层，外覆白色绒毛（图3-83）。幼虫具假死和畏光习性，一般为5龄，少数6龄。初孵幼虫群集在叶背卵块附近啃食，3龄开始分群为害，4龄后食量大增，中、老龄幼虫具自残习性。高龄幼虫体长约2.2cm，体色一般为绿色，但常随环境或取食对象不同，其体色和斑纹常发生变化，有绿色、暗绿色、黄褐色、褐色至黑褐色，背线有或无，颜色亦各异。较明显的特征为：腹部气门下线为明显的黄白色纵带，有时带粉红色，纵带直达腹部末端，不弯到臀足上，各节气门后上方具一明显白点，虫体腹部略大于头胸部（图3-84）。老熟幼虫一般入表土3～5cm或在枯枝落叶中做土茧化蛹。甜菜夜蛾成虫体长0.8～1.0cm，翅展1.9～2.5cm，灰褐色，头、胸有黑点，前翅灰褐色，基线仅前段可见双黑纹；内横线双线黑色，波浪形外斜；剑纹为一黑条；环纹粉黄色，黑边；肾纹粉黄色，中央褐色，黑边；中横线黑色，波浪形；外横线双线黑色，锯齿形，前、后端的线间白色；亚缘线白色，锯齿形，两侧有黑点，外侧在M1处有一个较大的黑点；缘线为一列黑点，各点内侧均衬白色。后翅白色，翅脉及缘线黑褐色（图3-85）。成虫有很强趋光性和趋化性，昼伏夜出，白天潜伏于植株叶间、枯叶杂草或土缝等荫蔽的场所，夜间活动频繁。

发生规律　甜菜夜蛾在东北发生4代，华北北部4～6代，中南地区每年发生5～11代，西北地区每年发生4～5代，西南地区每年发生5～8代。

防治方法　在玉米苗期喷施30%敌百.啶虫脒、20%杀蛉脲悬浮剂、15%茚虫威悬浮剂、24%甲氧虫酰肼悬浮剂、10%溴虫腈悬浮剂等药剂防治。

图3-85　甜菜夜蛾成虫

10．玉米蓟马

分　　布　玉米蓟马主要有玉米黄呆蓟马（*Anaphothrips obscurus*）、禾蓟马（*Frankliniella tenuicornis*）、稻管蓟马（*Haplothrips aculeatus*）三种，在全国大部分地区均有发生，黄淮海夏玉米种植区为害较重。

为害特点　蓟马以成虫、若虫锉吸玉米幼嫩部位汁液，对玉米造成严重为害，受害株一般为叶片扭曲成“马鞭状”，生长停滞，严重时玉米直接枯黄死亡（图3－86至图3－87）。玉米黄呆蓟马为害后玉米叶背面出现不连续的银白色条斑，伴随有黑色虫粪，叶正面与银白色斑相对的部位呈黄色，受害严重的叶背如涂一层银粉，端半部变黄枯干。禾蓟马以成、若虫在玉米心叶内活动危害，多发生在大喇叭期前后，也可在伸展的叶片正面为害，导致叶片出现成片的银灰色或黄色斑。干旱有利于玉米蓟马发生。

图3-86　蓟马为害状

图3-87　蓟马为害状

图3-88　蓟马

形态特点　蓟马科成虫体细长，约0.10～0.15mm，身上有六角形花纹或棘，体白色至褐色或黑色。头狭，触角9节(有时因愈合而节数减少)，生于眼前方。口器刺吸式，呈圆锥形，不对称；右侧上腭退化；下腭变形为螯针；下腭及下唇均有分节的司感觉的凸起须。有或无翅。翅膜质长条形，翅脉少，有缘毛(后缘者较长)。休息时翅覆于腹上而不折叠。足跗节有胞状器，以利攀爬。若虫似成虫，灰或黄色，无翅（图3－88）。

发生规律　蓟马生活周期短，发生代数多，世代重叠严重，以成虫在麦田及禾本科枯草基部等处越冬，早春由小麦向春播玉米上转移，在6月上中旬严重为害晚播春玉米，春玉米上的蓟马成虫转移至夏播玉米后，苗期和喇叭口期发生数量最大，主要对玉米苗期造成为害。

防治方法 有机磷和氨基甲酸酯类对蓟马有较好防效而菊酯类药剂对蓟马无效。采用40%氧化乐果乳油1 000倍液、40%毒死蜱乳油1 000倍液、10 %吡虫啉可湿性粉剂2 000倍液对心叶喷雾有较好防效，同时60%吡虫啉悬浮种衣剂拌种，防效可达 90%以上。

11. 双斑长跗萤叶甲

分　布 双斑长跗萤叶甲（*Monolepta hieroglyphica*）分布范围广，我国的黑龙江、吉林、辽宁、内蒙古、新疆、宁夏、甘肃、陕西、山西、河北、河南、山东、浙江、江苏、湖北、湖南、福建、四川、云南、贵州、广东、广西、台湾等省（区）均有分布。

为害特点 幼虫为害玉米苗期，取食根系造成玉米生长不正常；成虫在玉米心叶期开始为害，取食玉米叶片，抽雄吐丝以后群集取食雄穗、花丝，玉米结实后取食幼嫩籽粒，使玉米大量减产（图3-89至图3-90）。

图3-89 双斑长跗叶甲为害状（昌吉农委摄）

图3-90 双斑长跗叶甲为害状(周至农委摄)

形态特征 双斑萤叶甲卵为椭圆形，初产卵为淡黄色，卵壳表面呈六边形的网纹状，宽约为 0.04cm，长约为0.06cm。成虫体长0.36~0.48cm，宽0.2~0.25 cm，长卵形，棕黄色有光泽。头、前胸背板色较深，有时呈橙红色，鞘翅淡黄色，每个鞘翅各有一近于圆形的淡色斑，周缘为黑色，淡色斑的后外侧常不完全封闭，黑色带纹向后突伸成角状，有些个体黑色带纹模糊不清或完全消失。前胸背板横宽，长宽之比约为2：3,密布细刻点，鞘翅被密而浅细的刻点，侧缘稍膨出，端部合成圆形鞘翅基半部缘折及小盾片一般黑色，足胫节端半部与跗节黑色，腹端外露。头部二角形的额区稍隆，复眼较大，卵圆形。触角11节，长度约为体长的2/3。后胫节端部具有1长刺，后跗第1节很长，超过其余3节之和（图3-91）。

图3-91 双斑长跗叶甲成虫

发生规律 在我国北方每年发生 1代，以滞育卵在土壤中越冬，翌年5月开始孵化，孵化不整齐。幼虫全部生活在土中，一般靠近根部距土表3~8cm，以植物根系为食。幼虫期约30日，老熟幼虫做土室化蛹，经7~10天羽化，成虫7月初开始，一直延续至10月。

防治方法 清除杂草，减少春季过渡寄主，降低双斑萤叶甲种群数量，减轻为害。田间发生量大时，在清晨成虫飞翔能力弱的时间，施用4.5%高效氯氰菊酯乳油1 000~1 500倍液或20%速灭杀丁乳油2 000倍液叶面喷雾。每亩喷对好的药液30~50L。

12. 赤须盲蝽

图3-92 赤须盲蝽为害状

分　　布　赤须盲蝽（*Trigonotylus coelestialium*）分布于黑龙江省、吉林省、辽宁省、北京市、河北省、山东省、河南省、江苏省、江西省、安徽省、内蒙古自治区、陕西省、甘肃省、青海省、宁夏回族自治区和新疆维吾尔自治区等地区。

为害特点　赤须盲蝽成、若虫在玉米叶片上刺吸汁液，进入穗期还为害玉米雄穗和花丝，被害部位初呈淡黄色小点，后呈白色雪花斑布满叶片（图3-92）。严重时整个田块植株叶片上呈白色雪花状，致叶片呈现失水状，且从顶端逐渐向内纵卷。

形态特征　成虫体长0.5~0.6cm，全身绿色或黄绿色。头部略呈三角形，顶端向前突出，复眼黑色半球形，紧接前胸背板前角。触角红色，故称赤须盲蝽，触角细长，分4节，等于或略短于体长，第一节短而粗，上有短的黄色细毛，第二、三节细长，第四节最短，小盾片三角形，基部不被前胸背板后缘所覆盖。前翅革质部与体色相同，膜质部透明，后翅白色透明。体腹面淡绿或黄绿色，腹部腹面有疏生浅色细毛。足黄绿色，胫节末端及跗节黑色，生有稀疏黄色细毛；跗节3节，覆瓦状排列；爪黑色，中垫片状（图3-93）。

图3-93 赤须盲蝽成虫

发生规律　赤须盲蝽在北方一年发生3代，以卵在杂草茎、叶上越冬。4月下旬越冬卵开始孵化，5月初为孵化盛期。第一代成虫在5月中、下旬达到盛期，第二代和第三代成虫于6月中下旬和7月下旬。8月下旬至9月上旬雌虫多在禾本科杂草的叶、茎上产卵越冬。成虫一般在上午9：00时至下午5：00左右较活跃，傍晚或清晨气温较低不太活动，阴雨天隐蔽在植物中、下部叶子背面。

防治方法　清除田边四周杂草，减少越冬基数；可选用16 %氯・灭乳油 2 000~3 000倍稀释液、4.5%高效氯氰菊酯乳油1 000倍液加10%吡虫啉可湿性粉剂1 000倍液或3%啶虫脒1 500倍液进行叶面喷雾防治。

三、玉米各生育期病虫害防治技术

（一） 玉米病虫害综合防治历的制订

玉米栽培管理过程中，应总结本地玉米病虫害的发生特点和防治经验，制定病虫害防治计划，适时进行田间调查，及时采取防治措施，有效控制病虫的为害，保证丰产、丰收。

玉米田病虫害的综合防治工作历见表3-1，各地应根据自己的情况采取具体的防治措施。

表3-1 玉米田病虫害综合防治历

生育期		主要防治对象	次要防治对象
播种期	4月下旬至6月中旬	地下害虫、茎基腐病、瘤黑粉病、丝黑穗病	纹枯病、全蚀病、褐斑病、病毒病
苗期	5月下旬至6月下旬	病毒病、棉铃虫、耕葵粉蚧、叶螨	丝黑穗病、蛀茎夜蛾
喇叭口期至抽雄期	6月中旬至8月上旬	叶斑病、茎基腐病、瘤黑粉病、纹枯病、玉米螟、玉米蚜、黏虫	弯孢霉叶斑病、褐斑病、禾蓟马、棉铃虫
穗期至成熟期	7月中旬至9月下旬	锈病、圆斑病	玉米螟、灰斑病

（二） 玉米播种期病虫害防治技术

播种期是防治病虫害的关键时期（图3-94）。玉米茎基腐病是典型的土传病害；玉米瘤黑粉病、玉米丝黑穗病、玉米纹枯病、玉米褐斑病主要是靠种子或土壤带菌进行传播的，而且从幼苗期就开始侵染。所以对于这些病害，进行种子处理是最有效的防治措施。

图3-94 玉米播种期

药剂拌种,防治玉米茎基腐病，用50%甲基硫菌灵可湿性粉剂500～1 000倍液浸种2小时，清水洗净后播种。

用种子量0.4%的15%三唑酮可湿性粉剂拌种、50%多菌灵可湿性粉剂按种子重量0.5%～0.7%拌种；或2%戊唑醇湿拌剂400～600g、12.5%烯唑醇可湿性粉剂60～80g拌100kg种子；或用2.5%咯菌腈悬浮种衣剂1：500、40%萎锈灵可湿性粉剂1：400进行种子包衣；可防治丝黑穗病、瘤黑粉病、纹枯病，同时兼治全蚀病、褐斑病。

这一时期防治的主要虫害有蛴螬、蝼蛄、金针虫、玉米耕葵粉蚧等地下害虫，药剂拌种可

以减少地下害虫为害。

药剂拌种是防治地下害虫的常用方法，可用50%辛硫磷乳油0.5kg加水20~25kg，拌种子250~300kg，或用40%甲基异柳磷乳油0.5kg加水15~20kg，拌种200kg，防治小地老虎、蛴螬、金针虫等地下害虫。

（三）玉米苗期病虫害防治技术

玉米苗期（图3-95）是防治病毒病、蚜虫等害虫的有利时期。

图3-95 玉米苗期生长情况

防治玉米病毒病，喷施5%菌毒清水剂500倍液、15%三氮唑核苷可湿性粉剂500~700倍液、0.5%菇类蛋白多糖水剂300倍液抑制该病的发生。

玉米苗期主要以防治玉米旋心虫、蛀茎夜蛾等害虫为主，兼防蛴螬、金针虫、地老虎、蝼蛄等地下害虫和蚜虫、灰飞虱等传播病毒害虫。

对发生玉米旋心虫、蛀茎夜蛾的田块，用50%敌敌畏乳油400倍液、40%乐果乳油500倍液、90%晶体敌百虫300倍液喷根防治。

发生蚜虫时，可用40%氧乐果乳油80~100ml/亩、25%噻嗪酮可湿性粉剂20~25g/亩、80%敌敌畏乳油40~50ml/亩对水40~50kg均匀喷雾防治。

在玉米5叶期，灰飞虱向玉米田迁飞之前，用50%敌敌畏乳油100ml/亩、40%氧乐果乳油50~75ml/亩、25%噻嗪酮可湿性粉剂25~30g/亩对水50~60kg喷雾进行防治，对灰飞虱有很好的效果。

用50%辛硫磷乳油200~250ml/亩加细土25~30kg拌匀后顺垄条施，或用3%辛硫磷颗粒剂4kg/亩对细砂混合条施防治地下害虫。

（四）玉米喇叭口期至抽雄期病虫害防治技术

该期是叶斑病、茎基腐病、纹枯病的重要发生期，应注意田间调查，及时防治，控制病害，减少损失（图3-96）。

图3-96 玉米喇叭期至抽雄期生长情况

防治叶斑病，可用50%甲基硫菌灵可湿性粉剂500倍液、70%百菌清可湿性粉剂300倍液、50%多菌灵可湿性粉剂500倍液、80%代森锰锌可湿性粉剂1 000倍液、25%三唑酮可湿性粉剂1 000倍液、0.5%氨基寡糖素水剂500倍液、65%代森锌可湿性粉剂500倍液、25%苯菌灵乳油800倍液、50%敌菌灵可湿性粉剂500倍液喷施，间隔10天防1次，连防2～3次。防治纹枯病，用5%井冈霉素水剂100～150ml/亩、25%三唑酮可湿性粉剂50g/亩、12.5%烯唑醇可湿性粉剂30g/亩对水40～50kg均匀喷雾；或喷施40%菌核净可湿性粉剂800倍液、50%乙烯菌核利或50%腐霉利可湿性粉剂1 000～2 000倍液，重点喷玉米基部。可兼治茎基腐病。

该期是害虫的重要发生期，以防治玉米螟、黏虫为主，兼治条螟、玉米蚜、红蜘蛛。应注意田间调查，及时防治，控制害虫为害，减少损失。

在心叶初期，用30%乙酰甲胺磷乳油180～240ml/亩、20%哒嗪硫磷乳油200～250ml/亩、50%甲基对硫磷乳油50～100ml/亩、18%杀虫双水剂200～225ml/亩、5%丁烯氟虫脲可分散性浓液60ml/亩、20%抑食肼可湿性粉剂25～30g/亩对水50kg均匀喷雾防治玉米螟，同时兼治条螟。

在心叶末期，用10%二嗪磷颗粒剂0.4～0.6kg/亩、8 000IU/ml苏云金杆菌可湿性粉剂100～200g/亩、1.5%辛硫磷颗粒剂0.5～0.75kg/亩拌细土灌心，防治玉米螟。

可用50%敌敌畏乳油2 000倍液、50%辛硫磷乳油1 000～2 000倍液、40%乐果乳油1 500倍液、40%氧乐果乳油1 500倍液喷雾防治黏虫、红蜘蛛。

(五)玉米抽穗期至成熟期病虫害防治技术

7月中旬以后，玉米进入穗期及灌浆期（图3-97），是玉米丰产丰收关键时期。该期应加强预测预报，及时防治病虫害，在防治策略上以治疗为主，具有针对性，确保丰收。

防治玉米锈病，田间病株率达6%时开始喷药防治。可用25%三唑酮可湿性粉剂100g/亩、12.5%烯唑醇可湿性粉剂40g/亩对水40～50kg均匀喷雾；或用20%萎锈灵乳油4 000倍液、30%氟菌唑可湿性粉剂2 000倍液、40%氟硅唑乳油9 000倍液、40%多·硫悬浮剂600倍液喷雾，间隔10天左右喷1次，连防2～3次。

防治玉米圆斑病，可喷施25%三唑酮可湿性粉剂500～600倍液、70%代森锰锌可湿性粉剂400～500倍液、70%甲基硫菌灵可湿性粉剂500倍液，间隔7～10天喷1次，连喷2次。

图3-97 玉米抽雄至成熟期生长情况

四、玉米田杂草防治技术

近几年来，随着农业生产的发展和耕作制度的变化，玉米田杂草的发生出现了很多变化。农田肥水条件普遍提高，杂草生长旺盛，但部分田也有灌溉条件较差的情况；小麦普遍采用机器收割，麦茬高、麦糠和麦秸多，影响玉米田封闭除草剂的应用效果，但也有部分玉米田在小麦收获前实行了行间点播；玉米田除草剂单一品种长期应用，部分地块香附子等恶性杂草大量增加。目前，不同地区、不同地块的栽培方式、管理水平和肥水差别逐渐加大，在玉米田杂草防治中应区别对待各种情况，选用适宜的除草剂品种和配套的施药技术。

玉米播后苗前施药的优点：可以有效防除杂草于萌芽期和造成为害之前，由于早期控制了杂草，可以推迟或减少中耕次数；因为田中没有作物，施药方便，也便于机械化操作；因为作物尚未出土，可供选用除草剂较多，对玉米安全性较高，价位也较低；施药混土能提高对土壤深层出土的一年生大粒阔叶杂草和某些难防治的禾本科杂草的防治效果。播后苗前施药的缺点：使用药量与药效受土壤质地、有机质含量、pH值制约；在砂质土，遇大雨可能将某些除草剂（如嗪草酮、利谷隆）淋溶到玉米种子上产生药害；播后苗前土壤处理，土壤必须保持湿润才能使药剂发挥作用，如在干旱条件下施药，除草效果较差，甚至无效。

玉米播后苗前施药受很多条件的限制，有的是由于三夏大忙、或人们在小麦收获前趁墒将玉米点播在小麦行间等原因，未能进行播后芽前施用除草剂的玉米田；同时，芽前施药不能有效控制杂草为害的玉米田，在玉米生长期化学除草可以作为杂草防治上的一个补充时期，也是玉米田杂草防治上的一个重要时期。 玉米生长期施药的优点：受土壤类型、土壤湿度的影响相对较小；看草施药，针对性强。生长期施药的缺点：有很多除草剂杀草谱较窄；喷药时对周围敏感作物易造成飘移危害；有些药剂对玉米生长期易产生药害；在干旱少雨、空气湿度较小和杂草生长缓慢的情况下，除草效果不佳；除草时间越拖延，减产越明显。

(一)南部多雨玉米田杂草防治

黄淮海中南部及其以南玉米田，在上茬收获后经常进行土地翻耕平整(图3−98)；同时，该区降水量偏大，常年降水量在1 000mm以上，杂草发生严重。

图3−98 南部玉米田栽培模式图

具备较好的水浇条件、墒情很好。以前未用过除草剂或施用除草剂历史较短，田间主要杂草为马唐、狗尾草、藜、反枝苋等杂草。这些地块杂草防治比较有利，可以在玉米播后芽前用下列除草剂。

50%乙草胺乳油200～300ml/亩；50%乙草胺乳油150～250ml/亩+38%莠去津悬浮剂75～100ml/亩；对水40kg，均匀喷施。部分时期，施药期间墒情较差时，还可以选用下列除草剂配方。50%异丙草胺乳油200ml/亩+38%莠去津悬浮剂75～100ml/亩；50%异丙草胺乳油200ml/亩+40%氰草津悬浮剂100ml/亩；72%异丙甲草胺乳油200ml/亩+38%莠去津悬浮剂75～100ml/亩；72%异丙甲草胺乳油200ml/亩+40%氰草津悬浮剂100ml/亩；

对水40kg，均匀喷施，也可以选用目前市场上常见的40%乙莠(配方比例为2∶1)悬浮剂200～300ml/亩。该类除草剂混用配方或混剂，主要以芽吸收，可以有效防治一年生禾本科杂草和阔叶杂草，封闭除草效果突出，施药应在杂草出苗前施药。虽然该类除草剂对墒情要求较高，墒情差除草效果差；但是，该类除草剂较耐雨水冲刷，多雨地区或年份除草效果突出。田间尚有其他杂草时，应参照后面的介绍混用其他除草剂，或在苗后防治。生产上用药量应过大，施药后如遇持续低温及土壤高湿，对玉米会产生一定的药害，表现为苗后茎叶皱缩、生长缓慢，随着温度的升高，一般会逐步恢复正常；生长期茎叶喷施，特别是高温干旱情况下会产生烧伤斑。

(二)华北干旱高麦茬玉米田播后芽前杂草防治

随着农业生产的发展，小麦机械化收割日益普遍，田间麦茬较高、麦秸和麦糠较多(图3-99)，改变了玉米田的环境条件和杂草发生规律，20世纪90年代以前的传统封闭除草剂施药方法效果下降。该类玉米田杂草出苗受麦茬影响，一般杂草发生量有所减少、较无麦茬田块出苗较晚、出苗不齐，但后期进入雨季后仍会发生大量杂草。在该类麦田前期施药效果不好，这主要是因为麦收后受麦茬和麦糠的影响杂草出草较晚、气温较高、土壤干旱，特别是麦茬和麦秸表面中午温度较高，施用的除草剂在麦茬和麦秸表面易于高温蒸发光解，影响除草效果；生产上，应相应推迟除草剂的施药时期，并根据田间实际情况调整除草剂的种类和用量。

图3-99　干旱高麦茬田麦茬变化情况图

在小麦机器收割后急于施用除草剂，也没有条件进行灭茬处理的田块，应尽可能进行充分灌水，该类玉米田播后芽前选用除草剂时，尽可能选用理化性能稳定、根茎叶均能吸收、比较耐旱的除草混剂，施药时尽可能加大水量，使药剂能喷淋到土表。

部分地区和农户(图3-100)，在麦收后急于施用除草剂，特别是北方干旱高麦茬田块，将会影响除草效果；同时，麦茬田间还有不同草龄杂草，传统的封闭除草剂效果较差。对于这类田块，一方面要施用耐旱、耐麦茬、耐高温不挥发、根茎叶吸收方便的除草剂；另一方面，要考虑杀死出苗的杂草，在玉米播后芽前可以用下列除草剂配方：

38%莠去津悬浮剂150～200ml/亩+4%烟嘧磺隆悬浮剂100～125ml/亩；

38%莠去津悬浮剂150～200ml/亩+20%百草枯水浮剂150～200ml/亩；

对水40～60kg，喷透喷匀。

图3-100　干旱高麦茬田玉米播后芽前田间密生杂草情况

部分地区和农户(图3-101)，对于灌水条件较好、土壤有机质含量较高、田间主要杂草为马唐、狗尾草、藜、反枝苋等杂草的田块，在麦收后进行灌水，在玉米播后芽前墒情较好时可以用下列除草剂：

38%莠去津悬浮剂150～200ml/亩+4%烟嘧磺隆悬浮剂100ml/亩；

50%乙草胺乳油75～100ml/亩+38%莠去津悬浮剂100～200ml/亩；

38%莠去津悬浮剂100～150ml/亩+40%氰草津悬浮剂100～150ml/亩；

38%莠去津悬浮剂100～150ml/亩+50%扑草净可湿性粉剂75～100g/亩；

50%异丙草胺乳油100ml/亩+38%莠去津悬浮剂100～150ml/亩；

50%异丙草胺乳油100ml/亩+40%氰草津悬浮剂200ml/亩；

72%异丙甲草胺乳油100ml/亩+38%莠去津悬浮剂100～150ml/亩；

72%异丙甲草胺乳油100ml/亩+40%氰草津悬浮剂200ml/亩；

对水60kg，均匀喷施。

图3-101 干旱高麦茬田麦茬情况

也可以选用目前市场上常见的：

48%乙莠(配方比例为1∶2~2∶3)悬浮剂200~300ml/亩；

40%异丙莠悬浮剂250~300ml/亩；

40%异丙甲莠悬浮剂250~300ml/亩；

30%氰莠悬浮剂250~400ml/亩；

40%扑莠悬浮剂250~300ml/亩；

40%绿乙莠悬浮剂250~300ml/亩等。

该类除草剂混用配方或混剂，主要以芽、根系和茎叶吸收，可以有效防治一年生禾本科杂草和阔叶杂草，不仅具有较好的封闭除草效果；同时，也兼有较好防治杂草幼芽的除草效果。对于田间有大量香附子的田块，宜选用38%莠去津悬浮剂150~200ml/亩+4%烟嘧磺隆悬浮剂75~100ml/亩的配方。

部分地区和农户，正确把握施用除草剂的适期，一般视降雨和灌水情况在麦收2~3周后施药，该期杂草部分开始出苗，雨季即将来临，田间麦茬经过风吹雨淋也有所枯萎(图3-102)，应视墒情及时选用除草剂。

图3-102 田间麦茬水淋风干后腐化情况

该期一般墒情有所缓解，特别关注中长期天气预报即将降雨前几天，应及时施用除草剂以免雨季形成草荒。该类玉米田播后芽前选用除草剂时，尽可能选用封闭效果稳定、比较耐雨水的除草混剂，施药时尽可能加大水量，使药剂能喷淋到土表。对于灌水条件较好、土壤有机质含量较高、田间主要杂草为马唐、狗尾草、藜、反枝苋等杂草的田块，可以在玉米播后芽前用下列除草剂配方：

50%乙草胺乳油120～200ml/亩+38%莠去津悬浮剂75～150ml/亩；

50%乙草胺乳油120～200ml/亩+50%扑草净可湿性粉剂75～100g/亩；

50%异丙草胺乳油200ml/亩+38%莠去津悬浮剂75～150ml/亩；

50%异丙草胺乳油200ml/亩+40%氰草津悬浮剂100ml/亩；

72%异丙甲草胺乳油200ml/亩+38%莠去津悬浮剂75～150ml/亩；

72%异丙甲草胺乳油200ml/亩+40%氰草津悬浮剂100ml/亩；

对水60kg，均匀喷施。也可以选用市场上常见的48%乙莠[配方比例为(2∶1)～(1∶1)]悬浮剂200～300ml/亩或40%绿乙莠悬浮剂250～300ml/亩等。该类除草剂混用配方或混剂，主要以芽、根系吸收，可以有效防治一年生禾本科杂草和阔叶杂草，具有较好的封闭除草效果。对于田间有大量香附子的田块，宜选用50%乙草胺乳油150～200ml/亩+4%烟嘧磺隆悬浮剂100ml/亩、50%乙草胺乳油120～200ml/亩+38%莠去津悬浮剂75～100ml/亩+4%烟嘧磺隆悬浮剂75～100ml/亩的除草剂混用配方。

(三)华北地区玉米播后芽前田间有少量杂草的防治

我国北方部分地区，玉米播后芽前田间发生有少量杂草(图3-103)，在播后芽前选用除草剂时，尽可能选用根茎叶均能吸收，且能杀死较大杂草的除草剂，施药时尽可能加大水量，使药剂能喷淋到土表。

图3-103　玉米播后芽前田间杂草生长情况

对于施药较晚，玉米播后芽前田间发生有部分杂草，田间主要杂草为马唐、狗尾草、藜、反枝苋等杂草的田块(图3−104)，可以在玉米播后芽前用下列除草剂配方：

50%乙草胺乳油100～150ml/亩+38%莠去津悬浮剂100～150ml/亩+4%烟嘧磺隆悬浮剂50～100ml/亩；

50%乙草胺乳油100～150ml/亩+38%莠去津悬浮剂150～200ml/亩；

50%乙草胺乳油100～150ml/亩+38%莠去津悬浮剂75～100ml/亩+40%氰草津悬浮剂75～100ml/亩；

对水60kg，均匀喷施。

也可以选用目前市场上常见的：

48%乙莠[配方比例[(1∶2)~(2∶3)]悬浮剂200ml/亩；

40%异丙莠悬浮剂200ml/亩；

40%异丙甲莠悬浮剂200ml/亩；

图3−104　玉米播后芽前田间出苗杂草生长情况

40%绿乙莠250ml/亩悬浮剂等。

对于杂草较大的地块，可以在上述封闭除草剂的基础上加入20%百草枯水剂150～200ml/亩，应在玉米播种后及时施药，待玉米出苗时易于发生药害。该类除草剂混用配方或混剂，主要以芽、根系和茎叶吸收，可以有效防治一年生禾本科杂草和阔叶杂草，不仅具有较好的封闭除草效果；同时，也兼有较好防治杂草幼苗的除草效果。

对于施药较晚或雨季即将到来、墒情较好，玉米播后芽前田间发生有部分杂草，田间主要杂草为香附子、马唐、狗尾草、藜、反枝苋等杂草的田块(图3−105)，可以在玉米播后芽前用下列除草剂配方：

50%乙草胺乳油100~150ml/亩+38%莠去津悬浮剂100~150ml/亩+4%烟嘧磺隆悬浮剂50~100ml/亩；

50%异丙草胺乳油150～200ml/亩+38%莠去津悬浮剂100～150ml/亩+4%烟嘧磺隆悬浮剂50～100ml/亩；

对水60kg，均匀喷施。

也可以选用目前市场上常见的：

48%乙莠(配方比例为1∶2～2∶3)悬浮剂200ml/亩+4%烟嘧磺隆悬浮剂50～100ml/亩；

40%异丙莠悬浮剂200ml/亩+4%烟嘧磺隆悬浮剂50～100ml/亩；

40%异丙甲莠悬浮剂200ml/亩+4%烟嘧磺隆悬浮剂50～100ml/亩；

40%绿乙莠悬浮剂250ml/亩+4%烟嘧磺隆悬浮剂50～100ml/亩。

图3-105 玉米播后芽前田间出苗杂草生长情况

该类除草剂混用配方或混剂，主要以芽、根系和茎叶吸收，除草谱宽，不仅能防治香附子，而且还可以有效防治一年生禾本科杂草和阔叶杂草，兼有杀草和封闭双重除草效果。

(四)东北地区玉米播后芽前田间有大量阔叶杂草的防治

北方地区，特别是东北除草剂应用较多的地区，近年来田间阔叶杂草较多，特别是小蓟、苣荬菜等杂草发生较重，在玉米播种前田间杂草开始大量发生，生产上施药时应加以考虑，仅用一般芽前除草剂难以达到除草效果。

这类地块一般整地较早，播种前有大量阔叶杂草发生(图3-106)，这类地块施药时应考虑防治已出苗的小蓟、大蓟、抱茎苦荬菜、苦荬菜、苣荬菜、苦苣菜、山苦荬、散生木贼、问荆、草问荆、节节草，还要考虑封闭防治马唐、狗尾草、金狗尾草、虎尾草、画眉草、牛筋草、稗草、千金子、扁蓄、腋花蓼、酸模叶蓼、叉分蓼、藜、小藜、灰绿藜、刺藜、地肤、碱蓬、猪毛菜、凹头苋、刺苋、反枝苋、繁穗苋、苋菜、千穗谷、绿苋、腋花苋、青葙、马齿苋、铁苋、苘麻、野西瓜苗、龙葵、苦职、假酸浆、曼陀罗、苍耳、野塘蒿、小白酒草、飞廉、一年蓬、蒺藜、鸭跖草等杂草。可以在玉米播后芽前用下列除草剂种类和配方。

图3-106 玉米播后芽前田间阔叶杂草生长情况

50%乙草胺乳油100～200ml/亩+38%莠去津悬浮剂150～300ml/亩+72%2,4-滴丁酯乳油50～75ml/亩；

50%异丙草胺乳油100～200ml/亩+38%莠去津悬浮剂150～300ml/亩+56%2甲4氯钠盐可湿性粉剂75～100g/亩；

50%异丙草胺乳油100～200ml/亩+40%氰草津悬浮剂150～300ml/亩+72%2,4-滴丁酯乳油50～75ml/亩；72%异丙甲草胺乳油100～200ml/亩+38%莠去津悬浮剂150～300ml/亩+56%2甲4氯钠盐可湿性粉剂75～100g/亩；

72%异丙甲草胺乳油100～120ml/亩+40%氰草津悬浮剂200～300ml/亩+72%2,4-滴丁酯乳油50～75ml/亩；

48%甲草胺乳油100～120ml/亩+38%莠去津悬浮剂150～300ml/亩+56%2甲4氯钠盐可湿性粉剂75～100g/亩；

60%丁草胺乳油100～120ml/亩+38%莠去津悬浮剂150～300ml/亩+72%2,4-滴丁酯乳油50～75ml/亩；

50%乙草胺乳油100～200ml/亩+50%扑草净可湿性粉剂50～100g/亩+56%2甲4氯钠盐可湿性粉剂75～100g/亩；

50%乙草胺乳油100～200ml/亩+80%莠灭净可湿性粉剂50～100g/亩+72%2,4-滴丁酯乳油50～75ml/亩；

50%乙草胺乳油100～200ml/亩+50%西玛津可湿性粉剂100～200g/亩+56%2甲4氯钠盐可湿性粉剂75～100g/亩(一年一季，后茬种玉米，残留期长，易于对后茬发生药害)。

对水喷施。最好在灌水或降雨后施药，施药时要适当加大水量至60kg/亩以上，均匀喷施。该类除草剂混用配方或混剂，主要以根系或茎叶吸收、也能为芽吸收，可以有效防治一年生禾本科杂草和阔叶杂草，封闭除草效果突出，应在杂草出苗前施药。虽然该类除草剂对墒情要求相对较低，但墒情差时除草效果也下降；但是，该类除草剂不耐雨水冲刷，遇到多雨年份除草效果下降，后期杂草会发生较多。对于东北地区土壤有机质含量较高，应用高剂量；南方地区应推荐施用低限。

(五)玉米2～4叶期南方墒好多雨田杂草防治

在黄淮海流域中南部及以南地区，如驻马店、漯河、南阳、皖北、苏北等地，一般农业生产条件较好的地区或农户，在上茬收获后进行土地翻耕平整无杂物，具备较好的水利条件、墒情很好，常年降水量较大，采用封闭除草剂一般可以达到较好的除草效果(图3-107)。但部分年份，由于降雨或其他原因，未能及时施药，应在玉米苗后2～4叶期及时施药。

田间主要杂草为马唐、狗尾草、金狗尾草、虎尾草、画眉草、牛筋草、稗草、千金子、扁蓄、腋花蓼、酸模叶蓼、叉分蓼、藜、小藜、灰绿藜、刺藜、地肤、碱蓬、猪毛菜、凹头苋、刺苋、反枝苋、繁穗苋、苋菜、千穗谷、绿苋、腋花苋、青葙、马齿苋、铁苋、苘麻、野西瓜苗、龙葵、苦职、假酸浆、曼陀罗、苍耳、野塘蒿、小白酒草、飞廉、一年蓬、蒺藜、鸭跖草等杂草。可以在玉米苗后2～4叶期施用下列除草剂。

50%乙草胺乳油150～250ml/亩；

50%乙草胺乳油100～200ml/亩+38%莠去津悬浮剂75～100ml/亩；

50%异丙草胺乳油150～200ml/亩+38%莠去津悬浮剂75～100ml/亩；

72%异丙甲草胺乳油150～200ml/亩+38%莠去津悬浮剂75～100ml/亩；

48%甲草胺乳油150～200ml/亩+38%莠去津悬浮剂75～100ml/亩；

60%丁草胺乳油150～200ml/亩+38%莠去津悬浮剂75～100ml/亩；

也可以选用目前市场上常见的40%乙莠(配方比例为1∶1或2∶1)悬浮剂150～200ml/亩。对水40kg，均匀喷施。该类除草剂混用配方或混剂，主要以芽吸收，可以有效防治一年生禾本科杂草和阔叶杂草，封闭除草效果突出，应在杂草出苗前施药。虽然该类除草剂对墒情要求较高，墒情差除草效果差；但是，该类除草剂较耐雨水冲刷，遇到多雨年份除草效果突出。

图3–107　玉米幼苗期田间杂草生长情况

(六)玉米2～4叶期北方干旱麦茬、麦糠较多田杂草防治

华北冬小麦产区，一般在小麦收获时采用机器收割，田间麦茬、麦糠较多，墒情较差，降雨较少，部分地块由于天旱或其他原因，无法在玉米播后芽前及时施药。一般情况下，麦茬、麦糠较多的玉米田，杂草发生会受到一定程度的影响，杂草发生期会相应推迟，生产上应在降雨或灌水后、玉米苗后2～4叶期及时施药(图3–108)。

除草剂应用较多的地区或田块，田间主要杂草为马唐、狗尾草、金狗尾草、虎尾草、画眉草、牛筋草、稗草、藜、小藜、灰绿藜、刺藜、地肤、碱蓬、猪毛菜、凹头苋、刺苋、反枝苋、繁穗苋、苋菜、千穗谷、绿苋、腋花苋、青葙、马齿苋、铁苋、苘麻、野西瓜苗、龙葵等杂草。可以在玉米苗后2～4叶期施用下列除草剂种类和配方：

50%乙草胺乳油75～100ml/亩+38%莠去津悬浮剂100～150ml/亩；

图3-108　麦茬玉米田生长情况

50%异丙草胺乳油100～120ml/亩+38%莠去津悬浮剂100～150ml/亩；

72%异丙甲草胺乳油100～120ml/亩+38%莠去津悬浮剂100～150ml/亩；

48%甲草胺乳油100～120ml/亩+38%莠去津悬浮剂100～150ml/亩；

60%丁草胺乳油100～120ml/亩+38%莠去津悬浮剂100～150ml/亩；

38%莠去津悬浮剂100～200ml/亩+4%烟嘧磺隆悬浮剂75～100ml/亩；

38%莠去津悬浮剂100～200ml/亩+25%砜嘧磺隆干悬浮剂4～5g/亩；

50%乙草胺乳油75～100ml/亩+38%莠去津悬浮剂100～120ml/亩+50%绿麦隆可湿性粉剂100～150g/亩；

对水40kg，均匀喷施。也可以选用目前市场上常见的40%乙莠（配方比例为2：3）悬浮剂150～200ml/亩。施药时最好在灌水或降雨后施药，施药时要适当加大喷药水量至60kg/亩以上，均匀喷施。尽量避开干旱正午施药，不然玉米叶片可能会出现少量枯黄斑块。烟嘧磺隆、砜嘧磺隆和噻磺隆应在玉米2～4叶期施药，5叶期后施药易于发生药害。施药时不能与有机磷或氨基甲酸酯类杀虫剂混用，也不能在前后间隔7天内施用，如需防治虫害，可以用其他杀虫剂替代。

部分玉米品种如甜玉米、糯玉米和爆裂玉米等品种也不宜施用。该类除草剂混用配方或混剂，主要以根系或茎叶吸收、也能为芽吸收，可以有效防治一年生禾本科杂草和阔叶杂草，封闭除草效果突出，施药应在杂草出苗前施药。虽然该类除草剂对墒情要求相对较低，但墒情差时除草效果也下降；但是，该类除草剂不耐雨水冲刷，遇到多雨年份除草效果下降，后期杂草会发生较多。

(七)玉米2～4叶期田间杂草较多时杂草防治

部分玉米地块由于天旱或其他原因，未能在玉米播后芽前及时施药，田间发生大量杂草(图3-109)。生产上应结合灌水或降雨，在玉米苗后2～4叶期及时施药。

图3-109 玉米2～4叶期田间杂草生长情况

田间杂草较多(图3-110)，主要杂草为马唐、狗尾草、虎尾草、画眉草、牛筋草、稗草、千金子、腋花蓼、扁蓄、藜、小藜、灰绿藜、刺藜、地肤、反枝苋、繁穗苋、苋菜、绿苋、腋花苋、青葙、马齿苋、铁苋、苘麻、龙葵、苍耳、蒺藜、鸭跖草等杂草。可以在玉米苗后2～4叶期施用下列除草剂种类和配方。

50%乙草胺乳油75～100ml/亩+38%莠去津悬浮剂100～150ml/亩+4%烟嘧磺隆悬浮剂75～100ml/亩；

50%异丙草胺乳油100～120ml/亩+38%莠去津悬浮剂100～150ml/亩+4%烟嘧磺隆悬浮剂75～100ml/亩；

图3-110　玉米2～4叶期田间杂草生长情况

72%异丙甲草胺乳油100～120ml/亩+38%莠去津悬浮剂100～150ml/亩+4%烟嘧磺隆悬浮剂75～100ml/亩；

48%甲草胺乳油100～120ml/亩+38%莠去津悬浮剂100～150ml/亩+4%烟嘧磺隆悬浮剂75～100ml/亩；

60%丁草胺乳油100～120ml/亩+38%莠去津悬浮剂100～150ml/亩+4%烟嘧磺隆悬浮剂75～100ml/亩；

38%莠去津悬浮剂100～200ml/亩+4%烟嘧磺隆悬浮剂75～100ml/亩；

38%莠去津悬浮剂100～200ml/亩+25%砜嘧磺隆干悬浮剂4～5g/亩；

38%莠去津悬浮剂100～200ml/亩+15%硝磺草酮悬浮剂100～150ml/亩；

对水40kg，均匀喷施。也可选用目前市场上常见的40%乙莠(比例为2∶3)悬浮剂150～200ml/亩+4%烟嘧磺隆悬浮剂75～100ml/亩。

最好在灌水或降雨后施药，施药时要适当加大喷药水量至45～60kg/亩以上，均匀喷施。尽量避开干旱正午施药，不然玉米叶片可能会出现少量枯黄斑块。烟嘧磺隆和砜嘧磺隆可能会对玉米发生药害，应在玉米2～4叶期施药，5叶期后施药易于发生药害。施药时不能与有机磷或氨基甲酸酯类杀虫剂混用，也不能在前后间隔7天内施用，如需防治虫害，可以用其他杀虫剂替代。部分玉米品种如甜玉米、糯玉米和爆裂玉米等品种也不宜施用。该类除草剂混用配方或混剂，主要以根系或茎叶吸收、也能为芽吸收，可以有效防治一年生禾本科杂草和阔叶杂草，封闭除草效果突出，施药应在杂草出苗前施药。虽然该类除草剂对墒情要求相对较低，但墒情差时除草效果也下降；但是，该类除草剂不耐雨水冲刷，遇到多雨年份除草效果下降，后期杂草会发生较多。

(八)玉米2～4叶期田间香附子较多时杂草防治

部分玉米地块，长期施用除草剂，在玉米播后芽前施药后其他杂草得以有效地防治，而香附子大量发生(图3-111)，应在玉米苗后2～4叶期及时施药防治。

田间香附子较多，在玉米苗后2～4叶期可以施用下列除草剂。

15%硝磺草酮悬浮剂100～150ml/亩；

对水40kg，均匀喷施。

部分玉米地块由于天旱或其他原因，未能在玉米播后芽前及时施药，在玉米苗后2～4叶期田间发生有大量香附子及其他多种杂草(图3-112)。生产上应结合灌水或降雨，在玉米苗后及时施药。特别是在6月中下旬，雨季即将来临，应注意施用封闭、杀草双重功能的除草剂。该期宜用下列除草剂种类和配方。

图3-111 玉米2～4叶期田间香附子发生情况

图3-112 玉米2～4叶期田间香附子与其他杂草混合发生情况

50%乙草胺乳油150～200ml/亩+4%烟嘧磺隆悬浮剂75～120ml/亩；

50%异丙草胺乳油150～200ml/亩+38%莠去津悬浮剂75～100ml/亩+4%烟嘧磺隆悬浮剂75～120ml/亩；

72%异丙甲草胺乳油150～200ml/亩+38%莠去津悬浮剂75～100ml/亩+4%烟嘧磺隆悬浮剂75～120ml/亩；

48%甲草胺乳油200ml/亩+38%莠去津悬浮剂75～100ml/亩+4%烟嘧磺隆悬浮剂75～120ml/亩；

60%丁草胺乳油150～200ml/亩+38%莠去津悬浮剂75～100ml/亩+4%烟嘧磺隆悬浮剂75～120ml/亩；

50%乙草胺乳油150～200ml/亩+38%莠去津悬浮剂100～200ml/亩+15%硝磺草酮悬浮剂100～150ml/亩；

对水40kg，均匀喷施。也可选用目前市场上常见的40%乙莠(比例为2：1)悬浮剂150～200ml/亩+4%烟嘧磺隆悬浮剂75～120ml/亩。

应在玉米2～4叶期施药，5叶期后施药易发生药害。施药时不能与有机磷或氨基甲酸酯类杀虫剂混用，也不能在前后间隔7天内施用，如需防治虫害，可以用其他杀虫剂替代。部分玉米品种如甜玉米、糯玉米和爆裂玉米等品种也不宜施用。最好灌水或降雨后施药，施药时要适当加大喷药水量至30～45kg/亩，均匀喷施。施药时尽量避开干旱正午施药，不然玉米叶片可能会出现少量枯黄斑块。该类除草剂混用配方或混剂，主要以根系或茎叶吸收、也能为芽吸收，可以有效防治一年生禾本科杂草和阔叶杂草，封闭除草效果突出，施药应在杂草出苗前施药。虽然该类除草剂对墒情要求相对较低，但墒情差时除草效果也下降；但是，该类除草剂不耐雨水冲刷，遇到多雨年份除草效果下降，后期杂草会发生较多。

(九)玉米5～7叶期香附子较多时杂草防治

对于前期施用封闭除草剂未能有效防治香附子的田块，该期香附子基本上全部出苗，且香附子处于幼苗期，是防治上的一个有利时期(图3-113)。

图3-113　玉米5～7叶期田间香附子发生情况

可以在玉米苗后5～7叶期施用下列除草剂种类和配方。

56%2甲4氯钠盐可溶性粉剂80～120g/亩；

对水30kg，定向喷施，对香附子进行茎叶喷施，勿喷施到玉米心叶，可以达到较好的除草效果，还能兼治其他阔叶杂草。施药时应重点喷施到香附子茎叶上，尽量少喷施到玉米上。施药时应严格施药适期，宜在玉米5～8叶期，以6～7叶期最佳，不宜过早和过晚，否则易于发生药害；施药温度过高(32℃以上)，对玉米也易发生药害。施药时应选择墒情良好、无风晴天施药，注意不能飘移至其他阔叶作物上，否则，会发生严重的药害。

(十)玉米5～7叶期田旋花、小蓟等阔叶杂草较多时杂草防治

对于前期施用封闭除草剂，对田旋花、小蓟等阔叶杂草未能有效地防治，特别是东北地区发生比较严重(图3-114)，应在玉米苗后5～7叶期及时进行防治。

图3-114 玉米5～7叶期田间田旋花等阔叶杂草发生情况

可以在玉米苗后5～7叶期施用下列除草剂种类和配方。

56%2甲4氯钠盐可溶性粉剂80～120g/亩；

72% 2,4-滴丁酯乳油30～50ml/亩；

48%麦草畏乳油15～20ml/亩；

20%氯氟吡氧乙酸乳油30～50ml/亩；

对水30kg，对香附子进行茎叶喷施。施药时应重点喷施到香附子茎叶上，尽量少喷施到玉米上。施药时应严格施药适期，2甲4氯钠盐、2,4-滴丁酯、麦草畏、氯氟吡氧乙酸宜在玉米5～7叶期，以5～6叶期最佳，不宜过早和过晚，否则易于发生药害；施药温度过高(32℃以上)，对玉米也易发生药害。施药时应选择无风晴天施药，注意不能飘移至其他阔叶作物上，否则，会发生严重的药害。2，4-滴丁酯、麦草畏等最好不在玉米和阔叶作物混种地区施用。

(十一)玉米5～7叶期杂草较多时杂草防治

部分玉米地块由于干旱或其他原因，未能在玉米播后芽前或2～4叶期及时施药除草，田间发生大量杂草(图3-115)。生产上应结合灌水或降雨，在玉米苗后及时施药。

图3-115　玉米5～7叶期田间杂草发生情况

对于前期未能开展化学除草，田间杂草较少、杂草较小的田块(图3-116)，可以在玉米5～7叶期，雨季来临之前及时施药。喷施兼有杀草和封闭效果的除草剂，既能除去田间已出苗的杂草，又能进行封闭不再出草。

田间主要杂草为马唐、狗尾草、牛筋草、稗草、藜、小藜、灰绿藜、刺藜、反枝苋、马齿苋、铁苋、苘麻等杂草。可以在玉米苗后5～7叶期施用下列除草剂种类和配方。

50%乙草胺乳油100～150ml/亩+38%莠去津悬浮剂100～120ml/亩；

50%异丙草胺乳油100～200ml/亩+38%莠去津悬浮剂100～120ml/亩；

72%异丙甲草胺乳油100～200ml/亩+38%莠去津悬浮剂100～120ml/亩；

48%甲草胺乳油100～200ml/亩+38%莠去津悬浮剂100～120ml/亩；

60%丁草胺乳油100～200ml/亩+38%莠去津悬浮剂100～120ml/亩；

也可以选用目前市场上常见的40%乙莠(配方比例为1∶1)悬浮剂150～250ml/亩，对水40～60kg，定向喷施。该类除草剂混用配方或混剂，主要以芽、根系和茎叶吸收，可以有效防治一年生禾本科杂草和阔叶杂草，该类除草剂混用配方或混剂，可以有效防治一年生禾本科杂草和阔叶杂草。施药时要注意压低喷头，最好不要将药液喷施到玉米茎叶，否则，易发生药害。

对于前期未能开展化学除草，田间杂草较多、杂草较大的田块(图3-117)，可以在玉米6～7叶期后，雨季来临之前及时施药。喷施兼有杀草和封闭效果的除草剂，既能除去田间已出苗的杂草，又能进行封闭不再出草。该期玉米已经较高，可以选用部分除草剂进行定向喷雾。

图3-116 玉米5～7叶期田间杂草发生较少的情况

图3-117 玉米6～7叶期后田间杂草发生较多的情况

对于田间主要杂草为马唐、狗尾草、牛筋草、稗草、藜、小藜、灰绿藜、刺藜、反枝苋、马齿苋、铁苋、苘麻等杂草。可以在玉米苗后6~7叶期后用下列除草剂：

50%乙草胺乳油100~150ml/亩+38%莠去津悬浮剂100~120ml/亩+20%百草枯水剂150~200ml/亩；

50%异丙草胺乳油100~200ml/亩+38%莠去津悬浮剂100~120ml/亩+20%百草枯水剂150~200ml/亩；

72%异丙甲草胺乳油100~200ml/亩+38%莠去津悬浮剂100~120ml/亩+20%百草枯水剂150~200ml/亩；

48%甲草胺乳油100~200ml/亩+38%莠去津悬浮剂100~120ml/亩+20%百草枯水剂150~200ml/亩；

60%丁草胺乳油100~200ml/亩+38%莠去津悬浮剂100~120ml/亩+20%百草枯水剂150~200ml/亩；

也可以选用市场上常见的40%乙莠(配方比例为1∶1)悬浮剂150~250ml/亩加上20%百草枯水剂150~200ml/亩，对水40~60kg，定向喷施。可以有效防治一年生禾本科杂草和阔叶杂草，兼有杀草和封闭双重功能。施药时要注意压低喷头、戴上防护罩定向喷施，不要将药液喷施到玉米茎叶，否则，易发生药害。

对于田间杂草较多(图3-118)，除有香附子外还有马唐、狗尾草、牛筋草、稗草、藜、小藜、灰绿藜、刺藜、反枝苋、马齿苋、铁苋、苘麻等杂草。可以在玉米苗后6~7叶期后用下列除草剂。

图3-118　玉米6~7叶期田间杂草发生较多的情况

50%乙草胺乳油100～150ml/亩+38%莠去津悬浮剂100～120ml/亩+4%烟嘧磺隆悬浮剂75～100ml/亩；

50%异丙草胺乳油100～200ml/亩+38%莠去津悬浮剂100～120ml/亩+4%烟嘧磺隆悬浮剂75～100ml/亩；

72%异丙甲草胺乳油100～200ml/亩+38%莠去津悬浮剂100～120ml/亩+4%烟嘧磺隆悬浮剂75～100ml/亩；

48%甲草胺乳油100～200ml/亩+38%莠去津悬浮剂100～120ml/亩+4%烟嘧磺隆悬浮剂75～100ml/亩；

60%丁草胺乳油100～200ml/亩+38%莠去津悬浮剂100～120ml/亩+4%烟嘧磺隆悬浮剂75～100ml/亩；

50%乙草胺乳油100～150ml/亩+38%莠去津悬浮剂100～120ml/亩+25%砜嘧磺隆干悬浮剂4～5g/亩；

50%异丙草胺乳油100～200ml/亩+38%莠去津悬浮剂100～120ml/亩+25%砜嘧磺隆干悬浮剂4～5g/亩；

72%异丙甲草胺乳油100～200ml/亩+38%莠去津悬浮剂100～120ml/亩+25%砜嘧磺隆干悬浮剂4～5g/亩；

48%甲草胺乳油100～200ml/亩+38%莠去津悬浮剂100～120ml/亩+25%砜嘧磺隆干悬浮剂4～5g/亩；

60%丁草胺乳油100～200ml/亩+38%莠去津悬浮剂100～120ml/亩+25%砜嘧磺隆干悬浮剂4～5g/亩；

也可以选用目前市场上常见的40%乙莠(配方比例为1：1)悬浮剂150～250ml/亩，对水40～60kg，定向喷施。可以有效防治香附子、禾本科杂草和阔叶杂草，兼有杀草和封闭双重功能。施药时要注意压低喷头、戴上防护罩定向喷施，不要将药液喷施到玉米茎叶，否则，易发生药害。

(十二)玉米8～10叶(株高50cm)以后香附子较多

对于前期施用封闭除草剂未能防治香附子的田块(图3-119)，香附子等杂草发生量不太大(图3-120)，在玉米60cm以后，且玉米茎基部老化、发紫色后，可以用41%草甘膦水剂100～150ml/亩，对水30kg，对香附子进行茎叶定向喷施，可以有效防治香附子。施药时要注意施药时应选择无风天气，定向喷雾时注意不能将药液喷施到玉米茎叶；否则，易发生药害。

图3-119　玉米6～7叶期后田间杂草发生较多的情况

图3-120　玉米8叶期后田间香附子发生情况

如果杂草发生量较大、玉米基部嫩绿时不能用草甘膦(图3-121)，否则易于发生药害；但可以用20%百草枯水剂150~200ml/亩，对水30kg，对香附子进行茎叶定向喷施，该药主要是对香附子地上部分产生触杀性效果，施药时应喷细喷匀。施药时要注意在玉米60cm以后，施药时应选择无风天气，定向喷雾时注意不能将药液喷施到玉米茎叶，否则，易发生药害。

图3-121　玉米8叶期后田间香附子发生较重的情况

(十三)玉米8～10叶(株高50cm)以后杂草较多

在玉米生长中期，对于前期未能开展化学除草或施药效果较差未能控制杂草为害的田块，可以在玉米8叶期后，玉米株高超过60cm，定向喷施20%百草枯水剂150～200ml/亩；玉米茎基部老化、发紫色后，可以用41%草甘膦水剂100ml/亩，对水40kg，定向喷施；如果田间杂草未封地面，也可以用50%乙草胺乳油100～150ml/亩+41%草甘膦水剂100～150ml/亩，对水40kg，定向喷施；对于前期未用含有莠去津除草剂的田块也可以用50%乙草胺乳油100～150ml/亩+38%莠去津悬浮剂75ml/亩+41%草甘膦水剂100～150ml/亩，对水40kg，定向喷施；既能除去田间已出苗的杂草，又能进行封闭不再出草。施药草甘膦时要注意在玉米60cm以后，且玉米茎基部老化、发紫色后，施药时应选择无风天气，定向喷雾时注意不能将药液喷施到玉米茎叶，否则，易发生药害。

第四章 大豆病虫草害原色图解

大豆是植物蛋白食品及饲料的主要来源，也是榨油原料之一。我国目前种植面积750多万 hm^2，占粮食作物总面积的6.7%，占粮食作物总产量的2.5%。其中黑龙江、河南、安徽、吉林、山东、河北、辽宁、江苏等省种植面积较大，约占全国种植面积的75%，产量约占总产量的80%。

一、大豆病害

大豆病害严重地影响着大豆生产，目前我国已报道的病害有50多种。其中为害较重的有紫斑病、花叶病、炭疽病、胞囊线虫病、灰斑病、菌核病等。

1. 大豆灰斑病

分布为害 主要分布在黑龙江、吉林、辽宁、河北、山东、安徽、江苏、四川、广西、云南等省，尤以黑龙江省最为严重。

症　　状 主要为害叶片，也能侵染茎、荚。叶片的病斑初为红褐色斑点（图4-1），逐渐扩展成圆形、椭圆形，中央灰色，边缘红褐色的蛙眼状病斑。发病严重时，病斑融合，叶片干枯脱落。茎上病斑椭圆形，中央褐色，边缘深褐色或黑色，中部稍凹陷（图4-2）。荚上病斑圆形或椭圆形，边缘红褐色，中央灰色（图4-3）。

图4-1　大豆灰斑病为害叶片症状

图4-2　大豆灰斑病为害茎部症状

图4-3　大豆灰斑病为害豆荚症状

病　原　*Cercospora sojina* 称大豆尾孢菌，属半知菌亚门真菌（图4-4）。分生孢子梗成束从气孔伸出，不分枝，浅褐色，有隔膜，顶部孢痕明显。分生孢子倒棒状，无色透明，有多个隔膜。

发生规律　以菌丝体或分生孢子在病残体或种子上越冬。病残体上产生的分生孢子，是主要初侵染源，在田间主要靠气流传播。带菌种子长出幼苗的子叶即见病斑，温暖潮湿时病斑上产生大量分生孢子，借风雨传播进行再侵染。花后降雨多，湿气滞留或夜间结露持续时间长很易大发生。

防治方法　清除病残体，收获后及时翻耕，减少越冬菌量。合理密植，加强田间管理，控制杂草，降低田间湿度。最佳防治时期是大豆开花结荚期。

种子处理，可用种子重量0.3%的50%福美双可湿性粉剂或50%多菌灵可湿性粉剂拌种。

大豆开花期，病害发生初期，可用75%百菌清可湿性粉剂700～800倍液+50%多菌灵可湿性粉剂100g/亩、50%异菌脲可湿性粉剂100g/亩、25%丙环唑乳油40ml/亩+50%代森铵水剂1 000倍液、70%甲基硫菌灵可湿性粉剂100～150g/亩、1%武夷霉素水剂100～150ml/亩，间隔10天左右1次，防治2～3次。在荚和籽粒易感病期再喷药1次，以控制籽粒上的病斑。

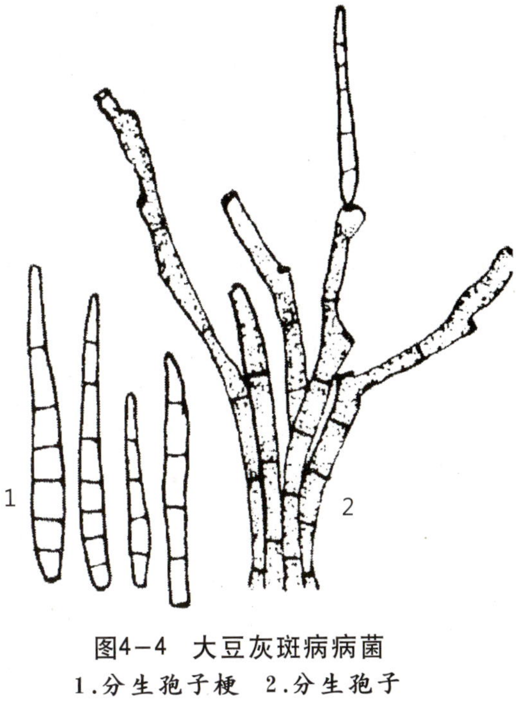

图4-4　大豆灰斑病病菌
1.分生孢子梗　2.分生孢子

2. 大豆褐斑病

症　　状　只为害叶片，子叶病斑不规则形，暗褐色，上生很细小的黑点。真叶病斑棕褐色，轮纹上散生小黑点，病斑受叶脉限制呈多角形，严重时病斑愈合成大斑块，致叶片变黄脱落（图4-5）。

图4-5　大豆褐斑病为害叶片症状

病　　原　*Septoria glycines* 称大豆壳针孢，属半知菌亚门真菌。分生孢子器埋生于叶组织里，散生或聚生，球形，器壁褐色，膜质。分生孢子无色，针形，直或弯曲，具横隔膜。

发生规律　以孢子器或菌丝体在病组织或种子上越冬，成为翌年初侵染源。种子带菌引致幼苗子叶发病，在病残体上越冬的病菌释放出分生孢子，借风雨传播，先侵染底部叶片，后进行重复侵染向上蔓延。温暖多雨，夜间多雾，结露持续时间长发病重。

防治方法　选用抗病品种。实行3年以上轮作。

病害发生初期，可用50%多菌灵可湿性粉剂100g/亩、50%异菌脲可湿性粉剂100g/亩、25%丙环唑乳油40ml/亩、70%甲基硫菌灵可湿性粉剂100～150g/亩、1%武夷霉素水剂100～150ml/亩、50%代森铵水剂1 000倍液、75%百菌清可湿性粉剂700～800倍液，间隔10天左右1次，防治2～3次。

3. 大豆紫斑病

分布为害　大豆紫斑病在我国大豆产区普遍发生，常于大豆结荚前后发病。

症　　状　主要为害豆荚和豆粒，也为害叶和茎。豆荚病斑近圆形，灰黑色，边缘不明显（图4-6）。豆粒上的病斑紫色，形状不定，仅限于种皮，不深入内部（图4-7）。叶片上的病斑初为紫色圆形小点，散生，扩展后形成多角形褐色或浅灰色斑，生有黑色霉状物（图4-8）。茎秆上形成长条状或梭形红褐色病斑，严重的整个茎秆变成黑紫色。

图4-6　大豆紫斑病为害豆荚症状

图4-7　大豆紫斑病为害豆粒症状

图4-8　大豆紫斑病为害叶片症状

病　原 *Cercospora kikuchii* 称菊池尾孢，属半知菌亚门真菌（图4−9）。分生孢子梗丛生，不分枝，暗褐色，有横隔，顶部近截形，孢痕明显。分生孢子无色，鞭状至圆筒形，顶端稍尖，具分隔。

发生规律 以菌丝体潜伏在种皮内或以菌丝体和分生孢子在病残体上越冬，成为翌年的初侵染源。种子带菌，引起子叶发病，病苗或叶片上产生的分生孢子借风雨传播进行初侵染和再侵染。大豆开花期和结荚期多雨气温偏高，发病重。

防治方法 大豆收获后及时进行秋耕，加强田间管理，注意合理密植。开花始期、蕾期是防治紫斑病的关键时期。

种子处理，用50%福美双可湿性粉剂按种子重量0.3%拌种。

在大豆开花始期，喷施50%多·霉威可湿性粉剂1 000倍液、50%多菌灵可湿性粉剂800倍液+65%代森锌可湿性粉剂600倍液、70%甲基硫菌灵悬浮剂800倍液+80%代森锰锌可湿性粉剂500～600倍液、50%苯菌灵可湿性粉剂2 000倍液+70%丙森锌可湿性粉剂800倍液等，每亩喷药液35～40kg均匀喷施。在结荚期、嫩荚期再各喷1次，效果更好。

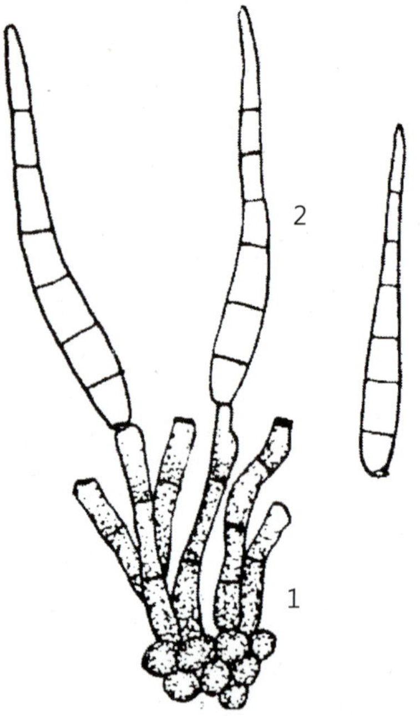

图4−9　大豆紫斑病病菌
1分生孢子梗　2.分生孢子

4. 大豆病毒病

分布为害 大豆病毒病在我国各大豆产区普遍发生。主要分布于山东、河南、江苏、四川、湖北、云南、贵州等省。

症　状 该病是整株系统侵染性病害，病株症状变化较大。常见的花叶类型有：轻花叶型，叶片生长基本正常，只现轻微淡黄色斑块（图4−10）；重花叶型，叶片也呈黄绿相间的花叶，皱缩畸形，叶脉弯曲，叶肉呈紧密泡状突起，暗绿色；皱缩花叶型（图4−11），叶片呈黄绿相间的花叶，并皱缩呈畸形，沿叶脉呈泡状突起，叶缘向下卷曲或扭曲，植株矮化。

图4−10　大豆病毒病轻花叶型

图4-11　大豆病毒病皱缩花叶型

病　原　Soybean mosaic virus（SMV），称大豆花叶病毒，属马铃薯Y病毒组。病毒粒体线状。

发生规律　东北及南方大豆栽培区，种子带毒是该病初侵染源，长江流域该毒原可在蚕豆、豌豆等冬季作物上越冬，也是初侵染源。该病的再侵染由蚜虫传毒完成。发病初期蚜虫一次传播范围较小，蚜虫进入发生高峰期传毒距离增加。品种抗病性不高，播种晚时，该病易流行。

防治方法　播种无毒或低毒的种子，适当注意调整播种期，使苗期避开蚜虫高峰。在蚜虫迁飞前喷药防治效果较好。

播种前，用3%克百威颗粒剂5~6kg/亩与大豆分层播种。

蚜虫迁飞前，用10%吡虫啉可湿性粉剂20~30g/亩、3%啶虫脒乳油30ml/亩、2.5%氯氟氰菊酯乳油40ml/亩，对水40~50kg均匀喷施；也可喷洒40%氧乐果乳油1 000~2 000倍液、2.5%溴氰菊酯乳油2 000~3 000倍液、50%抗蚜威可湿性粉剂2 000倍液。

发病严重的地区，可在发病初期再喷洒1次，可用药剂有2%宁南霉素水剂100~150ml/亩、0.5%菇类蛋白多糖水剂300倍液、1.5%植病灵乳油1 000倍液。

5. 大豆炭疽病

分布为害　大豆炭疽病普遍发生于各大豆产区。

症　状　大豆炭疽病主要为害茎和豆荚。茎上病斑近圆形或不规则形，初为暗褐色，后变灰白色，病斑包围茎后，造成茎枯死（图4-12）。豆荚上的病斑近圆形，红褐色，后变灰褐色，病斑上产生许多小黑点，排列成轮纹状（图4-13），即病菌的分生孢子盘。

图4-12　大豆炭疽病为害茎部症状

图4-13　大豆炭疽病为害豆荚症状

病　　原　*Glomerella glycines* 称大豆小丛壳，属子囊菌亚门真菌（图4-14）。子囊壳球形，多个聚生在皮层子座内。子囊长圆形至棍棒状，子囊孢子单胞，无色。无性阶段产生孢子盘，四周生许多黑色或深褐色刚毛。

发生规律　以菌丝在带病种子上或落于田间病株组织内越冬。翌年播种后直接侵染子叶，在潮湿条件下产生大量分生孢子，借风雨进行侵染传播。生产上苗期低温或土壤过分干燥，容易造成幼苗发病。成株期温暖潮湿条件利于该菌侵染。东北大豆产区7～9月，河南7～8月成株发病，若高温、多雨，炭疽病发生严重。

防治方法　及时排水，降低豆田湿度，避免施氮肥过多，收获后及时清除病残体、深翻。播种前种子处理是预防该病的有效措施，发生严重时在大豆开花后再喷药防治。

播种前种子处理，可用40%卫福胶悬剂（福美双＋萎锈灵）250ml拌100kg种子；或用50%多菌灵可湿性粉剂或50%异菌脲可湿性粉剂按种子重量的0.5%拌种、50%福美双可湿性粉剂按种子重量0.3%拌种、70%丙森锌可湿性粉剂按种子重量的0.4%拌种，堆闷3～4小时后播种。

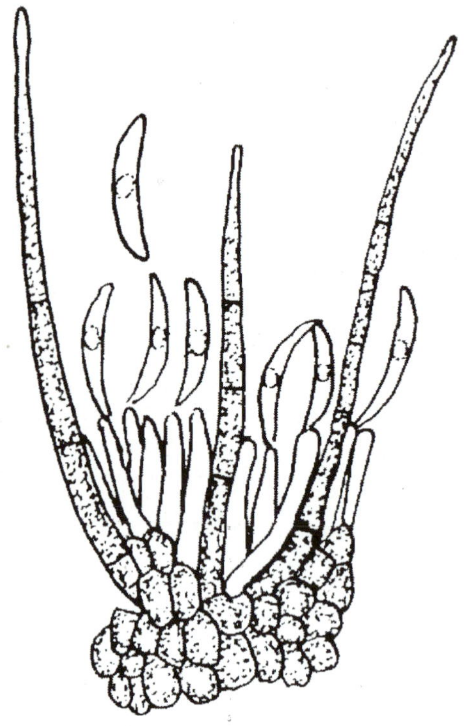

图4-14　大豆炭疽病病菌

在开花后，喷施25%多菌灵可湿性粉剂500～600倍液、75%百菌清可湿性粉剂800～1 000倍液、80%炭疽福美（福美双·福美锌）可湿性粉剂800～1 000倍液、25%溴菌腈可湿性粉剂2 000～2 500倍液、47%春雷霉素·氧氯化铜可湿性粉剂600～1 000倍液、50%咪鲜胺可湿性粉剂1 000～1 500倍液、10%苯醚甲环唑水分散粒剂2 000～3 000倍液、70%丙森锌可湿性粉剂100g/亩对水50kg喷雾。

6. 大豆胞囊线虫病

分布为害　大豆胞囊线虫病在我国主要分布在黑龙江、吉林、 辽宁、内蒙古、山东、河北、山西、安徽、河南、北京等省市，尤以东北黑龙江省的西部、内蒙古东部的风沙、干旱、盐碱地发生普遍严重。

症　　状　主要为害大豆根系。根系发育不良，侧根少，须根多，须根上着生许多黄白色针头大小的颗粒（图4-15），肉眼可见，后期变为褐色脱落。被害根根瘤少，严重时根系变褐腐朽。病株地上部矮小，节间短，花芽少，枯萎，结荚少，叶片发黄。

图4-15　大豆胞囊线虫为害根部症状

病　　原　*Heterodera glycines*称大豆胞囊线虫，属线形动物门胞囊线虫属线虫（图4-16）。雌雄成虫腹部膨大呈鸭梨形，头部尖，乳白色，后变黄褐。雄成虫线形，皮膜质透明，尾端略向腹侧弯曲。卵长椭圆形，一侧稍凹，皮透明。

发生规律　以内藏卵及1龄幼虫的胞囊在土壤里和寄主根茬内越冬；带有胞囊的土块夹杂在种子中也可越冬（图4-17）。春季气温变暖，卵开始孵化，2龄幼虫冲破卵壳进入土壤里，后钻入根部，在根皮层中发育为成虫。线虫在田间的传播，主要通过田间作业时农机具和人畜携带的胞囊土壤，此外农作物残枝、粪肥、水流及风雨等也可以传播胞囊。种子中的胞囊是大豆胞囊线虫病的远距离传播途径。

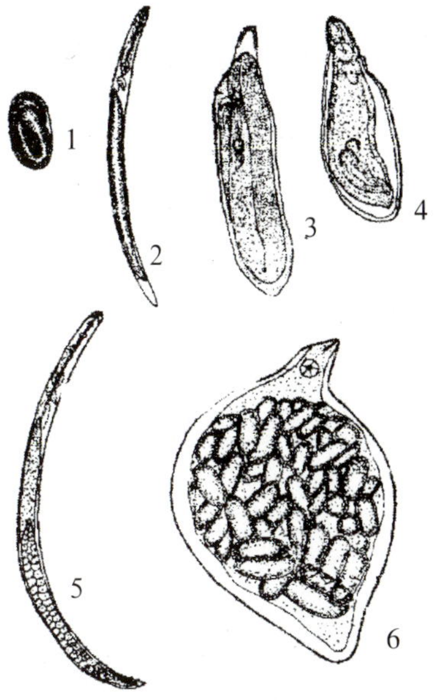

图4-16　大豆胞囊线虫

1.卵　2.二龄幼虫　3.四龄雄虫　4.四龄雌虫　5.雄成虫　6.雌成虫

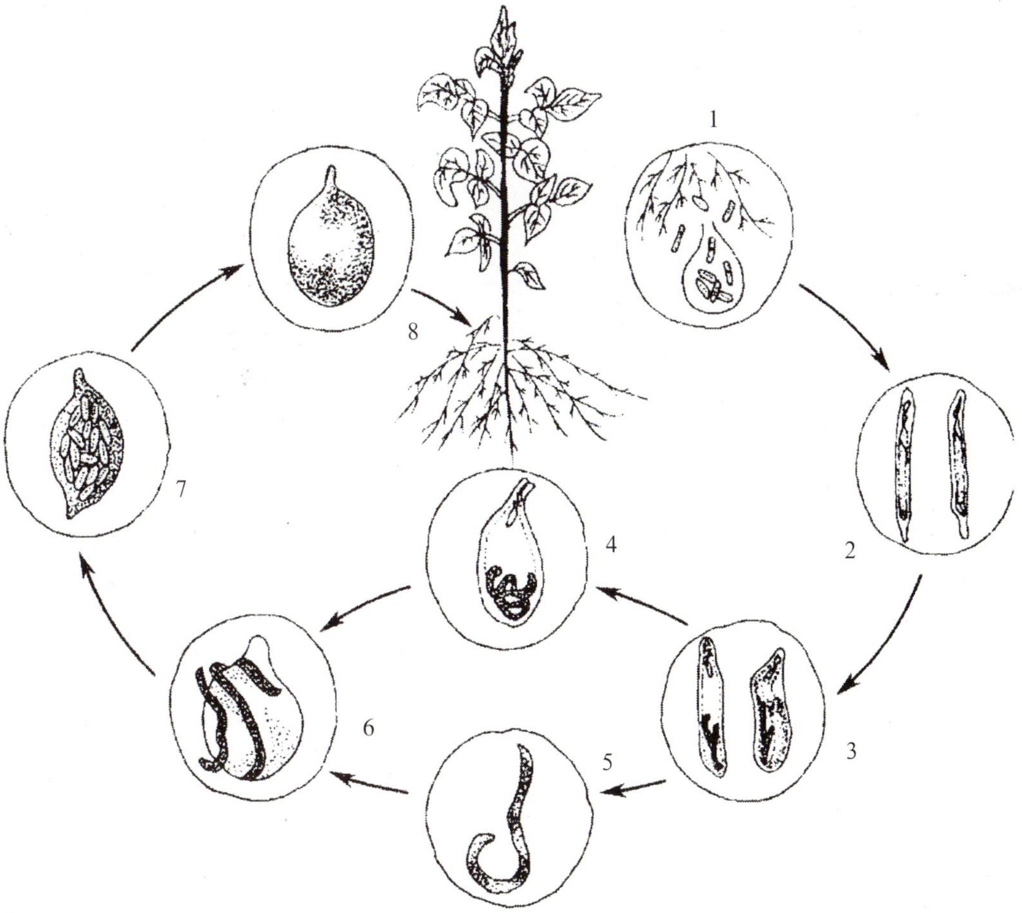

图4-17　大豆胞囊线虫病病害循环

1.二龄幼虫侵染大豆根部　2.三龄幼虫　3.四龄幼虫　4.雌成虫　5.雄成虫　6.繁殖　7.老熟雌成虫形成胞囊　8.以胞囊在土中越冬

防治方法 加强检疫，选用抗病品种，与禾本科作物轮作，增施底肥和种肥，促进大豆健壮生长，增强植株抗病力，可相对减轻损失。播种前种子处理是防治该病的有效措施。

种子处理，用35%乙基硫环磷或35%甲基硫环磷按种子量的0.5%拌种；或用3%克百威颗粒剂4kg/亩、5%涕灭威颗粒剂3～4kg/亩、5%克线磷颗粒剂3～4kg/亩拌适量细干土混匀，在播种时撒入播种沟内，不仅可以防治线虫，还可防治地下害虫等。

7. 大豆菌核病

分布为害 大豆菌核病在全国均有发生，以黑龙江、内蒙古地区发病重。

症　　状 从苗期至成熟期均可发病，花期受害重。苗期茎基部褐变，呈水渍状，湿度大时长出絮状白色菌丝。叶片上初生暗绿色水浸状斑，后扩展为圆形至不规则形斑，病斑中心灰褐色，边缘暗褐色，外有黄色晕圈。湿度大时产生絮状白色菌丝，叶片腐烂脱落。茎秆多从主茎中下部分杈处开始发病，病部水浸状，褐色，后褪为浅褐色至近白色，病斑形状不规则，常环绕茎部向上下扩展，易倒折（图4-18）。湿度大时在絮状菌丝处形成黑色菌核。

图4-18　大豆菌核病为害茎部症状

病　　原 *Sclerotinia sclerotiorum* 称核盘菌，属子囊菌亚门真菌。菌丝结成粒状菌核，圆柱状或鼠粪状，内部浅白色，表面黑色。子囊盘盘状，浅褐色，肉质，上生子囊。子囊棒状，无色，内含8个子囊孢子。子囊孢子单胞，无色，椭圆形。

发生规律 以菌核在土壤中、病残体内或混杂在种子中越冬，成为翌年初侵染源。菌核萌发产生子囊孢子，主要借气流传播蔓延进行初侵染，再侵染则通过病健部接触菌丝传播蔓延，条件适宜时，特别是大气和田间湿度高，菌丝迅速增殖，2～3天后健株即发病。

防治方法 雨后及时排水，降低豆田湿度，避免施氮肥过多，及时清除或烧毁残茎以减少菌源。大豆开花结荚期（7月下旬）喷药防效最高，即可有效地控制发病率，亦可有效地降低发病程度。

在7月下旬，大豆开花结荚期，可用50%乙烯菌核利可湿性粉剂66g/亩、50%腐霉利可湿性粉剂20～100g/亩、40%菌核净可湿性粉剂50～60g/亩、70%甲基硫菌灵可湿性粉剂30～150g/亩、80%多菌灵可湿性粉剂100g/亩、50%异菌脲可湿性粉剂66～100g/亩、25%咪鲜胺锰盐乳油70ml/亩对水40～50kg均匀喷雾；也可喷洒40%多硫悬浮剂600～700倍液、12.5%治萎灵水剂500倍液，发生严重时间隔7天再喷1次。

8. 大豆细菌性斑点病

图4-19 大豆细菌性斑点病为害叶片症状

症 状 为害幼苗、叶片、叶柄、茎及豆荚。幼苗染病，子叶生半圆形或近圆形褐色斑。叶片染病，初生褪绿不规则形小斑点，水渍状，扩大后呈多角形或不规则形，病斑中间深褐色至黑褐色，外围具一圈窄的褪绿晕环，病斑融合后成枯死斑块（图4-19）。

病 原 *Pseudomonas syringae* pv. *glycinea* 称丁香假单胞菌大豆致病变种，属细菌。菌体杆状，有荚膜，列芽孢，极生1～3根鞭毛，革兰氏染色阴性。

发生规律 病菌在种子和病株残体上越冬，成为翌年发病初侵染源。播种病种子能引起幼苗发病，病叶上的病原菌借风雨传播，引起多次再侵染。越冬后病叶上的细菌也可侵染幼苗和成株期叶片，发病后也可借风、雨传播。结荚后病菌侵入种荚，直接侵害种子。

防治方法 与禾本科作物进行3年以上轮作。施用充分腐熟的有机肥，调整播期；合理密植；清除病株残体。

播种前用种子重量0.3%的50%福美双可湿性粉剂拌种。

发病初期喷洒可用72%农用链霉素可溶性液剂200mg/kg、新植霉素200mg/kg、30%碱式硫酸铜悬浮液400倍液、30%琥胶肥酸铜可湿性粉剂50～70g/亩、47%春雷霉素·氧氯化铜可湿性粉剂50～70g/亩，对水40～50kg喷雾，每隔10～15天喷1次，连喷2～3次。

9. 大豆赤霉病

症 状 主要为害豆荚、籽粒和幼苗子叶。豆荚染病，病斑近圆形至不整形块状，发生在边缘时呈半圆形略凹陷斑，湿度大时，病部生出粉红色或粉白色霉状物（图4-20）。严重的豆荚裂开，豆粒被菌丝缠绕，表生粉红色霉状物（图4-21）。

图4-20 大豆赤霉病为害豆荚症状

图4-21 大豆赤霉病为害豆粒症状

病　　原　*Fusarium roseum* 称粉红镰孢、*Fusarium oxysporum* 称尖镰孢，均属半知菌亚门真菌。*Fusarium roseum* 大型分生孢子镰刀形，两端细削，橙红色。*F.oxysporum* 大型分生孢子梭形或镰刀形，无色，两端渐尖削，多具隔膜3个；小型分生孢子卵形，无色，具1个隔膜。

发生规律　以菌丝体在病荚和种子上越冬，翌年产生分生孢子进行初侵染和再侵染。发病适温30℃，大豆结荚时遇高温多雨或湿度大发病重。

防治方法　选无病种子播种。雨后及时排水，改变田间小气候，降低豆田湿度。种子收后及时晾晒，降低储藏库内湿度，及时清除发霉的豆子。

必要时喷洒60%多菌灵盐酸盐水溶性粉剂1 000倍液、50%苯菌灵可湿性粉剂1 500倍液，间隔10～15天1次，连喷2次。

10. 大豆疫霉根腐病

症　　状　大豆各生育期均可发病。出苗前染病，引起种子腐烂或死苗。出苗后染病，引致根腐或茎腐，造成幼苗萎蔫或死亡。成株染病，茎基部变褐腐烂，病部环绕茎蔓延，下部叶片叶脉间黄化，上部叶片褪绿，造成植株萎蔫，凋萎叶片悬挂在植株上（图4－22至图4－23）。

病　　原　*Phytophthora sojae* 称大豆疫霉，属鞭毛菌亚门真菌。有性世代产生卵孢子。卵孢子球形，壁厚，单生在藏卵器里。卵孢子发芽长出芽管，形成菌丝体或孢囊。孢囊无乳头状突起。

发生规律　以卵孢子在土壤中存活越冬成为该病初侵染源。带有病菌的土粒被风雨吹散或溅到大豆上能引致初侵染，积水土中的游动孢子遇上大豆根以后，先形成休止孢子，后萌发侵入，产生菌丝在寄主细胞间蔓延，形成球状或指状吸器汲取营养，同时还可形成大量卵孢子。湿度高或多雨天气、土壤黏重，易发病。重茬地发病重。

图4－22 大豆疫霉根腐病为害植株及根部症状

防治方法　加强田间管理，及时深耕及中耕培土。雨后及时排除积水防止湿气滞留。

播种前种子重量0.3%的35%甲霜灵粉剂拌种。必要时喷洒或浇灌25%甲霜灵可湿性粉剂800倍液、58%甲霜灵·代森锰锌可湿性粉剂600倍液、64%杀毒矾（恶霜灵·代森锰锌）可湿性粉剂500倍液、72%霜脲氰·代森锰锌可湿性粉剂600倍液。

图4-23　大豆疫霉根腐病为害植株症状

11．大豆枯萎病

症　　状　大豆枯萎病是系统性侵染的整株病害，染病初期叶片由下向上逐渐变黄至黄褐色萎蔫，剖开病根及茎部维管束变为褐色，后期在病株茎的基部溢出橘红色胶状物（图4-24）。

图4-24　大豆枯萎病为害植株症状

病　　原 *Fusarium oxysporum* f.sp. *tracheiphilum* 称尖镰孢菌豆类专化型，属半知菌亚门真菌（图4-25）。菌丝无色，分隔。有大小两型分生孢子。大型分生孢子镰刀形，平直或略弯，具隔膜3~6个，多3~4个，顶胞稍尖，有脚胞或无；小型分生孢子无色，具1个分隔或无，椭圆形或长椭圆形。厚垣孢子分圆形和椭圆形两种，厚垣孢子单个顶生或串生于菌丝中间。

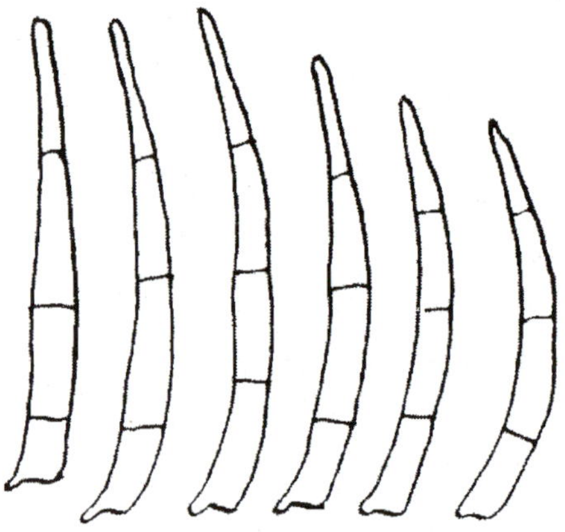

图4-25 大豆枯萎病病菌

发生规律 以菌丝体和厚垣孢子随病残体在土壤中越冬，病菌从伤口侵入，在田间借灌溉水、昆虫或雨水溅射传播蔓延。高温多湿条件易发病。连作地、土质黏重、根系发育不良发病重。品种间抗病性有一定差异。

防治方法 因地制宜选用抗枯萎病的品种。重病地实行水旱轮作2~3年，不便轮作的可覆塑料膜进行热力消毒土壤，施用酵素菌沤制的堆肥或充分腐熟的有机肥，减少化肥施用量。

发病初期，喷洒50%甲基硫菌灵悬浮剂500倍液、25%多菌灵可湿性粉剂500倍液、10%双效灵水剂300倍液、50%琥胶肥酸铜可湿性粉剂500倍液，每穴喷淋对好的药液300~500ml，间隔7天1次，共防治2~3次。

12. 大豆链格孢黑斑病

症　　状 主要为害叶片、种荚。叶片染病初生圆形至不规则形病斑，中央褐色，四周略隆起，暗褐色，后病斑扩展或破裂，叶片多反卷干枯，湿度大时表面生有密集黑色霉层（图4-26），即病原菌分生孢子梗和分生孢子。荚染病生圆形或不规则形斑，密生黑霉。

图4-26 大豆链格孢黑斑病为害叶片症状

病　　原　*Alternaria alternata* 称链格孢，属半知菌亚门真菌。分生孢子梗单生或数根束生，暗褐色；分生孢子倒棒形，褐色或青褐色，3~6个串生，有纵隔膜1~2个，横隔3~4个，横隔处有缢缩现象。

发生规律　病菌以菌丝体及分生孢子在病叶或病荚上越冬，成为翌年初侵染源，在田间借风雨传播进行再侵染。大豆生育后期易发病。

防治方法　收获后及时清除病残体，集中深埋或烧毁。

发病初期喷洒80%代森锰锌可湿性粉剂500~600倍液、58%甲霜灵·锰锌可湿性粉剂500倍液、75%百菌清可湿性粉剂600倍液、50%噻菌灵可湿性粉剂600~800倍液、50%异菌脲可湿性粉剂600~800倍液、25%丙环唑乳油2 000~3 000倍液、25%咪鲜胺乳油1 000~2 000倍液，间隔7~10天1次，连续防治2~3次。

13. 大豆耙点病

症　　状　主要为害叶、叶柄、茎、荚及种子。叶片染病产生圆形至不规则形斑，浅红褐色，病斑四周多具浅黄绿色晕圈，大斑常有轮纹，造成叶片早落（图4-27）；叶柄、茎染病生长条形暗褐色斑；荚染病，病斑圆形，稍凹陷，中间暗紫色，四周褐色，严重的豆荚上密生黑色霉。

病　　原　*Corynespora cassiicola* 称山扁豆生棒孢，属半知菌亚门真菌。分生孢子梗单生或数根束生，直立或分枝，褐色，具1~20个隔膜，基部细胞膨大；分生孢子圆筒形至棍棒形，淡褐色，正直或微弯，脐部明显，平截形，有3~15个隔膜，孢壁较厚，单生或2~6个串生。在老的培养物里形成近球形、无色的厚垣孢子。

发生规律　病菌以菌丝体或分生孢子在病株残体上越冬，成为翌年初侵染菌源，也可在休闲地的土壤里存活2年以上。多雨和相对湿度在80%以上时有利其发病。除为害大豆外尚可侵染蓖麻、棉花、豇豆、黄瓜、菜豆、小豆、辣椒、芝麻、番茄、西瓜等多种作物。

防治方法　选种抗病品种，从无病株上留种并进行种子消毒。实行3年以上轮作，切忌与寄主植物轮作。秋收后及时清除田间的病残体，进行秋翻土地减少菌源。

药剂防治可参考大豆褐斑病。

图4-27　大豆耙点病为害叶片症状

14. 大豆荚枯病

症　　状　主要为害豆荚、也能为害叶片和茎。荚染病，病斑初呈暗褐色，后变苍白色，凹陷，上轮生小黑点（图4−28），幼荚常脱落，老荚染病萎垂不落，病荚大部分不结实，发病轻的虽能结荚、但粒小，易干缩，味苦。茎染病产生灰褐色不规则形病斑，上生无数小黑粒点，病部以上干枯。

图4−28　大豆荚枯病为害豆荚症状

病　　原　*Macrophoma mame*称豆荚大茎点菌，属半知菌亚门真菌。分生孢子器散生或聚生，埋生在病部表皮下，露有孔口，分生孢子器黑褐色，球形至扁球形；分生孢子长椭圆形至长卵形，单胞，无色，两端钝圆。

发生规律　病菌以分生孢子器在病残体上或以菌丝体在病种子上越冬，成为翌年初侵染源。多年连作地，田间上年留存的病残体及周边的杂草上越冬菌量多，地势低洼积水，排水不良，早春气温回升早，夏秋连阴雨多，栽培过密，田间通风透光差，发病较重。

防治方法　收获后清除田间病残体及周边杂草，减少病源。深翻土壤，雨后排水，提倡轮作，合理密植，使用充分腐熟的有机肥。

种子处理，可用种子重量0.4%的50%多菌灵可湿性粉剂或福美双拌种。

病害发生初期，可用75%百菌清可湿性粉剂600倍液、80%代森锰锌可湿性粉剂500倍液、70%甲基硫菌灵可湿性粉剂1 000倍液、50%咪鲜胺锰盐可湿性粉剂1 500~2 500倍液、20%咪鲜胺乳油1 500~2 000倍液、25%嘧菌酯悬浮剂1 000~2 000倍液等药剂均匀喷施。

15.大豆霜霉病

症　　状　主要为害叶片、荚及豆粒。叶片上病斑多角形或不规则形，背面密生灰白色霜霉状物（图4−29）。豆荚病斑表面无明显症状，剥开豆荚，其内部可见不定形的块状斑，其上可见灰白色霉层。豆粒病粒表面全部或大部变白，无光泽，其上黏附一层黄灰色或白色霉层。

病　　原　*Peronospora manschurica* 称东北霜霉，属鞭毛菌亚门真菌。孢囊梗由气孔伸出，单生或数根丛生，无色，呈二叉状分枝，小枝顶生孢子囊。孢子囊淡黄褐色，单胞，椭圆形。卵孢子黄褐色，近球形，内具1卵球。

发生规律　以卵孢子在种子、病荚和病叶内越冬。翌年成为初次侵染源。卵孢子越冬后产生游动孢子侵染胚芽，进入生长点，后蔓延至真叶及腋芽形成系统感染。大豆开花后叶片较易感病，病部产生的孢子囊随风、水传播后引起再侵染。

图4-29　大豆霜霉病为害叶片正背面症状

防治方法　选用抗病品种，中耕除草，将病株残体清除田外销毁以减少菌源，排除积水。播种前种子处理可减轻霜霉病的发病率，大豆开花期是防治霜霉病的关键时期。

种子处理，播种前用种子重量0.3%的90%三乙膦酸铝可湿性粉剂或3.5%甲霜灵粉剂拌种。或用种子重量0.5%的50%福美双可湿性粉剂拌种，或用72.2%霜霉威水剂、70%敌磺钠可湿性粉剂按种子重量的0.1%～0.3%拌种。

大豆开花期，喷施50%福美双可湿性粉剂500～800倍液、65%代森锌可湿性粉剂500～1 000倍液、75%百菌清可湿性粉剂500～800倍液、40%三乙磷酸铝可湿性粉剂250～300倍液、25%甲霜灵可湿性粉剂800倍液、58%甲霜灵·代森锰锌可湿性粉剂600倍液、69%烯酰·锰锌可湿性粉剂900～1000倍液、72%杜邦克露（霜脲氰·代森锰锌）可湿性粉剂800倍液，间隔7～10天喷洒1次，连喷2～3次。

二、大豆虫害

目前我国大豆害虫已报道的有30多种，为害较重的有大豆食心虫、豆蚜、大豆卷叶螟、豆荚螟等。其中大豆食心虫在东北、华北等到地区为害较重；豆蚜主要分布在东北、华北、华南、西南等省；大豆卷叶螟主要发生在华北和东北地区。

1. 大豆食心虫

分　　布　大豆食心虫（*Leguminivora glycinivorella*）分布几乎遍布全国，在东北、华北、

内蒙古等地区为害较重。

为害特点 幼虫爬行于豆荚上，蛀入豆荚，咬食豆粒（图4-30），造成大豆粒缺刻，重者可吃掉豆粒大半，被害粒变形，荚内充满粪便，品质变劣。

图4-30 大豆食心虫幼虫以及为害豆粒症状

形态特征 成虫黄褐至暗褐色，前翅暗褐色。沿前缘有10条左右黑紫色短斜纹，其周围有明显的黄色区；外缘在顶角下略向内凹陷；后翅浅灰色，无斑纹（图4-31）。卵椭圆形，略有光泽，初产乳白色，后转橙黄色。初孵幼虫黄白色，渐变橙黄色，老熟时变为红色，头及前胸背板黄褐色（图4-32）。蛹黄褐色，纺锤形。

图4-31 大豆食心虫成虫

图4-32 大豆食心虫幼虫

发生规律 一年发生1代，以老熟幼虫在土中结茧越冬。在华北地区，越冬幼虫于7月下旬至8月上旬上升到土表重新结茧化蛹，8月上、中旬化蛹，8月中、下旬成虫羽化出土，8月下旬为产卵盛期，8月末至9月初为卵孵化高峰期，初孵幼虫当天便蛀入豆荚内取食豆荚和豆粒。

防治方法 化蛹期在豆茬地增加中耕次数，豆茬麦地收割后立即深翻细耙，杀死幼虫和蛹。8月中旬是大豆食心虫发蛾盛期，是喷药防治的关键时期。

在大豆开花结荚期，卵孵化盛期，用40.7%毒死蜱乳油10～15ml/亩、20%亚胺硫磷乳油35～45ml/亩、2.5%溴氰菊酯乳油20～25ml/亩、30%氧乐·氰乳油30～40ml/亩对水40～50kg均匀喷雾。

在成虫盛发期，用2.5%氯氟氰菊酯水乳剂16～20ml/亩、20%氰戊菊酯乳油20～30ml/亩、20%甲氰菊酯乳油20ml/亩、5%顺式氰戊菊酯乳油25ml/亩、10%溴氰菊酯乳油20～40ml/亩、12%吡·甲氰乳油20～40ml/亩对水40～50kg喷雾。

2. 大豆蚜虫

分　　布 大豆蚜虫（*Aphis glycines*）主要分布在东北、华北、华南、西南等省。

为害特点 以成虫和幼虫吸食大豆嫩枝叶的汁液，造成大豆茎叶卷缩（图4-33至图4-34），根系发育不良，生长停滞，植株矮小，分枝结荚减少。此外还可传播病毒病。

图4-33 大豆蚜虫为害叶片症状

图4-34 大豆蚜虫为害枝条症状

形态特征 有翅孤雌蚜长椭圆形，头、胸黑色，额瘤不明显，触角第3节具次生感觉圈3～8个，第6节鞭节为基部两倍以上；腹部圆筒状，基部宽，黄绿色，腹管基半部灰色，端半部黑色，尾片圆锥形。无翅孤雌蚜长椭圆形（图4-35），黄色至黄绿色，腹部第1、7节有锥状钝圆形突起。

发生规律 一年发生10余代。以卵在鼠李的腋芽、枝干或隙缝里越冬。次年春季4月间，鼠李芽鳞露绿，开始孵化为干母。5月中、下旬鼠李开花前后产生有翅迁飞蚜，向豆田迁飞为害。6月末至7月初是豆田大豆蚜盛发前期，7月中、下旬为盛发期，可使大豆受害成灾。在越冬孵化、幼蚜成活和成蚜繁殖期，如雨水充沛，鼠李生长旺盛，则蚜虫成活率高，繁殖量大。

防治方法 及时铲除田边、沟边、塘边杂草，减少虫源。药剂拌种可以减少蚜虫的为害，也可在苗期、蚜虫盛发期喷药防治。

大豆种衣剂拌种，播种前用40%甲基异柳磷乳剂按种子重量的0.2%～0.3%拌种，可防治苗期蚜虫，同时兼治苗期的某些其他害虫。

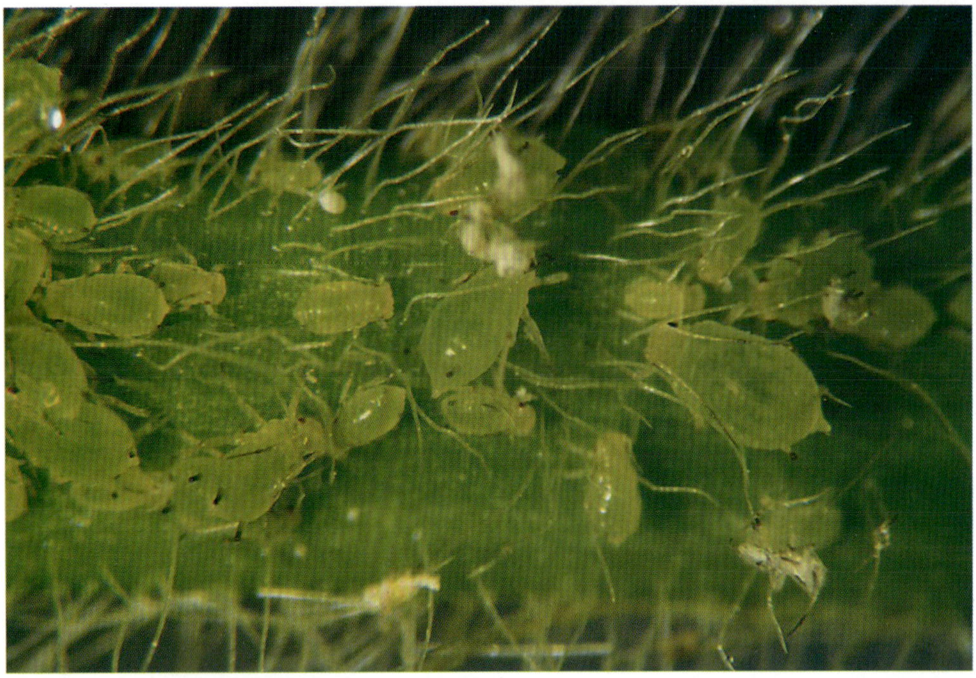

图4-35　大豆蚜虫无翅孤雌蚜

在苗期或成虫盛发期，可选用10%吡虫啉可湿性粉剂10～15g/亩、15%唑蚜威乳油4～6ml/亩、2.5%氟氯氰菊酯乳油3 000～4 000倍液、30%氧乐·氰菊乳油30～40ml/亩、40%氧乐果乳油2 000倍液、40%乐果乳油40ml/亩、20%氰戊菊酯乳油10～20ml/亩、5%顺式氰戊菊酯乳油10～20ml/亩、20%哒嗪硫磷乳油20ml/亩、25%抗蚜威水分散粒剂20～32g/亩对水40～50kg均匀喷雾。

3. 大豆卷叶螟

分　　布　大豆卷叶螟(*Sylepta ruralis*)是大豆的主要害虫，主要发生在华北和东北地区。

为害特点　以幼虫蛀食大豆叶、花、蕾和豆荚。幼虫蛀入花蕾和嫩荚，被害蕾易脱落，被害荚的豆粒被虫咬伤，蛀孔口常有绿色粪便，虫蛀荚常因雨水灌入而腐烂。幼虫为害叶片时，常吐丝把两叶黏在一起，躲在其中咬食叶肉、残留叶脉（图4-36）。

图4-36　大豆卷叶螟为害田间症状

形态特征　成虫黄白色小蛾（图4-37），头部黄白，稍带褐色，两侧有白色鳞片。前翅黄褐色，后翅白色、半透明。卵椭圆形，黄绿色，表面有近六角形的网纹。幼龄幼虫黄白色，取食后可以透过虫体看到体内内脏，呈绿色（图4-38）。蛹淡褐色（图4-39），翅芽明显，蛹外有两层白色的薄丝茧。

图4-37　大豆卷叶螟成虫

图4-38　大豆卷叶螟幼虫

图4-39　大豆卷叶螟蛹

发生规律　一年发生2～3代，6月上旬出现越冬代成虫。幼虫为害盛期为7月下旬至8月上旬，8月中下旬进入化蛹盛期。8月下旬至9月上旬又出现下一世代成虫，田间世代重叠，常同时存在各种虫态。

防治方法　及时清理田园内的落花、落蕾和落荚，以免转移为害。卵孵化盛期是防治大豆卷叶螟的关键时期。

在卵孵化盛期，用35%辛·唑乳油50ml/亩、1.8%阿维菌素乳油20ml/亩、5%氟虫脲乳油25ml/亩、2%苏·阿维菌素可湿性粉剂25g/亩、2.5%高效氟氯氰菊酯乳油35ml/亩、10%高效氯氰菊酯乳油13ml/亩、5%丁烯氟虫腈悬浮剂2～3ml/亩、25%杀虫双水剂100ml/亩、50%杀螟硫磷乳油40ml/亩、15%茚虫威悬浮剂10ml/亩、3%顺式氯氰菊酯乳油45～55ml/亩对水40～50kg均匀喷雾，间隔10天左右喷施1次，连喷2～3次。

4. 豆荚螟

分　布　豆荚螟（*Etiella zinckendlla*）是大豆重要害虫之一。分布北起吉林、内蒙古，南至台湾、广东、广西、云南。在河南、山东为害最重。

为害特点 以幼虫在豆荚内蛀食，被害籽粒轻则蛀成缺刻；重则蛀空。被害籽粒内充满虫粪，发褐以致霉烂（图4-40）。

图4-40 豆荚螟为害豆荚症状

形态特征 成虫体暗黄褐色；前翅狭长（图4-41），灰褐色，近翅基1/3处有1条金黄色隆起横带，外围有淡黄褐色宽带，前缘有1条白色纵带。卵椭圆形，初产白色，渐变红色，表面有网纹。幼虫5龄，初孵黄白色，渐变绿色（图4-42）。4～5龄幼虫前胸盾片中央有“人”字形黑纹。蛹体黄褐色。茧长椭圆形，白色丝质，外附有土粒。

图4-41 豆荚螟成虫

图4-42 豆荚螟幼虫

发生规律 一年发生6代，主要以蛹在表土中越冬。翌年5月底至6月初始见成虫。1代幼虫出现在6月上旬至下旬，2代幼虫出现在7月上旬至中旬，3代幼虫出现在7月下旬至8月上旬，4代幼虫出现在8月中下旬，5代幼虫出现在9月上旬，6代幼虫出现在9月下旬至10月上旬。10月中下旬以蛹越冬。从2代开始，世代重叠明显，其中以2、3、4代为田间的主害代。

防治方法 适当调整播种期，使寄主结荚期与成虫产卵盛期错开，可压低虫源，减轻为害。防治豆荚螟的关键时期是大豆始花期至盛花期，即豆荚螟的卵孵化盛期至低龄幼虫期。

在始花期，卵孵盛期，用20%氰戊菊酯乳油20～40ml/亩、35%辛·唑乳油50ml/亩、1.8%阿维菌素乳油20ml/亩、5%氟虫脲乳油25ml/亩、2%苏·阿维菌素可湿性粉剂25ml/亩、2.5%高效氟氯氰菊酯乳油35ml/亩、10%高效氯氰菊酯乳油13ml/亩、5%丁烯氟虫腈悬浮剂2～3ml/亩、25%杀虫双水剂100ml/亩对水45kg均匀喷雾。

在大豆盛花期，低龄幼虫期，用2.5%氯氟氰菊酯乳油2 000倍液、10%氯氰菊酯乳油3 000倍液、80%敌敌畏乳油1 000倍液、20%三唑磷乳油700倍液、50%杀螟硫磷乳油1 000倍液、50%马拉硫磷乳油1 000倍液、2.5%溴氰菊酯乳油3 000倍液均匀喷雾，间隔7～10天，重点喷蕾、花、嫩荚及落地花，连喷2～3次。

5. 豆天蛾

分　　布　豆天蛾（*Clanis bilineata tsingtauica*）分布广泛，各省区均有发生，在山东、河南等省为害较重。

为害特点　幼虫食叶，为害轻时将叶片吃成网状，严重时将全株叶片吃光，不能结荚。

形态特征　成虫体、翅黄褐色（图4-43），头及胸部有较细的暗褐色背线，腹部背面各节后缘有棕黑色横纹。前翅狭长，前缘近中央有较大的半圆形褐绿色斑；后翅暗褐色，基部上方有超色斑。卵椭圆形，初产黄白色，后转褐色。老熟幼虫体黄绿色（图4-44），体表密生黄色小突起。蛹红褐色（图4-45）。

图4-43　豆天蛾成虫

图4-44　豆天蛾幼虫

图4-45　豆天蛾蛹

发生规律　每年发生1～2代，均以老熟幼虫在9～12cm土层越冬。翌年春暖时幼虫移动土表化蛹。北方1代区6月中旬化蛹，7月上旬为羽化盛期，7月中下旬至8月上旬为成虫产卵盛期，7月下旬至8月下旬为幼虫发生盛期，9月上旬幼虫老熟入土越冬。幼虫共5龄，幼虫4龄前白天多藏于叶背，夜间取食(阴天则全日取食)；4～5龄幼虫白天多在豆秆枝茎上为害，并常转株为害。

防治方法　合理间作，高秆作物有碍成虫在大豆上产卵，大豆与玉米等高秆作物间作，可显著减轻受害程度。

掌握在3龄前幼虫期，用8 000IU/ml苏云金杆菌可湿性粉剂100～150g/亩、4.5%高效氯氰菊酯乳油1 500倍液、20%氰戊菊酯乳油1 000～2 000倍液、80%敌敌畏乳油800倍液、25%甲氰菊酯乳油1 000倍液、45%马拉硫磷乳油1 000倍液、50%辛硫磷乳油1 500倍液、2.5%溴氰菊酯乳油5 000倍液、25%灭幼脲悬浮剂1 000倍液对水50kg均匀喷洒。

6. 豆秆黑潜蝇

分　　布　豆秆黑潜蝇（*Melanagromyza sojae*）广泛分布于我国黄淮、南方等大豆产区。

为害特点　以幼虫在大豆主茎、侧枝和叶柄内钻蛀为害（图4-46），造成茎秆中空，受害植株叶片发黄脱落、比健株明显矮化。成株期受害，造成花、荚、叶过早脱落，千粒重降低而减产。

图4-46　豆秆黑潜蝇为害主茎症状

形态特征 成虫为小型蝇，体色黑亮，腹部有蓝绿色光泽，复眼暗红色；触角3节。前翅膜质透明，具淡紫色光泽。卵长椭圆形，乳白色，稍透明。3龄幼虫额突起或仅稍隆起；口钩每颚具1端齿，体乳白色（图4－47）。蛹长筒形，黄棕色。

图4－47 豆秆黑潜蝇幼虫

发生规律 黄河流域年发生4～5代，以蛹在寄主根茬和秸秆中越冬。翌年6月中下旬羽化、产卵。各代幼虫盛发期：1代7月上旬为害春大豆；2代7月末8月初，3代8月下旬为害春豆和夏豆；4、5代在9月上中旬重叠发生为害晚大豆。

防治方法 清除落在地上的茎、叶和叶柄。增施基肥、提早播种、适时间苗。

在成虫盛发期至幼虫蛀食之前，可用50%辛硫磷乳油50ml/亩、75%灭蝇胺可湿性粉剂5 000倍液、2.5%高效氟氯氰菊酯乳油3 000倍液、10%吡虫啉可湿性粉剂15～20g/亩、40%乐果乳油50～75ml/亩、1.8%阿维菌素乳油3 000倍液、5%丁烯氟虫腈悬浮剂1 500倍液、50%杀螟松乳油1 000倍液、48%毒死蜱乳油100ml/亩对水50kg均匀喷施。

在大豆盛花期，平均每株有1头时，用90%灭多威可湿性粉剂4 000倍液、90%晶体敌百虫800～1 000倍液、2.5%溴氰菊酯乳油30ml/亩、20%菊·马乳油30ml/亩、18%杀虫双水剂200倍液、50%马拉硫磷乳油1 000倍液均匀喷雾，间隔7～10天再防治1次，连喷2次，效果更佳。

7. 豆芫菁

分布为害 中国豆芫菁（*Epicauta chinensis*）、暗黑豆芫菁（*Epicauta gorhami*）广泛分布在全国各地。以成虫为害叶片，将叶片咬成孔洞或缺刻，甚至吃光，只剩网状叶脉。

形态特征 中国豆芫菁：成虫体和足黑色（图4－48）；头红色，被黑色短毛，有时近复眼的内侧亦为黑色；前胸背板中央和每个鞘翅中央各有一条由灰白毛组成的纵纹。卵椭圆形，黄白色，表面光滑。1龄幼虫似双尾虫，体深褐色；2、3、4和6龄幼虫似蛴螬；5龄幼虫呈伪蛹状。蛹黄白色，复眼黑色。

暗黑豆芫菁：成虫体和足黑色；前胸背板中央和每个鞘翅中央各有一条由灰白毛组成的宽纵纹（图4－49），小盾片、翅侧缘、端缘和中缝、胸部腹面两侧和各足腿节、胫节均被白毛，以前足最密，各腹节后缘有一条由白毛组成的宽横纹；触角黑色，基部4节部分红色。雄虫前足腿节端半部腹面和胫节腹面密布金黄色毛，第一跗节基部细棒状，端部腹面向下强烈展宽呈斧状，雌虫的端部则不明显展宽。卵椭圆形，黄白色，表面光滑。幼虫复变态，各龄幼虫形态不同。1龄幼虫似双尾虫，体深褐色，胸足发达；2、3、4和6龄幼虫似蛴螬；5龄幼虫呈伪蛹状，全体被一层薄膜，光滑无毛，胸足呈乳突。蛹黄白色，复眼黑色。

图4-48　中国豆芫菁成虫

图4-49　暗黑豆芫菁成虫

发生规律　每年发生1～2代，以5龄幼虫（伪蛹）在土中越冬。1代区于6月中旬化蛹，6月下旬至8月中旬为成虫发生与为害期；2代区成虫于5～6月间出现，集中为害早播大豆，第1代成虫于8月中旬左右出现，为害大豆，9月下旬至10月上旬转移至蔬菜上为害，发生数量逐渐减少。

防治方法　大豆收割后深翻细耙，消灭越冬幼虫。

在成虫始盛期，用20%氰戊菊酯或2.5%溴氰菊酯乳油2 500倍液、80%敌敌畏乳油或90%晶体敌百虫1 000～1 500倍液均匀喷雾。

8. 豆灰蝶

分布为害　豆灰蝶（*Plebejus argus*）广泛分布在全国各地。幼虫咬食叶片下表皮及叶肉，残留上表皮，严重的把整个叶片吃光，只剩叶柄及主脉。

形态特征　成虫雌雄异形。雄翅正面青蓝色（图4-50），具青色闪光，黑色缘带宽；前翅前缘多白色鳞片，后翅具1列黑色圆点与外缘带混合。雌翅棕褐色（图4-51）。卵扁圆形，初黄绿色，后变黄白色。幼虫头黑褐色，胴部绿色，背线色深。老熟幼虫体背面具2列黑斑。蛹长椭圆形，淡黄绿色，羽化前灰黑色。

图4-50　豆灰蝶雄成虫

图4-51　豆灰蝶雌成虫

发生规律　每年发生5代，以蛹在土壤耕作层内越冬。翌年3月下旬羽化为成虫，4月底至5月初进入羽化盛期，在田间繁殖5代，9月下旬老熟幼虫钻入土壤中化蛹越冬。

防治方法　秋冬季深翻灭蛹。

幼虫孵化初期，喷洒25%灭幼脲悬浮剂500~600倍液，使幼虫不能正常蜕皮或变态而死亡。

百株有虫高于100头时，及时喷洒20%毒·辛乳油100~150ml/亩、15%阿维·三唑磷乳油60~70ml/亩、40%丙溴磷乳油80~100ml/亩、5%氟铃脲乳油120~160ml/亩、25%喹硫磷乳油50~100ml/亩、2.5%溴氰菊酯乳油30~50ml/亩对水40~50kg均匀喷施。

9. 点蜂缘蝽

分　　布　点蜂缘蝽（*Riptortus pedestris*）分布北起黑龙江，南抵台湾、海南、广东、广西、云南，偏南密度较大。

为害特点　成虫和若虫刺吸植株，影响植株生长。

形态特征　成虫体形狭长，黄褐至黑褐色。头在复眼前部成三角形，后部细缩如颈（图4-52）。头、胸部两侧的黄色光滑斑纹成点斑状或消失。前胸背板及前、中、后胸侧板具颗粒状黑色小突。前翅稍长于腹末，膜片淡棕褐色。腹部侧接缘稍外露，黄黑相间。腹下散生许多不规则的小黑点。卵橘黄色，半卵圆形。幼虫共5龄，1~4龄体似蚂蚁。5龄若虫形态与成虫相似，但翅较短（图4-53）。

图4-52　点蜂缘蝽成虫

图4-53　点蜂缘蝽若虫

发生规律 每年发生2～3代。以成虫在枯枝落叶和草丛中越冬。成虫善于飞翔，动作迅速，早、晚温度低时稍迟钝。卵多散产于叶背、嫩茎和叶柄上，少数2枚在一起，每雌产卵21～49枚。若虫极活跃，孵化后先群集，后分散为害。

防治方法 冬季结合积肥，清除田间枯枝落叶，铲去杂草，及时堆沤或焚烧，可消灭部分越冬成虫。

在成虫、若虫为害时，喷施2.5%溴氰菊酯乳油2 000～2 500倍液、10%吡虫啉可湿性粉剂1 000～1 500倍液、25%杀虫双水剂400倍液、20%氰戊菊酯乳油2 000倍液、2.5%高效氯氟氰菊酯乳油2 000～3 000倍液、90%晶体敌百虫600～800倍液。

10. 豆叶东潜蝇

分　　布 豆叶东潜蝇（*Japanagromyza tristella*）分布北京、河南、河北、山东、江苏、福建、四川、陕西、广东、云南。

为害特点 幼虫在叶片内潜食叶肉，仅留叶表，在叶面上呈现直径1～2cm的白色膜状斑块，每叶可有2个以上斑块（图4-54）。

图4-54 豆叶东潜蝇为害叶片症状

形态特征 成虫为小型蝇，具小盾前鬃及两对背中鬃，平衡棍非全黑色，体黑色；小盾前鬃长度较第一背中鬃之半稍长；平衡棍棕黑色，但端部部分白色。幼虫体黄白色，口钩每颚具6齿；咽骨背角两臂细长，腹角具窗，骨化很弱（图4-55）。蛹体红褐色，卵形，节间明显缢缩，体下方略平凹。

发生规律 每年发生3代以上，7～8月发生多，豆株上部嫩叶受害最重。幼虫老熟后入土化蛹，成虫多在上层叶片上活动，卵产在叶片内。多雨年份发生重。

防治方法 上茬收获后，清除田间及四周杂草，集中烧毁或沤肥；深翻地灭茬，促使病残体分解，减少虫源和虫卵寄生地。合理施肥，增施磷钾肥；重施基肥、有机肥，有机肥要充分腐熟，合理密植，增加田间通风透光度。

害虫发生初期，幼虫未潜叶之前，可用2.5%高效氯氟氰菊酯乳油2 000~3 000倍液、2.5%高效氟氯氰菊酯乳油1 500~2 000倍液、25%噻虫嗪水分散粒剂6 000~8 000倍液、48%毒死蜱乳油1 000~1 500倍液、52.25%农地乐（毒死蜱·氯氰菊酯）乳油1 000~2 000倍液、5%氟虫脲乳油2 000~2 500倍液、40%乐果乳油1 000~1 500倍液、90%灭多威可溶性粉剂2 000~3 000倍液、15%茚虫威悬浮剂3 500~4 500倍液、24%甲氧虫酰肼乳油2 500~3 000倍液。

图4-55　豆叶东潜蝇幼虫

11. 筛豆龟蝽

分　　布　筛豆龟蝽（*Megacopta cribraria*）国内分布广泛，山东及以南各省、区局部地方，密度很高。

为害特点　以成虫及若虫在茎秆、叶柄和果荚上群集吸食汁液，影响植株生长发育，叶片枯黄，茎秆瘦短，株势早衰，豆荚不实。

形态特征　成虫体近卵圆形，淡黄褐色或黄绿色，密布黑褐色小刻点；复眼红褐色；前胸背板疣一列刻点组成的横线；小盾片发达（图4-56）。卵略呈圆筒状，具卵盖。若虫淡黄绿色，密被黑白混生的长毛。幼虫共5龄，3龄后体形如龟状，胸腹各节两侧向外前方扩展呈半透明的半圆薄板。

图4-56　筛豆龟蝽成虫

发生规律　每年发生1~2代。以成虫在寄主附近的枯枝落叶下越冬。4月上旬开始活动，4月中旬开始交尾，4月下旬至7月中旬开始产卵。成虫、若虫均有群集性。卵产于叶片、叶柄、托叶、荚果和茎秆上呈2纵行，平铺斜置，共10~32枚，成羽毛状排列。

防治方法　上茬收获后，清除田间及四周杂草，集中烧毁或沤肥；合理施肥，增施磷钾肥；重使基肥、有机肥，有机肥要充分腐熟合理密植。

若虫孵化初期，可用90%晶体敌百虫1 000倍液、50%辛硫磷乳油1 000倍液、5%顺式氯氰菊酯乳油1 000倍液、2.5%溴氰菊酯乳油1 000倍液、2.5%鱼藤酮乳油1 000倍液、2.5%高效氟氯氰菊酯乳油1 000倍液、48%毒死蜱乳油1 000~1 500倍液。

12. 斜纹夜蛾

分　　布　斜纹夜蛾（*Prodenia litura*）在长江流域及其以南地区密度较大，黄河、淮河流域可间歇成灾。一种间隙暴发为害的杂食性害虫。

为害特点　幼虫食叶为主，也咬食嫩茎、叶柄，大发生时，常把叶片和嫩茎吃光，造成严重损失（图4-57）。

形态特征　成虫体长16~20mm，翅展36~41mm(图4-58)。头胸灰褐色或白色，下唇须灰褐色，各节端部有暗褐色斑，胸部背面灰褐色，被鳞片及少数毛。前翅褐色，雄的色较深，基线不显，亚基线灰黄色，波浪形；后翅银白色，半透明，微闪紫光，翅脉及外缘淡褐色。卵粒半球形，初产黄白色，后转淡绿，孵化前紫黑色。幼虫共6龄，老熟幼虫头部黑褐色，胸腹部颜色因寄主和虫口密度不同而异：土黄色、青黄色、灰褐色或暗绿色，背线、亚背线及气门下线均为灰黄色及橙黄色（图4－59）。

图4－57 斜纹夜蛾为害症状

图4－58 斜纹夜蛾成虫

图4－59 斜纹夜蛾幼虫

发生规律 在我国华北地区每年发生4～5代，长江流域5～6代，福建6～9代。华北大部分地区以蛹越冬，少数以老熟幼虫入土作室越冬；在华南地区无滞育现象，终年繁殖；在黄河流域，8～9月是严重为害时期。第1代盛蛾期在6月中下旬，第2代在5月下旬至6月上旬，第3、4、5代分别发生于7月上中旬，8月上中旬和9月上中旬，10～11月份还可以发生第6代。斜纹夜蛾是一种喜温性害虫，其生长发育最适宜温、湿度条件为温度28～30℃，相对湿度75%～85%。田间水肥好，作物生长茂盛的田块，虫口密度往往较大。

防治方法 及时翻犁空闲田，铲除田边杂草。在幼虫入土化蛹高峰期，结合农事操作进行中耕灭蛹，降低田间虫口基数。在斜纹夜蛾化蛹期，结合抗旱进行灌溉，可以淹死大部分虫蛹，降低基数。

掌握在卵块孵化到3龄幼虫前喷洒药剂防治，此期幼虫正群集叶背面为害，尚未分散且抗药性低，药剂防效高。可用1.8%阿维菌素乳油2 000倍液、5%氟啶脲乳油2 000倍液、10%吡虫啉可湿性粉剂1 500倍液、20%虫酰肼悬浮剂2 000倍液、52.25%农地乐（毒死蜱·氯氰菊酯）乳油1 000倍液、10%虫螨腈悬浮剂1 500倍液、20%氰戊菊酯乳油1 500倍液、2.5%溴氰菊酯乳油1 000倍液、20%甲氰菊酯乳油3 000倍液、48%毒死蜱乳油1 000倍液。每隔7～10天喷施1次，连用2～3次。

13. 大灰象甲

分　　布 大灰象甲（*Sympiezomias velatus*）分布于东北、黄河流域和长江流域地区。

为害特点 以成虫取食嫩尖和叶片，轻者把叶片食成缺刻或孔洞（图4-60），重者把幼苗吃成光秆，造成缺苗断垄。

图4-60 大灰象甲为害叶片症状

形态特征 成虫体灰黄色，有光泽，密被灰白色鳞片。头部和喙密被金黄色发光鳞片，喙粗且宽，具纵沟3条。鞘翅卵圆形，中间有一白色横带，每一鞘翅具10条刻点沟，中部有褐色云斑。后翅退化（图4-61）。卵长椭圆形，初产时乳白色，近孵化时乳黄色。初孵幼虫体乳白色。头部米黄色。蛹长椭圆形，乳黄色。

发生规律 东北地区每2年发生1代，浙江每年发生1代。2年发生1代的地区，第1年以幼虫越冬，第2年以成虫越冬，越冬成虫大都在60mm深的土中越冬，幼虫在40cm左右的土中越冬，均在耕作层以下。成虫不能飞，主要靠爬行移动。成虫4月中下旬从土内钻出，群集于幼苗取食。幼虫6月下旬卵陆续孵化，幼虫孵出后落地，钻入土中。春天越冬幼虫上升表土层继续取食，春季中午前后活动最盛，夏季在早晨、傍晚活动，中午高温时潜伏。

图4－61　大灰象甲成虫

防治方法　有条件的地方实行水旱轮作，可有效降低越冬幼虫数量，减轻为害。成虫不能飞翔并有假死性，可于成虫发生期实行人工捕杀。

在成虫出土为害期浇灌或喷洒药剂防治。可选用48%毒死蜱乳剂1 000倍液、10%氯氰菊酯乳油1 500倍液、2.5%高效氯氟氰菊酯乳油1 000倍液、4.5%高效顺反氯氰菊酯乳油3 000倍液、50%辛・氰乳油2 000～3 000倍液、90%晶体敌百虫1 000倍液等药剂均匀喷施。

三、大豆各生育期病虫害防治技术

大豆栽培管理过程中，病虫害严重地影响着大豆的产量和品质，应总结本地大豆病害的发生特点和防治经验，制订病害防治计划，适时进行田间调查，及时采取防治措施，有效控制病害，保证丰产、丰收。

（一）播种期病虫害防治技术

播种期，春大豆在4月上旬至5月中旬，夏大豆在6月上、中旬，这一时期是大豆病害防治上的重要时期。

这一时期病害主要有大豆紫斑病、霜霉病、炭疽病等，播种期是其重要侵染阶段，有效地控制侵染可以减轻其后期的为害。另外，在大豆胞囊线虫病发生地块或地区，在播种期进行种子处理或土壤处理是控制该病为害的最有效措施。

播种前种子处理，可用40%卫福（福美双・萎锈灵）胶悬剂250ml拌100kg种子；或用50%多菌灵可湿性粉剂或50%异菌脲可湿性粉剂按种子重量的0.5%拌种、50%福美双可湿性粉剂按种子重量0.3%拌种，堆闷3～4小时后播种。可防治紫斑病、霜霉病、炭疽病等。

防治大豆胞囊线虫病，可用35%甲基硫环磷按种子量的0.5%拌种；或用3%克百威颗粒剂4kg/亩、5%涕灭威颗粒剂3～4kg/亩、5%克线磷颗粒剂3～4kg/亩拌适量细干土混匀，在播种时撒入播种沟内。

这一时期害虫主要有地下害虫的为害，通过拌种可有效地控制苗蚜的为害。

用3%克百威颗粒剂按种子量的0.5%～0.8%＋40%拌种双可湿性粉剂按种子量的0.3%～0.5%拌种，可以将药剂与少量细土混匀，将大豆种子用水稍微湿润，而后与药土拌匀，马上播种。大豆胞囊线虫病重的地块，还要用3%克百威颗粒剂2～3kg/亩处理土壤。如果大豆胞囊线虫病不发生地块，杀虫剂也可用甲基异柳磷、辛硫磷、乙酰甲胺磷等药剂拌种。

（二）苗期病虫害防治技术

在6～7月份，大豆处于旺盛生长期（图4－62），该期病虫害主要是防治大豆花叶病毒病。

图4-62 大豆苗期生长情况

对于大豆花叶病严重的地区，应及时防治蚜虫，以防治病毒侵染，可喷洒10%吡虫啉可湿性粉剂20～30g/亩、3%啶虫脒乳油30ml/亩对水40～50kg均匀喷施；也可喷洒40%氧乐果乳油1 000～2 000倍液、50%抗蚜威可湿性粉剂2 000倍液、2.5%溴氰菊酯乳油2 000～4 000倍液防治蚜虫。

在病害发生初期，也可喷施5%菌毒清水剂200～300倍液、20%盐酸吗啉胍·乙酸铜可湿性粉剂500倍液、0.5%菇类蛋白多糖水剂300倍液、1.5%植病灵乳剂1 000倍液等药剂，每隔5～7天喷1次，连续喷2～3次。

（三） 开花结荚期病虫害防治技术

7月下旬以后大豆进入开花、结荚期（图4-63），一般到9月份成熟，这一时期病害种类多、为害重，是防治病害，保证产量与品质的关键阶段。病害主要有大豆紫斑病、大豆霜霉病、大豆炭疽病，一般在大豆结荚到鼓粒期，根据病情喷施药剂。

喷施70%丙森锌可湿性粉剂100g/亩+70%甲基硫菌灵可湿性粉剂100～150g/亩、50%异菌脲可湿性粉剂100g/亩、25%丙环唑乳油40ml/亩对水40～50kg，可防治紫斑病、炭疽病、灰斑病等。

用50%乙烯菌核利可湿性粉剂66g/亩、50%腐霉利可湿性粉剂20～30g/亩、40%菌核净可湿性粉剂50～60g/亩、25%咪鲜胺锰盐乳油70ml/亩对水40～50kg均匀喷雾，可防治菌核病。

用40%三乙膦酸铝可湿性粉剂250～300倍液、25%甲霜灵可湿性粉剂800倍液、58%甲霜灵·代森锰锌可湿性粉剂600倍液、64%杀毒矾（恶霜灵·代森锰锌）可湿性粉剂800～1 000倍液，可防治霜霉病。

这一时期病虫害种类多、为害重，是防治虫害，保证产量与品质的关键阶段。在过去的大豆栽培中，人们仅防治豆天蛾，对豆荚螟、大豆食心虫，特别是一些中后期病害重视不足，正是由于这些病虫造成一般年份减产2～3成，豆粒大量霉烂、残缺不整，应采取防治措施。

豆天蛾的防治一般在8月份注意田间观察，尽早施药防治。大豆食心虫、豆荚螟应在大豆结荚期，结合有关单位的虫情预报，调查田间蛾、虫量，及时施药防治。用50%辛硫磷乳剂1 000倍液、20%氰戊菊酯乳油2 000倍液、2.5%溴氰菊酯乳油2 000倍液、50%敌敌畏乳油、90%晶体敌百虫700～1 000倍液、50%马拉硫磷乳油1 000倍液喷雾防治。

图4-63 大豆开花结荚期生长情况

防治大豆食心虫、豆荚螟等害虫，可以用2%杀螟松粉剂2.5kg/亩、5%林丹粉剂2～2.5kg/亩喷粉；或用10%醚菊酯悬浮剂65～130ml/亩、10%氯氰菊酯乳油35～45ml/亩，对水50kg喷雾；也可以用80%敌敌畏乳油1 000倍液、20%三唑磷乳油700倍液、2.5%氯氟氰菊酯乳油4 000倍液、5%丁烯氟虫腈胶悬剂2 500倍液、50%马拉硫磷乳油1 000倍液、2.5%溴氰菊酯乳油3 000倍液、20%氰戊菊酯乳油2 000～3 000倍液喷施。

四、大豆田杂草防治技术

我国大豆栽培面积较广，各地自然条件复杂，用药形式多样；由于各地种植方式、耕作制度和栽培措施的差异，从而在大豆田形成了种类繁多的杂草群落；不同地区、不同地块的栽培方式、管理水平和肥水差别逐渐加大，在大豆田杂草防治中应注意区别对待，选用适宜的除草剂品种和配套的施药技术。

大豆播种期进行杂草防治是杂草防治中的一个最有利、最关键的时期。播前、播后苗前施药的优点：可以防除杂草于萌芽期和造成为害之前；由于早期控制了杂草，可以推迟或减少中耕次数；播前施药混土能提高对土壤深层出土的一年生大粒阔叶杂草和某些难防治的禾本科杂草的防治效果；还可以改善某些药剂对大豆的安全性。

大豆播前、播后苗前施药的缺点：使用药量与药效受土壤质地、有机质含量、pH值制约；在砂质土，遇大雨可能将某些除草剂(如嗪草酮、利谷隆、乙草胺)淋溶到大豆种子上产生药害；播后苗前土壤处理，土壤必须保持湿润才能使药剂发挥作用，如在干旱条件下施药，除草效果差，甚至无效。

大豆生长期化学除草可以作为豆田杂草的一个补充时期，也是豆田杂草防除上的一个关键时期。苗后茎叶处理具有的优点：受土壤类型、土壤湿度的影响相对较小；看草施药，针对性强。苗后茎叶处理具有的缺点：生长期施用的多种除草剂杀草谱较窄；喷药时对周围敏感作物易造成飘移药害；有些药剂高温条件下应用除草效果好，但同时对大豆也易产生药害；干旱少雨、空气湿度较小和杂草生长缓慢的情况下，除草效果不佳；除草时间越拖延，大豆减产越明显；苗后茎叶处理必须在大多数杂草出土后，且具有一定截留药液的叶面积时施用，但此时大豆已明显遭受草害。

（一）以禾本科杂草为主的豆田播后芽前杂草防治

我国大豆种植区较为集中，但在大豆非主产区，部分地区或田块也有大豆栽培，这些豆田除草剂应用较少，豆田主要杂草为马唐、狗尾草、牛筋草、菟丝子、藜、反枝苋等，这类杂草比较好治，生产中可以用酰胺类、二硝基苯胺类除草剂。

在大豆播后苗前施药时，因为大豆出苗较快而不能施药太晚。华北地区夏大豆出苗一般需2～4天，东北地区春大豆出苗一般需要3～5天，施用除草剂时宜在大豆播种3天内施药，且最好在播种的2天之内施药。可以用：

50%乙草胺乳油100～150ml/亩；

72%异丙甲草胺乳油150～200ml/亩；

72%异丙草胺乳油150～200ml/亩；

33%二甲戊乐灵乳油150～200ml/亩；

对水50～80kg喷雾土表。土壤有机质含量低、砂质土、低洼地、水分足，用药量低，反之用药量高。土壤干旱条件下施药要加大用水量或进行浅混土(2～3cm)，施药后如遇干旱，有条件的可以灌水。大豆幼苗期，遇低温、多湿、田间长期积水或药量过多，易受药害。其药害症状为叶片皱缩，待大豆长至3片复叶以后，即北方进入7月，温度升高时可以恢复正常生长，一般对产量无影响。

(二)草相复杂的豆田播后芽前杂草防治

黄淮海流域部分地区大豆种植较为集中，豆田除草剂应用较多，豆田杂草为害严重，特别是酰胺类、精喹禾灵系列药剂不能防治的阔叶杂草和莎草科杂草大量上升，为豆田杂草的防治带来了新的困难。

在大豆播后苗前施用除草剂时，最好在播种的2天之内施药，可以用：

50%乙草胺乳油100ml/亩+24%乙氧氟草醚乳油10～15ml/亩；

72%异丙草胺乳油150ml/亩+ 10%氯嘧磺隆可湿性粉剂5～7.5g/亩；

72%异丙草胺乳油150 ml/亩+ 15%噻磺隆可湿性粉剂8～10g/亩；

对水50～80kg，喷雾土表。土壤有机质含量低、砂质土、 低洼地、水分足，用药量低，反之用药量高。土壤干旱条件下施药要加大用水量或进行浅混土(2～3cm)，施药后如遇干旱，有条件的可以灌水。大豆幼苗期，遇低温、高湿、田间长期积水或药量过多，易受药害。乙氧氟草醚为芽前触杀性除草剂，除草效果较好，但施药必须均匀；否则，部分杂草死亡不彻底而影响除草效果。乙氧氟草醚对大豆易于发生药害，生产上要严格掌握施药剂量。氯嘧磺隆可以有效防治多种一年生禾本科杂草和阔叶杂草，但对大豆安全性较差，施药量过大易于对大豆发生药害。

（三）东北大豆产区播后芽前杂草防治

在东北大豆产区，豆田除草剂应用较多，豆田杂草为害严重，杂草比较难治，如鸭跖草、小蓟、苣荬菜、龙葵、苘麻、苍耳等发生严重，生产中应选用适当的除草剂配方。

在大豆播后苗前施用，最好在播种的3天之内施药(图4－64)。

可以用下列除草剂：

72%异丙甲草胺乳油100～150ml/亩+48%异恶草酮乳油50～75ml/亩+80%唑嘧磺草胺可湿性粉剂3～4g/亩；

72%异丙甲草胺乳油100～150ml/亩+48%异恶草酮乳油50～75ml/亩+15%噻磺隆可湿性粉剂10～12g/亩；

50%乙草胺乳油100～150ml/亩+48%异恶草酮乳油50～75ml/亩+80%唑嘧磺草胺可湿性粉剂3～4g/亩；

50%乙草胺乳油100～150ml/亩+48%异恶草酮乳油50～75ml/亩+15%噻磺隆可湿性粉剂10～12g/亩；

对水50～80kg，喷雾土表。

图4－64　大豆田播后芽前施药情况

对于整地较早、田间有阔叶杂草的地块(图4－65)，在大豆播后苗前施用，可以用：

72%异丙甲草胺乳油100～150ml/亩+48%异恶草酮乳油50～75ml/亩+72% 2,4－滴丁酯乳油50～75ml/亩；

50%乙草胺乳油100～150ml/亩+48% 异恶草酮乳油50～75ml/亩+72% 2,4－滴丁酯乳油50～75ml/亩；

对水50～80kg，喷雾土表。

土壤有机质含量低、砂质土、低洼地、水分足，用药量低，反之用药量高。土壤干旱条件下施药要加大用水量或进行浅混土2～3cm，施药后如遇干旱，有条件的可以灌水。大豆幼苗期，遇低温、多湿、田间长期积水或药量过多，易受药害。其药害症状为叶片皱缩，待大豆长至3片复叶以后，温度升高可以恢复正常生长。2,4－滴丁酯对大豆易发生药害，施药时不宜过晚，在大豆发芽期及苗后施药药害严重，施药时要远离阔叶作物。

图4-65　东北大豆播后芽前田间发生大量阔叶杂草

(四)大豆苗期以禾本科杂草为主的豆田

对于多数大豆田，特别是除草剂应用较少的地区或地块，马唐、狗尾草、牛筋草、稗草等发生为害严重，占杂草的绝大多数。防治时要针对具体情况选择药剂种类和剂量。

在大豆苗期，杂草出苗较少或雨后正处于大量发生之前(图4-66)，盲目施用茎叶期防治禾本科杂草的除草剂，如精喹禾灵等，并不能达到理想的除草效果。

图4-66　在大豆苗期田间杂草较小、较少的情况

该期施药时，可以施用：

5%精喹禾灵乳油50～75ml/亩+72%异丙甲草胺乳油100～150ml/亩；

5%精喹禾灵乳油50～75ml/亩+33%二甲戊乐灵乳油100～150ml/亩；

12.5%稀禾啶乳油50～75ml/亩+72%异丙甲草胺乳油100～150ml/亩；

24%烯草酮乳油20～40ml/亩+50%异丙草胺乳油100～200ml/亩；

对水30kg，均匀喷施。施药时视草情、墒情确定用药量。施药时尽量不喷到大豆叶片上。由于豆田干旱或中耕除草，田间尽管杂草较小较少，但大豆较大时(图4-67)，不宜施用该配方；否则，药剂过多喷施到大豆叶片，特别是遇高温、干旱、正午强光下施药易发生严重的药害。

图4-67　大豆植株较大而田间杂草较小、较少的情况

对于前期未能封闭除草的田块，在杂草基本出齐，且杂草处于幼苗期(图4-68)时应及时施药。

图4-68　大豆苗期禾本科杂草大量发生且处于幼苗期时为害情况

可以施用：

5%精喹禾灵乳油50~75ml/亩；

10.8%高效氟吡甲禾灵乳油20~40ml/亩；

10%喔草酯乳油40~80ml/亩；

15%精吡氟禾草灵乳油40~60ml/亩；

10%精恶唑禾草灵乳油50~75ml/亩；

12.5%稀禾啶乳油50~75ml/亩；

24%烯草酮乳油20~40ml/亩。对水30kg，均匀喷施，可以有效防治多种禾本科杂草。施药时视草情、墒情确定用药量，草大、墒差时适当加大用药量。施药时注意不能飘移到周围禾本科作物上；否则，会发生严重的药害。

对于前期未能有效除草的田块，在杂草较多较大时(图4-69)，应适当加大药量和水量，喷透喷匀，保证杂草均能接受到药液。

图4-69 大豆生长期禾本科杂草严重为害的情况

可以用：

5%精喹禾灵乳油75~125ml/亩；

10.8%高效氟吡甲禾灵乳油40~60ml/亩；

10%喔草酯乳油60~80ml/亩；

15%精吡氟禾草灵乳油75~100ml/亩；

10%精恶唑禾草灵乳油75~100ml /亩；

12.5%稀禾啶乳油75~125ml/亩；

24%烯草酮乳油40~60ml/亩。对水45~60kg，均匀喷施，施药时视草情、墒情确定用药量，可以有效防治多种禾本科杂草；但天气干旱、杂草较大时死亡时间相对缓慢。杂草较大、杂草密度较高、墒情较差时，适当加大用药量和喷液量；否则，杂草接触不到药液或药量较小，影响除草效果。

（五）大豆苗期以香附子、鸭跖草或马齿苋、铁苋等阔叶杂草为主的豆田

在大豆主产区，除草剂应用较多的地区或地块，前期施用乙草胺、异丙甲草胺或二甲戊乐灵等封闭除草剂后，马齿苋、铁苋、打碗花等阔叶杂草或香附子、鸭跖草等恶性杂草发生较多的地块(图4-70)，杂草防治比较困难，应抓住有利时机及时防治。

图4-70　大豆生长期阔叶杂草为害情况

在马齿苋、铁苋、打碗花、香附子等基本出齐，且杂草处于幼苗期时(图4-71)应及时施药。

具体药剂如下：

10% 乙羧氟草醚乳油10～30ml/亩；

48%苯达松水剂150ml/亩；

25%三氟羧草醚水剂50ml/亩；

25%氟磺胺草醚水剂50ml/亩；

图4-71 大豆生长期阔叶杂草和香附子严重为害的情况

在东北地区，大豆苗期鸭跖草、龙葵、铁苋等杂草发生较重(图4-72)应及时施药。

图4-72 大豆生长期鸭跖草为害情况

具体药剂如下：

10%乙羧氟草醚乳油10～30ml/亩+48%异恶草酮水剂；

48%苯达松水剂150ml/亩；

25%三氟羧草醚水剂50ml/亩；

25%氟磺胺草醚水剂50ml/亩；

24%乳氟禾草灵乳油20ml/亩。对水30kg/亩，均匀喷施。宜在大豆2 ～4片羽状复叶时施药，大豆田施药会产生轻度药害，过早或过晚均会加大药害。

(六)大豆苗期以禾本科杂草和阔叶杂草混生的豆田

部分大豆田，前期未能及时的施用除草剂或除草效果不好时，苗期发生大量杂草(图4－73)，生产上应针对杂草发生种类和栽培管理情况，正确地选择除草剂种类和施药方法。

图4－73　大豆生长期禾本科杂草和阔叶杂草混合为害情况

在南方及华北夏大豆田(图4－74)，对于以马唐、狗尾草为主，并有藜、苋少量发生的地块，在大豆2～4片羽状复叶期、杂草基本出齐且处于幼苗期时应及时施药。

具体药剂如下：

5%精喹禾灵乳油50～75ml /亩+48% 苯达松水剂150ml/亩；

10.8%高效氟吡甲禾灵乳油20～40ml/亩+25%三氟羧草醚水剂50ml/亩；

5% 精喹禾灵乳油50～75ml/亩+24%乳氟禾草灵乳油20ml/亩。对水30kg，均匀喷施。宜在大豆2 ～4片羽状复叶时施药，施药时视草情、墒情确定用药量。草大、墒差适当加大用药量。

在东北春大豆田(图4－75)，苗期马唐、狗尾草、稗草、龙葵、鸭跖草等发生严重，在大豆2～4片羽状复叶期、杂草基本出齐且处于幼苗期时应及时施药。

具体药剂如下：

5%精喹禾灵乳油50～75ml/亩+48%苯达松水剂150ml/亩；

10.8%高效氟吡甲禾灵乳油20～40ml/亩+25%三氟羧草醚水剂50ml/亩；

5%精喹禾灵乳油50～75ml/亩+24%乳氟禾草灵乳油20ml/亩；

宜在大豆2 ～4片羽状复叶时施药，施药时视草情、墒情确定用药量。草大、墒差适当加大用药量。对水30kg，均匀喷施。

图4-74　大豆苗期禾本科杂草为害情况

图4-75　大豆苗期禾本科杂草和阔叶杂草混合为害情况

第五章　花生病虫草害原色图解

花生是主要的油料作物。我国目前种植面积290多万hm^2，占油料作物总面积的27%。我国花生的分布非常广泛，南起海南岛，北到黑龙江，东至台湾省，西达新疆，都有花生种植，但主要集中在山东、河南、河北、安徽等省，占全国花生产量的60%以上，我国花生种植以农业自然区为基础可划分为7个花生产区；北方大花生区、南方春秋两熟花生区，长江流域春夏花生交作区，云贵高原花生区，东北部早熟花生区，西北内陆花生区。

一、花生病害

花生是我国重要油料作物之一。据报道，我国已发现的花生病害有30多种，为害较重的有叶斑病、茎腐病、锈病、病毒病等。

1. 花生叶斑病

分布为害　花生叶斑病包括褐斑病和黑斑病，在花生各产区均有发生。

症　　状　褐斑病主要为害叶片，初为褪绿小点，后扩展成近圆形或不规则形小斑，病斑较黑斑病大而色浅，叶正面呈暗褐或茶褐色，背面颜色较浅，病斑周围有亮黄色晕圈（图5-1）。湿度大时病斑上可见灰褐色粉状霉层，即病菌分生孢子梗和分生孢子。

黑斑病主要为害叶片、叶柄、茎和花柄。叶斑现于叶正背两面，圆形或近圆形，暗褐色或黑色，病斑扩展后融合成大型不规则斑块，病斑背面有小黑点，排列呈同心轮纹状（图5-2）。叶柄、茎和花柄染病，产生线形或椭圆形病斑，深褐色至黑褐色，有时外围具浅黄色水渍状晕圈（图5-3）。

图5-1　花生褐斑病为害叶片症状

图5-2　花生黑斑病为害叶片症状

图5-3　花生黑斑病为害茎部症状

病　　原　褐斑病菌：*Cercospora arachidicola* 称落花生尾孢，属半知菌亚门真菌（图5-4）。子座多散生于病斑正面，深褐色。分生孢子梗黄褐色，具0～2个隔膜，不分枝，直或微弯。分生孢子无色或淡褐色，倒棒状、略弯曲，基部圆，顶端渐尖。

黑斑病菌：*Cercospora personata*称球座尾菌，属半知菌亚门真菌（图5-5）。子座生于表皮下，近球形或长条形，褐色至黑色。分生孢子梗直或稍弯曲，青褐色，较短粗，不分枝，具横隔膜0～1个。分生孢子暗青黄色，圆柱状，倒棍棒形，直立或略曲，顶部钝圆，基部倒圆锥平截，基脐明显。

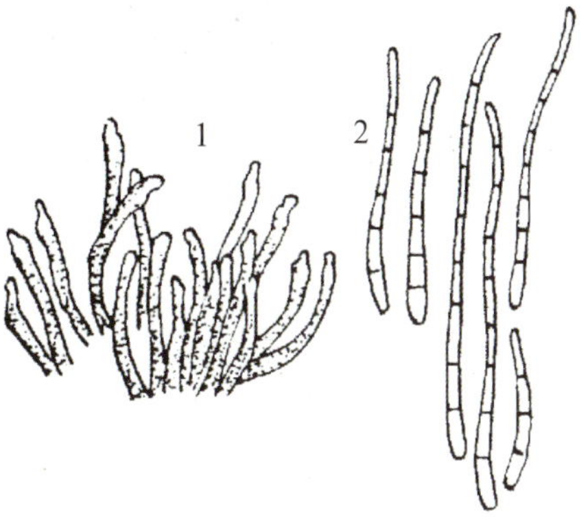

图5-4　花生褐斑病病菌
1.分生孢子梗　2.分生孢子

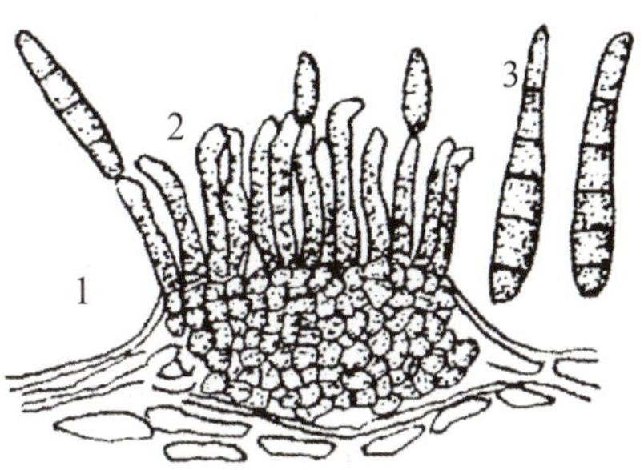

图5-5　花生黑斑病病菌
1.子座　2.分生孢子梗　3.分生孢子

发生规律 病菌以子座或菌丝团在病残体上越冬，也可以子囊腔在病组织中越冬。翌年遇适宜条件，产生分生孢子借风雨传播，孢子落到花生叶片上，遇适宜温度和水滴，萌发产生芽管，直接穿透表皮进入组织内部，产生分枝型吸器汲取营养。春花生田有两个明显的发病高峰：第一发病高峰在开花下针期，为6月中下旬。第二发病高峰在花生的中后期，为8月中下旬。夏花生只有1个发病高峰，在8月下旬至9月上旬，发病程度轻于春花生。秋季多雨、气候潮湿，病害重；少雨干旱年份发病轻。土壤瘠薄、连作田易发病。老龄化器官发病重；底部叶片较上部叶片发病重。

防治方法 花生收获后，要清除田间病残体，并及时进行耕翻，合理密植，降低湿度，加强田间管理，及时排水，提高抗病力。花生开花初期是防治叶斑病的关键时期。

花生开花初期，当田间病叶率10%～15%时，可用50%多·硫（多菌灵·硫磺）可湿性粉剂320～480g/亩、80%代森锰锌可湿性粉剂600～800倍液+70%甲基硫菌灵可湿性粉剂1 000倍液、75%百菌清可湿性粉剂100g/亩+50%多菌灵可湿性粉剂100g/亩等，对水40～50kg均匀喷雾。

花生叶斑病发病中期（图5-6），可喷施25%联苯三唑醇可湿性粉剂600～800倍液、70%甲基硫菌灵可湿性粉剂1 000倍液、6%戊唑醇微乳剂160～200ml/亩、50%苯菌灵可湿性粉剂1 000倍液、12.5%烯唑醇可湿性粉剂800～1 500倍液、2%嘧啶核苷类抗生素水剂200倍液，间隔15天施药1次，连续防治2～3次。

图5-6 花生叶斑病为害田间症状

2. 花生网斑病

分　布 花生网斑病在我国各花生产区均有发生。

症　状 主要发生在生长的中后期，主要为害叶片，茎、叶柄也可受害。植株下部叶片先发病，在叶片正面产生褐色小点或星芒状网纹，病斑扩大后形成近圆形褐色至黑褐色大斑，边缘呈网状不清晰，表面粗糙，着色不均匀，病斑背面初期和中期不表现症状（图5-7）。叶柄和茎受害，初为一褐色小点，后扩展为长条形或椭圆形病斑，中央略凹陷，严重时引起茎叶枯死（图5-8）。严重时，全田染病（图5-9）。

图5-7　花生网斑病为害叶片症状

图5-8　花生网斑病为害茎部症状

图5－9　花生网斑病为害后期田间症状

病　　原　*Phoma arachidicola* 称花生茎点霉，属半知菌亚门真菌（图5－10）。厚垣孢子生于菌丝中，褐色球形。分生孢子器黑色，近球形，埋生或半埋生于病组织中，具孔口。分生孢子无色，长椭圆形，多双胞，分隔处稍缢缩。

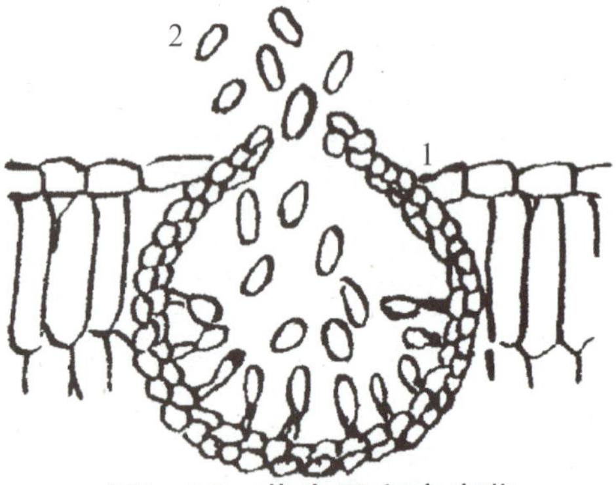

图5－10　花生网斑病病菌
1.分生孢子器　2.分生孢子

发生规律　以菌丝和分生孢子器在病残体上越冬。翌年条件适宜时从分生孢子器中释放分生孢子，借风雨传播进行初侵染。分生孢子产生芽管穿透表皮侵入，菌丝在表皮下呈网状蔓延。病组织上产生分生孢子进行多次再侵染。在冷凉、潮湿条件下，病害发生严重，在适宜温度下，保持高湿时间越长发病越重。一般雨后10天左右便出现1次发病高峰。连作田比轮作田发病重，水浇地和涝洼地比旱地和干燥地发病重。

防治方法　花生收获后要尽量清除田间病残体，适时播种，合理密植，施足基肥。花生开花期病害发生初期是喷药防治，可有效的防治其为害。

发病初期，喷洒70%代森锰锌可湿性粉剂600倍液+12.5%烯唑醇可湿性粉剂600～1 000倍液、50%多菌灵可湿性粉剂500～600倍液+75%百菌清可湿性粉剂700～800倍液、80%代森锰锌可湿性粉剂600～800倍液+70%甲基硫菌灵可湿性粉剂1 500倍液，间隔10～15天1次，连防2～3次，防效较好。

3. 花生茎腐病

分布为害 花生茎腐病在各花生产区均有发生，以山东、江苏、河南、河北、陕西、辽宁、安徽、海南、广东等省发生较重。

症　　状 多发生在花生生长的前期，主要为害花生的茎基部、根部和茎部，也为害子叶。苗期子叶感病，病部变为黑褐色，呈干腐状，蔓延到茎基部后，使茎基部变黑褐色腐烂，病株叶片变黄，萎蔫下垂，数天后即可枯死（图5-11）。病株主茎和侧枝的茎基部逐渐变黑枯死，潮湿时病部密生许多小黑点，病株易从地面病部折断，导致病株枯死。

图5-11 花生茎腐病为害茎基部症状

病　　原 *Diplodia gossypina* 称棉壳色单隔孢或棉色二孢，属半知菌亚门真菌（图5-12）。分生孢子器黑色，球形，生在寄主表皮下，有孔口突出寄主表皮外。分生孢子未成熟时，无色透明，单胞，椭圆形，成熟时变为暗褐色，双胞。分生孢子梗无色，细长。菌落初白色，数天后变黑色。

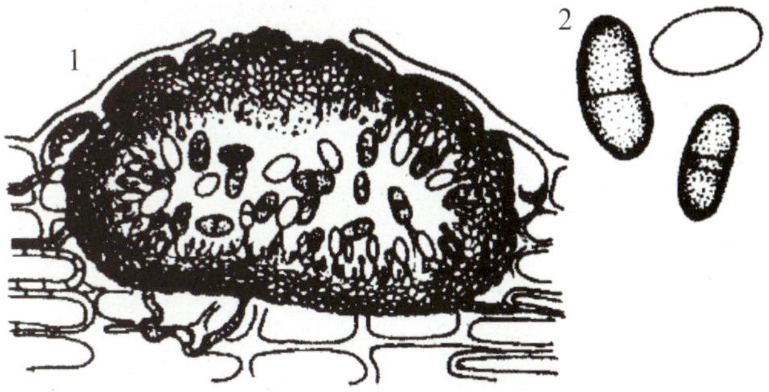

图5-12 花生茎腐病病菌
1.分生孢子器 2.分生孢子

发生规律 病菌以菌丝和分生孢子器在花生种子或土壤中的病残体上越冬，成为翌年的初侵染源。花生茎腐病菌是一种弱寄生菌，主要从伤口侵入，尤其是从阳光直射和土表高温造成的灼伤侵入，也可直接侵入，但直接侵入潜育期长、发病率低。病菌在田间主要借流水、风雨传播，也可靠人、畜、农具在农事活动中传播，进行初侵染和再侵染。调运带菌的荚果、种子可使病害远距离传播。病菌侵染的最有利时期是苗期，其次是结果期。河南、山东6月中旬为发病高峰，7月底至8月初为发病的又一次高峰。花生生长后期分枝易被病菌侵染，造成枝条死亡。

防治方法 花生收获后及时清除田间遗留的病株残体，增施肥料。播种前药剂浸种是预防花生茎腐病的有效措施，花生齐苗后和开花前是防治的关键时期。

药剂浸种，用25%多菌灵可湿性粉剂100倍液，倒入50kg种子浸种6~12小时，中间翻动2~3次，使种子把药液吸收；也可用50%拌种双可湿性粉剂0.3%~0.5%种子量浸种，或以种子量的0.2%~0.3%掺土拌种。

花生齐苗后和开花前，喷洒70%甲基硫菌灵可湿性粉剂1 000倍液、65%代森锌可湿性粉剂500~600倍液、12.5%烯唑醇可湿性粉剂1 500倍液、50%多菌灵可湿性粉剂600~800倍液、50%苯菌灵可湿性粉剂1 500倍液，发病严重时，可间隔7~10天再喷1次。

或对发病集中的植株，用50%多菌灵可湿性粉剂500~600倍液、70%甲基硫菌灵可湿性粉剂800倍液灌根，从每穴花生主茎顶部灌200~250ml药液，顺茎蔓流到根部，防治效果很好。

4. 花生锈病

分布为害 花生锈病主要分布在广东、广西、福建、海南等东南沿海地区和苏北、山东、河南、河北、湖北、辽宁等地区。东南沿海地区发病最重。

症　状 主要在叶片上发生，也能侵染叶柄、茎及果柄。叶片发病，初为针头大小淡黄色小点，后逐渐扩大变为红褐色突起（图5-13），表皮纵裂，露出红褐色粉末。病斑周围有一个不太明显的黄色晕圈（图5-14）。被害植株多先从底叶开始发病，逐渐向上蔓延，叶色变黄，最后干枯脱落，整株枯死。

图5-13 花生锈病为害叶片初期症状

图5-14 花生锈病为害叶片后期症状

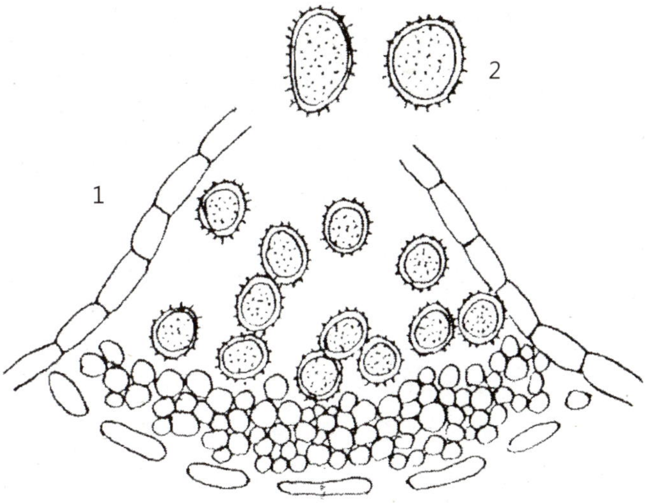

图5-15 花生锈病病菌
1.夏孢子堆 2.夏孢子

病　　原 *Puccinia arachidia* 称落花生柄锈菌，属担子菌亚门真菌（图5-15）。夏孢子圆形，黄褐色，表面有细小的刺，中央有2个对称排列的发芽孔。

发生规律 南方花生产区，锈病可于春花生、夏花生和秋花生以夏孢子辗转侵染，也可在秋花生落粒长出的自生苗上以及病残体、花生果上越冬，为来年的初侵染源。夏孢子可借气流、风雨传播，在叶片具有水膜的条件下进行再侵染。花生生长期的温度都能满足病菌孢子发芽需要。高湿，温差变化大，易引起病害的流行。氮肥过多，密度过火，通风透光不良能加重病害发生。春花生早播发病轻，迟播发病重；秋花生早描发病重，反之则轻。旱地花生和小畦种植的病害轻于水田和大畦花生。

防治方法 合理密植，及时中耕除草，做好排水沟、降低田间湿度。增施磷钾肥。清洁田园，及时清除病蔓及自生苗，秋花生于白露后播种。花生开花期是防治花生锈病的关键时期。

花生开花期，可喷施75%百菌清可湿性粉剂500倍液、70%代森锰锌可湿性粉剂800倍液+25%三唑酮可湿性粉剂800倍液等药剂预防。

病害发生初期，可喷施25%三唑酮可湿性粉剂600～800倍液倍液、10%苯醚甲环唑水分散粒剂2 000～2 500倍液、12.5%烯唑醇可湿性粉剂1 000～2 000倍液、25%丙环唑乳油500～1 000倍液、25%咪鲜胺乳油500～1 000倍液、15%三唑醇可湿性粉剂1 000倍液，喷药时加入0.2%展着剂（如洗衣粉等）有增效作用。每隔10天左右喷1次，连喷3～4次。

5. 花生根腐病

图5-16 花生根腐病为害根部症状

症 状 俗称“鼠尾”、烂根。幼苗出土后即可发病。先在茎基部近土面处出现湿润状黄褐色斑，后变为黑褐色，地上部失水萎蔫，逐步枯死。地下部根皮变褐色（图5-16），与髓部分离，主根粗短或细长，侧根很少，形似鼠尾状，近地面主茎上，常生出大量须根。严重时从表现症状至枯死仅需2天。始花期受害，植株矮小，黄化，叶片由下而上逐渐变黄干枯。根茎表面皱折，由黄变褐，髓部呈淡褐色水渍状，后枯萎死亡。

病 原 为多种镰孢菌包括*Fusarium solani*称茄类镰孢，*F. oxysporum*称尖孢镰孢，*F. roseum*称粉红镰孢，*F. tricinctum*称三线镰孢，*F. moniliforme*称串珠镰孢等，均属半知菌亚门真菌。都产生小分生孢子、大分生孢子和厚垣孢子。小孢子无色，圆筒形，多单胞。大孢子镰刀形或新月形，具3～5个分隔。厚垣孢子单生或串生，近球形。

发生规律 病菌在土壤、病残体和种子上越冬，成为翌年初侵染源。病菌主要借雨水、农事操作传播，从伤口或表皮直接侵入，病株产生分生孢子进行再侵染。苗期多阴雨、湿度大发病重。连作田、土层浅、砂质地易发病。

防治方法 深翻平整土地，增加活土层，提高土壤排水与蓄水能力；开沟排水，轻病地实行两年轮作；重病地实行3～5年轮作，增施无病有机肥，中耕培土，增强植株抗病能力。增肥改土，精细整地，提高播种质量。

种子处理，播前翻晒种子，剔除变色、霉烂、破损的种子，然后用种子重量0.3%的40%三唑酮·多菌灵可湿性粉剂进行拌种，密封24小时后播种。或用种子重量1%的50%多菌灵可湿性粉剂拌种。

及时施药预防控病，齐苗后加强检查，发现病株随即采用喷雾或淋灌办法施药封锁中心病株。可选用高锰酸钾600～1 000倍液、40%三唑酮·多菌灵可湿性粉剂1 000倍液、10%双效灵水剂300～500倍液等药剂，间隔7～15天1次，连喷2～3次，交替施用，喷足淋透。

6. 花生焦斑病

症 状 主要为害叶片，先从叶尖或叶缘发病，病斑楔形或半圆形，由黄变褐，边缘深褐色，周围有黄色晕圈（图5-17），后变灰褐色、枯死破裂，状如焦灼，上生许多小黑点即病菌子囊壳。叶片中部病斑初与黑斑病、褐斑病相似，后扩大成近圆形褐斑。该病常与叶斑病混生，有明显胡麻斑状。茎及叶柄染病，病斑呈不规则形（图5-18），浅褐色，水渍状，上生病菌的子囊壳。

病 原 *Leptosphaerulina crassiasca*称落花生小光壳，属子囊菌亚门真菌。子囊壳散生在寄主表皮内，后露出，褐色，近球形，壁厚，孔口有短乳状突起。子囊初无色透明，近卵圆形，成熟时黄褐色，内生子囊孢子8个。子囊孢子椭圆形，浅褐色，具1～2个纵隔和3～4个横隔，隔膜处缢缩。

发生规律 病菌以子囊壳和菌丝体在病残体上越冬或越夏，遇适宜条件释放子囊孢子，借风雨传播，侵入寄主。病斑上产生新的子囊壳，放出子囊孢子进行再侵染。田间湿度大、土壤贫瘠、偏施氮肥发病重。黑斑病、锈病等发生重，焦斑病发生也重。

图5-17　花生焦斑病为害叶片症状

图5-18　花生焦斑病为害茎部症状

防治方法　施足基肥，增施磷钾肥，适当增施草木灰。雨后及时排水降低田间湿度。播种密度不宜过大。

花生开花初期，可用80%代森锰锌可湿性粉剂600～800倍液+70%甲基硫菌灵可湿性粉剂1 000倍液、75%百菌清可湿性粉剂100g/亩+50%多菌灵可湿性粉剂100g/亩等，对水40～50kg均匀喷雾。

花生焦斑病发病期，可喷施70%甲基硫菌灵可湿性粉剂1 000倍液、6%戊唑醇微乳剂160～200ml/亩、50%苯菌灵可湿性粉剂1 000倍液、12.5%烯唑醇可湿性粉剂800～1 500倍液、2%嘧啶核苷类抗生素水剂200倍液，每隔15天施药1次，连续防治2～3次。

7. 花生炭疽病

症　　状　下部叶片发病较多。先从叶缘或叶尖发病。从叶尖侵入的病斑沿主脉扩展呈楔形、长椭圆或不规则形；从叶缘侵入的病斑呈半圆形或长半圆形，病斑褐色或暗褐色，有不明显轮纹，边缘黄褐色（图5-19），病斑上着生许多不明显小黑点即病菌分生孢子盘。

病　　原　*Colletotrichum truncatum*称平头刺盘孢，属半知菌亚门真菌。

发生规律　病菌以菌丝体和分生孢子在病株残体上越冬。第2年分生孢子借雨水传播，引起初次侵染。发病后病斑上产生分生孢子，通过雨水、昆虫传播进行多次侵染。高湿高温、排水不良的地块发病重。

防治方法　清除病株残体，深翻土壤，加强栽培管理，合理密植，增施磷钾肥，清沟排水。

病害发生初期，可喷施50%多菌灵可湿性粉剂500倍液+80%炭疽福美（福美双·福美锌）可湿性粉剂500～600倍液、70%甲基硫菌灵可湿性粉剂800倍液+70%代森锰锌可湿性粉剂600～800倍液、25%溴菌清可湿性粉剂600倍液、50%咪鲜胺锰盐可湿性粉剂800～1 000倍液等药剂，间隔7～15天1次，连喷2～3次，交替喷施。

图5-19　花生炭疽病为害叶片症状

8. 花生病毒病

分布为害 花生病毒病主要有条纹病毒病、斑驳病毒病、黄花叶病、普通花叶病等，是我国北方花生的重要病害。

症　状 条纹病毒病（图5-20）：花生染病后，先在顶端嫩叶上出现褪绿斑块，后发展成深浅相间的轻斑驳状，沿叶脉形成断续的绿色条纹或橡叶状花斑的斑驳症状，发病早的植株矮化。

斑驳病毒病（图5-21）：是全株性系统侵染病害，植物感染病毒后往往全株表现症状。病株的症状主要表现在叶片上，出现黄绿与深绿相嵌的斑驳。

黄花叶病（图5-22）：花生出苗后即见发病。染病株中等变矮，初在顶端嫩叶上现褪绿黄斑，叶片卷曲，后发展为黄绿相间的黄花叶症状，有的出现网状明脉或绿色条纹。

普通花叶病（图5-23）：病株开始在顶端嫩叶上出现叶脉颜色变浅，有的出现褪绿斑，后发展成绿色与浅绿相间的普通花叶症状，沿侧脉出现辐射状小的绿色条纹及小斑点，叶片狭长，叶缘呈波状扭曲。

图5-20　花生条纹病毒病病叶

图5-21　花生斑驳病毒病病叶

图5-22　花生黄花叶病病叶

图5-23　花生普通花叶病病叶

病　　原　Peanut strip virus（PSV）称花生条纹病毒，属马铃薯Y病毒组；Cucumber mosaic virus—CA（CMV—CA），称黄瓜花叶病毒；Peanut stunt virus—Mi（PSV—Mi），称花生矮化病毒。

发生规律　病毒在花生的种仁内越冬。带毒种子在田间形成的病苗成为初次侵染来源。病害的传染靠蚜虫，以有翅蚜传毒为主。地膜春花生在5月中下旬至6月上旬发病，露地春花生在5月下旬至6月上中旬发病，夏花生在6月下旬至7月上旬发病。花生出苗后的有翅蚜高峰期是斑驳病毒的侵染高峰期。

防治方法　选用无病种子。地膜覆盖栽培花生不但可以提高地温，保水保肥，疏松土壤，改善土壤环境，而且可以驱避蚜虫，减少传毒，是防病增产的重要措施。播种期进行种子处理，在花生4片真叶期喷施药剂可有效的控制病害的传播。

播种时用3%克百威颗粒剂2.5～3kg/亩、10%辛硫磷颗粒剂0.5kg/亩盖种。

在花生4片真叶时，10%吡虫啉可湿性粉剂2 000～2 500倍液、3%啶虫脒乳油1 000～2 000倍液、50%抗蚜威可湿性粉剂1 800倍液、40%氧乐果乳油1 000倍液，间隔7天，连喷3次，可有效地控制花生蚜和病毒病的发生程度。

在病害发生初期，也可喷施5%菌毒清水剂200～300倍液、20%盐酸吗啉胍·乙酸铜可湿性粉剂500倍液、0.5%菇类蛋白多糖水剂300倍液、1.5%植病灵乳剂1 000倍液等药剂，每隔5～7天喷1次，连续喷2～3次。

9. 花生冠腐病

症　　状　主要为害茎基部，多发生在生长前期，也可以侵染果仁和子叶（图5-24）。茎基部生病后初期生黄褐色病斑，逐渐扩大，皮层纵裂，组织干腐破碎，呈纤维状。在潮湿情况下，病部很快长出黑色霉层。病部内维管束和髓部呈紫褐色。病株易从病部折断或逐渐失水萎蔫枯死。

图5-24　花生冠腐病为害仁果症状

病　　原　*Aspergillus niger*称黑曲霉，属半知菌亚门真菌。分生孢子梗无色或淡色，顶端膨大成球形，球体表面再长出许多分枝，分枝顶端再长出小分枝，黑褐色，顶端再生一串分生孢子。分生孢子球形，褐色。

发生规律　以菌丝和分生孢子在土壤中病残体上及病种子上越冬。一般常在苗期、团棵期为害，在植株生长出木质茎和主根以后，此病就不再继续发生。一般种子质量差、带菌率高、苗弱发病较重；高温高湿、排水不良、土壤有机质少、耕作粗放、常年连作发病都重。

防治方法　精选种子，选饱满无病，没有霉变的种子，播种不宜过深，不施未腐熟有机肥，雨后及时排除积水。播种前种子处理是防治花生冠腐病的有效措施，花生齐苗后和开花前是防治该病的关键时期。

种子处理，可用种子重量0.2%～0.5%的50%多菌灵可湿性粉剂拌种或药液浸种，也可用种子重量0.5%～0.8%的25%菲醌粉剂或0.2%的50%福美双可湿性粉剂拌种。

花生齐苗后和开花前，喷洒50%多菌灵可湿性粉剂600～800倍液、70%甲基硫菌灵可湿性粉剂600～1 000倍液、50%苯菌灵可湿性粉剂1 500倍液，发病严重时，间隔7～10天再喷1次。

对发病集中的植株，可用50%多菌灵可湿性粉剂或70%甲基硫菌灵可湿性粉剂以800倍液灌根，从花生主茎顶部灌200～250ml/穴，顺茎蔓流到根部，防治效果很好。

10. 花生青枯病

症　　状　从苗期到收获期均可发生，以花期最易发病。主要侵染根部，致主根根尖变色软腐，病菌从根部维管束向上扩展至植株顶端。横切病部呈环状排列的维管束变成深褐色，用手捏压时溢出浑浊的白色细菌脓液。地上部叶片初为青色，萎蔫（图5−25至图5−26），后期整株枯萎。

图5−25　花生青枯病为害植株症状

病　　原　*Ralstouia solanacearum*称青枯劳尔氏菌，属细菌。菌体短杆状，两端钝圆，具极生鞭毛1～4根，无芽孢和荚膜，革兰氏染色阴性。

发生规律　病菌主要在土壤中、病残体及未充分腐熟的堆肥中越冬，成为翌年主要初侵染源。主要靠土壤、流水及农具、人畜和昆虫等传播。花生播种后日均气温20℃以上，5cm深处土温稳定在25℃以上约6～8天开始发病，旬均气温高于25℃，旬均土温30℃进入发病盛期。春花生4～5月降水量120～150mm，秋花生9月降水量达150～200mm，发病严重。

防治方法　选用抗病品种，大力推广水旱轮作或花生与冬小麦轮作。增施无病有机肥料，改善灌溉条件，及时开沟排水，高畦栽培，避免雨后积水。及时拔除病株集中处理。清除病残体也有较好防治效果。

图5-26 花生青枯病为害田间症状

由于此病是一种维管束病害，发病后进行药剂防治，通常难以达到治疗效果，目前尚无很好的药剂，应该在病害发生前和发病初期喷药预防。可用85%三氯异氰尿酸可溶性粉剂500倍液、50%氯溴异氰尿酸可溶性液剂40g/亩对水40～50kg、72%农用链霉素可溶性粉剂3 500～4 000倍液、25%络氨铜水剂500倍液、77%氢氧化铜可湿性粉剂500倍液喷淋根部，间隔 7～10天喷1次，连喷 3～4次防治。

11. 花生根结线虫病

症　　状 主要为害根和果壳。病株生长缓慢或萎黄不长，植株矮小，始花期叶片变黄瘦小，叶缘焦枯，提早脱落。花小且开花晚，结果少或不结果。还可侵害果壳、果柄和根颈，果壳受害形成乳白色，后为褐色突起的小瘤。果柄和根茎形成葡萄状虫瘤簇。剖开根部可见乳白色针头大小的雌成虫（图5-27至图5-28）。

病　　原 花生根结线虫主要有两个种：*Meloidogyne hapla*称北方根结线虫和*M.arenaria*称花生根结线虫，均属植物寄生线虫。雌虫乳白色，梨形，口针基部球向后略斜，前者背弓低平，侧线不明显，尾端正常，有刻点，侧线不明显，近尾尖处无刻点，近侧线处有不规则横纹，有些横雠伸至阴门角。雄虫细长灰白，头略尖，尾钝圆。

发生规律 1年发生3代。以卵和幼虫在土壤中的病根、病果壳虫瘤内外越冬，也可混入粪肥越冬。翌年气温回升，卵孵化变成1龄幼虫，蜕皮后为2龄幼虫，然后出壳活动，从花生根尖处侵入，在细胞间隙和组织内移动。线虫侵染盛期为5月中旬至6月下旬。干旱年份易发病，雨季早、雨水大、植株恢复快发病轻。砂壤土或沙土、瘠薄土壤发病重。

防治方法 清洁田园，深刨病根，集中烧毁。铲除杂草，重病田可改为夏播。修建排水沟。忌串灌，防止水流传播。花生播种期种子处理和土壤处理是防治线虫病的有效措施。

图5-27 花生根结线虫病为害根部症状

花生播种时，用5%克百威颗粒剂1.5kg/亩、3%氯唑磷颗粒剂4～5kg/亩随药剂同时播入播种沟内；或用20%灭线磷颗粒剂1～2kg/亩以施药混土—点种—覆土方法效果较好；或用90%棉隆粉剂4.5g/亩、80%氯化苦乳剂2.25～4.5kg/亩、80%二溴氯丙烷粉剂2kg/亩，在播种前10～15天开沟施药。

图5-28 花生根结线虫病根部根结症状

12. 花生白绢病

分布为害 花生白绢病广泛分布于世界各花生产区，在我国以长江流域和南方产区发生较多。

症　　状 主要为害茎部、果柄及荚果。发病初期茎基部组织呈软腐状，表皮脱落，严重的整株枯死。土壤湿度大时可见白色绢丝状菌丝覆盖病部和四周地面（图5-29），后产生油菜籽状白色小菌核（图5-30），最后变黄土色至黑褐色。根茎部组织染病，呈纤维状，终致植株干枯而死（图5-31）。

图5-29 花生白绢病根部白色菌丝

图5-30　花生白绢病根颈部菌核

图5-31　花生白绢病为害植株症状

病　　原　*Sclerotium rolfsii* 称齐整小核菌，属半知菌亚门真菌。菌丝白色，有明显缔状连结菌丝，每节具两个细胞核；在产生菌核之前可产生较纤细的白色菌丝，细胞壁薄，有隔膜，无缔状连结，常3~12条平行排列成束。菌丝细胞壁呈纤维状。

发生规律　以菌核或菌丝在土壤中或病残体上越冬。翌年菌核萌发，产生菌丝，从植株根茎基部的表皮或伤口侵入，也可侵入子房柄或荚果。在田间靠流水或昆虫传播蔓延。高温、高湿、土壤黏重、排水不良、低洼地及多雨年份易发病。雨后马上转晴，病株迅速枯萎死亡。

防治方法 收获后及时清除病残体，深翻。施用腐熟有机肥，改善土壤通透条件。春花生适当晚播，苗期清棵蹲苗，整治排灌系统。

药剂拌种，可选用40%五氯硝基苯粉剂、45%三唑酮·福美双可湿性粉剂、40%三唑酮·多菌灵可湿性粉剂按种子重量0.2%～0.3%拌种。

在花生下针期，可用28%多菌灵·井冈霉素悬浮剂1 000～1 500倍液、20%萎锈灵乳油1 000～2 000倍液、50%苯菌灵可湿性粉剂、50%异菌脲可湿性粉剂1 000～2 000倍液、50%腐霉利可湿性粉剂、20%甲基立枯磷乳油500～1 000倍液喷淋植株根茎部，每株喷淋100～200ml药液，间隔7～15天1次，交替施用2～3次，前密后疏，喷匀淋透。

二、花生虫害

据报道，我国已发现的花生虫害有50多种，为害较严重的有花生蚜、叶螨及蛴螬等。其中花生蚜在山东、河南、河北等地区受害较重；叶螨分布在各花生产区；地下害虫蛴螬以我国北方发生较普遍。

1. 花生蚜

分　　布 花生蚜（*Aphis medicaginis*）分布在全国各地。山东、河南、河北受害重。

为害特点 成、若虫群集在花生嫩叶、嫩芽、花柄、果针上吸汁，致使叶片变黄卷缩，生长缓慢或停止（图5-32），植株矮小，影响花芽形成和荚果发育，造成花生减产。还会传播花生病毒病。

形态特征 有翅胎生雌蚜体黑绿色，有光泽。触角6节。翅基、翅痣、翅脉均为橙黄色。无翅胎生雌蚜体较肥胖（图5-33），黑色至紫黑色，具光泽。卵长椭圆形，初浅黄色，后变草绿色至黑色。若蚜黄褐色，体上具薄蜡粉，尾片黑色很短。

图5-32　花生蚜虫为害症状

图5-33　无翅胎生蚜

发生规律　一年发生20～30代。主要以无翅胎生雌蚜和若蚜在背风向的山坡、地堰、沟边、路旁的荠菜等十字花科及宿根性豆科杂草或豌豆上越冬，少量以卵越冬。翌年早春在越冬寄主上大量繁殖，后产生有翅蚜，向麦田内的荠菜迁飞，形成第一次迁飞高峰。花生幼苗期迁入花生田，5月底至6月下旬花生开花结荚期是该蚜虫为害盛期。

防治方法　春季在其第1次迁飞之后，结合沤肥，清除杂草；并在“三槐”上喷洒杀虫剂，以消灭虫源。播种时进行土壤处理，可减少蚜虫的为害。一般年份在5月下旬至6月上旬开展田间蚜量调查，当有蚜株率达30%时，平均每穴花生蚜量达20～30头指标时，即应防治。

播种时施药。用3%克百威颗粒剂1.5～2kg/亩、3%甲基硫环磷颗粒剂1.5～2kg/亩拌干细土20～25kg沟施，药效可维持40～50天。

在有翅蚜向花生田迁移高峰后2～3天，用10%吡虫啉可湿性粉剂2 000倍液、40%氧乐果乳油50ml/亩、50%马拉硫磷乳油50ml/亩、50%抗蚜威可湿性粉剂10g/亩、25%亚胺硫磷乳油1 000倍液、50%喹硫磷乳油1 500～2 000倍液对水40～50kg喷雾防治，每亩用药液75～100kg。

2. 叶螨

分布为害　我国为害花生的叶螨有朱砂叶螨（*Tetranychus cinnabarinus*）、二斑叶螨（*T. urticae*）、截形叶螨（*T. truncatus*）等，分布在各花生产区。成、若螨聚集在叶背面刺吸汁液，叶正面现黄白色斑，后叶面出现小红点，为害严重的，红色区域扩大，状似火烧（图5-34）。

图5-34　花生叶螨为害叶片症状

形态特征 雌成螨椭圆形，体色常随寄主而异，多为锈红色至深红色，体背两侧各有1对黑斑，肤纹突三角形至半圆形。雄成螨前端近圆形，腹末稍尖，体色较雌淡。卵球形，淡黄色，孵化前微红。幼螨3对足。若螨4对足，与成螨相似（图5－35）。

发生规律 每年生10～20代，在华北以雌成螨在杂草、枯枝落叶及土缝中越冬；在华中以各种虫态在杂草及树皮缝中越冬。翌春气温达10℃以上，即开始大量繁殖。3～4月先在杂草或其他寄主上取食，5月中旬迁入花生田为害，到6月上旬至8月中旬进入发生为害盛期。

防治方法 铲除田边杂草，清除残株败叶，注意灌溉，增加湿度，不利于其发育繁殖。

在叶螨发生的早期，可使用杀卵效果好，残效期长的药剂，如使用5%噻螨酮乳油1 500倍液、20%四螨嗪可湿性粉剂3 000倍液、10%喹螨醚乳油3 000倍液。

当田间种群密度较大，并已经造成一定为害时，使用速效杀螨剂。可用15%哒螨·酮乳油3 000倍液、5%唑螨酯悬浮剂3 000倍液、20%三氯杀螨醇乳油1 500倍液、1.8%阿维菌素乳油2 000～4 000倍液、10%虫螨腈乳油3 000倍液、20%双甲脒乳油1 000倍液、20%复方浏阳霉素乳油1 000～1 200倍液、73%炔螨特乳油1 000倍液、20%甲氰菊酯乳油1 500倍液、2.5%联苯菊酯乳油1 500倍液，间隔7～10天再喷1次。为了提高药效，可在上述药液中混加300倍液的洗衣粉或300倍液的碳酸氢铵，喷药时应采取淋洗式的方法，务求喷透喷全。

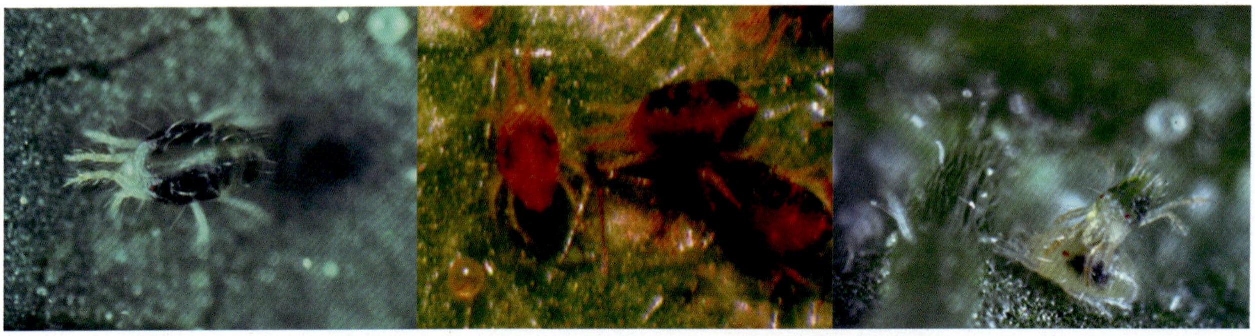

图5－35 二斑叶螨、截形叶螨、朱砂叶螨雌成螨

3. 蛴螬

分　　布 蛴螬是鞘翅目金龟甲总科幼虫的总称。其成虫通称金龟子。蛴螬在我国分布很广，各地均有发生，但以我国北方发生较普遍。据资料记载，我国蛴螬的种类有1 000多种，为害花生的有40多种。其中，大黑鳃金龟、暗黑鳃金龟、铜绿丽金龟为优势虫种。

为害特点 蛴螬的食性很杂（图5－36），是多食性害虫，为害作物幼苗、种子及幼根、嫩茎。蛴螬主要在地下为害，咬断幼苗根茎，切口整齐，造成幼苗枯死，或蛀食块根、块茎，造成孔洞，使作物生长衰弱，影响产量和品质。同时，被蛴螬造成的伤口有利于病菌的侵入，诱发其他病害。成虫金龟子主要取食植物地上部的叶片，有的还为害花和果实。

图5－36 蛴螬为害花生果实症状

形态特征与发生规律 见第一章。

防治方法 多施腐熟的有机肥料，合理控制灌溉，或及时灌溉，促使蛴螬向土层深处转移，避开幼苗最易受害时期。播种前拌种，或在播种或移栽前进行土壤处理，可以有效的减少虫量；或者在发生为害期药剂灌根，也可有效的防治害虫的为害。

播种前拌种，用50%辛硫磷乳油0.5kg，加水20～25kg，拌种子250～300kg，或40%甲基异柳磷乳油0.5kg，加水15～20kg，拌种200kg。

在播种时进行土壤处理，用50%辛硫磷乳油200～250ml/亩，加水10倍，喷于25～30kg细土上拌匀成毒土，或用2%甲基异柳磷粉2～3kg/亩加25～30kg细土拌成毒土；或用3%克百威颗粒剂、5%二嗪磷颗粒剂2.5～3kg/亩处理土壤，顺垄条施，随即浅锄，或以同样用量的毒土撒于种沟或地面，随即耕翻，或结合灌水施入。

在花生开花扎根期、蛴螬初发时，用3.5%氟腈・溴乳油90～120ml/亩、40%氯・辛乳油250ml/亩、48%毒死蜱乳油200ml/亩、40%辛硫磷乳油500ml/亩、40%治螟磷乳油500ml/亩、40%甲基异柳磷乳油250ml/亩、30%邦得（10%毒死蜱+20%辛硫磷）乳油400～600ml/亩对水40～50kg进行灌根，每株灌150～250ml。

4．花生新蛛蚧

分布为害　花生新蛛蚧（*Neomargarodes gossypii*）是近年来在花生上新发现的一种突发性害虫，主要寄主是花生、大豆、棉花及部分杂草等。以幼虫在根部为害，刺吸花生根部吸取营养，致侧根减少，根系衰弱，生长不良，植株矮化，叶片自下而上变黄脱落。前期症状不明显，开花后逐渐严重，轻者植株矮小、变黄、生长不良；重者花生整株枯萎死亡，受害植株很似病害，地下部根系腐烂，结果少而秕，收获时荚果易脱落（图5-37）。严重影响花生的产量和品质，一般田块减产10%～30%，严重地块达50%以上。

图5-37　花生新蛛蚧发生为害情况

形态特征　雌成虫（图5-38）：体长4.0～8.5mm，宽3～6mm。体粗壮，阔卵形，背面向上隆起，腹面较平。体柔韧，乳白色，多皱褶，密被黄褐色柔毛，特别是前足间毛长且密。触角短粗，塔状，6节。前足为开掘足，特别发达，爪极粗壮而坚硬，黑褐色。雄成虫（图5-39）：体长2.5～3.0mm，棕褐色。复眼朱红色，很大。触角黄褐色栉齿状。胸部宽大，前胸背板宽大，黑褐色，前缘白色，两侧生有许多褐色长毛；中胸背板褐色，前盾片隆起呈圆球形，盾片中部套折形成1横沟，翅基肩片1对。腹部各节背面各具1对褐色横片，第6，7腹节的褐色横片狭小。前翅发达，前缘黄褐色，中段呈齿状，后缘臀角处有1指状突出物，翅脉为2条不明显的纵脉；后翅退化成平衡棒。卵：椭圆形或卵圆形，长0.50～55mm，宽0.3～0.35mm，乳白色。3龄雄若虫：小型珠体脱壳后变成3龄雄若虫，其外形似雌成虫，但个体较小，体长约2.5mm，触角较宽，显微特征表现为无阴门，体腹面后部缺无中心孔的多格孔。蛹体长而扁，长约3mm，初为乳白色，以后渐变为黄褐色。触角、足、翅芽外露。

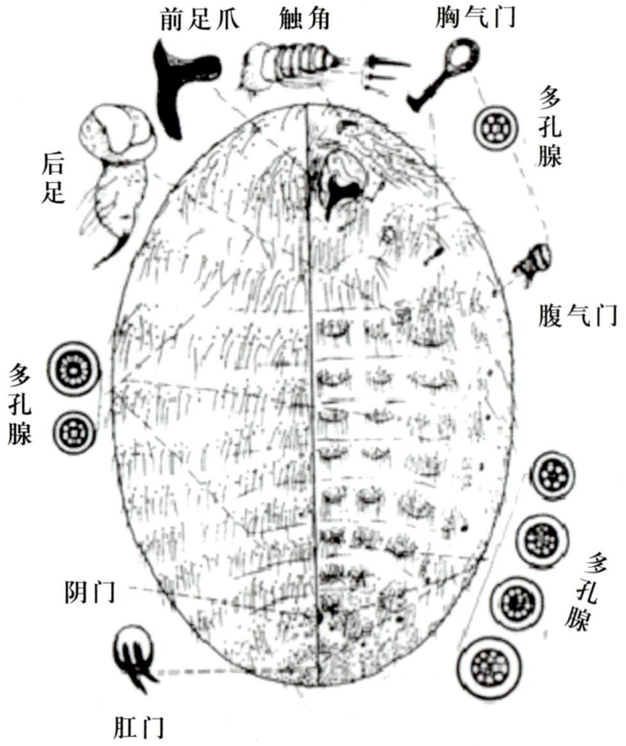

图5-38 花生新蛛蚧雌成虫

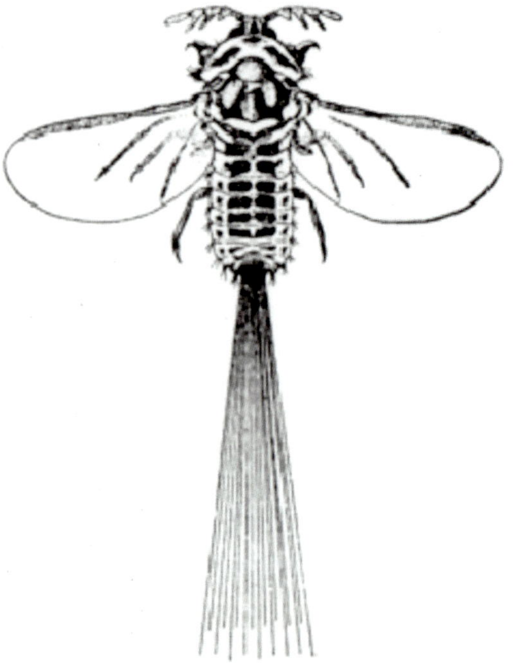

图5-39 花生新蛛蚧雄成虫

发生规律 新黑地珠蚜一年发生1代，以2龄幼虫（球体）在10~20cm深的土中越冬。翌年4月份雌成虫出壳，之后钻入土中，5月开始羽化为成虫，并且交配产卵，交配后雄成虫死去，等产卵后雌成虫也相继死亡。卵期20~30天，6月上旬开始孵化，6月下旬至7月上旬是1龄幼虫孵化盛期。幼虫期是防治的最佳时期。1龄幼虫在土表寻找到寄主后，钻入土中，将口针刺入花生根部，并定下来吸食为害。经过1次脱皮后变为2龄幼虫，呈圆珠状，并且失去活动能力。在大量吸食花生根部营养的同时，球体逐渐膨大，颜色逐渐由浅变深。7月上中旬是2龄幼虫为害盛期，8月上旬逐渐形成球体，9月份花生收获时大量球体脱离寄主，随着腐烂的花生根系脱落留在土壤中开始准备越冬。少量球体随花生带入场内，混入种子或粪肥中越冬以向外传播。该球体生活能力极强，若当年条件不适宜，可休眠到第2年、第3年，待条件适宜时继续发生为害。

防治方法 花生新蛛蚧主要为害花生、大豆、棉花等作物，因此，与小麦、玉米、芝麻、瓜类等非寄主作物轮作，可减少土壤中越冬虫源基数，减轻为害。6月在幼虫孵化期结合深中耕除草，可破坏其卵室，消灭部分地面爬行的幼虫。6月中旬是1龄幼虫孵化期，此时结合天气情况，及时浇水，抑制地面爬行幼虫活动，可杀死部分幼虫。若浇水时结合施药，效果更好。施药防治时要抓好防治适期。

播种期防治，花生播种时，每50%辛硫磷颗粒剂2.5kg对细土30~50kg配成毒土盖种。也可以用40%甲基异柳磷乳油或48%毒死蜱乳油200~250ml加水适量，拌细土30~40kg配成毒上撒施。还可以用种子量0.2%的50%辛硫磷乳油拌种，防治效果均较好，同时还能兼治地下害虫等害虫。

生长期防治最佳施药时间在6月下旬至7月上旬，若施药过晚，其珠形体外壳已经加厚，极难用药治理。可以用50%辛硫磷乳油200~300ml/亩、3%甲基异柳磷颗粒剂2.5~3.0kg加细土30~50kg制成毒土，顺垄撒于花生棵基部，然后覆土浇水。也可以用50%辛硫磷乳油1 000~1 200倍液、26%辛·吡乳油500~1 000倍液、40%甲基异柳磷乳油1 500倍液直接喷洒到花生根部，效果很好。

三、花生各生育期病虫害防治技术

花生栽培管理过程中，很多病虫害发生严重，生产上应总结本地花生病虫害的发生特点和防治经验，制定病虫害防治计划，适时进行田间调查，及时采取防治措施，有效控制病虫害，保证丰产、丰收。

（一） 播种期病虫害防治技术

花生春播时间大约在4月下旬至6月上旬（图5-40），麦套花生一般在小麦收获前10~20天点播，夏花生于麦收后及时点播，播种期病虫害防治是以保苗为目的，主要防治对象是地下害虫、根结线虫病、花生茎腐病、花生冠腐病等。

图5-40 花生播种

预防茎腐病等土传、种传病害和苗期病害，可以进行种子处理和土壤处理。可以用25%多菌灵可湿性粉剂100倍液，倒入50kg种子浸种或以种子量的0.2%~0.3%掺土拌种，或2.5%咯菌腈悬浮种衣剂按1：300包衣处理也可用种子重量0.2%~0.5%的50%多菌灵可湿性粉剂拌种或药液浸种6~12小时，中间翻动2~3次，使种子把药液吸收；也可用50%拌种双可湿性粉剂0.3%~0.5%种子量浸种，0.2%的50%福美双粉剂拌种；或用45%三唑酮·福美双可湿性粉剂、40%三唑酮·多菌灵可湿性粉剂按种子量0.2%~0.3%拌种，可有效的预防花生茎腐病、冠腐病等多种病害的发生。

对于经常发生花生根结线虫病的地区或田块，花生播种时，用5%克百威颗粒剂1.5kg/亩、5%苯线磷颗粒剂1kg/亩、3%氯唑磷颗粒剂4~5kg/亩随药剂同时播入播种沟内。 对于蛴螬、金针虫、蝼蛄等地下害虫发生严重的地块，可以用50%辛硫磷乳油按1：1 000的比例拌种，方法是用20ml药剂，加水1kg，配成药液，均匀拌干种子20kg；也可以用40%甲基异柳磷乳油按1：1 200~1：1 500的比例拌种，拌后晾干播种。

（二）幼苗期病虫害防治技术

花生幼苗期在5月～6月下旬（图5-41），这一时期主要防治对象为冠腐病、叶斑病、病毒病、蚜虫、红蜘蛛、棉铃虫、黏虫等病虫害，应注意调查，适时进行化学防治。

图5-41 花生幼苗期生长情况

防治花生冠腐病、叶斑病等，可以喷洒50%多菌灵可湿性粉剂600～800倍液、70%甲基硫菌灵可湿性粉剂600～1 000倍液、50%苯菌灵可湿性粉剂1 500倍液，发病严重时，间隔7～10天再喷1次。

在花生苗期控制蚜虫的发生为害，同时还能有效地控制病毒病等病害的传播为害。在田间有少量蚜虫时，可以喷施10%吡虫啉可湿性粉剂1 000～2 500倍液、3%啶虫脒乳油1 000～2 000倍液、50%抗蚜威可湿性粉剂1 800倍液、40%乙酰甲胺磷乳油1 500倍液等内吸性较好、持效期较长的杀虫剂，以保证较长的防治效果。在田间蚜虫较多时，可以用40%氧乐果乳油1 000倍液、50%辛硫磷乳油1 500倍液、50%马拉硫磷乳油或50%杀螟松乳油1 000倍液、20%氰戊菊酯乳油1 000～1 500倍液、2.5%溴氰菊酯乳油1 000～3 000倍液，间隔7天，连喷3次，可有效地控制花生蚜和病毒病的发生程度。

防治花生田的红蜘蛛，喷洒20%三氯杀螨醇乳油1 500倍液、20%三氯杀螨砜乳油800倍液、10%浏阳霉素乳油1 000倍液、73%炔螨特乳油3 000倍液、20%哒螨灵乳油3 000倍液、10%虫螨腈乳油2 000倍液、1.8%阿维菌素乳油5 000倍液、20%双甲脒乳油1 000~1 500倍液，间隔7~10天再喷1次。

（三）开花结果期病虫害防治技术

花生于7月上旬开始进入开花期（图5-42），于9月成熟收获。开花结果期，以叶斑病、锈病、青枯病为主防对象，蛴螬、蚜虫、红蜘蛛也时有为害，应注意调查，及时采取防治措施。

图5-42 花生开花结果期

花生叶斑病田间病叶率10%~15%时，开始喷施6%戊唑醇微乳剂100~200ml/亩、50%多菌灵可湿性粉剂50~100g/亩、70%甲基硫菌灵可湿性粉剂50~80g/亩，对水40~50kg；也可喷施25%联苯三唑醇可湿性粉剂600~800倍液+80%代森锰锌可湿性粉剂600~800倍液、50%苯菌灵可湿性粉剂1 500倍液+70%百菌清可湿性粉剂600~800倍液、12.5%烯唑醇可湿性粉剂1 000~2 000倍液，每隔15天施药1次，连续防治2~3次。可兼治网斑病。

防治花生锈病，可喷施15%三唑酮可湿性粉剂600倍液、12%松脂酸铜乳油600倍液、95%敌锈钠可湿性粉剂600倍液、75%百菌清可湿性粉剂500倍液、50%福美锌可湿性粉剂400倍液、15%三唑醇可湿性粉剂1 000倍液，每隔10天左右喷1次，连喷3~4次。

防治花生青枯病，可用85%三氯异氰尿酸可溶性液剂500倍液、72%农用链霉素可溶性粉剂2 000~4 000倍液、25%络氨铜水剂500倍液、77%氢氧化铜可湿性粉剂500倍液喷淋根部，间隔7~10天喷 1次，连喷 3~4次防治。

蛴螬主要为害花生荚果，可用90%晶体敌百虫500倍液、50%辛硫磷乳油800倍液、25%甲萘威可湿性粉剂800倍液、48%毒死蜱乳油1 000倍液进行灌根，每穴灌100~250ml/亩。

四、花生田杂草防治技术

近几年来，随着农业生产的发展和耕作制度的变化，花生田杂草的发生出现了很多变化。农田肥水条件普遍提高，杂草生长旺盛，但部分田也有灌溉条件较差的情况；小麦普遍采用机器收割，麦茬高、麦糠和麦秸多，影响花生田封闭除草剂的应用效果，但也有部分花生田在小麦收获前实行了行间点播；花生田除草剂单一品种长期应用，部分地块香附子等恶性杂草大量增加。目前，不同地区、不同地块的栽培方式、管理水平和肥水差别逐渐加大，在花生田杂草防治中应区别对待各种情况，选用适宜的除草剂品种和配套的施药技术。

花生播种期进行杂草防治是杂草防治中的一个重要时期，但花生多于砂地种植，芽前施药有较大的局限性。播前、播后苗前施药的优点：可以防除杂草于萌芽期和造成为害之前；由于早期控制了杂草，可以推迟或减少中耕次数；播前施药混土能提高对土壤深层出土的一年生大粒阔叶杂草和某些难防治的禾本科杂草的防治效果；还可以改善某些药剂对花生的安全性。播前、播后苗前施药的缺点：使用药量与药效受土壤质地、有机质含量、pH值制约；在砂质土，遇大雨可能将某些除草剂(如乙氧氟草醚、乙草胺)淋溶到种子上产生药害；播后苗前土壤处理，土壤必须保持湿润才能使药剂发挥作用，如在干旱条件下施药，除草效果差，甚至无效。

花生生长期化学除草特别重要，苗后茎叶处理具有的优点：受土壤类型、土壤湿度的影响相对较小；看草施药，针对性强。苗后茎叶处理具有的缺点：生长期施用的多种除草剂杀草谱较窄；喷药时对周围敏感作物易造成飘移为害；有些药剂高温条件下应用除草效果好，但同时对花生也易产生药害；干旱少雨、空气湿度较小和杂草生长缓慢的情况下，除草效果不佳；除草时间越拖延，花生减产越明显；苗后茎叶处理必须在大多数杂草出土，且具有一定截留药液的叶面积时施用，但此时花生已明显遭受草害。

（一）地膜覆盖花生田芽前杂草防治

我国部分地区，特别是部分砂土地区、山区丘陵或城郊，春季地膜花生还有一定的面积。田间如不进行化学除草，往往严重影响花生的生长、顶烂地膜(图5−43)。这类地块，多为砂质土、墒情差，晚上和阴天温度极低、白天阳光下温度极高，为保证除草剂的药效和安全增加了难度。这些地块不进行化学除草不行，进行化学除草效果又较差。生产上选择除草剂品种时，应尽量选择受墒情和温度影响较小的品种，以保证药效；药量选择时，应尽量降低用量，必须考虑药效和安全两方面的需要。

图5−43　地膜覆盖花生田杂草为害情况

对于一般地膜花生田，以马唐、狗尾草、藜等杂草为主，应在播种后、覆膜前(图5-44)及时施药，常用除草剂品种与用量如下。

图5-44 地膜覆盖花生田播种和施药时期

33%二甲戊乐灵乳油100～150ml/亩；
48%氟乐灵乳油100～150ml/亩(施药后需浅混土)；
50%乙草胺乳油75～120ml/亩；
72%异丙甲草胺乳油100～150ml/亩。
在花生播种后、覆膜前(花生芽前)，对水45kg，均匀喷施，氟乐灵施药后应及时进行混土。
对于田间发生有大量禾本科杂草和阔叶杂草的地块，可以用：
50%乙草胺乳油75～100ml/亩+20%恶草酮乳油100ml/亩；
50%乙草胺乳油75～100ml/亩+50%扑草净可湿性粉剂50g/亩；
33%二甲戊乐灵乳油75～100ml/亩+20%恶草酮乳油100ml/亩；
33%二甲戊乐灵乳油75～100ml/亩+50%扑草净可湿性粉剂50g/亩；
72%异丙草胺乳油75～100ml/亩+20%恶草酮乳油100ml/亩；
72%异丙草胺乳油75～100ml/亩+50%扑草净可湿性粉剂50g/亩；
在花生播后芽前，对水45kg，均匀喷施。
对于田间发生有大量禾本科杂草、阔叶杂草和香附子的地块，可以用：
33%二甲戊乐灵乳油75～100ml/亩+24%甲咪唑烟酸水剂30ml/亩；
72%异丙草胺乳油75～100ml/亩+24%甲咪唑烟酸水剂30ml/亩；
在花生播后芽前，对水45kg/亩，均匀喷施。

（二） 正常栽培条件花生田播后芽前杂草防治

部分生产条件较好的花生产区，习惯于麦收后翻耕平整土地后播种花生(图5-45)，对于这些地区花生播后芽前进行杂草防治是一个最有利、最关键的时期。

图5-45 南部花生栽培模式

华北花生栽培区(图5-46)，降水量少、土壤较旱，对于以前施用除草剂较少，对于田间常见杂草种类为马唐、狗尾草、牛筋草、稗草、藜、苋的田块，在花生播后芽前，可以用：

图5-46 华北夏花生田播种和施药情况

50%乙草胺乳油150~200ml/亩；

33%二甲戊乐灵乳油200~250ml/亩；

72%异丙甲草胺乳油200~250ml/亩，对水45kg，均匀喷施。

对于田间发生有大量禾本科杂草和阔叶杂草的地块，可以用：

50%乙草胺乳油100~200ml/亩+20%恶草酮乳油100ml/亩；

33%二甲戊乐灵乳油150~200ml/亩+50%扑草净可湿性粉剂50g/亩；

72%异丙草胺乳油150~250ml/亩+20%恶草酮乳油100ml/亩；

72%异丙草胺乳油150~250ml/亩+50%扑草净可湿性粉剂50g/亩，在花生播后芽前，对水45kg/亩,均匀喷施。

对于田间发生有大量禾本科杂草、阔叶杂草和香附子的地块，可以用：

50%乙草胺乳油100～200ml/亩+24%甲咪唑烟酸水剂20～30ml/亩；

33%二甲戊乐灵乳油150～200ml/亩+24%甲咪唑烟酸水剂20～30ml/亩；

72%异丙草胺乳油150～200ml/亩+24%甲咪唑烟酸水剂20～30ml/亩，在花生播后芽前，对水45kg，均匀喷施。

驻马店等河南中南部及其以南花生栽培区(图5-47)，降水量较大、杂草发生严重。对于以前施用除草剂较少，田间常见杂草种类为马唐、狗尾草、牛筋草、稗草、藜、苋的田块，在花生播后芽前，可以用：

50%乙草胺乳油200～250ml/亩；

33%二甲戊乐灵乳油200～250ml/亩；

72%异丙甲草胺乳油200～250ml/亩，对水45kg，均匀喷施。

图5-47 华北夏花生田播种和施药情况

对于田间发生有大量禾本科杂草和阔叶杂草的地块，可以用：50%乙草胺乳油200～250ml/亩；

48%二甲戊乐灵乳油150～250ml/亩；

72%异丙草胺乳油200～300ml/亩，同时加入下列任意一种药剂：

24%乙氧氟草醚乳油20ml/亩、20%恶草酮乳油100ml/亩、50%扑草净可湿性粉剂50g/亩。

在花生播后芽前，对水45kg，均匀喷施。

对于田间发生有大量禾本科杂草、阔叶杂草和香附子的地块，可以用：

50%乙草胺乳油100～200ml/亩+24%甲咪唑烟酸水剂30ml/亩；

33%二甲戊乐灵乳油150～200ml/亩+24%甲咪唑烟酸水剂30ml/亩；

72%异丙草胺乳油150～200ml/亩+24%甲咪唑烟酸水剂30ml/亩。

在花生播后芽前，对水45kg/亩，均匀喷施。该区经常有降雨，在花生播后芽前施用酰胺类、二硝基苯胺类除草剂、乙氧氟草醚、恶草酮时易于发生药害，特别是遇低温高湿情况更易于发生药害，施药时应注意墒情和天气预报。乙氧氟草醚、恶草酮为触杀性芽前除草剂，施药时要喷施均匀。扑草净对花生安全性差，不要随意加大剂量；否则，易于发生药害。

（三）　花生2～4片羽状复叶期田间无草或中耕锄地后杂草防治

黄淮海中北部夏花生产区是花生主产区，为争取时间和墒情，习惯在小麦收获前几天将花生点播于小麦行间；也有一部分地块在小麦收获后点播，由于三夏大忙，无法进行灭茬和施药除草，花生田除草必须在生长期进行。同时，对于播后芽前进行除草而未能有效防治的地块，也需要在生长期进行除草(图5-48)。

花生点播于小麦行间的田块(图5-49)，可以在花生苗期结合锄地、中耕灭茬，除去已出苗杂草，同时采用封闭除草的方法施药，可以有效防治花生田杂草。这种方法成本低廉、除草效果好，基本上可以控制整个生育期内杂草的为害。常用除草剂品种与用量：

50%乙草胺乳油120～150ml/亩；

72%异丙草胺乳油150～200ml/亩；

72%异丙甲草胺乳油150～200ml/亩。

在花生幼苗期、封行前，对水45kg，均匀喷施，宜选用墒情好、阴天或下午17：00后施药，如遇高温、干旱、强光条件下施药，花生会产生触杀性药斑，但一般情况下对花生生长影响不大。对于田间发生有大量禾本科杂草、阔叶杂草和香附子的地块，可以用：

50%乙草胺乳油100～200ml/亩+24%甲咪唑烟酸水剂30ml/亩；

图5-48 黄淮海中北部夏花生栽培模式

图5-49 花生苗期田间灭茬情况

33%二甲戊乐灵乳油150～200ml/亩+24%甲咪唑烟酸水剂30ml/亩；

72%异丙草胺乳油150～200ml/亩+24%甲咪唑烟酸水剂30ml/亩；

对水45kg，均匀喷施。在小麦收获1～2周后灭茬浇地，花生田墒情较好、长势良好情况下施药对花生比较安全；但是，田间干旱、麦收后花生长势较弱时施药易发生药害。

（四）花生生长期田间禾本科杂草的防治

对于前期未能及时化学除草、并遇到阴雨天气，田间往往发生大量杂草，乃至形成草荒(图5-50)，应及时进行化学除草。

图5-50 花生田禾本科杂草发生情况

在花生苗期锄地、中耕灭茬后，特别是中耕后遇雨，田间有禾本科杂草少量出苗后(图5-51)，过早盲目施用茎叶期防治禾本科杂草的除草剂，如精喹禾灵等，并不能达到理想的除草效果；该期可以采用除草和封闭兼备的除草方法，可以有效防治花生田杂草。这种方法封杀兼备、除草效果好，可以控制整个生育期内杂草的为害。该期施药时，可以施用：

5%精喹禾灵乳油50~75ml/亩+50%乙草胺乳油150~200ml/亩；

5%精喹禾灵乳油50~75ml/亩+33%二甲戊乐灵乳油150~250ml/亩；

12.5%稀禾啶乳油50~75ml/亩+72%异丙甲草胺乳油150~250ml/亩；

24%烯草酮乳油20~40ml/亩+50%异丙草胺乳油150~250ml/亩；

对水30kg，均匀喷施。

施药时视草情、墒情确定用药量。草大、墒差时适当加大用药量。由于花生田干旱或中耕除草，田间尽管杂草较小、较少，但花生较大时，不宜施用该配方；否则，药剂过多喷施到花生叶片，特别是遇高温干旱正午强光下施药易于发生严重的药害，降低除草效果，宜选用墒好、阴天或17：00后施药。

图5-51　花生田禾本科杂草发生前期

对于前期未能封闭除草的田块，在杂草基本出齐，且杂草处于幼苗期(图5-52)时应及时施药。可以施用：

5%精喹禾灵乳油50~75ml/亩；

10.8%高效氟吡甲禾灵乳油20~40ml/亩；

10%喔草酯乳油40~80ml/亩；

15%精吡氟禾草灵乳油40~60ml/亩；

10%精恶唑禾草灵乳油50~75ml/亩；

12.5%稀禾啶乳油50~75ml/亩；

24%烯草酮乳油20~40ml/亩，对水30kg，喷施，可以有效防治多种禾本科杂草。施药时视草情、墒情确定用药量，草大、墒差时适当加大用药量。施药时注意不能飘移到周围禾本科作物上，否则，会发生严重的药害。

对于前期未能有效除草的田块，在花生田禾本科杂草较多较大时(图5-53)，应适当加大药量和施药水量，喷透喷匀，保证杂草均能喷到药液。可以施用：

5%精喹禾灵乳油75~125ml/亩；

10.8%高效氟吡甲禾灵乳油40~60ml/亩；

图5-52　花生田大量禾本科杂草发生情况

图5-53　花生田禾本科杂草发生严重的情况

10%喔草酯乳油60～80ml/亩；

15%精吡氟禾草灵乳油75～100ml/亩；

10%精恶唑禾草灵乳油75～100ml/亩；

12.5%稀禾啶乳油75～125ml/亩；

24%烯草酮乳油40～60ml/亩。对水45～60kg，均匀喷施，施药时视草情、墒情确定用药量，可以有效防治多种禾本科杂草；但天气干旱、杂草较大时，死亡时间相对缓慢。杂草较大、杂草密度较高、墒情较差时，适当加大用药量和喷液量；否则，杂草接触不到药液或药量较小，影响除草效果。

（五）花生生长期田间阔叶杂草、香附子的防治

在花生主产区，除草剂应用较多的地区或地块，前期施用芳氧基苯氧基丙酸类、环己烯酮类、乙草胺、异丙甲草胺或二甲戊乐灵等除草剂后，马齿苋、铁苋、打碗花等阔叶杂草或香附子、鸭跖草等恶性杂草发生较多的地块(图5−54)，杂草防治比较困难，应抓住有利时机及时防治。

图5−54　花生生长期阔叶杂草发生为害情况

在马齿苋、铁苋、打碗花、香附子等基本出齐，且杂草处于幼苗期时(图5−55)应及时施药。具体药剂如下：

图5-55 花生生长期阔叶杂草为害情况

10%乙羧氟草醚乳油10～20ml/亩；

48%苯达松水剂150ml/亩；

25%三氟羧草醚水剂50ml/亩；

25%氟磺胺草醚水剂50ml/亩；

24%乳氟禾草灵乳油20ml/亩，对水30kg，均匀喷施。该类除草剂对杂草主要表现为触杀性除草效果，施药时务必喷施均匀。宜在花生2 ~4片羽状复叶时施药，花生田施药会产生轻度药害，过早或过晚均会加大药害。施药时视草情、墒情确定用药量。

在香附子发生严重的花生田(图5-56)，在香附子等杂草基本出齐，且杂草处于幼苗期时应及时施药，可以用24%甲咪唑烟酸水剂30ml/亩，对水45kg，均匀喷施，对香附子等多种杂草具有较好的防治效果。在香附子较大时，可以用：

24%甲咪唑烟酸水剂30ml/亩+10%乙羧氟草醚乳油10～20ml/亩；

24%甲咪唑烟酸水剂30ml/亩+48%苯达松水剂150ml/亩；

24%甲咪唑烟酸水剂30ml/亩+25%三氟羧草醚水剂50ml/亩；

24%甲咪唑烟酸水剂30ml/亩+25%氟磺胺草醚水剂50ml/亩；

24%甲咪唑烟酸水剂30ml/亩+24%乳氟禾草灵乳油20ml/亩，对水30kg喷施，对香附子的效果较好。该类除草剂对杂草主要表现为触杀性除草效果，施药时务必喷施均匀。宜在花生2 ~4片羽状复叶时施药，施药过晚或施药剂量过大时易对后茬发生药害。

（六） 花生生长期田间禾本科杂草和阔叶杂草等混生田的杂草防治

部分花生田，前期未能及时施用除草剂或除草效果不好时，苗期发生大量杂草(图5-57)，生产上应针对杂草发生种类和栽培管理情况，正确地选择除草剂种类和施药方法。

图5-56　花生生长期香附子为害情况

图5-57　花生生长期禾本科杂草和阔叶杂草混合为害情况

部分花生田(图5-58)，在花生生长前期或雨季来临之前，对于以马唐、狗尾草、马齿苋、藜、苋发生的地块，在花生2～4片羽状复叶期、杂草基本出齐且处于幼苗期时应及时施药，可以用杀草、封闭兼备的除草剂配方。具体药剂如下：

5%精喹禾灵乳油50ml/亩+48%苯达松水剂150ml/亩+50%乙草胺乳油150～200ml/亩；

10.8%高效氟吡甲禾灵乳油20ml/亩+25%三氟羧草醚水剂50ml/亩+50%乙草胺乳油150～200ml/亩；

10.8%高效氟吡甲禾灵乳油20ml/亩+25%三氟羧草醚水剂50ml/亩+72%异丙甲草胺乳油150～250ml/亩；

5%精喹禾灵乳油50ml/亩+24%乳氟禾草灵乳油20ml/亩+50%乙草胺乳油150～200ml/亩；

5%精喹禾灵乳油50ml/亩+48%苯达松水剂150ml/亩+72%异丙甲草胺乳油150～250ml/亩；

5%精喹禾灵乳油50ml/亩+48%苯达松水剂150ml/亩+33%二甲戊乐灵乳油150～250ml/亩，对水30kg，均匀喷施，施药时视草情、墒情确定用药量。还可以在上述除草剂配方中，对于香附子发生较多的田块，可以加入24%甲咪唑烟酸水剂30ml/亩，但不宜施药过晚，与后茬间隔期达不到3～4个月时，易对后茬发生药害。

图5-58　花生苗期禾本科杂草和阔叶杂草混合发生较轻的情况

部分花生田(图5-59)，对于以马唐、狗尾草为主，并有藜、苋少量发生的地块，在花生2～4片羽状复叶期、杂草大量发生且处于幼苗期时应及时施药，可以用：

5%精喹禾灵乳油50～75ml/亩+48%苯达松水剂150ml/亩；

10.8%高效氟吡甲禾灵乳油20～40ml/亩+25%三氟羧草醚水剂50ml/亩；

5%精喹禾灵乳油50～75ml/亩+24%乳氟禾草灵乳油20ml，对水30kg/亩，均匀喷施，宜在花生2 ～4片羽状复叶时施药，施药时视草情、墒情确定用药量。

如果田间杂草密度不太高，田间未完全封行，可以将防治阔叶杂草的除草剂与防治禾本科的除草剂混用；如果密度较大，尽量分开施药或仅施用防治禾本科杂草的除草剂，以确保除草效果和对作物的安全性。

图5-59　花生苗期禾本科杂草和阔叶杂草混合发生为害情况

（七）花生5片羽状复叶期以后田间密生香附子的防治

对于前期施用酰胺类除草剂进行封闭化学除草，或生长期施用一般除草剂防治杂草，而田间发生大量香附子的田块，应分情况对待。对于田间香附子较小、花生未封行时(图5-60)，可以施用48%苯达松水剂150～200ml/亩，或48%苯达松水剂100～120ml/亩+24%三氟羧草醚乳油25～35ml/亩。

图5-60　花生5片羽状复叶期后田间香附子发生情况

对于田间香附子较大、花生已封行时(图5-61)，最好选用人工除草的方法。该期用苯达松、三氟羧草醚等易对花生发生药害，同时，因药液不能喷洒到杂草上而没有药效；该期施用甲咪唑烟酸除草效果下降，且易对后茬作物发生药害。

图5-61　花生5片羽状复叶期后田间密生大量香附子和阔叶杂草

第六章　甘薯病虫草害原色图解

一、甘薯病害

甘薯是我国重要的薯类作物，已发生甘薯病害30多种，其中发生普遍并为害较重的有黑疤病、根腐病、软腐病、茎线虫病等。甘薯黑疤病在华北、黄淮海流域、长江流域、南方夏、秋薯区发生较重；茎线虫病以山东、河北、河南、北京、天津等地发病较重。

1. 甘薯黑疤病

分布为害　甘薯黑疤病是甘薯上的一种严重病害。分布广泛，在华北、黄淮海流域、长江流域、南方夏、秋薯区发生较重。

症　　状　生育期或贮藏期均可发生，主要侵害薯苗、薯块，不为害绿色部位。薯苗染病茎基白色部位产生黑色近圆形稍凹陷斑，严重时病斑包围苗基部形成黑根，后茎腐烂，植株枯死。薯块染病初呈黑色小圆斑，扩大后呈不规则形轮廓明显略凹陷的黑绿色病疤，病部组织坚硬，病薯黑绿色，具苦味（图6-1）。

病　　原　*Ceratocystis fimbriata*称甘薯长喙壳菌，属子囊菌亚门真菌（图6-2）。菌丝初期无色透明，老熟后变为深褐色。子囊壳内有多个子囊，子囊内有8个子囊孢子。子囊壁薄，成熟后自溶，子囊孢子散生于子囊壳内。子囊孢子无色，单胞。

图6-1　甘薯黑疤病为害薯块症状

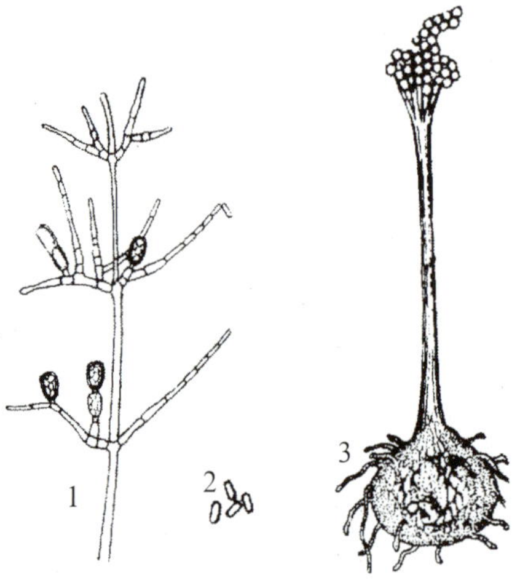

图6-2　甘薯黑疤病病菌
1.分生孢子梗和厚垣孢子　2.分生孢子
3.子囊壳及子囊孢子

发生规律　以子囊孢子在贮藏窖或苗床及大田的土壤中越冬，成为翌年的初侵染源。病菌能直接侵入幼苗根和茎基，也可从薯块上伤口、皮孔、根眼侵入，发病后再频繁侵染。地势低洼、土壤黏重的重茬地或多雨年份易发病，窖温高，湿度大，通风不好时发病重。

防治方法　选用抗病品种。建立无病留种田，入窖种薯认真精选，严防病薯混入传播蔓延。苗床管理，在前3天将床温提高到35～38℃，以后床温不低于28～30℃，以促进伤口愈合。剪除黑根，离炕面3cm左右剪苗，可除去容易感病的地下白色部分。种薯处理是预防黑疤病的关键措施。

种薯处理，温汤浸种，将精选的种薯在58～60℃的水温时下薯；或用50%多菌灵可湿性粉剂1 000倍液、70%甲基硫菌灵可湿性粉剂1 000倍液、80%乙蒜素乳油1 500倍液浸种10分钟；或用50%硫菌灵可湿性粉剂500倍液浸种5分钟，可有效的防治黑疤病。

2. 甘薯软腐病

症　　状　多发生在甘薯贮藏期，主要为害薯块。薯块染病，病部变为淡褐色水浸状，病组织软腐，破皮后流出黄褐色汁液，后在病部表面长出大量灰白色霉层，上生黑色小粒点。若表皮未破，水分蒸发，薯块干缩并僵化（图6－3）。

图6－3　甘薯软腐病为害薯块症状

病　　原　*Rhizopus stolonifer* 称匍枝根霉，属接合菌亚门真菌（图6－4）。菌丝初无色，分化出匍匐丝和假根。孢囊梗直立，暗褐色，丛生于假根上方，顶端着生球状孢子囊；孢子囊单生，褐色或黑色；孢囊孢子呈卵圆形，表面有线纹，灰色或褐色，单胞。

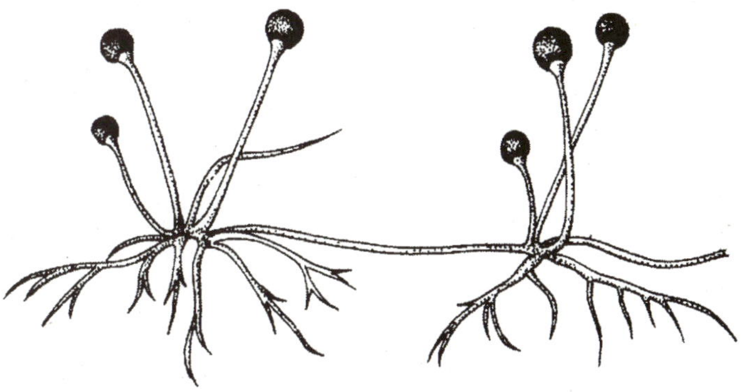

图6－4　甘薯软腐病病菌

发生规律　该菌存在于空气中或附着在被害薯块上或在贮藏窖越冬，由伤口侵入。病部产生孢子囊和孢囊孢子，借气流传播进行再侵染，薯块有伤口或受冻易发病。

防治方法　防止薯块受冻和破皮，控制好窖内温度、湿度。入窖前精选健薯，必要时用硫磺熏蒸。

甘薯软腐病是贮藏期的病害，因此薯块收获后要晾晒2～3天，使薯块失去一部分水分，使薯面和伤口干燥，并可抑制薯块表面一部分病菌，有利于贮藏。入窖前选用50%甲基硫菌灵可湿性粉剂500～700倍液、50%多菌灵可湿性粉剂500倍液浸沾薯块1～2次。

图6-5 甘薯茎线虫病为害薯块症状

3. 甘薯茎线虫病

分布为害 甘薯茎线虫病是一种毁灭性病害，以山东、河北、河南、北京、天津等地发病较重。

症　　状 主要为害薯块和茎蔓。线虫侵害近地面的茎蔓，呈现淡褐色干腐状病斑，严重受害时，植株叶片发黄、株形矮小，结薯少，生长不良。块根染病因侵染源不同，可表现糠心型或糠皮型，症状糠心型，内部薯肉呈褐白相间的干腐状，病薯表皮产生黑色龟裂（图6-5）。

病　　原 *Ditylenchus destructor* 称马铃薯腐烂线虫或破坏性茎线虫，属植物寄生线虫（图6-6）。成熟的雌虫和雄虫都是细长蠕虫形，雌虫较雄虫大。卵长约大于体宽，卵宽约为卵长的一半。

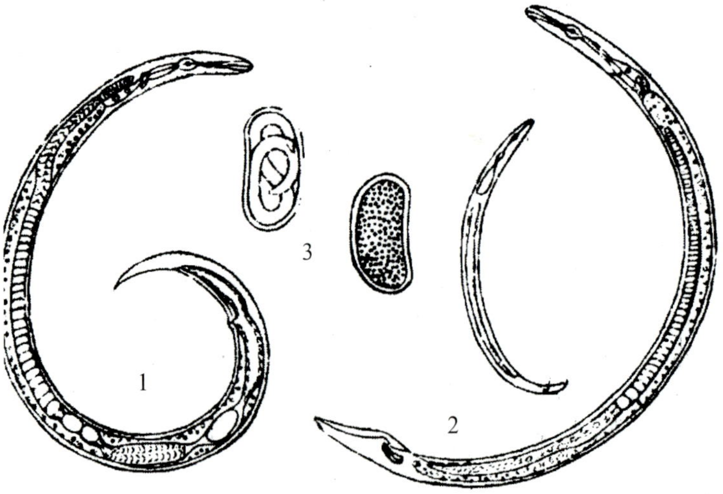

图6-6 甘薯茎线虫
1.雌虫 2.雄虫 3.虫卵及正在分化的虫卵

发生规律 卵、幼虫和成虫在土壤和粪肥中越冬，也可随收获的病薯块在窖内越冬，成为翌年的初侵染源。在生长期和贮藏期都能发病。用病薯育苗，线虫从薯苗茎部附着点侵入。结薯期，线虫由蔓进入新薯块顶部。病土和肥料中的病原线虫从秧苗根部的伤口侵入或从薯表面直接侵入。

防治方法 收获后及时清除病残体，以减少菌源。种薯上床前，进行精选，用51～54℃温水浸种10分钟，取出后剔除变色薯块，上床后，加强管理，培育无病壮苗。种薯处理和土壤处理是防治茎线虫病的关键措施。

苗床土壤处理，用净土或用3%克百威颗粒剂0.5kg/m^{2}处理，以培育无病壮苗。

栽插时土壤处理，用5%克百威颗粒剂2.5～3kg/亩、5%涕灭威颗粒剂2～3kg/亩、40%甲基异柳磷0.25kg/亩、10%硫线磷颗粒剂2.5～3kg/亩、5%克线磷颗粒剂1.5～2kg/亩、10%丙溴磷颗粒剂3kg/亩、1.5%丁硫克百威颗粒剂3kg/亩对细土25～30kg拌匀穴施，先浇水插秧，后施药土再覆土。

薯苗消毒处理，严格挑选，汰除病苗、弱苗，然后用50%辛硫磷乳油100～150倍液、40%甲基异柳磷500倍液浸泡基部2～3节10分钟，效果较好。

4. 甘薯病毒病

症　状 病毒病症状可分4种类型，一是叶片褪绿斑点型：发病初期叶片产生明脉或轻微褪绿半透明斑，后期斑点四周变为紫褐色或形成紫环斑（图6-7）。二是花叶型：苗期染病初期叶脉呈网状透明，后沿叶脉形成黄绿相间的不规则花叶斑纹（图6-8）。三是叶片皱缩型：病苗叶片少，叶缘不整齐或扭曲，有与中脉平行的褪绿半透明斑。四是薯块龟裂型：薯块上产生黑褐色或黄褐色龟裂纹，排列成横带状或贮藏后内部薯肉木栓化，剖开病薯可见肉质部具黄褐色斑块。

图6-7 甘薯病毒病褪绿斑点型

图6-8　甘薯病毒病花叶型

病　　原　Sweet potato feathery mottle virus（SPFMV）称甘薯羽状斑驳病毒。Sweet potato latent virus（SPLV）称甘薯潜隐病毒。Sweet potato yellow dwarf virus （SPYDV）称甘薯黄矮病毒。Sweet potato veinclearing virus （SPVCV）称甘薯明脉病毒。

发生规律　苗、薯块均可带毒，进行远距离传播。经由机械或蚜虫、烟粉虱及嫁接等途径传播。其发生和流行程度取决于种薯、种苗带毒率和各种传毒介体种群数量、活力、其传毒效能及甘薯品种的抗性。

防治方法　选用抗病毒病品种及其脱毒苗。用组织培养法进行茎尖脱毒，培养无病种薯、种苗。大田发现病株及时拔除后补栽健苗。加强薯田管理，提高抗病力。

发病初期，开始喷洒5%菌毒清水剂200～300倍液、2%宁南霉素水剂200倍液、15%三氮唑核苷可湿性粉剂500～700倍液、0.5%菇类蛋白多糖水剂200～300倍液，间隔7～10天1次，连用3次，可有效的控制病毒病的蔓延。

5. 甘薯紫纹羽病

症　　状　主要发生在大田期，为害块根或其他地下部位。病株表现萎黄，块根、茎基的外表生有病原菌的菌丝，白色或紫褐色，似蛛网状，病症明显。块根由下向上，从外向内腐烂，后仅残留外壳，须根染病的皮层易脱落（图6-9）。

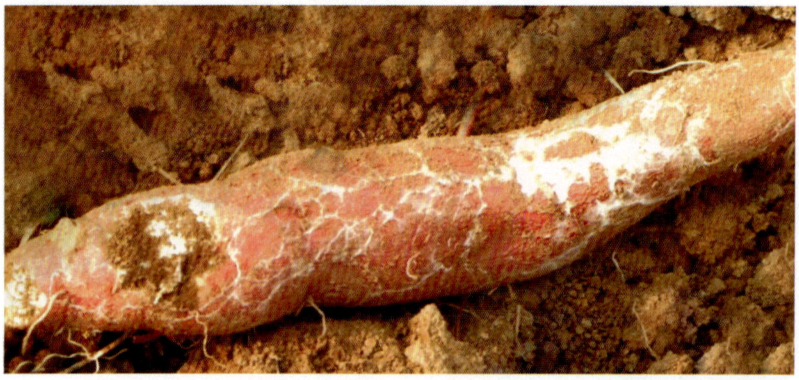

图6-9　甘薯紫纹羽病为害薯块症状

病　　原　*Helicobasidium mompa*称桑卷担菌，属担子菌亚门真菌（图6-10）。子实层淡紫红色。担子圆筒形，无色，其上产生担孢子。担孢子长卵形，无色单胞。

发生规律　以菌丝体、根状菌索和菌核在病根上或土壤中越冬。条件适宜时，根状菌素和菌核产生菌丝体，菌丝体集结形成的菌丝束，在土里延伸，接触寄主根后即可侵入为害，一般先侵染新根的柔软组织，后蔓延到主根。低洼潮湿、积水的地区发病重。

防治方法　不宜在发生过紫纹羽病的地块栽植甘薯，最好选择禾本科茬口。提倡施用酵素菌调制的堆肥，发现病株及时挖除烧毁，收获时病株残体集中烧毁或深埋。提高土壤肥力和改良土壤结构，以提高土壤保水保肥能力。

发病初期，及时喷淋或浇灌50%多菌灵可湿性粉剂600倍液、70%甲基硫菌灵可湿性粉剂800倍液、50%苯菌灵可湿性粉剂1 500倍液。或用40%五氯硝基苯粉剂1.5kg/亩、75%百菌清可湿性粉剂1.5kg/亩、70%代森锰锌可湿性粉剂1.5kg/亩加细土25～40kg浇水后穴施。

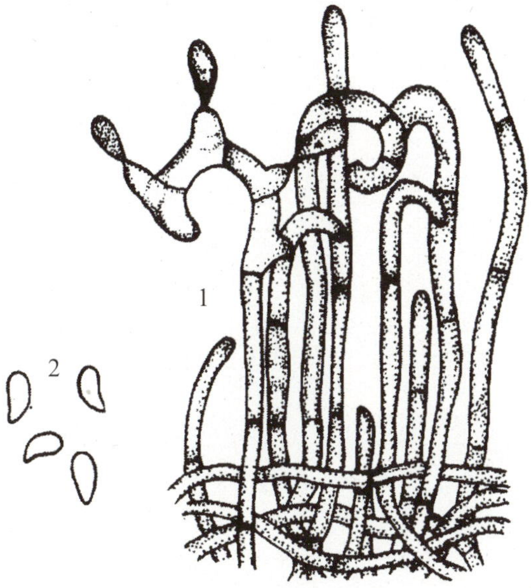

图6-10　甘薯紫纹羽病病菌
1.担子　2.担孢子

6. 甘薯蔓割病

症　状　主要为害茎蔓和薯块。苗期染病主茎基部叶片先变黄，茎基部膨大纵向开裂，露出髓部，横剖可见维管束变为黑褐色，裂开处呈纤维状。薯块染病薯蒂部呈腐烂状，横切病薯上部，维管束呈褐色斑点，病株叶片从下向上逐渐变黄后脱落，最后全蔓干枯而死（图6-11）。

病　原　*Fusarium oxysporum* f.sp *oxysporum* 称尖镰孢菌甘薯专化型，属半知菌亚门真菌。大型分生孢子圆筒形，纤细；小型分生孢子单胞，卵圆形至椭圆形；厚垣孢子褐色，球形。

发生规律　菌丝和厚垣孢子在病薯内或附着在土中病残体上越冬，成为翌年初侵染源。多从伤口侵入，沿导管蔓延。病薯、病苗能进行远距离传播，近距离传播主要靠流水和农具。降雨次数多，降雨量大利于该病流行。连作地、砂地或砂壤土发病重。

防治方法　选用抗病品种，严禁从病区调运种子、种苗。重病区或田块与水稻、大豆、玉米等实行3年以上轮作。发现病株及时拔除，集中深埋或烧毁。

图6-11　甘薯蔓割病维管束褐变症状

结合防治黑疤病进行温汤浸种，培养无病苗，也可用70%甲基硫菌灵可湿性粉剂700倍液浸种。必要时喷洒30%碱式硫酸铜可湿性粉剂800倍液、14%络氨铜水剂700～800倍液、50%苯菌灵可湿性粉剂1 500倍液。

7. 甘薯斑点病

症　状　主要为害叶片，叶斑圆形至不规则形，初呈红褐色，后转灰白色至灰色，边缘稍隆起，斑面上散生小黑点。严重时叶斑密布或连合，致叶片局部或全部干枯（图6-12）。

图6-12　甘薯斑点病为害叶片症状

病　　原　*Phyllosticta batatas*称甘薯叶点霉，属半知菌亚门真菌。分生孢子器近球形，具孔口；分生孢子梗短，卵圆形或椭圆形，单胞，无色。

发生规律　北方以菌丝体和分生孢子器随病残体遗落土中越冬，翌年散出分生孢子传播蔓延。在我国南方，周年种植甘薯的温暖地区，病菌辗转传播为害，无明显越冬期。分生孢子借雨水溅射进行初侵染和再侵染。生长期遇雨水频繁，空气和田间湿度大或植地低洼积水，易发病。

防治方法　收获后及时清除病残体烧毁。重病地避免连作。选择地势高燥地块种植，雨后清沟排渍，降低温度。

于病害始期，及时连续喷洒70%甲基硫菌灵可湿性粉剂1 000倍液、75%百菌清可湿性粉剂1 000倍液、80%代森锰锌可湿性粉剂600倍液、50%苯菌灵可湿性粉剂1 500倍液、65%代森锌可湿性粉剂400～600倍液、40%多·硫悬浮剂500倍液，间隔10天左右1次，连续防治2～3次，注意喷匀喷足。

二、甘薯虫害

1. 甘薯天蛾

分　　布　甘薯天蛾（*Herse convolvuli*）该虫近年在华北、华东等地区为害日趋严重。

为害特点　以幼虫咬食叶片，能将叶片吃光，只剩下薯蔓，还可为害嫩茎。

形态特征　成虫体翅暗灰色（图6-13）；肩板有黑色纵线；腹部背面灰色，顶角有黑色斜纹；前翅灰褐色，内、中、外各横线为锯齿状的黑色细线，后翅淡灰色，有4条暗褐色横带。卵球形，淡黄绿色。老熟幼虫体体色有两种：一种体背土黄色，侧面黄绿色，杂有粗大黑斑，体侧有灰白色斜纹，气孔红色，外有黑轮；另一种体刀绿色，头淡黄色，斜纹白色，尾角杏黄色。蛹朱红色至暗红色（图6-14）。

图6-13　甘薯天蛾成虫

图6-14　甘薯天蛾蛹

发生规律　东北及华北地区每年2代，江淮流域3～4代，福建4～5代。以老熟幼虫在土中5～10cm深处作室化蛹越冬。成虫于5月出现，以8～9月发生数量较多，为害最重。

防治方法　冬、春季多耕耙甘薯田，破坏其越冬环境；早期结合田间管理，捕杀幼虫。

用2.5%敌百虫粉或1.5%辛硫磷粉剂1.5～2kg/亩喷粉；或用90%晶体敌百虫800～1 000倍液、80%敌敌畏乳油2 000倍液、20%苏云金杆菌乳剂500倍液、50%辛硫磷乳油1 000倍液、2.5%溴氰菊酯乳油2 000倍液喷雾。

2. 甘薯麦蛾

分　　布　甘薯麦蛾（*Brachmia macroscopa*）近年来在我国有为害加重的趋势，主要分布在华北、华东、华中、华南、西南等地区。

为害特点　以幼虫吐丝啃食新叶、幼芽成网状，幼虫钻入芽中，虫体长大后啃食叶肉，仅剩下表皮，致被害部变白，后变褐枯萎，发生严重时仅残留叶脉（图6-15）。

图6-15　甘薯麦蛾为害叶片症状

图6-16 甘薯麦蛾成虫

图6-17 甘薯麦蛾幼虫

形态特征 成虫体黑褐色的小蛾子（图6-16），头顶与颜面紧贴深褐色鳞片，前翅狭长，具暗褐色混有灰黄色的鳞粉，翅和翅脉绿色，近中央有白色条纹，后翅菜刀状，暗灰白色。卵椭圆形，初产乳白色，后变淡褐色，表面有细网纹。幼虫纺锤形，头部浅黄色，躯体淡黄绿色（图6-17）。蛹纺锤形，黄褐色。

发生规律 华北、浙江年发生3～4代，江西、湖南5～7代，福建、广东8～9代，该虫以蛹在田间残株和落叶中越冬，越冬蛹于6月上旬开始羽化，6月下旬在田间即见幼虫卷叶为害，8月中旬第2代幼虫出现，9月发生第3代幼虫，10月后老熟幼虫化蛹越冬。7～9月为发生高峰期。

防治方法 秋后要及时清洁田园，处理残株落叶，清除杂草，田园内初见幼虫卷叶为害时，要及时捏杀新卷叶中的幼虫或摘除新卷叶。

应掌握在幼虫发生初期施药，喷药时间以16：00～17：00为宜，此时防治效果较好。首选药剂以48%毒死蜱乳油1 000～1 500倍液、40%氧乐果乳油1 000～1 500倍液、90%晶体敌百虫800～1 000倍液、50%亚胺硫磷乳油500～800倍液、50%倍硫磷乳油1 000倍液，每亩喷对好的药液75kg。

3. 甘薯茎螟

分　　布 甘薯茎螟（*Omphisa anastomosalis*）主要分布在福建、台湾省、海南、广东、广西等地区。

为害特点 幼虫在薯茎内部钻蛀为害，被害薯茎因连续受到刺激，逐渐膨大，形成木质化中空、纵形隆起的虫瘿，虫瘿上部容易折断，造成缺株。部分幼虫也会在外露的薯块或从薯蒂侵入薯块，蛀食成隧道，影响薯块生长。

形态特征 成虫头、胸、腹部灰白色（图6-18）。下唇须伸向头部前方，复眼大且黑。前翅浅黄色，翅基褐色，中央具网状斑纹，多不规则，近外缘处生有波状横纹2条，雄虫体色常较雌虫深。卵扁椭圆形，浅绿色，后变为黄褐色，表生小红点。初孵幼虫头部黑色，2龄后变为黄褐色，老熟时呈红褐色。蛹浅黄色至棕红色，头部突出。

图6-18 甘薯茎螟成虫

发生规律 一年发生4～5代。以老熟幼虫在冬薯茎内或残留在田间的薯块、遗藤内越冬。翌春3月上旬化蛹，3月是下旬出现成虫。4月上旬～5月中旬出现第1代幼虫，5月下旬～7月上旬出现第2代幼虫，7月中旬～8月中旬出现第3代幼虫，9月中旬～10月下旬出现第4代幼虫，11月上旬出现第5代幼虫，老熟后越冬。

防治方法 甘薯茎螟食性较专一，大面积轮作，对该虫有重要的抑制作用。收薯后，及时彻底地把薯田及其周围的薯藤、坏薯集中烧毁，可减少虫源。

薯苗药剂处理。剪苗栽插前1～2天，用40%乐果乳油1 000倍液、90%晶体敌百虫、80%敌敌畏乳油800～900倍液进行苗床喷雾或用乐果药液浸苗1～2分钟后扦插。在成虫羽化高峰后5～7天，喷洒上述杀虫剂。把未受精的雌蛾1～2头装在诱虫器中，于成虫盛发期诱杀有效。

4. 甘薯叶甲

为害特点　甘薯叶甲（*Colaspoma dauricum*）成虫食害薯苗，幼虫在地下啃食薯根或薯块，薯块表层有弯曲隧道。

形态特征　成虫体长6mm，短卵圆形，蓝黑、蓝绿、紫铜或红黑色而具有光泽（图6-19）。卵长圆形，淡黄绿色。幼虫老熟幼虫体短圆筒形，胸腹部黄白色。蛹椭圆形。乳白色，腹部末端有刺6根。

发生规律　一年发生1代，以幼虫在寄主田内地下15～25cm处作土室越冬。翌年春在土室化蛹、羽化。6月中旬出现幼虫，下旬为成虫为害盛期。成虫飞翔力弱，幼虫喜湿。

防治方法　根据当地种植习惯合理轮作，可有效地控制虫源；秋季翻耕，消灭越冬幼虫。

成虫进入高峰期或虫量骤增时，可用90%晶体敌百虫1 000倍液，或用40%氧乐果乳油2 000倍液喷雾。

图6-19　甘薯叶甲成虫

三、甘薯田杂草防治技术

近年来，我国各地甘薯种植区域自然条件差异较大、栽培管理模式不同(图6-20)，生产上应根据各地实际情况正确地选择除草剂的种类和施药方法。

图6-20　甘薯田杂草发生为害情况

（一） 甘薯移栽田杂草防治

甘薯生产中基本上都是育苗移栽(图6-21)，于移栽前2～3天喷施土壤封闭性除草剂，一次施药可保持整个生长季节不受杂草为害。

图6-21 甘薯移栽田情况

可以施用的除草剂品种和施药方法如下。

50%乙草胺乳油150～200ml/亩；

72%异丙甲草胺乳油175～250ml/亩；

72%异丙草胺乳油175～250ml/亩；

20%萘丙酰草胺乳油200～300ml/亩；

33%二甲戊乐灵乳油150～200ml/亩；

对水40kg，均匀喷施地表。对于墒情较差或者砂土地，可以用48%氟乐灵乳油150～200ml/亩或48%地乐胺乳油150～200ml/亩，施药后及时浅混土2～3cm，该药易于挥发，混土不及时会降低药效。

对于一些长期施用除草剂的田块，铁苋、马齿苋等阔叶杂草较多，可以用下列除草剂配方。

33%二甲戊乐灵乳油100～150ml/亩+25%恶草酮乳油100～150ml/亩；

50%乙草胺乳油100～150ml/亩+25%恶草酮乳油100～150ml/亩；

72%异丙甲草胺乳油150～200ml/亩+25%恶草酮乳油100～150ml/亩；

72%异丙草胺乳油150～200ml/亩+25%恶草酮乳油100～150ml/亩；

33%二甲戊乐灵乳油100～150ml/亩+24%乙氧氟草醚乳油20～30ml/亩；

50%乙草胺乳油100～150ml/亩+24%乙氧氟草醚乳油20～30ml/亩；

72%异丙甲草胺乳油150～200ml/亩+24%乙氧氟草醚乳油20～30ml/亩；

72%异丙草胺乳油150～200ml/亩+24%乙氧氟草醚乳油20～30ml/亩；

对水40kg，均匀喷施，可以有效防治多种一年生禾本科杂草和阔叶杂草。生产中应均匀施药，不宜随便改动配比，否则易产生药害。

（二） 甘薯生长期杂草防治

在甘薯苗期锄地、中耕后，田间有禾本科杂草少量出苗后(图6-22)，过早盲目施用茎叶期防治禾本科杂草的除草剂，如精喹禾灵等，并不能达到理想的除草效果；该期可以采用除草和封闭兼备的除草方法，特别是甘薯未封行前施用可以有效防治甘薯田杂草。这种方法封杀兼备、除草效果好，可以控制整个生育期内杂草的为害。

图6-22 甘薯田少量禾本科杂草发生情况

在甘薯未封行前，定向喷施，尽量让药剂少喷施到甘薯心叶，可以施用下列除草剂配方。

10%精喹禾灵乳油50～75ml/亩+50%乙草胺乳油100～200ml/亩；

10%精喹禾灵乳油50～75ml/亩+33%二甲戊乐灵乳油150～200ml/亩；

12.5%稀禾啶乳油50～75ml/亩+72%异丙甲草胺乳油150～200ml/亩；

24%烯草酮乳油20～40ml/亩+50%异丙草胺乳油150～200ml/亩；

对水30kg，均匀喷施。施药时视草情、墒情确定用药量。尽量不要把药剂喷施到甘薯叶片上。甘薯较大时，不宜施用该配方；否则，药剂过多喷施到甘薯叶片，特别是遇高温、干旱、正午强光下施药易于发生严重的药害，降低除草效果。宜选用墒好、阴天或下午17：00后施药。

对于前期未能采取化学除草或化学除草失败的甘薯田(图6-23)，应在田间杂草基本出苗、且杂草处于幼苗期时及时施药防治。

图6-23　甘薯田禾本科杂草发生为害情况

甘薯田防治一年生禾本科杂草，如稗草、狗尾草、野燕麦、马唐、虎尾草、看麦娘、牛筋草等，应在禾本科杂草3～5叶期，用下列除草剂：

10%精喹禾灵乳油40～60ml/亩；

10.8%高效氟吡甲禾灵乳油20～40ml/亩；

24%烯草酮乳油20～40ml/亩；

12.5%稀禾啶机油乳剂40～50ml/亩；

对水25～30kg，配成药液喷洒。在气温较高、雨量较多地区，杂草生长幼嫩，可适当减少用药量；相反，在气候干旱、土壤较干地区，杂草幼苗老化耐药，要适当增加用药量。防治一年生禾本科杂草时，用药量可稍减少；而防治多年生禾本科杂草时，用药量应适当增加。

对于前期未能有效除草的田块，在甘薯田禾本科杂草较多较大时(图6-24)，应适当加大药量和施药水量，喷透喷匀，保证杂草均能接受到药液。

图6-24　甘薯田禾本科杂草发生严重的情况

田间杂草较大时，可以施用下列除草剂配方。

10%精喹禾灵乳油50~100ml/亩；

10.8%高效氟吡甲禾灵乳油40~60ml/亩；

10%喔草酯乳油60~80ml/亩；

15%精吡氟禾草灵乳油75~100ml/亩；

10%精恶唑禾草灵乳油75~100ml/亩；

12.5%稀禾啶乳油75~125ml/亩；

24%烯草酮乳油40~60ml/亩；

对水45~60kg，均匀喷施，施药时视草情、墒情确定用药量，可以有效防治多种禾本科杂草；但天气干旱、杂草较大时死亡时间相对缓慢。杂草较大、杂草密度较高、墒情较差时适当加大用药量和喷液量；否则，杂草接触不到药液或药量较小，影响除草效果。

第七章　高粱病虫害原色图解

一、高粱病害

我国的高粱病害大约有30种，其中为害较重的有丝黑穗病、炭疽病、紫斑病等。

1．高粱炭疽病

症　　状　从苗期到成株期均可染病。苗期染病为害叶片，导致叶枯，造成高粱死苗。叶片病斑梭形，中间红褐色，边缘紫红色，病斑上密集小黑点，严重的造成叶片局部或大部枯死（图7−1）。叶鞘染病病斑较大，椭圆形，后期也密生小黑点。还可为害穗轴和枝梗或茎秆，造成腐败。

图7−1　高粱炭疽病为害叶片症状

病　　原　*Colletotrichum graminicola*称禾生炭疽菌，属半知菌亚门真菌（图7−2）。分生孢子盘黑色，刚毛直或略弯混生，褐色或黑色，顶端较尖，具3~7个隔膜。分生孢子梗单胞无色，圆柱形。分生孢子镰刀形或纺锤形，略弯，单胞，无色。

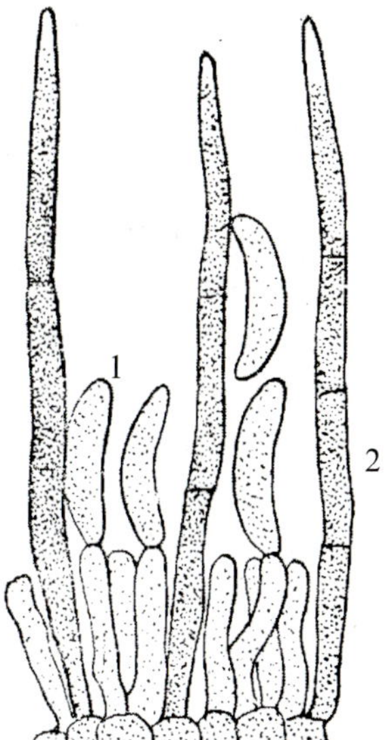

图7−2　高粱炭疽病菌
1.分生孢子 2.分生孢子梗

发生规律　病菌随种子或病残体越冬。翌年田间发病后，苗期发病可造成死苗。借气流传播，进行多次再侵染，不断蔓延扩展或引起流行。多雨的年份或低洼高湿田块普遍发生，致叶片提早干枯死亡。北方高粱产区炭疽病发生早的，7~8月气温偏低、雨量偏多可流行为害，导致大片高粱早期枯死。

防治方法　实行配方施肥，合理密植，及时处理病残体，收获后及时翻耕，实行大面积轮作，施足充分腐熟的有机肥。种子处理是防治炭疽病的有效措施，孕穗期是防治的关键时期。

种子处理，用50%福美双粉剂或50%多菌灵可湿性粉剂按种子重量0.5%的拌种，可防治苗期种子传染。

高粱孕穗期，可喷洒36%甲基硫菌灵悬浮剂600倍液+80%代森锰锌可湿性粉剂600倍液、50%多菌灵可湿性粉剂800倍液、50%苯菌灵可湿性粉剂1 500倍液、25%溴菌腈可湿性粉剂500倍液等药剂。

2. 高粱紫斑病

症　状　主要为害叶片和叶鞘。叶片染病初生椭圆形至长圆形紫红色病斑，边缘不明显，有时产生淡紫色晕圈（图7-3）。湿度大时病斑背面产生灰色霉层。叶鞘染病病斑较大，椭圆形，紫红色，边缘不明显（图7-4）。

图7-3　高粱紫斑病为害叶片症状

图7-4　高粱紫斑病为害叶鞘症状

病　原　*Cercospora sorghi*称高粱尾孢，属半知菌亚门真菌（图7-5）。分生孢子梗5～12根，榄褐色，顶端色稍浅，从生无分枝，孢痕明显。分生孢子倒棒形或圆柱形，无色，直或稍弯，顶端较尖，基部截形。

发生规律　以菌丝块或分生孢子随病残体越冬，成为翌年初侵染源。苗期即可发病，病斑上产生分生孢子通过气流传播，进行重复侵染，使病菌不断扩散，严重时高粱叶片从下向上提前枯死。

防治方法　收获后及时处理病残体，进行深翻，把病残体翻入土壤深层，实行大面积轮作，施足充分腐熟的有机肥，尽早打去植株下部的1～2片老叶。

高粱孕穗期，病害发生初期，开始喷洒70%甲基硫菌灵可湿性粉剂1 000倍液、50%多菌灵可湿性粉剂800倍液+80%代森锰锌可湿性粉剂600倍液、50%苯菌灵可湿性粉剂1 500倍液+65%代森锌可湿性粉剂600倍液。

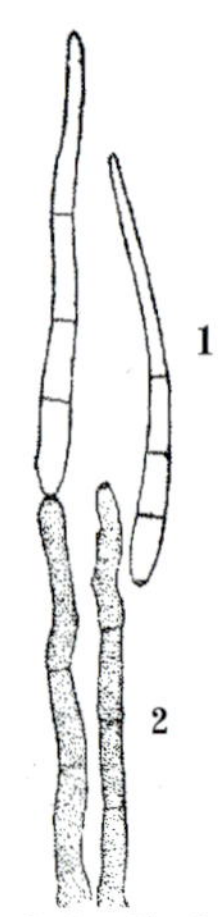

图7-5　高粱紫斑病菌
1.分生孢子　2.分生孢子梗

3. 高粱黑穗病

高粱黑穗病包括丝黑穗病、散黑穗病、坚黑穗病。

症　状　丝黑穗病：发病初期病穗穗苞很紧，下部膨大，旗叶直挺，剥开可见内生白色棒状物，即乌米。苞叶里的乌米初期小，指状，逐渐长大，后中部膨大为圆柱状，较坚硬。乌米在发育进程中，内部组织由白变黑，后开裂，乌米从苞叶内外伸，表面被覆的白膜也破裂开来，露出黑色丝状物及黑粉（图7-6）。

图7-6　高粱丝黑穗病病穗

图7-7　高粱散黑穗病病穗

散黑穗病：主要为害穗部。病株稍有矮化，茎较细，叶片略窄，分蘖稍增加，抽穗较健穗略早。病株花器多被破坏，子房内充满黑粉。病粒破裂以前有一层白色至灰白色薄膜包裹着，孢子成熟以后膜破裂，黑粉散出，黑色的中柱露出来（图7-7）。

坚黑穗病：主要为害穗部，穗期显症，病株不矮化，为害穗部，只侵染子房，形成一个坚实的冬孢子堆。一般全穗的籽粒都变成卵形的灰包，外膜较坚硬，不破裂或仅顶端稍裂开，内部充满黑粉。病粒受压后散出黑色粉状物，中间留有一短且直的中轴。

病　原　丝黑穗病：*Sphacelotheca reiliana*称高粱丝轴黑粉菌，属担子菌亚门真菌（图7-8）。冬孢子球形至卵圆形，暗褐色，壁表具小刺。

散黑穗病：*Sphacelotheca cruenta* 称高粱轴黑粉菌，属担子菌亚门真菌（图7-9）。冬孢子堆上具有菌丝体组成的灰白色被膜。冬孢子暗褐色，球形至卵球形，表面具隐约可见的花纹。

坚黑穗病：*Sphacelotheca sorghi* 称高粱坚轴黑粉菌，属担子菌亚门真菌（图7-10）。孢子堆生在子房里，圆筒形或圆锥形，先包有坚实褐色或薄而灰色的一层被膜，后破裂暴露。孢子块深红褐色，中心具短中轴。孢子球形至卵形，浅褐色至红褐色。

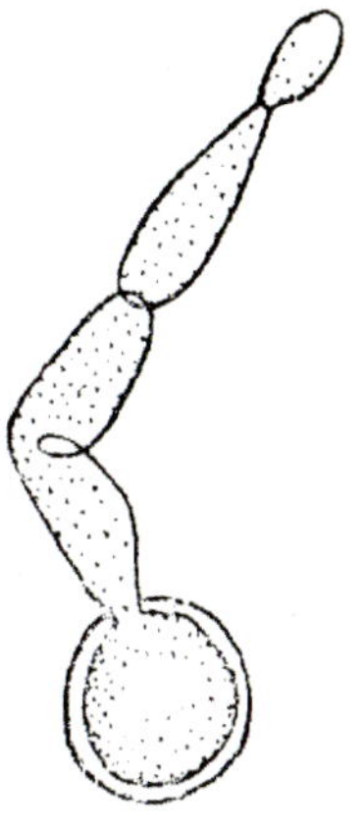

图7-8　高粱丝黑穗病菌厚垣孢子萌发

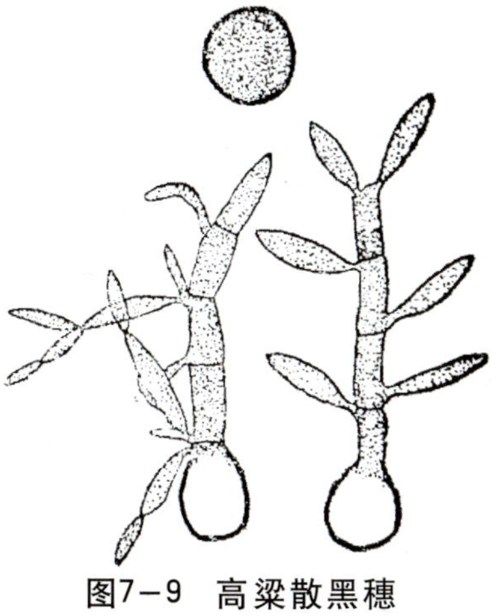

图7-9　高粱散黑穗病菌孢子和孢子萌发

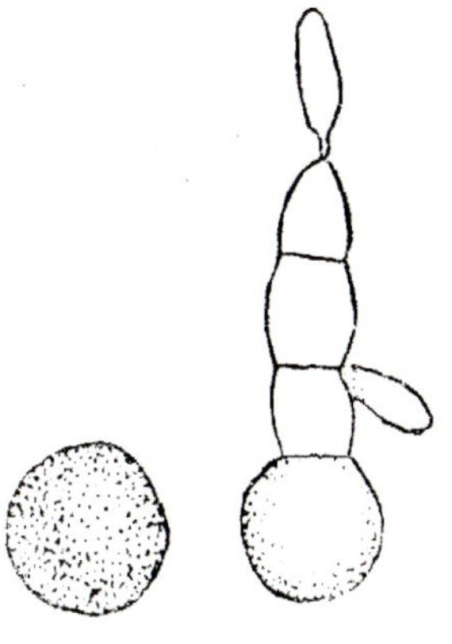

图7-10　高粱坚黑穗病菌厚垣孢子及其萌发

发生规律　以种子带菌为主。散落在土壤中的病菌能存活1年，冬孢子深埋土内可存活3年。散落于土壤或粪肥内的冬孢子是主要侵染源。冬孢子萌发后以双核菌丝侵入幼芽，从种子萌发时，是最适侵染期。春播时，土壤温度偏低或覆土过厚，幼苗出土缓慢易发病。

防治方法 选用抗病品种，与其他作物实行3年以上轮作，秋季深翻灭菌，适时播种，提高播种质量，使幼苗尽快出土，拔除病穗，集中深埋或烧毁。

温水浸种。用45～55℃温水浸种5分钟后接着闷种，待种子萌发后播种，既可保苗又可降低发病率。

种子处理，12.5%烯唑醇可湿性粉剂或2%戊唑醇拌种剂按种子重量的0.3%、50%多菌灵可湿性粉剂按种子重量的0.7%、40%拌种双可湿性粉剂按种子重量的0.2%～0.5%、80%萎锈灵乳油按种子重量的0.8%拌种，闷种4小时，晾干后播种。

4. 高粱大斑病

症　　状 主要为害叶片。叶片染病先出现水渍状青灰色斑点，然后沿叶脉向两端扩展，形成边缘紫红色、中央淡褐色的大斑（图7-11）。严重时病斑融合，叶片变黄枯死。潮湿时病斑上有大量灰黑色霉层。

图7-11　高粱大斑病为害叶片症状

病　　原 有性态*Setosphaeria turcica*称玉米毛球腔菌，属子囊菌亚门真菌。无性态为*Helminthosporicum turcicum*称蠕孢菌，属半知菌亚门真菌（图7-12）。分生孢子梗自气孔伸出，青褐色，单生或2～6根束生，褐色不分枝，直立或膝状弯曲，基细胞较大，顶端色淡，2～8个隔膜。分生孢子呈梭形或长梭形，顶端细胞椭圆形，基细胞尖锥形，脐明显，突出于基细胞外部，有2～7个隔膜。子囊壳为果黑色，呈椭圆形或圆形，外层由黑褐色拟薄壁组织组成。子囊圆柱形或棍棒形，有短柄。子囊孢子无色透明，成熟呈褐色，近校形，直或略弯曲，多为3个隔膜，隔膜处缢缩。

发生规律 病菌以菌丝体在田间地表和病残体中越冬，成为第二年发病的初侵染来源。生长季节，越冬菌源产生孢子，随雨水飞溅或气流传播到玉米叶片上，适宜温、湿度条件下萌发入侵。7月中旬为发病盛期。连茬地及离村庄近的地块，由于越冬菌源量多，初侵染发生的早而多，再侵染频繁，易造成流行。

防治方法 选用抗病品种，适期早播避开病害发生高峰。施足基肥，增施磷钾肥。做好中耕除草培土工作，摘除底部2～3片叶，降低田间相对湿度，使植株健壮，提高抗病力。收获后，清洁田园，将秸秆集中处理，经高温发酵用作堆肥。实行轮作倒茬制度，避免与玉米连作，秋季深翻土壤，深翻病残株，消灭菌源。

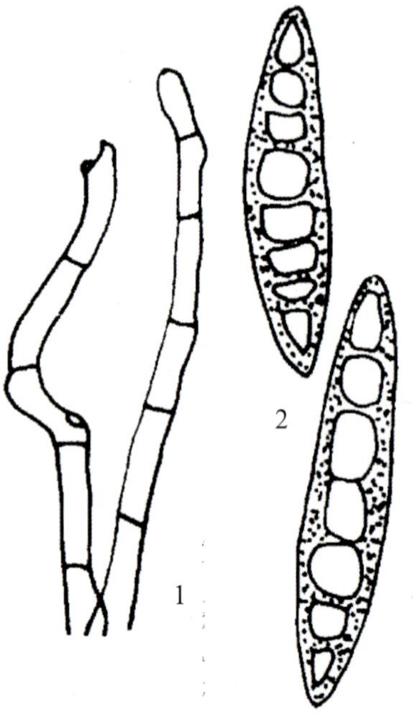

图7-12　高粱大斑病病菌
1.分生孢子梗　2.分生孢子

在发病初期喷洒50%多菌灵可湿性粉剂500倍液、50%甲基硫菌灵可湿性粉剂600倍液+65%代森锌的可湿性粉剂400～500倍液、75%百菌清可湿性粉剂800倍液+25%苯菌灵乳油800倍液、2%嘧啶核苷类抗生素水剂200倍液，间隔10天防1次，连防2～3次。

5. 高粱瘤黑粉病

分布为害 高粱瘤黑粉病分布极广，在我国南、北方玉米产区均有发生。发生普遍，但一般年份发生较轻，对产量影响不大，暴发年份能造成50%以上的减产，甚至绝收。

症　　状 从幼苗到成株各个器官都能感病，形成大小形状不同的瘤状物。雌穗受害多在上半部或个别籽粒生瘤，病瘤一般较大，常突破苞叶外露（图7-13）。雄穗抽出后，部分小穗感染常长出长囊状或角状的小瘤，多几个聚集成堆，一个雄穗可长出几个至十几个病瘤。雌穗受害多在上半部或个别籽粒生瘤，病瘤一般较大，常突破苞叶外露。

图7-13　高粱瘤黑粉病为害雌穗症状

病　　原　*Ustilago maydis* 称黑粉菌，属担子菌亚门真菌。冬孢子球形或椭圆形，表面具细刺，黄褐色至深褐色。担子顶端和分隔处侧生4个无色、单胞、梭形或略弯曲的担孢子。

发生规律　病原以厚垣孢子在土壤中及病株残体上越冬。春季气温上升以后，一旦湿度合适，在土表、浅土层、秸秆上或堆肥中越冬的病原厚垣孢子便萌发产生担孢子，随气流传播，陆续引起苗期和成株期发病形成肿瘤，肿瘤破裂后冬孢子还可进行再侵染，蔓延发病。该病在抽穗开花期发病最快，直至老熟后才停止侵害。

防治方法　选用抗病品种。不要过多偏施氮肥，防止徒长。不施用含有病原或未经充分腐熟的农家粪肥。及时防治害虫，减少耕作机械损伤。在苗期结合田间管理，拔除病株带出田外集中处理。加强水肥管理，拔节至成熟期，将发病瘤在成熟破裂前切除深埋。

种子处理，可用20%萎锈灵乳油500ml拌100kg种子；30g/L苯醚甲环唑悬浮种衣剂6～9ml/100kg种子；2%烯唑醇可湿性粉剂4～5g/100kg种子；2%戊唑醇湿拌种剂2～3g/100kg种子拌种；30%苯噻硫氰乳油1 000倍药液浸种6小时；25g/L咯菌腈悬浮种衣剂5～7.5ml/100kg种子浸种；70%敌磺钠可溶性粉剂300g/100kg种子拌种；25%双胍辛胺水剂200～300ml/100kg种子；20%五氯硝基苯粉剂150～200g/100kg种子拌种。

二、高粱虫害

高粱害虫有20多种，其中为害较严重的有高粱条螟、高粱蚜、高粱穗隐斑螟等。

1. 高粱条螟

分　　布　高粱条螟（*Chilo sacchariphagus*）分布在东北、华北、华东、华南等省。

为害特点 幼虫蛀害高粱茎秆，初孵幼虫群集于心叶内啃食叶肉，留下表皮，待心叶伸出时可见网状小斑或很多不规则小孔，后从节的中间叶鞘蛀入茎秆，遇风时受害处呈刀割般折断（图7－14）。

图7－14 高粱条螟为害症状

形态特征 成虫雄蛾浅灰黄色。头、胸背面浅黄色，下唇须向前方突出。复眼暗黑色。前翅灰黄色，中央具1小黑点；后翅色浅（图7－15）。雌蛾近白色。卵扁平椭圆形，表面具龟甲状纹，常排列成“人”字形双行重叠状卵块，初乳白色，后变深黄色。末龄幼虫体初乳白色，上生淡红褐色斑连成条纹（图7－16），后变为淡黄色。蛹红褐至黑褐色（图7－17）。

图7－15 高粱条螟成虫

图7－16 高粱条螟幼虫

图7－17 高粱条螟蛹

发生规律 每年发生2～4代，以末龄幼虫在高粱、玉米或甘蔗秸秆中越冬。北方于5月中下旬开始化蛹，5月下旬至6月上旬羽化。第1代幼虫于6月中、下旬出现并为害心叶。第1代成虫7月下旬至8月上旬盛发，8月中旬进入第2代卵盛期，第2代幼虫于8月中下旬为害夏玉米和夏高粱的穗部，有的留在茎秆内越冬。

防治方法 及时处理秸秆，以减少虫源。

成虫产卵盛期，用50%辛硫磷乳油50ml加入20～50kg水，每株10ml灌心；1.3%乙酰甲胺磷颗粒剂或1%甲萘威颗粒剂 7.5kg/亩撒入喇叭口；或用50%杀螟硫磷乳油1 000倍液、40%乐果乳油2 000倍液喷施于穗部，亩喷50～70L。

2．高粱蚜

为害特点　高粱蚜（*Melanaphis sacchari*）分布在东北、华北。多以成、若蚜聚集在高粱叶背刺吸汁液，并排出大量蜜露，滴落在茎叶上，油亮发光，致寄主养分大量消耗，影响光合作用和产品质量（图7-18）。

图7-18　高粱蚜虫为害叶片症状

形态特征　分为两性世代和孤雌胎生世代。前者雌蚜无翅，较小；雄蚜有翅，较小，触角上感觉孔较多。卵长卵圆形，初黄色，后变绿至黑色，有光泽。后者无翅孤雌胎生母蚜长卵形，米黄色至浅赤色，复眼大，棕红色。腹管褐色，圆筒形。尾片圆锥形，中部稍粗。有翅孤雌胎生母蚜，体长卵形，米黄色，具暗灰紫色骨化斑。

发生规律　一年发生16～20代。以卵在杂草的叶鞘或叶背上越冬。翌年4月中下旬，越冬卵陆续孵化为干母，为害杂草嫩芽，于5月下旬至6月上旬高粱出苗后，产生有翅胎生雌蚜，迁飞到高粱上为害，逐渐蔓至全田。7月中下旬为害严重。进入9月上旬后，随气温下降和寄主衰老，有翅蚜迁回到杂草上，产生无翅产卵雌蚜，与此同时在夏寄主上产生有翅雄蚜，飞到杂草上与无翅产卵雌蚜交配后产卵越冬。

防治方法　冬麦区可在冬小麦中套种高粱，利用麦田中蚜虫天敌，控制高粱蚜，效果显著。

当田间蚜虫株率为30%～40%，出现起油株时，用40%乐果乳油50ml/亩，对适量水稀释，喷拌细干土10kg，撒施在植株叶片上；也可用50%异丙・磷乳油50ml/亩拌潮湿细土10kg，隔5～6垄撒施1垄，效果显著。

必要时也可喷洒40%氧乐果乳油1 500倍液、2.5%溴氰菊酯乳油、20%氰戊菊酯乳油3 000倍液、50%抗蚜威可湿性粉剂1 500倍液。

3．高粱穗隐斑螟

分布为害　高粱穗隐斑螟（*Cryptoblabes gnidiella*）分布在华东、华南、中南。是黄淮平原春、夏高粱穗期主要害虫。成虫把卵散产在高粱穗小穗间或颖壳上，幼虫在穗上结网食害嫩穗和籽粒。

形态特征 成虫体长8~9mm，前翅狭长，紫褐色，布满暗褐小点（图7-19）。翅基前缘近基部的一半和内缘及中室朝外的各翅脉带深红色，前翅中央具2条下凹的宽黑纵纹及几条较细黑纹。外横线白色，横贯细黑纹间，翅外缘有小黑点6个。后翅灰白色，略透明。卵椭圆形，扁薄，中间稍隆，表面具皱纹。末龄幼虫体纺锤形，细长，低龄幼虫黄白色，长大后变为土黄色至草绿色或灰黑色（图7-20）。蛹黄褐色至红棕色，背面具刻点。

图7-19 高粱穗隐斑螟成虫

图7-20 高粱穗隐斑螟幼虫

发生规律 江苏、山东每年发生3代，以老熟幼虫在高粱穗内或穗茎叶鞘处结茧越冬。翌年6月下旬至7月上旬羽化为成虫。7月中旬进入第1代幼虫为害盛期，7月下旬幼虫老熟在穗内结茧化蛹，7月底8月初成虫羽化，第2代幼虫为害盛期在8月中、下旬。第3代幼虫发生在9月上旬至10月。

防治方法 收获后及时处理秸秆，以减少虫源。

在高粱开花至乳熟期，喷洒50%杀螟硫磷乳油或50%马拉硫磷乳油1 000倍液，喷施穗部1~2次间隔7~10天。

4. 桃蛀螟

分布为害 桃蛀螟（*Dichocrocis punctiferalis*）分布广泛。成虫把卵单产在穗上，一穗产卵3~5粒，初孵幼虫蛀入幼嫩籽粒内，用粪便或食物残渣把口封住，在其内蛀害，吃空一粒又转一粒直至三龄前。三龄后吐丝结网缀合小穗中间留有隧道，在里面穿行啃食籽粒，严重的把高粱粒蛀食一空（图7-21）。

图7-21 桃蛀螟为害穗部症状

形态特征 成虫体黄至橙黄色，体、翅表面具许多黑斑点似豹纹，胸背有7个；前翅25~28个，后翅15~16个（图7-22）。卵椭圆形，表面粗糙布细微圆点，初乳白渐变橘黄、红褐色。幼虫体色多变，有淡褐、浅灰、浅灰蓝、暗红等色，腹面多为淡绿色。头暗褐，前胸盾片褐色，臀板灰褐，各体节毛片明显，灰褐至黑褐色，背面的毛片较大（图7-23）。蛹初淡黄绿后变褐色，臀棘细长，末端有曲刺6根。茧长椭圆形，灰白色。

图7-22 桃蛀螟成虫

图7-23 桃蛀螟幼虫

发生规律 每年发生1~5代，均以老熟幼虫在玉米、向日葵、蓖麻等残株内结茧越冬。一代幼虫于5月下旬~6月下旬先在桃树上为害，2~3代幼虫在桃树和高粱上都能为害。第4代则在夏播高粱和向日葵上为害，以4代幼虫越冬，翌年越冬幼虫于4月初化蛹，4月下旬进入化蛹盛期，4月底~5月下旬羽化，越冬代成虫把卵产在桃树上。多雨高湿年份，发生严重。紧穗重于半紧穗，散穗型最轻。晚播重于早播，夏播重于春播。

防治方法 冬季或早春及时处理向日葵、玉米等秸秆，并刮除桃树老翘皮，清除越冬茧。

在第1、2代卵高峰期，喷布20%氰戊菊酯乳油2 000~3 000倍液、5%高效氯氰菊酯乳油2 000倍液、2.5%溴氰菊酯乳油3 000~4 000倍液，间隔期7~10天，连喷2~3次。

5. 高粱舟蛾

分布为害 高粱舟蛾（*Dinara combusta*）国内分布较多。幼虫咬食叶片呈花叶，重者成光秆，造成减产。

形态特征 成虫雄蛾翅展49~61mm，雌蛾略大。头、胸背面淡黄色，翅基片和后胸深褐色，前者和后者各有1条红棕色横线，腹部背面褐黄色，每节两侧各有1黑色斑纹，前翅黄色，中脉至前缘有数条断续的细纵线。后翅黄色，中部向外缘部分黑褐色渐深（图7-24）。卵半球形，初产时深绿色，后变白色，近孵化时变为黑色。末龄幼虫头黑褐色，胴部蓝绿色，两侧各有1条白线，体被淡黄色长毛。蛹纺锤形，黑褐色，末端具臀棘1对。

图7-24 高粱舟蛾成虫

发生规律 一年发生1代。以蛹在土下6.5~10cm处越冬。成虫昼伏夜出，有趋光性。幼虫散栖，8月为害盛期。8月中下旬幼虫开始老熟，陆续入土作室化蛹越冬。该虫喜湿怕干，若7月份湿度大，气温偏低，易大发生。黏土和壤土田的虫量显著少于沙土田。

防治方法 在高粱收后的翻耕整地或进行冬灌，可消灭大量越冬蛹。高粱舟蛾卵粒较大，暴露于叶背，幼虫个体大，行动缓慢，适于人工捕杀防治。

在田间调查的基础上，抓住卵盛期和幼虫低龄盛期，顺垄逐棵采卵捉杀幼虫1~2遍，可有效地压低虫口密度。可用4.5%高效氯氰菊酯2 000倍液、21%辛·氰乳油1 000倍液、50%辛硫磷乳油1 000倍液均匀喷施。

第八章　谷子病虫害原色图解

一、谷子病害

据报道，我国谷子病害有20多种，其中，为害较重的有白发病、瘟病、纹枯病、黑粉病、粒黑穗病等。

1. 谷子白发病

分布为害　谷子白发病是一种分布十分广泛的病害，在我国华北、西北、东北等地发生比较严重。

症　　状　从发芽到出穗都可发病，并且在不同生育阶段和不同部位的症状也不一样。"灰背"，幼苗3～4叶时，病叶正面出现白色条斑，叶背长出灰白色霉层。"白尖"，当叶片出现灰背后，叶片干枯，但心叶仍能继续抽出，只是心叶抽出后不能正常展开，而是呈卷筒状直立，呈黄白色，以后逐渐变褐色呈枪杆状。"刺猬头"部分病株发展迟缓，能抽穗，或抽半穗，但穗变形，小穗受刺激呈小叶状，不结籽粒，内有大量黄褐色粉末（图8－1）。"白发或乱发状"，变褐色的心叶受病菌为害，叶肉部分被破坏成黄褐色粉末，仅留维管束组织呈丝状，植株死亡（图8－2）。

图8－1　谷子白发病"刺猬头"症状

图8-2　谷子白发病“乱发”症状

病　原　*Sclerospora graminicola* 称禾生指梗霜霉，属鞭毛菌亚门真菌（图8-3）。孢囊梗由气孔伸出，短而肥，无色，无隔膜，顶端分枝数十个，每个分枝上有2～5个小梗。孢子囊，无色，具乳突，椭圆形，产生于小梗顶端。卵孢子圆形至长圆形，内部黄色，外壁红褐色，光滑。

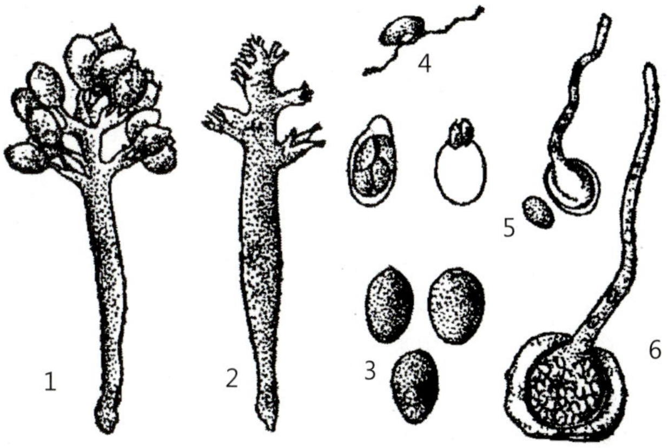

图8-3　谷子白发病病菌

1.分生孢子梗及分生孢子　2.孢子梗　3.孢子囊　4.游动孢子　5.休眠孢子　6.卵孢子萌发

发生规律　以卵孢子在土壤中、未腐熟粪肥上或附在种子表面越冬，是主要初侵染源（图8-4）。种子发芽时土壤中卵孢子也正萌发，遇幼嫩组织直接侵入，引起死亡或定植其中随幼苗生长发育，陆续出现灰背、白尖、白发等。孢子囊和游动孢子借气流传播，进行再侵染。低温潮湿土壤中种子萌发和幼苗出土速度慢，容易发病。

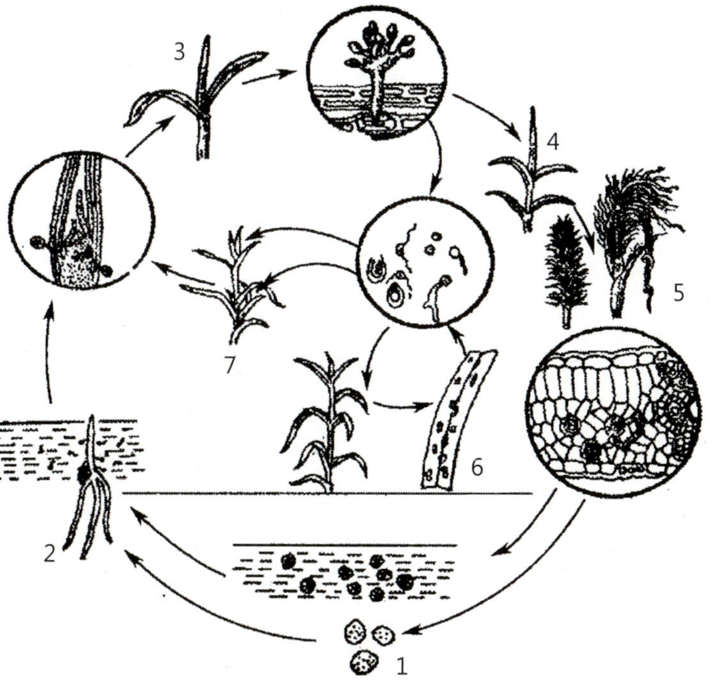

图8-4　谷子白发病病害循环

1.卵孢子越冬　2.卵孢子萌发从幼芽鞘侵入　3.灰背　4.白尖　5.白发、看老谷　6.再侵梁引致局部症斑　7.再侵染引起系统发病

防治方法 选用抗病品种。田间及时拔除病株，减少菌源。种子拌种和土壤处理可以有效防治病害发生。

种子处理，可用35%甲霜灵拌种剂按种子重量的0.2%、50%甲霜酮（甲霜灵·三唑酮）可湿性粉剂按种子重量的0.3%～0.4%拌种。

土壤处理，可用75%敌磺钠可溶性粉剂500g/亩对细土15～20kg混匀，播种后覆土。

发病初期，及时喷洒58%甲霜灵·代森锰锌可湿性粉剂600倍液、64%恶霜·锰锌可湿性粉剂500倍液、72%霜脲·锰锌可湿性粉剂600～800倍液、69%安克·锰锌（烯酰吗啉·代森锰锌）可湿性粉剂1 000倍液。

2. 谷子粒黑穗病

分布为害 我国各谷子产区均有发生，东北、华北地区发生较重。

症　　状 主要为害穗部，抽穗后表现症状。病穗初为灰绿色，后变为灰色，较短，直立。病粒较健粒略大，颖片破裂、子房壁膜破裂散出黑粉（图8-5）。

图8-5 谷子粒黑穗病为害穗部症状

病　　原 *Ustilago crameri* 称谷子黑粉菌，属担子菌亚门真菌（图8-6）。孢子堆球形至卵圆形。冬孢子红褐色至榄褐色，球形或近球形至多角形，表面平滑。

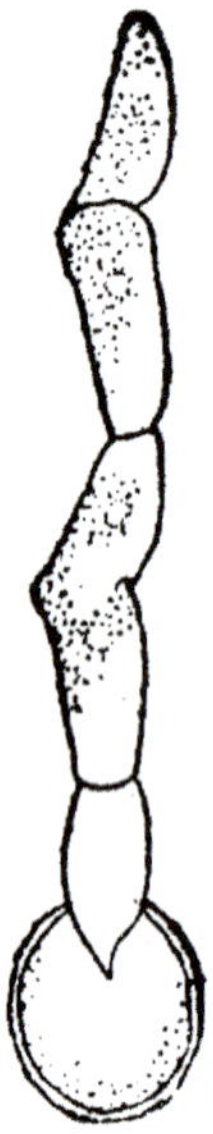

图8-6 谷子粒黑穗病病菌厚垣孢子萌发

发生规律 以冬孢子附着在种子表面越冬，成为翌年初侵染源。种子萌发时，病菌从幼苗的胚芽鞘侵入，并扩展到生长点，最后侵入穗部，破坏子房，致病穗上籽粒变成黑粉粒。

防治方法 严格选种，剔除病穗并销毁。

种子处理，可用40%拌种双粉剂按种子量0.2%～0.3%拌种、50%多菌灵可湿性粉剂或50%甲基硫菌灵可湿性粉剂按种子量0.2%、50%克菌丹可湿性粉剂按种子重量0.3%拌种；或用0.25%公主岭霉素可湿性粉剂50倍液浸泡12小时。

3. 谷子瘟病

分布为害 谷子瘟病分布广泛，在各谷子产区均有分布。

症　　状 在谷子的整个生育期均可发生，叶片上病斑为梭形，中央灰白色，边缘紫褐色，湿度大时叶背密生灰色霉层（图8-7）。茎节染病初呈黄褐或黑褐色小斑，后渐绕全节一周，造成节上部枯死，易折断。叶鞘病斑长椭圆形，较大。穗颈染病初为褐色小点，后扩展为灰黑色梭形斑，严重时，绕颈一周造成全穗枯死。小穗染病穗梗变褐枯死，籽粒干瘪（图8-8）。

图8-7 谷子瘟病为害叶片症状

图8-8　谷子瘟病为害穗部症状

病　　原　*Pyricularia setariae*称谷子梨孢，属半知菌亚门真菌（图8-9）。分生孢子梗单生或丛生，不分枝，具隔膜2～3个，无色或基部淡褐色，顶端尖，孢痕明显。分生孢子梨形或梭形，无色，有2个隔膜，基部圆形或钝圆，顶端稍尖。

发生规律　以分生孢子在病草、病残体和种子上越冬，成为翌年初侵染源。田间发病后，在叶片病斑上形成分生孢子，分生孢子借气流传播进行再侵染。播种过密，田间湿度大，降水多发病重。黏土、低洼地发病重。

防治方法　病草要处理干净，忌偏施氮肥，密度不宜过大，保证通风透光。叶瘟发生初期、抽穗期、齐穗期各喷药1次，可有效地防治谷子瘟病的为害。

可用2%春雷霉素可湿性粉剂750～1 000倍液、40%敌瘟磷乳油500～800倍液+65%代森锰锌可湿性粉剂500倍液、80%代森锰锌可湿性粉剂600倍液+50%四氯苯酞可湿性粉剂800倍液、45%代森铵水剂1 000倍液+40%稻瘟净乳油600～800倍液、70%甲基硫菌灵可湿性粉剂2 000倍液喷雾防治。

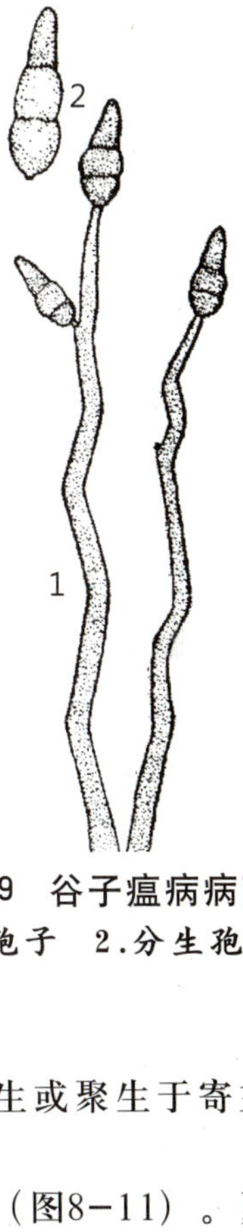

图8-9　谷子瘟病病菌
1.分生孢子　2.分生孢子梗

4. 谷子锈病

症　　状　主要发生在谷子生长的中后期，主要为害叶片，叶鞘上也可发生。初期在叶背面出现深红褐色小点，稍隆起，后表皮破裂，散出黄褐色粉末（图8-10）。后期叶背和叶鞘上产生黑色冬孢子堆，散生或聚生于寄主表皮下，表皮不易破裂。

病　　原　*Uromyces setariaeitalicae* 称谷子单胞锈菌，属担子菌亚门真菌（图8-11）。夏孢子单细胞，椭圆形，黄褐色，表面有刺，柄无色，具3～4个芽孔。冬孢子单细胞，球形、长球形或多角形，有柄，黄褐色，顶端有芽孔。

发生规律　以夏孢子和冬孢子越冬、越夏，成为初侵染源，病菌借气流传播，高温多雨有利于病害发生。7～8月降雨多，发病重。氮肥过多，密度过大发病重。

防治方法　种植抗病品种。清除田间病残体，适期早播避病，不宜过密。

发病初期,喷洒20%三唑酮乳油800～1 000倍液、15%三唑醇可湿性粉剂1 000～1 500倍液、12.5%烯唑醇可湿性粉剂1 500～2 000倍液、50%萎锈灵可湿性粉剂1 000倍液、40%氟硅唑乳油9 000倍液，发生严重时，间隔7～10天再喷1次。

图8-10 谷子锈病为害叶片症状

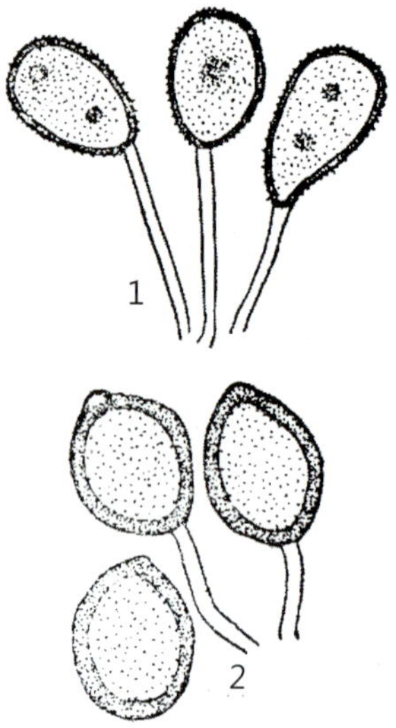

图8-11 谷子锈病病菌
1.夏孢子 2.冬孢子

5. 谷子黑粉病

症　　状 主要为害穗部，一般部分或全穗籽粒染病，病穗短小，常直立。通常半穗发病，也有全穗发病的（图8-12）。

病　　原 *Ustilago neglecta* 称狗尾草黑粉菌，属担子菌亚门真菌。孢子堆生在子房内，一般全穗受害。孢子壁黄褐色，密生细瘤。

发生规律 病菌以冬孢子附着在种子表面越冬，成为翌年的初侵染源。冬孢子萌发先产生菌丝，土温12~25℃适于病菌侵入幼苗。土壤过干或过湿不利其发病。

防治方法 选用抗病品种，建立无病留种田。

图8-12 谷子黑粉病为害穗部症状

6. 谷子纹枯病

症　　状　主要为害茎部叶鞘。发病初期在近地面叶鞘上产生近圆形或不规则形褐色与灰白色相间的云纹状病斑。有时病斑融合形成较大的云纹形斑，边缘暗褐色，中间浅褐色（图8-13）。后期茎基部1~2节死亡，并在病斑上产生颗粒状小菌核。发病严重的地块影响灌浆，病株枯死。

图8-13　谷子纹枯病为害叶鞘症状

病　　原　*Rhizoctonia solani* 称立枯丝核菌，属半知菌亚门真菌。

发生规律　以菌丝和菌核在病残体或在土壤中越冬。

防治方法　选用抗纹枯病的品种。采用配方施肥技术，合理施肥，合理密植。

发病初期，可用5%井冈霉素水剂100g/亩、20%稻保乐（三环唑·多菌灵·井冈霉素）可湿性粉剂100~120g/亩、12.5%烯唑醇可湿性粉剂35~50g/亩、4.5%井冈霉素·硫酸铜水剂90ml/亩、50%氯溴异氰脲酸可溶性粉剂40g/亩对水40~50kg，用粗喷雾器喷施。

7. 谷子灰斑病

症　　状　主要为害叶片。病斑椭圆形至梭形，中部灰白色，边缘褐色至深红褐色（图8-14）。病斑背面生灰色霉层，即病菌的子实体。

图8-14　谷子灰斑病为害叶片症状

病　　原 *Cercospora setariae* 称粟尾孢，属半知菌亚门真菌。子座褐色，充塞在气孔下。分生孢子梗2～15根成束，浅黄橄榄褐色或稍深，不分枝。分生孢子圆筒形至倒棍棒状，无色，直或稍弯，隔膜多且不明显。

发生规律 以子座或菌丝块在病叶上越冬，翌年条件适宜，产生分生孢子，借气流传播蔓延。南方冬春温暖，雾大露重，本病易发生。

防治方法 实行轮作，加强田间管理。

发病初期，开始喷洒40%多·硫悬浮剂500倍液、50%苯菌灵可湿性粉剂1 000～1 500倍液、70%甲基硫菌灵可湿性粉剂500倍液，间隔7～10天1次，防治2～3次。

8. 谷子细菌性条斑病

症　　状 主要为害叶片，叶片上产生与叶脉平行的深褐色短条状有光泽的病斑，周围有黄色晕圈，病斑边缘轮廓不明显，将病叶的横切面置于水滴中有很多细菌从叶脉处流出（图8–15）。

图8–15　谷子细菌性条斑病为害叶片症状

病　　原 *Xanthomonas campestris* pv. *translucens*称甘蓝黑腐黄单胞菌半透明致病变种，属细菌。菌体杆状，单生或双生，极生单鞭毛，无荚膜，无芽孢，革兰氏染色阴性，好气性。生长适温25～28℃，最高36℃。

发生规律 病原细菌在病残体上越冬，从气孔侵入叶片。谷子生长前期如遇多雨多风的天气，病害发生严重。

防治方法 选用抗病品种，加强田间管理，防止传染。

二、谷子虫害

谷子是我国古老的栽培作物之一，主要种植在华北、东北和西北，南方种植面积较小。我国已发现虫害近40种，其中为害严重的有粟灰螟、粟穗螟等。

1. 粟灰螟

分　　布 粟灰螟（*Chilo infuscatellus*）主要分布在东北、华北、甘肃、陕西、宁夏、河南、山东、安徽、台湾省、福建、广东、广西等地。

为害特点 以幼虫蛀食粟茎秆基部，苗期受害形成枯心苗，穗期受害遇风易折倒，并使谷粒

空秕形成白穗（图8－16）。

形态特征　成虫淡黄褐色（图8－17），额圆形不突向前方，无单眼，下唇须浅褐色，胸部暗黄色；前翅浅黄褐色杂有黑褐色鳞片，中室顶端及中室里各具小黑斑1个；后翅灰白色，外缘浅褐色。卵扁椭圆形，初白色，后变灰黑色。末龄幼虫头红褐色或黑褐色，胸部黄白色（图8－18）。初蛹乳白色，羽化前变成深褐色。

图8－16　粟灰螟为害茎秆症状

图8－17　粟灰螟成虫

图8－18　粟灰螟幼虫及其为害状

发生规律　一年发生2～3代，以老熟幼虫在谷茬内或谷草、玉米茬及玉米秆里越冬。幼虫于5月下旬化蛹，6月初羽化，6月中旬为成虫盛发期，随后进入产卵盛期，第1代幼虫6月中下旬为害；第2代幼虫8月中旬至9月上旬为害。

防治方法　秋耕时，拾净谷茬、黍茬等，集中深埋或烧毁，播种期可因地制宜调节，设法使苗期避开成虫羽化产卵盛期，可减轻受害。

在卵孵化盛期至幼虫蛀茎前施药，用50%对硫磷乳油100ml、5%甲萘威粉剂1.5～2kg加少量水与20kg细土拌匀，顺垄撒在谷株心叶或根际。也可选用1.5%甲基对硫磷粉剂2kg，拌细土20kg制成毒土，撒在谷苗根际，形成药带，效果也好。

2. 粟缘蝽

分布为害　粟缘蝽（*Liorhyssus hyalinus*）分布在全国各地。以成、若虫刺吸谷子穗部未成熟籽粒的汁液，影响产量、质量。

形态特征　成虫体草黄色，有浅色细毛（图8－19）。头略呈三角形，头顶、前胸背板前部横沟及后部两侧、小盾片基部均有黑色斑纹，触角、足有黑色小点。腹部背面黑色，第5背板中央生1卵形黄斑，两侧各具较小黄

图8－19　粟缘蝽成虫

斑1块，第6背板中央具黄色带纹1条，后缘两侧黄色。卵椭圆形，初产时血红色，近孵化时变为紫黑色。若虫初孵血红色，卵圆形，头部尖细，触角4节较长，胸部较小，腹部圆大，至5～6龄时腹部肥大，灰绿色，腹部背面后端带紫红色。

发生规律 华北年发生2～3代，以成虫潜伏在杂草丛中、树皮缝、墙缝等处越冬。翌春恢复活动，先为害杂草或蔬菜，7月间春谷抽穗后转移到谷穗上产卵。2～3代则产在夏谷和高粱穗上，成虫活动遇惊扰时迅速起飞，无风的天气喜在穗外向阳处活动。

防治方法 成虫发生期喷撒1.5%乐果粉剂1.5kg/亩；或喷洒40%乐果乳油1 500倍液、50%马拉硫磷乳油1 000倍液、40%氧乐果乳油1 500倍液、50%杀螟丹可湿性粉剂1 500倍液、20%甲氰菊酯乳油3 000～4 000倍液、2.5%溴氰菊酯乳油2 000倍液等药剂。

3. 粟凹胫跳甲

分布为害 粟凹胫跳甲（*Chaetocnema ingenua*）分布在东北、华北、西北、内蒙古、新疆、河南、湖北、江苏、福建等地。以幼虫和成虫为害刚出土的幼苗。幼虫为害，由茎基部咬孔钻入，枯心致死。当幼苗较高，表皮组织变硬时，便爬到顶心内部，取食嫩叶。顶心被吃掉，不能正常生长，形成丛生，华北群众叫作“芦蹲”或“坐坡”。成虫为害，则取食幼苗叶子的表皮组织，吃成条纹，白色透明，甚至干枯死掉。

图8-20 粟凹胫跳甲成虫

形态特征 成虫体椭圆形，蓝绿至青铜色，具金属光泽（图8-20）。头部密布刻点，漆黑色。前胸背板拱凸，其上密布刻点。鞘翅上有由刻点整齐排列而成的纵线。各足基部及后足腿节黑褐色，其余各节黄褐色。后足腿节粗大。腹部腹面金褐色，具有粗刻点。卵长椭圆形，米黄色。末龄幼虫体圆筒形。头、前胸背板黑色。胸部、腹部白色，体面具椭圆形褐色斑点。裸蛹椭圆形，乳白色。

发生规律 吉林南部年生1代，少数2代，以成虫在表土层中或杂草根际1.5cm处越冬。翌年5月上旬气温高于15℃时越冬成虫在麦田出现，5月下旬、6月中旬迁至谷子田产卵，6月中旬至7月上旬进入第一代幼虫盛发期，一代成虫于6月下旬开始羽化，7月中旬产第二代卵，第二代幼虫为害盛期在7月下旬～8月上旬，第二代成虫于8月下旬出现，10月入土越冬。气候干旱少雨的年份、早播春谷、重茬谷子易受害。

防治方法 适期晚播，躲过成虫盛发期可减轻受害。间苗、定苗时注意拔除枯心苗，集中深埋或烧毁。

播种前用种子重量0.2%的35%克百威胶悬剂或50%甲基对硫磷乳油或50%辛硫磷乳油进行拌种。

土壤处理，播种时，用3%克百威颗粒剂2kg/亩处理土壤。

在谷子出苗后4～5叶期或谷子定苗期喷洒5%氯氰菊酯乳油2 500倍液、5%顺式氰戊菊酯乳油2 500倍液、2.5%溴氰菊酯乳油3 000倍液。

第九章 绿豆病害原色图解

1. 绿豆白粉病

为害症状 为害叶片、茎秆和荚。叶片受害，表面散生白色粉状霉斑，发生严重时，叶片变黄，提早脱落（图9−1）。嫩荚受害，呈畸形，表面生白色粉状物，后期在白色粉状物中产生黑色的小粒点。

图9−1 绿豆白粉病为害叶片症状

病　　原 *Sphaerotheca astragali*称紫芸英单丝壳菌，属子囊菌亚门真菌。闭囊壳聚生或散生，褐色，球形，附属丝3~8根，丝状，弯曲。子囊卵形或近球形。子囊孢子椭圆形，淡黄色。

发生规律 以闭囊壳在土表病残体上越冬，翌年条件适宜散出子囊孢子，借风雨传播，进行初侵染。发病后，病部产生分生孢子，借风雨传播进行再侵染。在潮湿、多雨或田间积水时易发病；干、湿交替利于该病扩展，发病重。

防治方法 收获后及时清除病残体，集中深埋或烧毁。施用酵素菌沤制的堆肥或充分腐熟有机肥。

发病初期，可喷施15%三唑酮可湿性粉剂600~1 000倍液、12.5%烯唑醇可湿性粉剂1 000~1 500倍液、6%氯苯嘧啶醇可湿性粉剂1 000~1 500倍液、25%丙环唑乳油2 000倍液、40%氟硅唑乳油6 000倍液、12.5%烯唑醇可湿性粉剂+0.5%氨基寡糖素水剂（30g+30ml）/亩对水40~50kg，防效均好。

2. 绿豆褐斑病

为害症状 主要为害叶片，发病初期叶片上现水渍状褐色小点，扩展后形成边缘红褐色至红棕色、中间浅灰色至浅褐色近圆形病斑（图9−2）。湿度大时，病斑上密生灰色霉层，病情严重时，病斑融合成片，很快干枯。荚果受害，病斑褐色，后期病斑扩大，荚果干枯（图9−3）。

图9-2 绿豆褐斑病为害叶片症状

图9-3 绿豆褐斑病为害荚果症状

病　原 *Cercospora cruenta* 称变灰尾孢，属半知菌亚门真菌。子座球形，褐色。分生孢子梗束生，直立，褐色，具3～8个隔膜，孢痕明显；分生孢子鞭形，无色，基部截形，顶端略尖，直或稍弯。

发生规律 以菌丝体和分生孢子在种子或病残体中越冬，成为翌年初侵染源。开花前后扩展较快，借风雨传播蔓延，经分生孢子多次再侵染。以开花结荚期受害重，高温高湿有利于该病发生和流行，尤以秋季多雨、连作地或反季节栽培发病重。

防治方法 选无病株留种，收获后进行深耕。播前用45℃温水浸种10分钟消毒。

发病初期，喷洒50%多·霉威（多菌灵·乙霉威）可湿性粉剂1 000～1 500倍液+75%百菌清可湿性粉剂800倍液、80%代森锰锌可湿性粉剂800倍液+70%甲基硫菌灵可湿性粉剂600倍液、12%松脂酸铜乳油600倍液、47%春雷霉素·氧氯化铜可湿性粉剂800倍液，间隔7～10天1次，连续防治2～3次。

3. 绿豆炭疽病

症　状　主要为害叶、茎及荚果。叶片染病初呈红褐色条斑，后变黑褐色或黑色，并扩展为多角形网状斑（图9－4）。叶柄和茎染病病斑凹陷龟裂，呈褐锈色细条形斑，病斑连合形成长条状。豆荚染病初现褐色小点，扩大后呈褐色至黑褐色圆形成椭圆形斑，周缘稍隆起，四周常具红褐或紫色晕环，中间凹陷，湿度大时，溢出粉红色黏稠物（图9－5）。

病　原　*Colletotrichum lindemuthianum* 称菜豆炭疽菌，属半知菌亚门真菌。分生孢子盘黑色，圆形或近圆形。分生孢子梗短小，单胞，无色，密集在分生孢子盘上。分生孢子圆形或卵圆形，单胞，无色。

发生规律　以潜伏在种子内和附在种子上的菌丝体越冬，也可以菌丝体在病残体内越冬。播种带菌种子，幼苗染病，在子叶或幼茎上产出分生孢子，借雨水、昆虫传播。分生孢子萌发后产生芽管，从伤口或直接侵入，经4～7天潜育出现症状，并进行再侵染。在多雨、多露、多雾冷凉多湿地区，种植过密、土壤黏重地发病重。

图9－4　绿豆炭疽病为害叶片症状

图9－5　绿豆炭疽病为害荚果症状

防治方法　选用抗病品种，实行2年以上轮作。

种子处理，用种子重量0.4%的50%多菌灵或福美双可湿性粉剂拌种；或用40%多硫悬浮剂或60%多菌灵盐酸盐超微粉剂600倍液浸种30分钟，洗净晾干后播种。

开花后、发病初期，喷洒25%溴菌腈可湿性粉剂500倍液、80%代森锰锌可湿性粉剂600倍液+50%多菌灵可湿性粉剂600倍液、75%百菌清可湿性粉剂600倍液+70%甲基硫菌灵可湿性粉剂600～800倍液、80%炭疽福美（福美双·福美锌）可湿性粉剂800倍液，隔7～10天1次，连续防治2～3次。

4. 绿豆轮斑病

症　状　主要为害叶片。出苗后即可染病，但后期发病多。叶片染病，初生褐色圆形病斑，边缘红褐色。病斑上现明显的同心轮纹（图9-6），后期病斑上生出许多褐色小点。病斑干燥时易破碎，发病严重的叶片早期脱落，影响结实。

图9-6　绿豆轮斑病为害叶片症状

病　原　*Ascochyta phaseolorum*称小豆壳二孢，属半知菌亚门真菌。分生孢子器球形至扁球形，黑褐色，分生孢子长椭圆形，双胞，分隔处稍缢缩，无色。

发生规律　以菌丝体和分生孢子器在病部或随病残体遗落土中越冬或越夏，翌年条件适宜时产生分生孢子，借雨水溅射传播，进行初侵染和再侵染。在生长季节，如天气温暖高湿，或过度密植株间湿度大，均利于该病发生。

防治方法　重病地于生长季节结束时要彻底收集病残物烧毁，并深耕晒土，有条件时实行轮作。

发病初期，及早喷洒77%氢氧化铜可湿性粉剂500倍液、47%加瑞农（春雷霉素·氧氯化铜）可湿性粉剂800～900倍液、70%甲基硫菌灵可湿性粉剂1 000倍液+75%百菌清可湿性粉剂1 000倍液、40%多·硫悬浮剂500倍液，隔7～10天1次，共防治2～3次。

5. 绿豆锈病

症　状　为害叶片、茎秆和豆荚，叶片染病散生或聚生许多近圆形小斑点，病叶背面现锈色小隆起，后表皮破裂外翻，散出红褐色粉末。秋季可见黑色隆起小长点混生，表皮裂开后散出黑褐色粉末（图9-7）。发病重的，致叶片早期脱落。

病　原　*Uromyces appendiculatus*称疣顶单胞锈，属担子菌亚门真菌。性孢子器丛生，浅黄色。锈孢子器丛生于叶背，杯状；锈孢子无色，也具小瘤。夏孢子淡黄褐色，卵形或椭圆形，有稀刺，芽孔2个不明显。冬孢子堆黑褐色，冬孢子褐色，亚球形或广椭圆形，光滑。

图9-7　绿豆锈病为害叶片症状

发生规律　南方该菌主要以夏孢子越夏，成为初侵染源，一年四季辗转传播蔓延；北方主要以冬孢子在病残体上越冬，翌年条件适宜时产生担子和担孢子。北方该病主要发生在夏秋两季，绿豆进入开花结荚期，气温20℃以上，高湿、昼夜温差大及结露持续时间长易流行，秋播绿豆及连作地发病重。

防治方法　种植抗病品种。施用充分腐熟有机肥。春播宜早，清洁田园，加强管理，适当密植。

发病初期，喷洒15%三唑酮可湿性粉剂1 000～1 500倍液、50%萎锈灵乳油800倍液、50%硫磺悬浮剂300倍液、25%丙环唑乳油2 000倍液、70%代森锰锌可湿性粉剂800倍液+12.5%腐霉利可湿性粉剂1 000～2 000倍液、6%氯苯嘧啶醇可湿性粉剂1 000～1 500倍液、40%氟硅唑乳油8 000倍液，间隔15天左右1次，防治2～3次。

6.绿豆病毒病

症　状　绿豆出苗后到成株期均可发病。叶上出现斑驳或绿色部分凹凸不平，叶皱缩。有些品种出现叶片扭曲畸形或明脉，病株矮缩，开花晚（图9-8）。豆荚上症状不明显。

图9-8　绿豆病毒病为害叶片症状

病　原　Cucumber mosaic virus（CMV）称黄瓜花叶病毒；Alfalfa mosaic virus（AMV）称苜蓿花叶病毒；Tomato aspermy virus （TAV）称番茄不孕病毒。

发生规律　CMV种子不带毒，主要在多年生宿根植物上越冬。由桃蚜、棉蚜等传毒，每当春季发芽后，蚜虫开始活动或迁飞，成为传播此病的主要媒介。AMY的发生与蚜虫发生情况关系密切，尤其是高温干旱天气不仅有利蚜虫活动，还会降低寄主抗病性。TAV主要靠汁液和桃蚜进行非持久性传毒。

防治方法　选用抗病毒病品种。

蚜虫迁入豆田要及时喷洒常用杀蚜剂进行防治，可用10%吡虫啉可湿性粉剂2 000～2 500倍液、50%抗蚜威可湿性粉剂1 000～1 500倍液、3%啶虫脒乳油1 000～2 000倍液叶面喷施，以减少传毒。

也可在发病初期，喷洒0.5%菇类蛋白多糖水剂250～300倍液、2%宁南霉素水剂150～200倍液、15%三氮唑核苷可湿性粉剂500～700倍液，可有效的控制病害的发生。

7. 绿豆根结线虫病

症　　状　主要发生在根部，侧根或须根上，须根或侧根染病后产生瘤状大小不等的根结。解剖根结，病部组织里有很多细小的乳白色线虫埋于其内。根结之上一般可长出细弱的新根，致寄主再度染病，形成根结（图9-9）。地上部表现症状因发病的轻重程度不同而异，轻病株症状不明显，重病株生育不良，叶片中午萎蔫或逐渐黄枯，植株矮小，影响结实，发病严重时，全田枯死。

图9-9　绿豆根结线虫病为害根部症状

病　　原　*Meloidogyne incognita* 称南方根结线虫。病原线虫雌雄异形，幼虫呈细长蠕虫状。雄成虫线状，尾端稍圆，无色透明。雌成虫梨形，每头雌线虫可产卵300～800粒，雌虫多埋藏于寄主组织内。

发生规律　该虫多在土壤5～30cm处生存，常以卵或2龄幼虫随病残体遗留在土壤中越冬，病土、病苗及灌溉水是主要传播途径。一般可存活1～3年，翌春条件适宜时，由埋藏在寄主根内的雌虫，产出单细胞的卵，卵产下经几小时形成1龄幼虫，脱皮后孵出2龄幼虫，离开卵块的2龄幼虫在土壤中移动寻找根尖，由根冠上方侵入定居在生长锥内，其分泌物刺激导管细胞膨胀，使根形成巨型细胞或虫瘿，或称根结，在生长季节根结线虫的几个世代以对数增殖，发育到4龄时交尾产卵，卵在根结里孵化发育，2龄后离开卵块，进入土中进行再侵染或越冬。

防治方法　加强检疫，选用抗病品种，与禾本科作物轮作，增施底肥和种肥，促进植株健壮生长，增强植株抗病力，可相对减轻损失。

选用呋喃丹含量高的种衣剂进行种子包衣；或用35%乙基硫环磷或35%甲基硫环磷按种子量的0.5%拌种；或用3%克百威颗粒剂5～6kg/亩、5%涕灭威颗粒剂3～4kg/亩。同种肥一起施入播种沟里，不仅可以防治线虫，还可防治地下害虫等。

8. 绿豆细菌性疫病

症　　状　主要为害叶片，严重时也可为害豆荚。叶片上病斑为圆形或不规则形的褐色疱状斑，初为水渍状（图9-10），后呈坏炭疽状，严重时变为木栓化。叶柄、豆荚受害症状同叶片。

图9-10 绿豆细菌性疫病为害叶片症状

病　原 *Xanthomonas campestris*称野油菜黄单胞菌，属细菌。菌体短杆状，极生鞭毛1根。

发生规律 病菌在病残体和种子上越冬，借风雨、水流、昆虫传播，多从气孔、水孔或伤口处侵入叶片。多雨季节发病重；管理不当，肥力不足、偏施氮肥发病较重。

防治方法 实行轮作，选种无病种子。降低田间湿度。

种子处理，可用种子重量的0.3%的95%敌磺钠原粉、50%福美双可湿性粉剂拌种。

病害发生初期，可用72%农用链霉素可湿性粉剂3 000~4 000倍液、50%福美双可湿性粉剂800倍液、77%氢氧化铜可湿性粉剂500倍液、50%琥胶肥酸铜可湿性粉剂500倍液等药剂均匀喷施。

第十章 棉花病虫草害原色图解

一、棉花病害

棉花是我国重要的经济作物，大部分省、市都有种植。而棉花病害一直是制约棉花生产的主要因素之一。据报道，我国已发现的棉花病害有40多种，其中为害较重的有枯萎病、黄萎病、立枯病、炭疽病、红腐病、疫病、细菌性角斑病等。

1. 棉花枯萎病

分布为害 棉花枯萎病是为害棉花最严重的病害之一，各主产棉区均有发生。

症　　状 枯萎病在子叶期即可表现症状，现蕾期达到发病高峰。常表现出不同的症状：①黄色网纹型：病叶叶脉褪绿变黄，叶肉仍为绿色，呈现黄色网纹状，最后叶片变褐枯死或脱落。②紫红型或黄化型：子叶或真叶呈紫红色或黄色，多在叶缘发生，无明显网纹，严重时全株枯死（图10－1）。③皱缩型：病株节间缩短，明显矮化，叶片深绿色，稍增厚，皱缩不平（图10－2）。④青枯型：多发生在暴雨后，全株叶片萎蔫下垂，青干枯死（图10－3）。病株维管束变为深褐色（图10－4）。

图10－1　棉花枯萎病紫红叶型

图10－2　棉花枯萎病皱缩型

图10-3　棉花枯萎病青枯型

图10-4　棉花枯萎病维管束褐变症状

病　　原 *Fusarium oxysporum* f.sp. *vasinfectum* 称尖孢镰刀菌萎蔫专化型，属半知菌亚门真菌（图10-5）。菌丝透明，具分隔，在侧生的孢子梗上生出分生孢子。大型分生孢子镰刀型，略弯，两端稍尖，具2～5个隔膜。小型分生孢子卵圆形，无色，多为单细胞。厚垣孢子顶生或间生，黄色，单生或2～3个连生，球形至卵圆形。

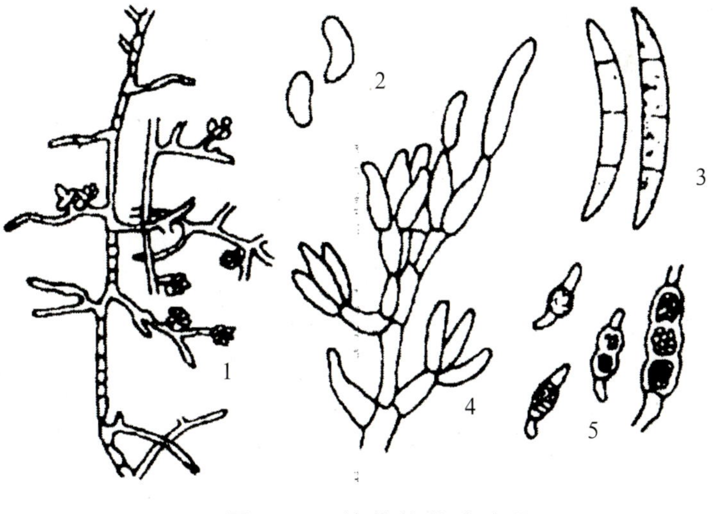

图10-5　棉花枯萎病病菌

1.小型分生孢子梗和分生孢子　2.小型分生孢子　3.大型分生孢子梗　4. 大型分生孢子　5.厚垣孢子

发生规律　病菌主要在种子、病残体或土壤及粪肥中越冬。带菌种子及带菌种肥的调运成为新病区主要初侵染源。田间病株的枝叶残屑遇有湿度大的条件长出孢子借气流或风雨传播。病菌从棉株根部伤口或直接从根的表皮或根毛侵入，棉花苗期感病出现死苗，现蕾前后达到发病高峰（图10-6）。夏季大雨或暴雨后，地温下降易发病。

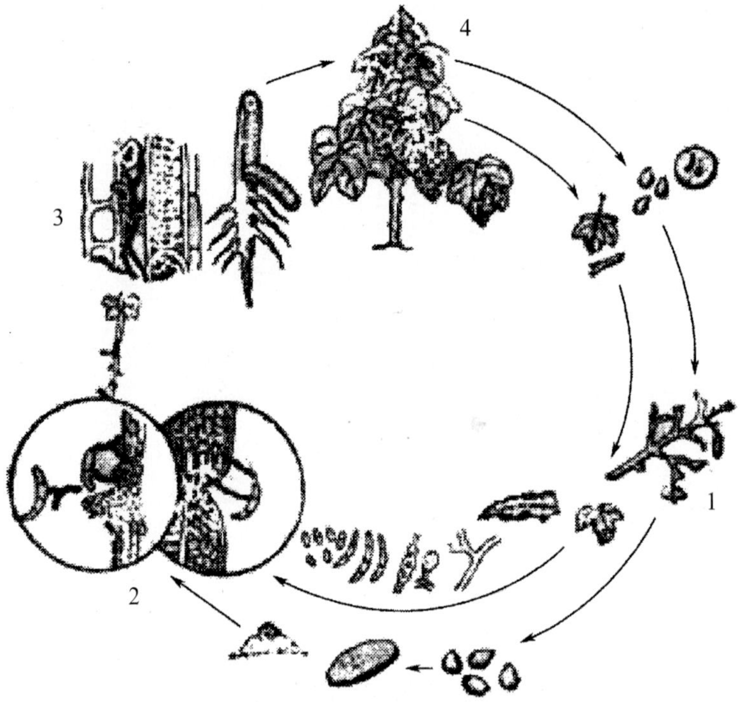

图10-6 棉花枯萎病病害循环

1.越冬病原菌 2.病菌侵入萌发

3.病菌进入维管束 4.发病

防治方法 种植抗病品种，棉田增施底肥和磷钾肥，适期播种，合理密植，及时定苗，拔除病苗。种子处理和土壤处理是预防枯萎病的有效措施，病害发生初期和棉花开花期是防治的关键时期。

种子处理，用2%戊唑醇种子处理可分散粉剂1：250～500（药：种）拌种，防效较好。或棉种经硫酸脱绒后用0.2%乙蒜素药液，加温至55～60℃温汤浸种30分钟或用0.3%的50%多菌灵胶悬剂在常温下浸种14小时，晾干后播种。

土壤处理，病棉株周围土壤翻松，用99.5%氯化苦液剂125mg/m^{2}均匀施入土壤内，加水15～25kg助渗，然后用干细土严密封闭病点。

病害发生初期和棉花开花期是防治的关键时期。可用25%咪鲜胺乳油1 500倍液、50%多菌灵可湿性粉剂500倍液、32%乙蒜酮（乙蒜素·三唑酮）乳油13～17ml/亩、15%混氨镁·混氨锰·混氨铜水剂250～375ml/亩、85%三氯异氰尿酸可溶性粉剂10～42g/亩、80%恶霉·福美双可湿性粉剂400～800倍液、20%甲基立枯磷乳油500倍液灌根，15天后再灌1次。

在棉花开花期，可用70%甲基硫菌灵可湿性粉剂1 000～1 500倍液、14%络氨铜水剂1 500倍液、30%琥胶肥酸铜可湿性粉剂1 500倍液、32%酮·乙蒜（三唑酮·乙蒜素）乳油40～60ml/亩、41%氯霉·乙蒜（氯霉素·乙蒜素）乳油34～68ml/亩对水40～50kg灌根，每株100ml，20天后再灌1次，有较好的效果。

2. 棉花黄萎病

分布为害 黄萎病在各棉花产区均有发生。近年来，棉花黄萎病有加重的趋势，已成为棉花生长发育过程中发生最普遍、损失严重的重要病害。

症　　状 一般在3～5片真叶期开始显症，生长中后期棉花现蕾开花后田间大量发病。初在植株下部叶片上的叶缘和叶脉间出现浅黄色斑块，后逐渐扩展，叶色失绿变黄褐色，主脉及其四周仍保持绿色，病叶出现掌状斑驳，叶缘向下卷曲，叶片由下而上逐渐脱落（图10-7至图10-8）。纵剖病茎，木质部上产生浅褐色变色条纹。发病重的棉株茎秆、枝条、叶柄的维管束全都变色（图10-9）。

图10-7　棉花黄萎病为害植株症状

图10-8　棉花黄萎病田间发病症状

图10-9　棉花黄萎病维管束褐变

病　原 *Verticilliu dahliae* 称大丽花轮枝孢，属半知菌亚门真菌（图10-10）。菌丝体无色，分生孢子梗直立，呈轮状分枝，轮枝顶端或顶枝着生分生孢子，分生孢子长卵圆形，单胞无色。

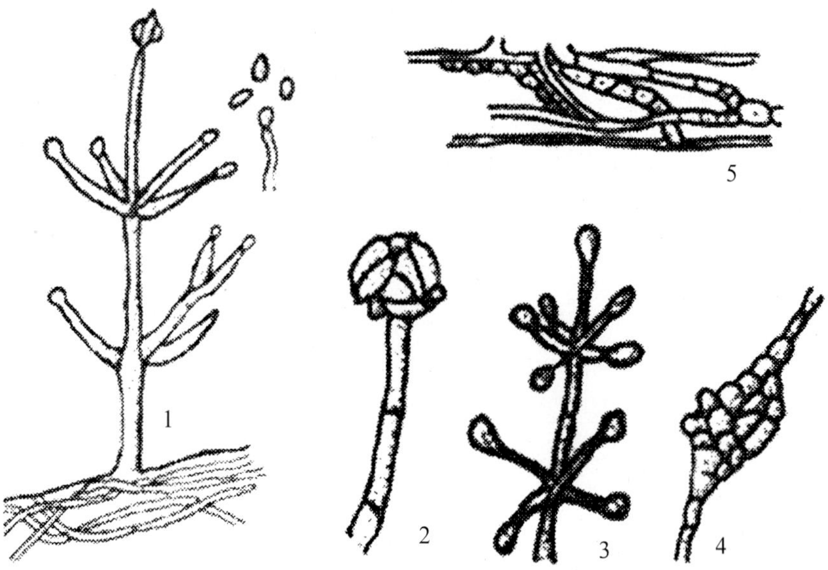

图10-10　棉花黄萎病病菌
1.分生孢子梗和分生孢子　2.干燥时分生孢子着生状
3.潮湿时分生孢子着生状　4.拟菌核　5.膨胀菌丝

发生规律 以菌核在土壤中越冬，也能在棉籽内外、病残体、带菌棉籽壳中越冬。侵入期主要是在棉花2～6片真叶期，蕾期零星发生，花铃期（7～8月）进入发病高峰期。多雨年份或适温高湿条件发病重。连作棉田、施用未腐熟的带菌有机肥及缺少磷、钾肥的棉田易发病，大水漫灌常造成病区扩大。

防治方法 加强检疫，防止病害扩散，种植抗病品种。铲除零星病区、控制轻病区、改造重病区。播种前药剂拌种是防治黄萎病的有效措施，苗期和蕾铃期是防治的关键时期。

播种前进行药剂拌种，对未包衣的种子，可用50%多菌灵可湿性粉剂或70%甲基硫菌灵可湿性粉剂按种子重量的0.8%；或用20%三唑酮乳油或12.5%烯唑醇可湿性粉剂或10%苯醚甲环唑水分散粒剂按种子重量的0.2%；或用50%敌磺钠可溶性粉剂按种子重量的0.4%拌种；每100 kg种子用水2～3kg。也可用2%宁南霉素水剂100ml拌7kg棉种、1%武夷霉素水剂200倍液浸种24小时播种。

在棉花2～6片真叶期，可用70%恶霉灵可湿性粉剂2 000倍液、70%甲基硫菌灵可湿性粉剂800倍液、50%多菌灵可湿性粉剂500～600倍液、2%宁南霉素水剂500～600倍液、50%敌磺钠可溶性粉剂800倍液喷雾，不但可较好地防治黄萎病，而且对棉花苗期病害也有很好的作用。

在棉花蕾铃期，即黄萎病发生初期，可选用30%爱苗（苯醚甲环唑·丙环唑）乳油1 000倍液、25%丙环唑乳油1 000倍液+45%代森铵水剂500倍液灌根，每株200～250ml，每隔7～10天1次，灌根2～3次，对黄萎病有较好的防治效果，也可兼治棉花后期早衰及棉红（黄）叶枯病。

3. 棉花炭疽病

分布为害 棉花炭疽病是棉花苗期和铃期最主要病害之一，南、北棉区发病均较严重。

症　状 苗期、成株期均可发病，主要为害棉苗和棉铃。种子发芽后出苗前受害可造成烂种；出苗后茎基部发生红褐色绷裂条斑，扩展缢缩造成幼苗死亡（图10-11至图10-12）。子叶边缘出现圆或半圆形黄褐斑，后干燥脱落使子叶边缘残缺不全（图10-13）。茎部病斑红褐至暗黑色，长圆形，中央凹陷，表皮破裂常露出木质部，遇风易折。棉铃染病初期呈暗红色小点，扩展后呈褐色病斑，病部凹陷（图10-14）。

图10－11　棉花炭疽病为害根、茎部症状

图10－12　棉花炭疽病为害幼苗症状

图10-13　棉花炭疽病为害子叶症状

图10-14　棉花炭疽病为害棉铃症状

病　　原　*Colletotrichum gossypii* 称棉炭疽菌，属半知菌亚门真菌（图10-15）。分生孢子着生在分生孢子梗上，排列成浅盆状，分生孢子盘有刚毛，刚毛暗褐色，有2～5个隔膜。分生孢子梗较短，其上可连续产生分生孢子。分生孢子无色，单胞，长椭圆或短棍棒形，多数聚生，呈粉红色。

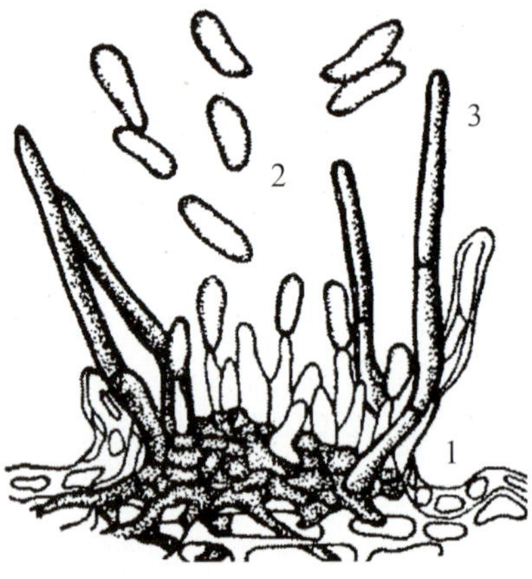

图10-15 棉花炭疽病病菌

1.分生孢子梗　2.分生孢子　3.刚毛

发生规律　以分生孢子和菌丝体在种子或病残体上越冬，种子带菌是重要的初侵染源。第二年棉籽上病菌侵染幼苗，并产生分生孢子借风雨、昆虫及灌溉水等扩散传播（图10-16）。苗期低温多雨、铃期高温多雨，病害易流行。

图10-16　棉花炭疽病病害循环

1.越冬病菌　2.病菌萌发侵染　3.幼苗萌发　4.病菌侵染棉铃　5.棉铃和叶片发病　6.再侵染

防治方法　适期播种，培育壮苗，合理密植降低田间湿度，适当早间苗，勤中耕，尤其雨后及时中耕。播种前的种子处理是预防炭疽病的有效措施，棉花幼苗期和棉花蕾期是防治的关键时期。

播种前进行种子处理，用40%拌种双可湿性粉剂或70%甲基硫菌灵可湿性粉剂+50%福美双可湿性粉剂0.5kg拌100kg棉籽；也可用10%多菌灵·福美双合剂1kg与50kg棉籽包衣，均有较好的防治效果。

在幼苗期，喷洒70%甲基硫菌灵可湿性粉剂800倍液+70%百菌清可湿性粉剂600～800倍液、80%代森锰锌可湿性粉剂400～600倍液+50%苯菌灵可湿性粉剂1 500倍液、50%多菌灵可湿性粉剂800倍液，发生严重时可在7天后再喷1次。

在棉花蕾期，棉铃炭疽病发生初期，可喷施80%炭疽福美（福美双·福美锌）可湿性粉剂800～1 000倍液+24%腈苯唑悬浮剂800～1 200倍液、25%氟喹唑可湿性粉剂5 000倍液、25%溴菌清可湿性粉剂500倍液、40%氟硅唑乳油6 000～8 000倍液、5%亚胺唑可湿性粉剂600～700倍液等药剂保护，间隔7～10天喷1次，连喷2～3次。

4. 棉花红腐病

分布为害　红腐病是棉花主要病害之一，全国各棉区均有发生，长江流域、黄河流域棉区受害重，辽河流域也有发生。

症　　状　苗期染病，幼芽出土前受害可造成烂芽。幼茎染病导管变为暗褐色，近地面的幼茎基部出现黄色条斑，后变褐腐烂，幼根、幼茎肿胀（图10－17）。子叶、真叶边缘产生灰红色不规则斑，湿度大时全叶变褐湿腐，表面产生粉红色霉层。棉铃染病后初生无定形病斑，初呈墨绿色，水渍状，遇潮湿天气或连阴雨时病情扩展迅速，遍及全铃，产生粉红色或浅红色霉层，棉花纤维腐烂成僵瓣状（图10－18）。

图10－17　棉花红腐病为害幼苗症状

图10－18 棉花红腐病为害棉铃症状

病　原 *Fusarium moniliforme*称串珠镰刀菌，属半知菌亚门真菌（图10－19）。有大小两种分生孢子。大型分生孢子镰刀形，直或略弯，无色，多数3～5个隔膜。小型分生孢子近卵圆形，无色，多数单胞，串生或假头生。

发生规律 病菌随病残体或在土壤中腐生越冬，翌年产生的分生孢子和菌丝体成为初侵染源。播种后即侵入为害幼芽或幼苗。棉铃期，分生孢子或菌丝体借风、雨、昆虫等媒介传播到棉铃上，从伤口侵入造成烂铃，病铃使种子内外部均带菌，形成新的侵染循环。苗期低温、高湿发病较重。铃期多雨低温、湿度大也易发病。

防治方法 清洁田园，及时清除田间的枯枝、落叶、烂铃等，集中烧毁，适期播种，加强苗期管理。及时防治铃期病虫害，避免造成伤口。种子处理是预防苗期红腐病的有效措施，棉花苗期和铃期发病时喷药防治可有效的控制病害的发生。

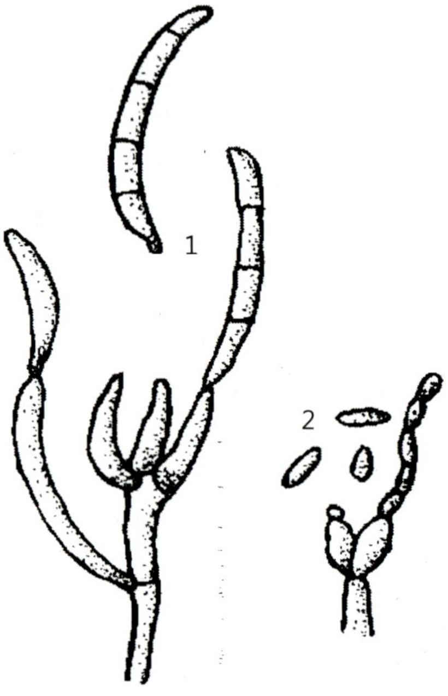

图10－19 棉花红腐病病菌
1.大型分生孢子 2.小型分生孢子

种子处理，可用50%多菌灵可湿性粉剂按种子重量的0.5%拌种，也可以用45%敌磺钠可湿性粉剂500g/100kg种子、40%五氯硝基苯粉剂400g/100kg种子、40%拌种双可湿性粉剂200g/100kg种子、40%拌·福可湿性粉剂200g/100kg种子进行拌种。

苗期、铃期发病初期，及时喷洒65%代森锌可湿性粉剂500～800倍液+50%甲基硫菌灵可湿性粉剂800倍液、80%代森锰锌可湿性粉剂700～800倍液+50%多菌灵可湿性粉剂800～1 000倍液、50%苯菌灵可湿性粉剂1 500倍液，每亩喷药液100～125L，间隔7～10天1次，连续喷2～3次，防效较好。

5. 棉苗立枯病

症　状　主要为害棉苗，幼苗出土前可造成烂种。出土后，幼茎基部初现纵褐条纹，条件适宜时迅速扩展绕茎一周，缢缩变细，出现茎基腐或根腐。棉苗失水较快（图10–20）。侵染子叶及幼嫩真叶形成不规则褐色坏死斑，后干枯穿孔。湿度大时病部可见稀疏白色菌丝体，并有褐色的小菌核黏附其上。

图10–20　棉花立枯病为害幼苗症状

病　原 *Rhizoctonia solani* 称立枯丝核菌，属半知菌亚门真菌（图10−21）。菌丝初无色，较细，粗细均匀；老熟后呈黄褐色，较粗壮，分枝基部明显缢缩。菌核褐色，近球形。

发生规律　以菌丝体和菌核在土壤中或病残体上越冬，第2年可直接侵入幼茎为害幼苗。棉苗子叶期最易感病（图10−22）。幼苗出土1个月内，如土温在15℃左右，阴湿多雨，立枯病会严重发生，造成大片死苗。

防治方法　对棉田进行秋季深翻，可以将带病残枝败叶翻入土中，减少来年菌源；播前应精选种子并晒种，做到适期播种，提高播种质量。适当早间苗，适时早中耕。播种前药剂处理棉种，可以防止棉籽受病菌侵染。出苗后发病初期喷药防治，可有效的控制病害的蔓延。

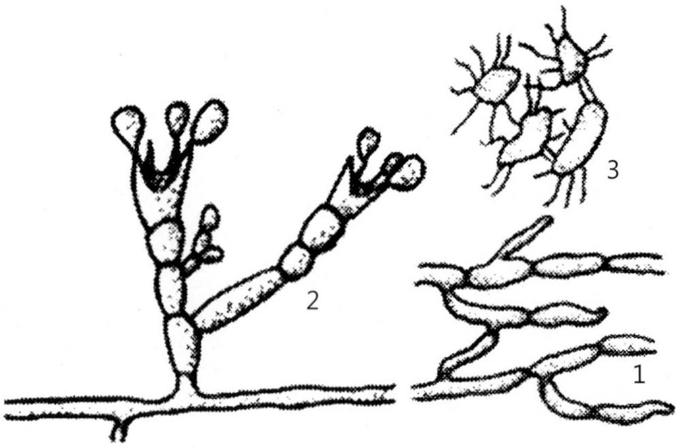

图10−21　棉花立枯病病菌

1.菌丝体　2.担子和担孢子　3.菌核

种子处理，播前先用硫酸脱绒，再用40%卫福（萎锈灵·福美双）种衣剂1∶40（药∶种）、20%克百威·福美双·多菌灵种衣剂+0.4%五氯硝基苯1∶40（药∶种）；或用70%五氯硝基苯、50%多菌灵可湿性粉剂拌棉种，每100kg棉籽拌药0.5kg，可获得很好的防治效果。

出苗后病害始发期，可用50%福美双可湿性粉剂或45%代森铵水剂400～600倍液、25%多菌灵可湿性粉剂500倍液+65%代森锌可湿性粉剂500～800倍液喷施，间隔7～8天，连喷2～3次。20%甲基胂酸锌可湿性粉剂1 000倍液灌根；或用25%多菌灵可湿性粉剂500倍液+65%代森锌可湿性粉剂500～800倍液喷施，间隔7～8天，连喷2～3次。

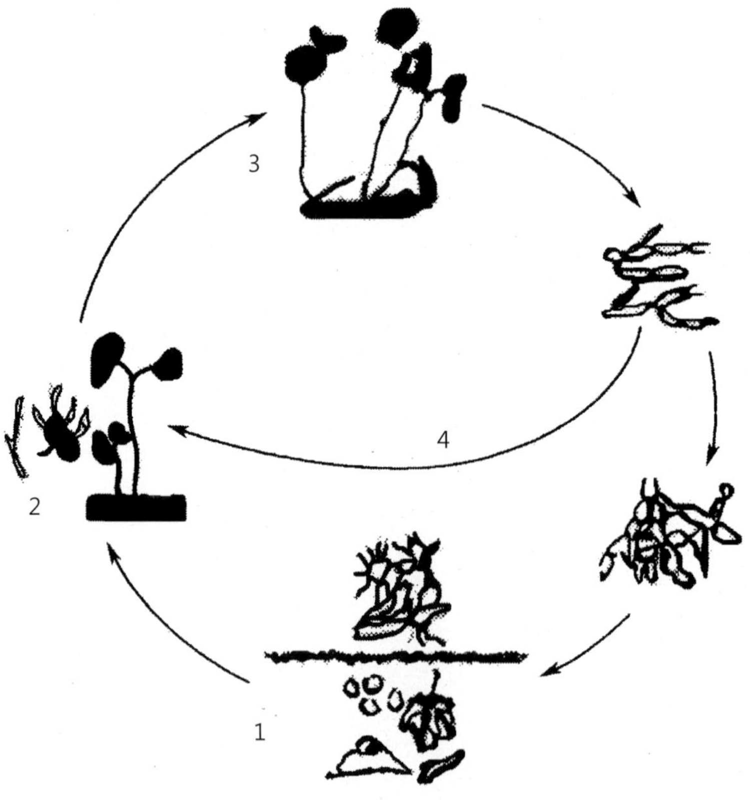

图10−22　棉花立枯病病害循环

1.越冬病菌　2.病菌萌发侵染幼苗　3.幼苗发病　4.再侵染

6. 棉铃疫病

分布为害 棉铃疫病是棉花铃期最严重的病害，南北棉区每年均有不同程度的发病。

症　　状 主要为害棉铃，多发生于中下部果枝的棉铃上。多从棉铃苞叶下的铃面、铃缝及铃尖等部位开始发生，初生淡褐、淡青至青黑色水浸状病斑，不软腐，后期整个棉铃变为有光亮的青绿至黑褐色病铃（图10-23），多雨潮湿时，棉铃表面可见一层稀薄白色霜霉状物。

图10-23 棉花疫病为害棉铃症状

病　　原 *Phytophthora boehmeriae* 称苎麻疫霉，属鞭毛菌亚门真菌（图10-24）。孢囊梗无色，单生或假轴状分枝。孢子囊初无色，后变黄色卵圆形或柠檬形，顶端具一乳突。藏卵器球形，幼时淡黄色，成熟后为黄褐色；雄器基生，附于藏卵器底部；卵孢子球形，无色，单胞。

发生规律 病菌在烂铃壳上越冬，是翌年该病的初侵染源。随雨水溅散或灌溉等传播。铃期多雨、生长旺盛、果枝密集，易发病。下部果枝上的棉铃，及铃龄在30~50天的棉铃最易发病。迟栽晚发，后期偏施氮肥棉田发病重。

防治方法 避免过多、过晚施用氮肥，防止贪青徒长。及时去掉空枝、抹赘芽，打老叶；雨后及时开沟排水，中耕松土，合理密植，摘除染病的烂铃。8月上中旬，棉花花铃期即病害发生初期是防治棉花疫病的关键时期。

棉花开花后期，可喷施75%百菌清可湿性粉剂600~800倍液、50%克菌丹可湿粉400~500倍液、70%代森锰锌可湿性粉剂600~800倍液、50%福美双可湿性粉剂500~1 000倍液等药剂预防。

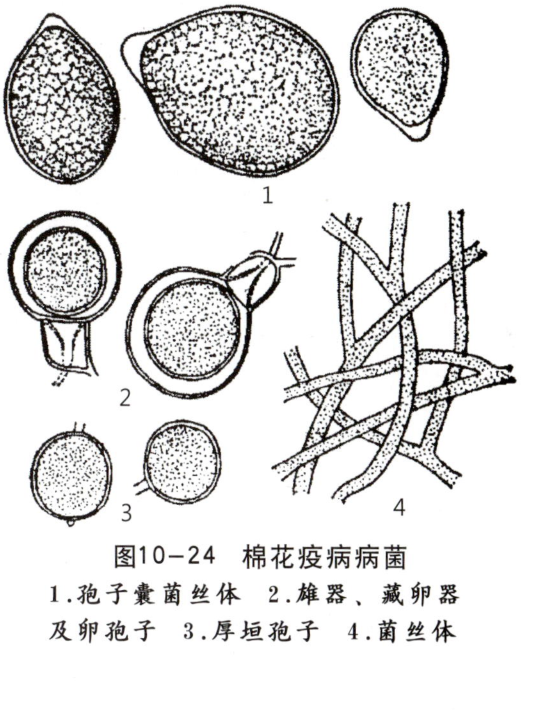

图10-24 棉花疫病病菌

1.孢子囊菌丝体 2.雄器、藏卵器及卵孢子 3.厚垣孢子 4.菌丝体花铃期发病初期，及时喷洒25%甲霜灵可湿性粉剂600倍液、58%甲霜灵·代森锰锌可湿性粉剂700倍液、64%恶霜灵·代森锰锌可湿性粉剂600倍液、72%霜脲氰·代森锰锌可湿性粉剂700倍液、69%烯酰吗啉·代森锰锌可湿性粉剂900～1 000倍液，间隔10天左右1次，视病情喷施2～3次。

7. 棉花黑斑病

症　状　主要为害叶片。子叶染病，主要在未展开的黏结处或夹壳损伤处生出墨绿色霉层，子叶展平后染病，初生红褐色小圆斑，后扩展成不规则形至近圆形褐色斑，有的出现不明显的轮纹。湿度大时，病斑上长出墨绿色霉层，严重的每张叶片上病斑多至数十个，造成子叶枯焦脱落（图10－25）。真叶染病与子叶上症状相似，但病斑较大，四周有紫红色病变。

图10－25　棉花黑斑病为害叶片症状

病　原　*Alternaria macrospora* 称大孢链格孢，*A. tenuissima* 称细链格孢及*A. gossypina* 称棉链格孢，均属半知菌亚门真菌（图10－26）。大孢链格孢分生孢子梗多单生或4～9根成束，略弯曲，基部膨大，浅褐色至暗褐色。分生孢子倒棍棒状，黄褐色或深褐色，具6～10个横隔、3～30个纵隔。细链格孢分生孢子梗分枝较少，榄褐色，分生孢子棒状，串生，横隔1～9个，纵隔0～6个。

发生规律　以菌丝体和分生孢子在病叶、病茎上或棉籽的短绒上越冬，播种带菌棉籽后病叶及棉籽上的分生孢子借气流或雨水溅射传播，从伤口或直接侵入。早春气温低、湿度高易发病。棉花生长后期，植株衰弱，遇有秋雨连绵也会出现发病高峰。

防治方法　精选种子，及时整枝摘叶，雨后及时排水，防止湿气滞留。提倡采用地膜覆盖，可提高苗期地温减少发病。药剂拌种可以有效的预防黑斑病的发生，7月中旬病害发生初期是防治的关键时期。

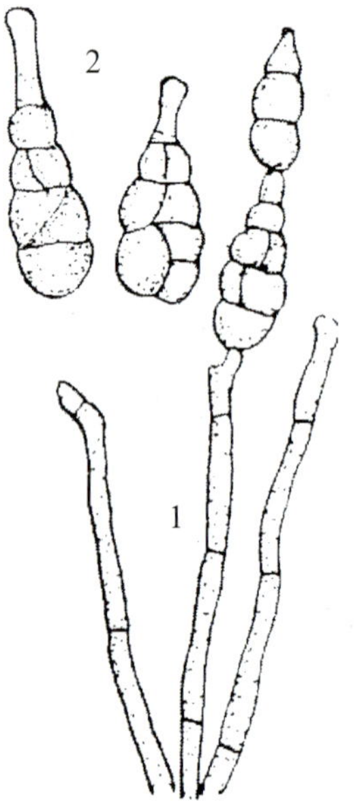

图10－26　棉花黑斑病病菌
1.分生孢子梗　2.分生孢子

药剂拌种。用种子重量0.5%的50%多菌灵可湿性粉剂或40%拌种双可湿性粉剂拌种；也可用50%多菌灵可湿性粉剂1 000倍液浸种。

发病初期，及时喷洒70%代森锰锌可湿性粉剂500倍液+70%甲基硫菌灵可湿性粉剂800倍液、75%百菌清可湿性粉剂500倍液+24%腈苯唑悬浮剂800～1 200倍液、50%克菌丹可湿性粉剂300～350倍液+25%氟喹唑可湿性粉剂5 000倍液、25%溴菌清可湿性粉剂500倍液、40%氟硅唑乳油3 000～4 000倍液、25%甲基胂酸锌可湿性粉剂500～800倍液，间隔10～15天喷1次，直到棉花现蕾。

8. 棉花褐斑病

症　状　主要为害叶片。初生针尖大小紫红色斑点，后扩大成中间黄褐色，边缘紫褐色稍隆起的圆形至不规则形病斑，多个病斑融合在一起形成较大病斑，中间散生黑色小粒点。病斑中心易破碎脱落穿孔，严重的叶片脱落（图10－27）。

图10－27　棉花褐斑病为害叶片症状

病　原　*Phyllosticta gossypina*称棉小叶点霉和*P.malkoffii*称马尔科夫叶点霉，均属半知菌亚门真菌。两菌分生孢子器均埋生在叶片组织内。前者球形黄褐色，顶端孔口深褐色。分生孢子卵圆形至椭圆形，两端各生1油滴。后者分生孢子椭圆形至短圆柱形，也具2个油点。

发生规律　均以菌丝体和分生孢子器在病残体上越冬。翌年从分生孢子器中释放出大量分生孢子，通过风雨传播，湿度大的条件下孢子萌发。棉花第一真叶刚长出时，遇低温降雨，幼苗生长弱，易发病。

防治方法　精细整地，种子要精选，提高播种质量。及时整枝摘叶，雨后及时排水，防止湿气滞留，可减少发病。提倡采用地膜覆盖，可提高苗期地温减少发病。药剂拌种可以有效的预防褐斑病的发生，7月中旬病害发生初期是防治的关键时期。

药剂防治可见棉花黑斑病。

9. 棉花角斑病

症　状　该病不仅为害棉苗，同时也为害成株的茎叶及发育中的棉铃。子叶（图10－28）、真叶染病（图10－29），叶背先产生深绿色小点，后扩展成油渍状，叶片正面病斑多角形，有时病斑沿脉扩展呈不规则条状，致叶片枯黄脱落。湿度大时，病部分泌出黏稠状黄色菌脓，干燥条件下变成薄膜或碎裂成粉末状。棉铃染病，初生油浸状深绿色小斑点，后扩展为近圆形或多个病斑融合成不规则形，褐色至红褐色，病部凹陷，幼铃脱落，成铃部分心室腐烂（图10－30）。

图10-28　棉花角斑病为害子叶症状

图10-29　棉花角斑病为害真叶症状

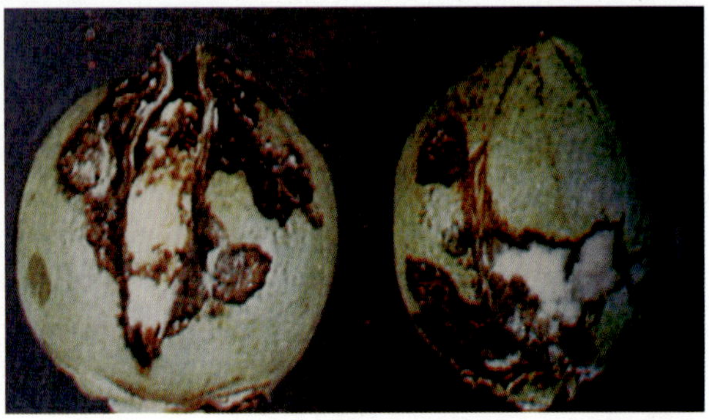

图10-30　棉花角斑病为害棉铃症状

病　　原　*Xanthomonas campestris* pv. *malvacearum* 称油菜黄单胞菌锦葵致病变种，属细菌（图10-31）。菌体杆状，一端生1～3根鞭毛，能游动，有荚膜。革兰氏染色阴性。

发生规律 病原细菌主要在种子及土壤中的病铃等病残体上越冬，翌春棉花播种后借雨水飞溅及昆虫携带进行传播和扩散。该病以种子传播为主，种子带菌率6%～24%，在种子内部存活1～2年。一般现蕾以后，降雨愈多，尤其是暴风雨，病情发展愈快。一般在7～8月病害易流行。连作愈久，发病愈重。轻壤土发病率高于重壤土。

防治方法 选用抗病品种和无病种子。及时清除棉田病株残体，集中沤肥或烧毁。精选棉种，合理密植，雨后及时排水，防止湿气滞留，结合间苗、定苗发现病株及时拔除。实行轮作，稻棉轮作最好。种子处理是防治的关键。

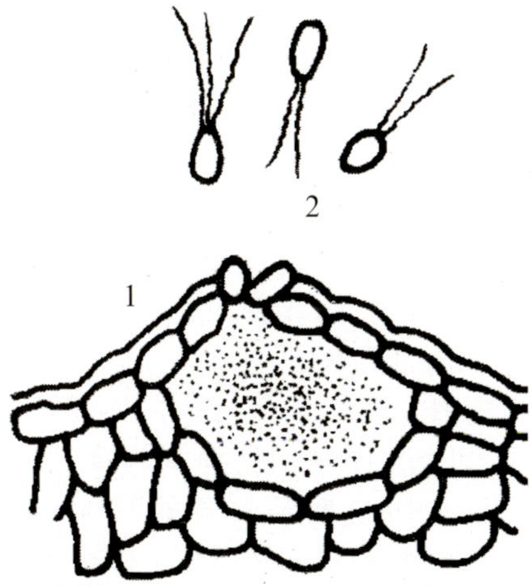

图10－31 棉花角斑病病菌

1.组织内的病原细菌 2.病原细菌

种子处理：硫酸脱绒：将比重为1.8左右的浓硫酸倒入搪瓷盆中，在火炉上加热至110～120℃。棉籽曝晒或放在大铁锅内加温到20～30℃。放在缸或木槽内，加入120℃、比重为1.8左右的浓硫酸70～100ml/kg棉籽，将热硫酸徐徐倒入棉籽内，边倒边搅拌到棉籽乌黑发亮发黏，然后将棉籽堆好，加入种子量18%～20%的开水，继续翻动几分钟，取少量棉籽用清水冲洗检查，若短绒已脱净，立即用清水冲洗至水色不显黄色、水味不酸为止，捞除漂浮在水面上瘪籽、破籽，将下沉的饱满棉籽捞起摊开晾干待播。

药剂拌种：用10%萎锈灵可湿性粉剂按种子量0.5%拌种，效果较好。

病害发生初期，可用72%农用链霉素可溶性液剂3 000～4 000倍液、30%琥胶肥酸铜可湿性粉剂500倍液、77%氢氧化铜可湿性粉剂500～800倍液、14%络氨铜水剂300倍液、47%春·氧氯化铜可湿性粉剂700倍液、50%氯溴异氰尿酸可溶性粉剂1 200倍液、27%碱式硫酸铜悬浮剂400倍液，每5～7天喷1次，连喷3～4次。

10. 棉花轮纹病

症　　状 为害子叶和真叶。子叶染病，主要在未展开的黏结处或夹壳损伤处生出墨绿色霉层。子叶展平后染病，初生红褐色小圆斑，后扩展成不规则形至近圆形褐色斑，有的现不明显的轮纹。湿度大时，病斑上长出墨绿色霉层，严重的每张叶片上病斑多至数十个，造成子叶枯焦脱落。真叶染病，与子叶上症状相似，但病斑较大，四周有紫红色病变（图10－32）。受伤时染病，病斑形状不规则，枯斑四周不见紫红色边缘。

图10－32 棉花轮纹病为害叶片症状

病　　原　*Alternaria macrospora* 称大链格孢，*A. tenuissima* 称链格孢，均属半知菌亚门真菌。大链格孢，分生孢子梗多单生或4～9根成束，略弯曲，基部膨大，浅褐色至暗褐色。分生孢子倒棍棒状，黄褐色或深褐色，具6～10个横隔、3～30个纵隔。链格孢分生孢子梗分枝较少，榄褐色，分生孢子棒状，串生，横隔1～9个，纵隔0～6个。

发生规律　病菌以菌丝体和分生孢子在病叶、病茎上或棉籽的短绒上越冬，棉籽带菌率高达47.5%～84%，尤其种壳上最多，胚乳也带菌。棉籽播种后病叶及棉籽上的分生孢子借气流或雨水溅射传播，从伤口或直接侵入。早春气温低、湿度高易发病。棉花生长后期，植株衰弱，遇有秋雨连绵也会出现发病高峰。

防治方法　棉田要精细整地，种子要精选，提高播种质量。勤中耕，及时整枝摘叶，雨后及时排水，防止湿气滞留，可减少发病。提倡采用地膜覆盖，可提高苗期地温减少发病。

药剂拌种。用种子重量0.5%的50%多菌灵可湿性粉剂或40%拌种双可湿性粉剂拌种。还可用呋喃丹与50%多菌灵按1：0.5的重量配比，加入少量聚乙烯醇黏着剂，配成棉籽种衣剂，用棉籽重量1%的种衣剂处理制的堆肥。

发病初期及时喷洒70%代森锰锌可湿性粉剂500倍液+40%氟硅唑乳油2 000～4 000倍液、75%百菌清可湿性粉剂500倍液+70%甲基硫菌灵可湿性粉剂800倍液、50%福美双可湿性粉剂300～500倍液+24%腈苯唑悬浮剂800～1 200倍液、50%敌菌丹可湿性粉剂300～500倍液+25%氟喹唑可湿性粉剂5 000倍液、25%溴菌清可湿性粉剂500倍液等。

11. 棉花茎枯病

分布为害　棉花茎枯病是一种偶发性但严重时造成损失相当大的病害。曾在北方棉区各省大发生，东北棉区、黄河流域及长江流域、沿江、沿海棉区发生较重。

症　　状　棉花整个生育期均可发病，苗期、蕾期受害重。子叶、真叶染病，初生边缘紫红色、中间灰白色小圆斑，后病斑扩展或融合成不规则形病斑（图10－33）。病斑中央有的出现同心轮纹，其上散生黑色小粒点，即病原菌的分生孢子器。病部常破碎散落，湿度大时，幼嫩叶片出现水浸状病斑，后扩展迅速似开水烫过，萎蔫变黑，严重的干枯脱落，变为光秆而枯死。叶柄、茎部染病，病斑中央浅褐色，四周紫红色，略凹陷，表面散生小黑点，严重的茎枝枯折或死亡。

图10－33　棉花茎枯病为害叶片症状

病　　原 *Ascochyta gossypii*称棉壳二孢菌，属半知菌亚门真菌。分生孢子器初埋生在棉株表皮组织下，成熟后露出在表皮上。孢子器球形，黄褐色，顶部具略突的圆形孔口，壁较薄易碎。分生孢子卵圆形，单胞或双胞，无色。

发生规律 病菌以菌丝体或分生孢子在棉花种子内外或随病残体在土壤或粪肥中越冬，翌春侵染棉苗，且在病部产生分生孢子器，释放出分生孢子借风雨、蚜虫传播，进行再侵染。出苗期、现蕾期气温稳定在20℃以上，连阴雨持续3～4天，在3～5天内该病可能发生或流行。生产上遇气温低、降雨多常引发该病大发生。棉蚜为害严重的棉田，连作、管理粗放的棉田一般发病也重。

防治方法 加强栽培管理，实行合理轮作，精耕细作，育苗移栽，合理施肥，促棉株健壮，提高抗病力。生产上注意及时防治蚜虫，以减少病害侵入。

种子处理，用种子重量0.5%的50%多菌灵可湿性粉剂或40%拌种双可湿性粉剂拌种。

防治该病结合治蚜，预测该病在雨后1～3天将会流行，且蚜虫数量大时，喷洒70%代森锰锌可湿性粉剂500倍液、75%百菌清可湿性粉剂500倍液、50%多菌灵可湿性粉剂800倍液、50%苯菌灵可湿性粉剂1 500倍液。

12. 棉铃黑果病

症　　状 主要为害棉铃。铃壳初淡褐色，全铃发软，后铃壳呈棕褐色，僵硬多不开裂，铃壳表面密生突起的小黑点即病菌分生孢子器。发病后期铃壳表面布满煤粉状物，棉絮腐烂成黑色僵瓣状（图10-34）。

图10-34 棉铃黑果病为害棉铃症状

病　　原 *Diplodia gossypina*称棉色二胞，属半知菌亚门真菌（图10-35）。分生孢子器黑色，埋生于表皮下，顶端有孔口。分生孢子梗细，不分枝。分生孢子椭圆形，初无色，单胞，成熟时黑褐色，双胞。有性世代*Physalospora gossypina*称棉囊孢壳，属子囊菌亚门真菌。子囊座丛生，黑色。子囊孢子单胞，无色。

发生规律 病菌以分生孢子器在病残体上越冬。翌年条件适宜，产生分生孢子进行初侵染和再侵染。黑果病菌是引起棉花烂铃的初侵染病原之一。雨量大发病重。棉铃伤口多，如虫伤、机械伤、灼伤等可诱发黑果病大发生。

防治方法 尽可能避免棉铃损伤，及时防治铃期害虫。及时摘除剥晒病铃。

发病初期喷洒70%代森锰锌可湿性粉剂500倍液、70%甲基硫菌灵可湿性粉剂1 000倍液、50%多菌灵可湿性粉剂800倍液、50%苯菌灵可湿性粉剂1 000倍液、25%溴菌腈可湿性粉剂500倍液等药剂。

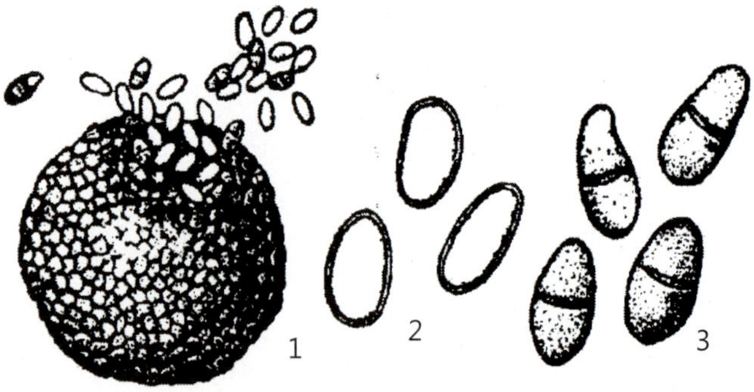

图10－35 棉铃黑果病病菌
1.分生孢子器 2.初期分生孢子 3.后期分生孢子

13. 棉花白霉病

症　　状 初在单个叶脉网间现直径3～4mm白斑，后变为不规则多角形，病斑在叶片正面为浅绿色至黄绿色，叶背对应处生出很多白霜状的分生孢子梗和分生孢子，严重时病叶干枯脱落（图10－36）。

病　　原 *Ramularia areola*称白斑柱隔孢或棉柱隔孢，属半知菌亚门真菌。分生孢子梗无色，成束地从叶背气孔中伸出，多在基部分枝，顶端具齿状突起，具隔膜；分生孢子长圆形，两端突然尖削，有1～3个隔膜，无色。

发生规律 病菌以菌丝体在病残体上越冬。翌春条件适宜时产生分生孢子，分生孢子随气流传，引起初侵染。病部又产生分生孢子，不断地进行再侵染。气温25～30℃、多雨高湿利于该病扩展和蔓延。

防治方法 采收后及时清除病残体，深埋或沤肥。种植抗病或耐病品种。

发病初期开始喷洒50%苯菌灵可湿性粉剂1 500倍液、36%甲基硫菌灵悬浮剂600～700倍液，间隔7～10天1次，连喷2～3次。

图10－36 棉花白霉病为害叶片症状

14. 棉铃红粉病

症　状 棉铃受害，表面布满粉红色的绒状物，厚而紧密，空气潮湿时，绒状物变成白色，使棉铃不能开裂，纤维变褐黏结成僵瓣。与棉铃红腐病的区别是：红粉病在铃壳和棉瓤上的霉层较厚，表现为粉红色松散的绒状物。天气潮湿时，霉层变成粉白色绒状物。而红腐病的霉层较薄而紧密（图10－37）。

图10－37 棉铃红粉病为害棉铃症状

病　原 *Trichothecium roseum* 称粉红聚端孢，属半知菌亚门真菌。菌落初白色，后变粉红色。分生孢子梗无色，直立，顶端略弯曲，顶端一侧生一分生孢子。分生孢子梨状或卵圆形，一端有乳头状突起。

发生规律 该菌是弱寄生菌，主要在土壤中及铃壳和病残体上越冬。条件适宜时，多从棉铃伤口或裂缝处侵染。病铃上的病菌借风、雨、水流和昆虫传播，进行再侵染，造成棉铃大量霉烂。红粉病发生所需温度偏低，发生期的旬平均温度为19.3～25.6℃，秋季多雨的气候更是引起红粉病加剧为害的适宜条件。土壤黏重，排水不良，种植密度大，整枝不及时，施用氮肥过多，发病重。

防治方法 实行水旱轮作，减少菌量积累。合理施肥。施足基施，适施苗肥，重施蕾肥、花肥。增施磷钾肥，增强植株抗病力。合理密植，及时整枝打杈，雨后及时开沟排水，降低田间湿度。

种子处理：用种子重量0.5%的40%拌种双可湿性粉剂拌种。

棉田刚出现烂铃时，喷施70%代森锰锌可湿性粉剂500～600倍液、25%甲霜灵可湿性粉剂600～800倍液、75%百菌清可湿性粉剂700～800倍液、50%多菌灵可湿性粉剂800～1 000倍液，隔10天喷1次，连续2～3次。

15. 棉铃曲霉病

症　状 主要为害棉铃。初在棉铃的裂缝、虫孔、伤口或裂口处产生水浸状黄褐色斑，接着产生黄绿色或黄褐色粉状物，填满铃缝处，造成棉铃不能正常开裂，连阴雨或湿度大时，长出黄褐色或黄绿色绒毛状霉，即病菌的分生孢子梗和分生孢子，棉絮质量受到不同程度污染或干腐变劣（图10-38）。

图10-38 棉铃曲霉病为害棉铃症状

病　原 *Aspergillus flavus* 称黄曲霉、*Aspergillus fumigatus* 称烟曲霉、*Aspergillus niger* 称黑曲霉，均属半知菌亚门真菌。

发生规律 病菌以菌丝体在土壤中的病残体上存活越冬。翌春产生分生孢子借气流传播，从伤口或穿透表皮直接侵入，曲霉菌为害棉铃能侵入种子，造成种子带菌，成为该病重要初侵染源。在棉铃上营腐生的病菌分生孢子借风、雨传播蔓延，继续侵染有伤口、裂口的棉铃，使病害不断扩大。该病属高温型病害，病菌生长适温为33℃，气温高有利于发病。铃期病虫害多，棉铃损伤就多，为病菌提供了侵染途径，也有利于发病。

防治方法 加强棉田管理，注意合理密植，做到通风良好；采用配方施肥技术，合理施用有机肥，避免单施过施氮肥；合理灌溉，严禁大水漫灌，雨后及时排水，防止湿气滞留。整枝打杈要及时，清除棉田枯枝烂叶或烂铃，集中深埋或烧毁，减少菌源。发现病铃及时摘除，把病铃迅速烘干或晾晒干裂，增加皮棉产量。

发病初期喷洒50%苯菌灵可湿性粉剂1 500倍液、50%异菌脲可湿性粉剂1 500倍液、70%代森锰锌可湿性粉剂400～500倍液、36%甲基硫菌灵悬浮剂600倍液。

16. 棉铃软腐病

症　状 主要为害棉铃。病铃初生深蓝色或褐色病斑，后扩大软腐，产生大量白色丝状菌丝，渐变为灰黑色，顶生黑色小粒点即病菌子实体。剖开棉铃，呈湿腐状，影响棉花质量和纤维强度（图10-39）。

病　原 *Rhizopus stolonifer* 称匍枝根霉，属接合菌亚门真菌。菌丝匍匐在棉铃表面或内部，菌丝发达有分枝，孢囊梗2～3根丛生在假根上，顶端产生孢子囊。孢子囊暗褐色，球形，能产生大量孢囊孢子。孢囊孢子球形或多角形至梭形，单胞，灰色或褐色。

图10-39 棉铃软腐病为害棉铃症状

发生规律 病原以孢囊孢子在病铃或其他寄主和附着物上腐生越冬。翌春条件适宜产生孢子囊，释放出孢囊孢子，靠风雨传播，病菌则从伤口或生活力衰弱或遭受冷害等部位侵入，该菌分泌果胶酶能力强，致病组织呈浆糊状，在破口处又产生大量孢子囊和孢囊孢子，进行再侵染。气温23～28℃，相对湿度高于80%易发病；雨水多或大水漫灌，田间湿度大，整枝不及时，株间郁闭，棉铃伤口多发病重。软腐病为棉花烂铃的腐生性病害，其发生与虫害关系密切，多因虫伤引起。

防治方法 加强肥水管理，适当密植，增施农家肥和磷、钾肥适当密植，及时整枝或去掉下部老叶，保持通风透光。雨后及时排水，严禁大水漫灌，防止湿气滞留。及时收摘烂铃，可减少损失。

发病初期喷洒30%碱式硫酸铜悬浮剂400～500倍液、77%氢氧化铜可湿性微粒粉剂500倍液、50%琥胶肥酸铜可湿性粉剂500倍液、14%络氨铜水剂300倍液、50%混杀硫悬浮剂500倍液、56%氧化亚铜水分散微颗粒剂700～800倍液、47%加瑞农（春雷霉素·氧氯化铜）可湿性粉剂800～1 000倍液，每亩喷对好的药液60L，隔10天左右1次，防治2～3次。

二、棉花虫害

棉花虫害一直是制约棉花生产的主要因素之一。我国已发现的棉花虫害有40多种，其中为害较重的有棉铃虫、棉蚜、棉叶螨、棉盲蝽等。

1. 棉铃虫

分　　布 棉铃虫（*Helicoverpa armigera*）广泛分布在我国各地，是棉田重要害虫。

为害特点 幼虫食害嫩叶成缺刻或孔洞（图10-40）；幼虫在苞叶内蛀食棉蕾，蛀孔处有粪便，蕾苞叶张开变成黄褐色脱落。青铃受害时，铃的基部有蛀孔，粪便堆积在蛀孔之外，被害棉铃遇雨易霉烂脱落。

图10-40　棉铃虫为害棉花叶片症状

形态特征　成虫灰褐色，前翅具褐色环状纹及肾形纹（图10-41）。后翅黄白色或淡褐色，端区褐色或黑色，外缘中部内侧有灰白色月牙形斑。卵半球形（图10-42），乳白色，具纵横网格。老熟幼虫体色变化很大，由淡绿、淡红至红褐乃至黑紫色（图10-43）。蛹黄褐色（图10-44）。

图10-41　棉铃虫成虫

图10-42　棉铃虫卵

图10－43　不同体色棉铃虫幼虫

图10-44 棉铃虫蛹

发生规律 1年发生2～6代，以滞育蛹在土中越冬。成虫于4月下旬始见，6月份进入棉花现蕾盛期，1代棉铃虫的卵主要产在棉株嫩头、嫩叶正面，现蕾早长势好的棉田着卵多，卵量大，受害重。2代成虫于7月及8月上旬盛发，把卵产在棉株顶心、边心的嫩叶及嫩蕾苞叶上，蕾花多、生长旺盛棉田着卵多，3代成虫于8月中下旬盛发，卵多散产在嫩蕾、嫩铃苞叶上，3代发生期长，发生量大，后期旺长、迟发棉田受害重。为害棉花期间降雨次数多且雨量分布均匀易大发生。

防治方法 田间结合整枝及时打顶，摘除边心及无效花蕾，并携至田外集中处理。第2代棉铃虫的防治指标为百株累计卵量138粒。第3代为百株低龄幼虫12头，第4代为百株低龄幼虫5头。越冬代成虫产卵盛期、低龄幼虫期、2～3代卵孵化盛期是防治棉铃虫的关键时期。

掌握在卵孵盛期至2龄幼虫时期喷药防治，以卵孵盛期喷药效果最佳。可用20%毒·辛乳油100～150ml/亩、15%阿维·三唑磷乳油60～70ml/亩、40%柴油·辛硫磷乳油100～150ml/亩、15.5%甲维·毒死蜱乳油75～100ml/亩、1%甲氨基阿维菌素苯甲酸盐乳油10～20ml/亩、1.8%阿维菌素乳油10～20ml/亩、40%敌百·毒死蜱乳油60～75ml/亩、20%三唑·辛硫磷乳油60～100ml/亩、20%马拉·辛硫磷乳油75～90ml/亩、40%丙溴磷乳油80～100ml/亩、5%氟铃脲乳油120～160ml/亩、8000IU/mg苏云金杆菌可湿性粉剂200～300g/亩对水40～50kg均匀喷施，每隔7～10天喷1次，共喷2～3次。

在2～3代卵孵盛期，可用30%氯氰·辛硫磷乳油60～80ml/亩、12%高氯·毒死蜱乳油100～150ml/亩、25%甲氰·辛硫磷乳油80～100ml/亩、20%高氯·马乳油70～100ml/亩、25%丙溴磷·辛硫磷乳油60～80ml/亩、25%氯氟·丙溴磷乳油40～80ml/亩、15%高氯·三唑磷乳油50～70ml/亩、25%氰戊·辛硫磷乳油70～90ml/亩、52.25%氯氰·毒死蜱乳油80～110ml/亩、12%马拉·杀螟松乳油75～100ml/亩、20%乙酰甲胺磷乳油225～300ml/亩、20%甲氰菊酯乳油30～40ml/亩对水40～50kg均匀喷施。喷药时，药液应主要喷洒在棉株上部嫩叶、顶尖以及幼蕾上，须做到四周打透。并注意多种药剂交替使用或混合使用，以避免或延缓棉铃虫抗药性的产生。

2. 棉蚜

分　　布 棉蚜（*Aphis gossypii*），全国各地均有发生，为害严重，是棉花苗期重要害虫。

为害特点 以刺吸口器刺入棉叶背面或嫩头，吸食汁液。苗期受害，棉叶卷缩，开花结铃期推迟；成株期受害，上部叶片卷缩，中部叶片出现油光，下部叶片枯黄脱落，叶表有排泄的蜜露，易诱发霉菌（图10-45）。

图10-45 棉蚜为害叶片症状

形态特征 无翅胎生雌蚜体色有黄、青、深绿、暗绿等色（图10-46），触角长约为体长之半。复眼暗红色。腹管较短，黑青色。体表被白蜡粉。有翅胎生雌蚜大小与无翅胎生雌蚜相近，体黄色、浅绿至深绿色。卵椭圆形，初产时橙黄色，后变漆黑色，有光泽。无翅若蚜共4龄，夏季黄色至黄绿色，春秋季蓝灰色，复眼红色。有翅若蚜也是4龄，夏季黄色，秋季灰黄色，2龄后出现翅芽。

图10-46 棉蚜无翅胎生雌蚜

发生规律 1年发生10～30代，以卵在越冬寄主上越冬。棉蚜每年迁飞3～5次，春季第1次从越冬寄主和棉田迁移出现在4月中旬；第2次出现在5月下旬～6月上旬；伏蚜期迁飞出现2个高峰，7月中下旬和8月中旬；秋末最后一次迁飞到越冬寄主时间出现在9月下旬～10月上旬。

防治方法 冬春两季铲除田边、地头杂草。防治指标为卷叶率10%或单株倒3叶蚜量为284头。播种时种子处理可以预防苗蚜；或在蚜虫发生初期喷药防治。

播种时种子处理，用3%克百威颗粒剂20g拌100kg棉籽，再堆闷4～5小时后播种；也可用35%甲基硫环磷乳油490～520ml/100kg种子拌种、浸种，边喷边拌，堆闷24～26小时后播种。

在害虫发生期，棉苗3片真叶前，卷叶株率5%～10%；4片真叶后卷叶株率10%～20%各喷药1次，可用26%敌敌畏·吡虫啉乳油60～80ml/亩、25%柴油·吡虫啉30～50ml/亩、20%吡虫啉·三唑磷乳油15～20ml/亩、20%氯氰·三唑磷乳油60～80ml/亩、2%阿维菌素乳油72～108ml/亩、2.5%溴氰菊酯乳油20～40ml/亩、25%噻虫嗪水分散粒剂4～8g/亩、10%吡虫啉可湿性粉剂20～30g/亩、20%氰戊菊酯乳油25～50ml/亩、3%啶虫脒乳油20～40ml/亩、50%二嗪磷乳油100～120ml/亩对水50～60kg均匀喷雾。

3. 棉叶螨

分　布 为害棉花的叶螨有朱砂叶螨（*Tetranychus cinnabarinus*），二斑叶螨（*Tetranychus urticae*）、截形叶螨（*Tetranychus truncatus*）等，全国各棉区均有发生，常与其他叶螨混合发生为害。

为害特点 成、若螨聚集在棉叶背面刺吸棉叶汁液，为害初期叶片正面出现黄白色斑点（图10-47），后来叶面出现红褐色斑块，为害严重的，红色区域扩大，致棉叶卷曲脱落，棉铃明显减少，发育不良。

图10-47 棉叶螨为害棉花叶片症状

形态特征与发生规律 可参见花生叶螨。

防治方法 铲除田边杂草，清除残株败叶，天气干旱时，注意灌溉。在越冬卵孵化盛期或若螨始盛发期是防治棉花叶螨的关键时期。

在越冬卵孵化盛期或若螨始盛发期，用20%哒螨灵可湿性粉剂10～20g/亩、20%三氯杀螨醇乳油75～100ml/亩、73%克螨特乳油25～35ml/亩、5%噻螨酮乳油50～66ml/亩、5%唑螨酯悬浮剂20～40ml/亩、30%三磷锡乳油18～25ml/亩对水50～60kg均匀喷雾。

在6月上旬，成、若螨混发期，用10%联苯菊酯乳油30～40ml/亩、30%硫环磷乳油30～60ml/亩、20%甲氰菊酯乳油30～50ml/亩、1.8%阿维菌素乳油10～15ml/亩、10%浏阳霉素乳油30～50ml/亩、20%双甲脒乳油40～50ml/亩、40%水胺硫磷乳油50～100ml/亩对水50～60kg均匀喷雾，间隔7～10天喷1次，连喷2～3次。

4. 地老虎

分　　布 地老虎主要有小地老虎（*Agrotis ypsilon*）、黄地老虎（*Agrotis segetum*）、大地老虎（*Agrotis tokionis*），在黄淮海平原、华北平原及东南、西北、西南的河谷洼地等潮湿土壤地都是小地老虎的重发区。

为害特点 幼虫多从地面上咬断幼苗，主茎已硬化可爬到上部为害生长点，是一种典型的杂食性害虫，几乎对所有旱地作物的幼苗均能取食为害，常使受害作物缺苗断垄，甚至毁种重播（图10－48）。

图10－48　地老虎为害棉花幼苗症状

形态特征 小地老虎：成虫全身深褐色（图10－49），有黑色斑纹，触觉黄褐色。前翅黑褐色，其内横线、外横线将前翅分为3段，中室端具有明显的肾形纹，外侧有一尖端向外的长三角形黑斑，与亚外缘线上的两个尖端向内的三角形黑斑相对，此为成虫的典型特征。后翅灰白色，无斑纹，近后缘处褐色。卵半球形，刚产出时乳白色，渐变为淡黄至老黄色，临孵化前顶端变成黑色。幼虫初孵灰褐色（图10－50），取食嫩叶后变为绿色，入土后又变为灰褐色。老熟虫体形略扁，灰黑稍带黄色，体表布满黑色圆形小突起，此为小地老虎幼虫的典型特征。蛹赤褐色，有光泽。

图10-49 小地老虎成虫

图10-50 小地老虎幼虫

黄地老虎：成虫灰褐色至黄褐色（图10-51），前翅黄褐色，全面散生小褐点，各横线为双条曲线但多不明显，肾纹、环纹和剑纹明显，且围有黑褐色细边，其余部分为黄褐色；后翅灰白色，半透明。卵扁圆形，黄白色。幼虫头部黄褐色，体淡黄褐色体表颗粒不明显，体多皱纹而淡，臀板上有两块黄褐色大斑，中间断开，小黑点较多。蛹红褐色（图10-52）。

图10-51 黄地老虎成虫

图10-52 黄地老虎幼虫、蛹

大地老虎：成虫头部、胸部褐色（图10-53），前翅灰褐色，外横线以内前缘区、中室暗褐色，内横线波浪形，剑纹黑边窄小，环纹具黑边圆形褐色，后翅浅黄褐色。卵初淡黄色，后渐变为黄褐色，孵化前为灰褐色。幼虫黄褐色，体表多皱纹，头部褐色，有黑色纵纹1条。蛹初为浅黄色，后变为黄褐色。

图10-53 大地老虎成虫

发生规律 在我国各地每年发生世代数由南向北递减，由低海拔向高海拔递减。以第1代幼虫为害最严重，也是防治的重点时期。南岭以南地区年6～7代，长江以南，南岭以北地区4～5代，江淮、黄淮地区4代，黄河、海河地区3～4代，东北中北部、内蒙古北部、甘肃西部1～2代。在南岭以南冬季能继续繁殖为害，在长江流域以老熟幼虫、蛹及成虫越冬。在江淮(北纬33度)以北地区不能越冬，春季越冬代成虫主要是由南向北迁飞而来，秋季再由北向南迁回到越冬区过冬，从而构成1年内大区间的世代循环。第1代幼虫为害盛期从北到南逐渐提早，黑龙江为6月中、下旬，辽宁5月下旬至6月上旬，北京为5月上、中旬，武汉4月中、下旬，福州3月中旬至4月上旬。地势低洼、湿润多雨的地区发生量大，各地多以第1代幼虫为害最重，但在北方7、8月移栽或直播的菜苗也可受害。一般砂壤土、壤土、黏壤土等土质疏松、保水性强的地区适于小地老虎发生，而高岗、干旱及黏土、砂土均不利发生。

防治方法 早春清除菜田及周围杂草。

地老虎1～3龄幼虫期抗药性差，且暴露在寄主植物或地面上，是药剂防治的适期。喷洒40.7%毒死蜱乳油90～120ml/亩对水50～60kg或2.5%溴氰菊酯乳油3 000倍液、20%菊·马乳油3 000倍液、10%溴·马乳油2 000倍液、90%晶体敌百虫800倍液、50%辛硫磷乳油800倍液、21%灭杀毙（增效氰马）乳油3 000倍液、20%甲基异柳磷乳油2 000倍液、20%氰戊菊酯乳油3 000倍液、50%杀螟硫磷乳油1 000～2 000倍液、80%敌敌畏乳油1 000倍液、25%亚胺硫磷乳油250倍液、25%杀虫双水剂500倍液、25%甲萘威可湿性粉剂250倍液、5%定虫隆乳油2 500倍液、10%氯氰菊酯乳油5 000倍液等。一般6～7天后，可酌情再喷1次。

3～4龄幼虫时喷洒或浇灌或配成毒土，顺垄撒施，可选用3%氯唑磷颗粒剂，亩用2～5kg处理土壤，2.5%敌百虫粉剂1.5～2kg加10kg细土制成毒土，顺垄撒在幼苗根际附近，或用50%辛硫磷乳油0.5kg加适量水喷拌细土125～175kg制成毒土。40%甲基异柳磷乳油0.5kg，加适量水，喷拌细沙土50kg，顺垄撒施在幼苗根附近。

5．棉大卷叶螟

分布为害 棉大卷叶螟（*Sylepta derogata*）分布除宁夏、青海、新疆未见报道外，其余省区均有。幼虫卷叶成圆筒状，藏身其中食叶成缺刻或孔洞。严重的吃光全部棉叶，继续为害棉铃内苞叶或嫩蕾，影响棉株生长发育。

形态特征 成虫淡黄色（图10-54），头、胸部背面有12个棕黑色小点排列成4行；前翅中室前缘具“OR”形褐斑，在“R”斑下具一黑线，缘毛淡黄；后翅中室端有细长褐色环。卵扁椭圆形，初产乳白色，后变浅绿色。末龄幼虫体青绿色。蛹红褐色。

发生规律 辽宁年发生3代，黄河流域4代，长江流域4～5代，华南5～6代，以末龄幼虫在落叶、树皮缝、树桩孔洞、田间杂草根际处越冬。生长茂密的地块，多雨年份发生多。

防治方法 冬天深耕灌溉，清除枯枝落叶及杂草，可消灭大部分越冬虫源。在棉田管理时，幼虫卷叶结包时捏包灭虫。

种子处理：用10%吡虫啉可湿性粉剂500～600g拌棉种100kg，播后2个月内对棉卷叶螟防效优异，且兼治棉蚜。

掌握在2龄以前,可用25%喹硫磷乳油或50%辛硫磷乳油1 000倍液、25%亚胺硫磷乳油800～1 000倍液、50%甲萘威可湿性粉剂500倍液、90%晶体敌百虫1 000倍液、50%敌敌畏乳油1 500倍液、20%灭幼脲悬浮剂2 000倍液、1.8%阿维菌素乳油3 000～5 000倍液、2.5%鱼藤酮水剂300～400倍液、10%联苯菊酯乳油4 000～5 000倍液、10%溴·马乳油2 000倍液、2.5%溴氰菊酯乳油3 000～3 500倍液、20%甲氰菊酯乳油2 000倍液均匀喷雾。

图10-54 棉大卷叶螟成虫

6. 绿盲蝽

图10-55　绿盲蝽成虫

分布为害　绿盲蝽（*Lygocoris lucorum*）遍及全国各棉区。成、若虫刺吸棉株顶芽、嫩叶、花蕾及幼铃上汁液，幼芽受害形成仅剩两片肥厚子叶的“公”棉花。

形态特征　成虫体近卵圆形，扁平，绿色（图10-55）。前翅膜质，暗灰色，半透明。卵黄绿色，长口袋形。若虫共5龄。1龄若虫体淡黄绿色；2龄若虫体黄绿色；3龄若虫体绿色；4龄若虫体绿色；5龄若虫体绿色。

发生规律　长江流域一年发生5代，华南7～8代，以卵在冬作豆类、苜蓿、木槿、蒿类等植物茎梢内越冬。越冬卵于4月上旬开始孵化，各代若虫发生期分别在4月上中旬、5月下旬至6月上旬、6月下旬至7月上旬、8月上旬和9月上旬。10月上旬第5代成虫产卵越冬。

防治方法　早春越冬卵孵化前，清除棉田及附近杂草。

棉花成株期，成若虫为害初期，喷洒35%硫丹乳油1 500倍液、10%吡虫啉可湿性粉剂1 500～2 000倍液、10%虫螨腈乳油2 000倍液、20%灭多威乳油1 000倍液、5%氟啶脲乳油1 500倍液、25%硫双灭多威乳油1 500倍液、5.7%氟氯氰菊酯乳油2 000倍液、43%辛・氟氯氰乳油1 500倍液。

7. 赤须盲蝽

分　　布　赤须盲蝽(*Trigonotylus coelestialium*)，分布在北京、河北、内蒙古、黑龙江、吉林、辽宁、山东、河南、江苏、江西、安徽、陕西、甘肃、青海、宁夏、新疆等省。

为害特点　成、若虫刺吸叶片汁液或嫩茎及穗部，受害叶初现黄点，渐成黄褐色大斑，叶片顶端向内卷曲，严重的整株干枯死亡。

形态特征　成虫身体细长，鲜绿色或浅绿色（图10-56）。头略呈三角形，顶端向前突出，头顶中央具1纵沟，前伸不达头部中央；复眼银灰色，半球形。前翅略长于腹部末端，革片绿色，膜片白色透明。足浅绿或黄绿色，胫节末端及跗节暗色。卵口袋形，白色透明，卵盖上具突起。5龄若虫体长5mm左右，黄绿色，触角红色，略短于体长，翅芽超过腹部第3节。

图10-56　赤须盲蝽成虫

发生规律　华北地区年发生3代，以卵越冬。翌年第1代若虫于5月上旬进入孵化盛期，5月中下旬羽化。第2代若虫6月中旬盛发，6月下旬羽化。第3代若虫于7月中下旬盛发，8月下旬至9月上旬，雌虫在杂草茎叶组织内产卵越冬。初孵若虫在卵壳附近停留片刻后，便开始活动取食。成虫于9：00至17：00最活跃，夜间或阴雨天多潜伏在植株中下部叶背面。

防治方法　参见绿盲蝽。

8. 中黑盲蝽

分布为害 中黑盲蝽（*Adelphocoris suturalis*）长江流域受害重。以成、若虫刺吸棉苗子叶时，棉苗顶芽焦枯变黑；为害顶芽枯死，幼叶被害展开的叶成为破烂叶；幼蕾受害由黄变黑；幼铃受害轻者受害部呈水浸状斑点，重者僵化脱落。

形态特征 成虫体褐色（图10−57）。触角比身体长。前胸背板中央具2个小圆黑点，小盾片、爪片大部为黑褐色。卵茄形，浅黄色。若虫全体绿色，5龄时为深绿色。具黑色刚毛，触角和头部赭褐色。眼紫色，腹部中央色深。

图10−57 中黑盲蝽成虫

发生规律 黄河流域棉区年生4代，长江流域5～6代，以卵在苜蓿及杂草茎秆或棉叶柄中越冬。翌年4月，越冬卵孵化，初孵若虫在苜蓿等杂草上活动。1代成虫于5月上旬出现、2代6月下旬、3代8月上旬、4代9月上旬。

防治方法 参见绿盲蝽。

9. 苜蓿盲蝽

分布为害 苜蓿盲蝽（*Adelphocoris lineolatus*）分布在河北、山西、陕西、山东、河南、江苏、湖北、四川、内蒙古等省（区）。成虫、若虫刺吸寄主芽叶、花蕾、果实等的汁液，被害部位现黑点。

形态特征 成虫体黄褐色，被细毛（图10−58）。头顶三角形，褐色，光滑，复眼扁圆，黑色，喙4节，端部黑，后伸达中足基节。前胸背板胝区隆突，黑褐色，其后有黑色圆斑2个或不清楚。小盾片突出，有黑色纵带2条。前翅黄褐色，前缘具黑边，膜片黑褐色。卵浅黄色，香蕉形，卵盖有1指状突起。若虫黄绿色具黑毛，眼紫色（图10−59），翅芽超过腹部第3节，腺囊口八字形。

发生规律 在河南年发生3～4代，湖北4代，以卵在枯死的苜蓿秆、杂草秆、棉叶柄内越冬、4月上中旬孵化，5月中旬第1代成虫出现。第2代若虫在6月中旬孵化，第3代若虫在7月中、下旬孵化，第4代若虫在8月下旬孵化。10月中旬成虫大部死亡。5月下旬开始迁到棉田为害。

防治方法 参见绿盲蝽。

图10−58 苜蓿盲蝽成虫

图10−59 苜蓿盲蝽若虫

10. 棉小造桥虫

分布为害 棉小造桥虫（*Anomis flava*）分布除西藏、新疆外，广布全国各植棉区。幼虫食害叶片，食成缺刻或孔洞，常将叶片吃光，仅剩叶脉。

形态特征 成虫头胸部橘黄色，腹部背面灰黄至黄褐色（图10–60）；前翅雌淡黄褐色，雄黄褐色。卵扁椭圆形，青绿至褐绿色，顶部隆起，底部较平。幼虫头淡黄色，体黄绿色（图10–61）。蛹红褐色。

图10–60 棉小造桥虫成虫

图10–61 棉小造桥虫幼虫

发生规律 黄河流域一年发生3～4代，长江流域5～6代，南方以蛹越冬，北方尚未发现越冬虫态。第2、3代幼虫为害棉花最重。2代在8月上中旬，3代在9月上中旬，有趋光性。

防治方法 成虫发生期，在田间用杨树枝把或黑光灯或高压汞灯诱杀成虫。

7～8月份调查棉株上、中部的幼虫，当百株3龄前幼虫量达到100头时，喷药防治。可用50%辛·氰乳油1 500～2 000倍液、40%菊·马乳油1 000倍液、20%哒嗪硫磷乳油75～100ml/亩、50%杀螟腈乳油100～130ml/亩、25%甲萘威可湿性粉剂200～260g/亩、2.5%氯氟氰菊酯水乳剂10～20ml/亩、2.5%高效氯氟氰菊酯水乳剂10～20ml/亩、2.5%溴氰菊酯乳油20～40ml/亩、20%甲氰菊酯乳油7.5～9.5ml/亩、5%氟啶脲乳油75～120ml/亩、8000IU/ml苏云金杆菌可湿性粉剂 100～500g/亩、0.38%苦参碱乳油75～100ml/亩、0.7%印楝素乳油40～50ml/亩对水40～50kg均匀喷雾。

11. 棉田蓟马

分布为害 棉田蓟马主要有花蓟马（*Frankliniella intonsa*）、黄蓟马（*Thrips flavus*）两种。分布在我国南方广东及河南等省。棉苗真叶生出前，顶尖受害变为黑色后枯萎脱落，子叶变得肥大成为无头棉，不久即死亡。真叶出现后顶尖受害，形成枝叶丛生的多头棉，花蕾大大减少。

形态特征 花蓟马：成虫体褐色带紫（图10–62），头胸部黄褐色；前翅较宽短。二龄若虫体基色黄；复眼红；触角7节。

图8–62 花蓟马成虫

图8–63 黄蓟马成虫

黄蓟马：成虫体浅黄色，触角7节（图10–63）。卵肾形。若虫黄色，初龄若虫黄色，无翅芽，3～4龄以后的若虫长出翅芽。

发生规律 花蓟马：在我国南方年发生11～14代，以成虫越冬。早春主要在蚕豆花中为害繁殖，棉苗出土后迁入棉田为害。5～6月是为害盛期。

黄蓟马：广州年发生20～21代，世代重叠，无休眠期。河南年发生代数不清，以成虫潜伏在土块、土缝下或枯枝落叶间越冬，少数以若虫越冬。翌年4月开始活动，5～9月进入发生为害高峰期，秋季受害最重。

防治方法 冬春及时铲除田边地头杂草，结合间苗、定苗排除无头棉和多头棉。

播种前药剂拌种，用20%林丹粉剂或75%甲拌磷乳油1kg，对水25～50kg拌种100kg，可有效防治苗期蓟马，且兼治地下害虫。

定苗后百株有虫15～30头或三片真叶前百株有虫10头、四片真叶后百株有虫20～30头，喷洒50%辛硫磷乳油或5%丁烯氟虫腈悬浮剂、35%伏杀硫磷乳油1 500倍液、10%虫螨腈乳油2 000倍液、1.8%阿维菌素乳油2 000～4 000倍液、35%硫丹乳油2 000倍液、25%喹硫磷乳油1 000倍液，间隔7～10天喷1次，连喷2～3次。

三、棉花各生育期病虫害防治技术

棉花栽培管理过程中，应总结本地棉花病虫害的发生特点和防治经验，制订病虫害防治计划，适时进行田间调查，及时采取防治措施，有效控制病虫害，保证丰产、丰收。

（一）播种育苗期病虫害防治技术

播种育苗期（图10-64）是防治棉花病虫害的有利时机。

这一时期的病害主要有立枯病、炭疽病、红腐病、猝倒病等；同时，棉花枯萎病、黄萎病是靠种子和土壤传播、苗期侵入的。

图10-64 棉花育苗期

预防枯萎病，种子处理，用2%戊唑醇种子处理可分散粉剂1∶250～500（药∶种）拌种，或用0.3%的50%多菌灵胶悬剂在常温下浸种14小时，晾干后播种；或用50%敌磺钠可溶性粉剂按种子重量的0.4%拌种，可有效的控制枯、黄萎病，还可兼治立枯病。

对于炭疽病、红腐病发生严重的地区，可用40%拌种双可湿性粉剂或70%甲基硫菌灵可湿性粉剂0.5kg拌100kg棉籽；也可用10%多福（多菌灵·福美双）合剂1kg与50kg棉籽包衣，均有较好的防治效果。

这一时期的虫害主要有地下害虫，如蝼蛄、地老虎等，同时，以拌种防治苗蚜效果也较好。

棉花拌种防治虫害可以用以下几种配方：50%辛硫磷乳油400～800ml加适量水，拌100kg干棉种，先浸种再拌种，闷拌4～6小时播种，可防治多种地下害虫。

防治棉蚜，可用3%克百威颗粒剂20kg拌100kg棉籽，再堆闷4～5小时后播种。也可用10%吡虫啉可湿性粉剂20g拌棉种10kg。

（二）苗期病虫害防治技术

苗期（图10－65）主要防治的病害有炭疽病、红腐病、立枯病、黄萎病等。

在棉花2～6片真叶期，可用70%恶霉灵可湿性粉剂2 000倍液、70%甲基硫菌灵可湿性粉剂800倍液、50%多菌灵可湿性粉剂500～600倍液、50%敌磺钠可溶性粉剂800倍液喷雾，不但可较好地防治黄萎病，而且对棉花苗期病害也有很好的作用。发生严重时可在7天后再喷1次。

出苗后如遇寒流阴雨，苗期立枯病有暴发的可能时，用20%甲基胂酸锌可湿性粉剂1 000倍液灌根，或用65%代森锌可湿性粉剂500～800倍液喷棉苗2～3次。

苗期为害严重的害虫主要为蚜虫、红蜘蛛、盲蝽蟓、蓟马、地老虎。防治指标：苗蚜：3片真叶前卷叶株率5%～10%，4片真叶后卷叶株率10%～20%；棉叶螨：棉叶出现黄、白斑株率20%。棉蓟马：3片真叶前，百株有虫10头；4片真叶后，百株有虫20～30头。棉盲蝽：新被害株率3%，或百株有成、若虫1～2头。地老虎：定苗前，新被害株10%；定苗后，新被害株5%。

图10－65　棉花苗期生长情况

防治蚜虫：可用50%抗蚜威可湿性粉剂50～70g/亩、35%硫丹乳油1 500倍液、20%灭多威乳油、44%丙溴磷乳油1 500倍液、10%吡虫啉可湿性粉剂3 000～4 000倍液、20%丁硫克百威乳油1 000～2 000倍液，40%毒死蜱乳油1 500倍液。还能兼治蓟马、棉盲蝽等害虫。

防治红蜘蛛：用10%浏阳霉素乳油1 000倍液、5%氟虫脲乳油1 500倍液、20%哒螨灵乳油3 000倍液均匀喷雾。

防治地老虎等地下害虫，可用2.5%敌百虫粉剂0.5kg，拌鲜草50kg，每亩用15～20kg；或用48%毒死蜱乳油300ml/亩，对细沙土20kg混合均匀，于傍晚撒在棉苗旁边。

（三） 现蕾期病虫害防治技术

这一时期（图10–66）要注意枯萎病、褐斑病、黑斑病的防治，以及角斑病的预防。

图10–66 棉花开花期生长情况

防治枯萎病，用50%多菌灵可湿性粉剂1 000倍液、70%甲基硫菌灵可湿性粉剂1 000～1 500倍液、14%络氨铜水剂1 500倍液、30%琥胶肥酸铜可湿性粉剂1 500倍液灌根，每株100ml，20天后再灌1次，有较好的效果。

防治叶斑病，及时喷洒70%代森锰锌可湿性粉剂500倍液、75%百菌清悬浮剂500倍液、50%福美双可湿性粉剂250～300倍液、25%甲基胂酸锌可湿性粉剂5 000～8 000倍液、50%克菌丹可湿性粉剂300～350倍液，间隔10～15天喷1次，直到棉花现蕾。

预防角斑病，可用30%琥胶肥酸铜可湿性粉剂500倍液、77%氢氧化铜可湿性粉剂500～800倍液、14%络氨铜水剂300倍液、27%碱式硫酸铜悬浮剂400倍液，每5～7天喷1次，连喷3～4次。

这一时期主要虫害为棉铃虫、盲蝽蟓、棉叶螨、伏蚜等，注意田间调查，及时防治。

棉铃虫：百株累计卵显超过100粒或有幼虫10头时，可选用1.8%阿维菌素乳油3 000～5 000倍液、4.5%高效氯氰菊酯乳油60～100ml/亩对水50～60kg喷雾防治。喷药时从注意棉花顶尖、花蕾铃上着药均匀，才能保证药效。

伏蚜：当百株上、中、下三叶蚜量达到1万～1.5万头时要用药剂防治。可选用10%吡虫啉可湿性粉剂10～15g/亩、4.5%高效氯氰菊酯乳油30～60ml/亩对水50kg喷雾。

棉盲蝽：当棉花被害株率达到10%时，可选用10%吡虫啉可湿性粉剂5～7g/亩、20%丁硫克百威乳油15ml/亩对水40～50kg，于傍晚喷药，保蕾铃效果较好。

棉叶螨：棉花红叶率达3%时，可选用1.8%阿维菌素乳油3 000～5 000倍液、20%哒螨灵乳油3 000倍液、20%双甲脒乳油1 000～1 500倍液喷雾，可起到良好的防治效果。

（四）蕾铃期病虫害防治技术

这一时期（图10-67）主要病害有炭疽病、红腐病、疫病等棉铃病害，应注意定期调查，及时防治。

图10-67 棉花蕾铃期生长情况

对于棉铃疫病发生严重的地区，及时喷洒65%代森锌可湿性粉剂300～350倍液、58%甲霜灵·代森锰锌可湿性粉剂700倍液、64%恶霜灵·代森锰锌可湿性粉剂600倍液、72%霜脲氰·代森锰锌可湿性粉剂700倍液，间隔10天左右1次，视病情喷施2～3次。

对于炭疽病、红腐病发生严重的地区，可喷施50%甲基硫菌灵可湿性粉剂800倍液、50%多菌灵可湿性粉剂800～1 000倍液、50%苯菌灵可湿性粉剂1 500倍液、80%代森锰锌可湿性粉剂700～800倍液，间隔7～10天1次，连续喷2～3次，防效较好。同时兼治棉铃的其他病害。

这一时期主要害虫为棉铃虫、造桥虫等，应注意调查，及时防治。

棉铃虫：3代卵盛期在7月中下旬，防治指标为百株累计卵量40粒，或防治后百株残虫5头以上；4代卵盛期在8月下旬至9月上旬，防治指标为百株幼虫10头以上。用1.8%阿维菌素乳油1 000～2 000倍液、20%灭多威乳油1 500倍液、20%抑食肼可湿性粉剂2 000倍液，对抗性棉铃虫有效。

棉小造桥虫：2代幼虫为害盛期在7月中下旬，2代在8月上中旬，3代在9月上中旬。防治指标：百株幼虫100头。用80%敌敌畏乳油1 000倍液、50%马拉硫磷乳油1 000倍液、50%甲萘威可湿性粉剂500倍液等药剂均匀喷雾。

四、棉花田杂草防治技术

近几年来，随着农业生产的发展和耕作制度的变化，棉花田杂草的发生出现了很多变化、棉花栽培模式多种多样。在棉花田杂草防治中应区别对待各种情况，选用适宜的除草剂品种和配套的施药技术。

(一)棉花苗床杂草防治

在棉花苗床(图10-68)，主要杂草为马唐、狗尾草、牛筋草、藜、反枝苋，杂草比较好防治，生产中可以用酰胺类、二硝基苯胺类除草剂等。

图10-68　棉花苗床杂草发生情况

在棉花苗床播种后覆膜前施药，施药量一般不宜过大，否则影响育苗质量。

可以施用：

50%乙草胺乳油30～50ml/亩；

72%异丙甲草胺乳油75～100ml/亩；

72%异丙草胺乳油75～100ml/亩+50%扑草净可湿性粉剂50g/亩；

33%二甲戊乐灵乳油50～75ml/亩；

50%乙草胺乳油40ml/亩+24%乙氧氟草醚乳油10ml/亩；

对水50～80kg，喷雾土表。棉花幼苗期，遇低温、多湿、苗床积水或药量过多，易受药害。其药害症状为叶片皱缩，待棉花长至3片复叶以后，温度升高可以恢复正常生长，一般情况下对棉花幼苗基本上没有影响。

（二）地膜覆盖棉花直播田杂草防治

在春棉花直播地膜覆盖田(图10－69)，杂草发生比较严重，膜下杂草常挤烂地膜，影响棉花生长，生产上需要施用芽前封闭除草剂。

图10－69 棉花春直播地膜覆盖田栽培与施药情况

在春棉花直播地膜覆盖田，晚上和阴天温度极低、白天阳光下温度极高，对保证除草剂的药效和安全增加了难度。一般应严格控制施药剂量；施药量不宜过大，否则影响育苗质量。可以用：

50%乙草胺乳油75～125ml/亩；

72%异丙甲草胺乳油100～200ml/亩；

72%异丙草胺乳油100～200ml/亩；

33%二甲戊乐灵乳油100～150ml/亩；

50%乙草胺乳油75ml/亩+24%乙氧氟草醚乳油10ml/亩；

50%异丙草胺乳油100ml/亩+50%扑草净可湿性粉剂50g/亩，对水40～60kg，喷雾土表。棉花幼苗期，遇低温、多湿、苗床积水或药量过多，易受药害。其药害症状为叶片皱缩，待棉花长至3片复叶以后，温度升高可以恢复正常生长，一般情况下对棉苗基本上没有影响。

(三)棉花移栽田杂草防治

棉花育苗移栽是重要的栽培模式(图10-70)。在部分生产条件较好的棉花产区，翻耕平整土地后播种棉花，对于这些地区棉花移栽前进行杂草防治是一个最有利、最关键的时期。

图10-70　棉花育苗移栽与施药情况

华北棉花栽培区，降水量少、土壤较旱，而以前施用除草剂较少，对于田间常见杂草种类为马唐、狗尾草、牛筋草、稗草、藜、苋的田块，在棉花移栽前，可以用：

50%乙草胺乳油150~200ml/亩；

33%二甲戊乐灵乳油200~250ml/亩；

72%异丙甲草胺乳油200~250ml/亩；

对水45kg，均匀喷施。对于田间发生有大量禾本科杂草和阔叶杂草的地块，可以用：

50%乙草胺乳油100~200ml/亩；

33%二甲戊乐灵乳油150~200ml/亩；

72%异丙草胺乳油150~250ml/亩；

同时分别加入下列除草剂中的一种：20%恶草酮乳油100ml/亩、24%乙氧氟草醚乳油20~40ml/亩或50%扑草净可湿性粉剂50g/亩，对水45kg，均匀喷施，施药后移栽棉花，尽可能减少松动土层。

河南中南部及其以南棉花栽培区，降水量较大、杂草发生严重。对于以前施用除草剂较少，田间常见杂草为马唐、狗尾草、牛筋草、稗草、藜、苋的田块，在棉花播后芽前，可用：

50%乙草胺乳油200~250ml/亩；

33%二甲戊乐灵乳油200~250ml/亩；

72%异丙甲草胺乳油200~250ml/亩，对水45kg，均匀喷施。

对于田间发生有大量禾本科杂草和阔叶杂草的地块，可以用：

50%乙草胺乳油200~250ml/亩；

33%二甲戊乐灵乳油150～250ml/亩；

72%异丙草胺乳油200～300ml/亩；

同时分别加入下列除草剂中的一种：24%乙氧氟草醚乳油20～40ml/亩、20%恶草酮乳油100～150ml/亩、50%扑草净可湿性粉剂50g/亩，在棉花移栽前，对水45kg，均匀喷施。施药时应注意墒情和天气预报。乙氧氟草醚、恶草酮为触杀性芽前除草剂，施药时要喷施均匀。扑草净对棉花安全性差，不要随意加大剂量；否则，易发生药害。

(四)棉花苗期杂草防治

棉花苗期是杂草防治的重要时期，如不及时防治往往形成草荒，严重影响棉花的前期生长(图10-71)。棉花田除草时必须结合田间杂草种类和发生情况，及早地选择除草剂种类进行化学除草。

图10-71　棉花苗期杂草发生情况

棉花苗期(图10-72)，可以在棉花苗期结合锄地、中耕灭茬，除去已出苗杂草，同时采用封闭除草的方法施药，可以有效控制棉花田杂草的为害，这种方法成本低廉、除草效果好，基本上可以控制整个生育期内杂草的为害。

常用除草剂品种与用量：

50%乙草胺乳油120～150ml/亩；

72%异丙草胺乳油150～200ml/亩；

72%异丙甲草胺乳油150～200ml/亩；

图10-72　棉花苗期田间灭茬除草情况

33%二甲戊乐灵乳油150～200ml/亩。在棉花幼苗期、封行前，对水45kg，均匀喷施，宜选用墒好、阴天或17：00后施药，如遇高温、干旱、强光条件下施药，棉花会产生触杀性药斑，但一般情况下对棉花生长影响不大。

棉花苗期杂草较小(图10-73)，田间有禾本科杂草，可以用兼有杀草和封闭除草的除草剂配方。

图10-73　棉花苗期田间杂草较少

常用除草剂品种与用量：

5%精喹禾灵乳油50～75ml/亩+50%乙草胺乳油100～150ml/亩；

5%精喹禾灵乳油50～75ml/亩+33%二甲戊乐灵乳油150～200ml/亩；

12.5%稀禾啶乳油50～75ml/亩+72%异丙甲草胺乳油150～200ml/亩；

24%烯草酮乳油20～40ml/亩+50%异丙草胺乳油150～200ml/亩；

在棉花幼苗期、封行前，对水45kg，均匀喷施，宜选用墒好、阴天或17：00以后施药，如遇高温、干旱、强光条件下施药，棉花会产生触杀性药斑，但一般情况下对棉花生长影响不大。

对于前期未能封闭除草的田块，在杂草基本出齐，且杂草处于幼苗期(图10-74)时应及时施药。

图10-74　棉花田大量禾本科杂草发生情况

可以施用：

5%精喹禾灵乳油50～75ml/亩；

10.8%高效氟吡甲禾灵乳油20～40ml/亩；

10%喔草酯乳油40～80ml/亩；

15% 精吡氟禾草灵乳油40～60ml/亩；

10%精恶唑禾草灵乳油50～75ml/亩；

12.5%稀禾啶乳油50～75ml/亩；

24%烯草酮乳油20～40ml/亩，对水30kg，均匀喷施，可以有效防治多种禾本科杂草。施药时视草情、墒情确定用药量。草大、墒差时适当加大用药量。施药时注意不能飘移到周围禾本科作物上；否则，会发生严重的药害。

在棉花苗期，特别是前期施用过酰胺类封闭除草剂的田块，马齿苋、铁苋、打碗花、香附子等发生严重。因为棉花行间距较大，可以在杂草基本出齐，且杂草处于幼苗期时(图10-75)定向喷施除草剂。

图10-75　棉花生长期阔叶杂草发生为害情况

具体药剂如下。

10%乙羧氟草醚乳油10～30ml/亩；

48%苯达松水剂150ml/亩；

25%三氟羧草醚水剂50ml/亩；

25%氟磺胺草醚水剂50ml/亩；

24%乳氟禾草灵乳油20ml/亩，对水30kg，选择晴天、无风天气，定向喷施。该类除草剂对杂草主要表现为触杀性除草效果，施药时务必喷施均匀。注意不要喷施到棉花叶片，否则会产生严重的药害。

部分棉花田(图10–76)，在棉花生长前期或雨季来临之前，对于以马唐、狗尾草、马齿苋、藜、苋等混合发生的地块，可以用75%嘧草硫醚水分散粒剂3～9g/亩或75%三氟啶磺隆水分散粒剂1.5～2g/亩，对水30kg，均匀喷施，对棉花比较安全，可以有效防治多种一年生杂草，也有较好的封闭除草效果，对小蓟、大蓟、空心莲子草等也有较好的抑制作用。因为棉花行间距较大，也可以在杂草基本出齐且杂草处于幼苗期时定向喷施除草剂，可以用杀草、封闭兼备的除草剂配方。

具体药剂如下。

5%精喹禾灵乳油50ml/亩+48%苯达松水剂150ml/亩；

10.8%高效氟吡甲禾灵乳油20ml/亩+25%三氟羧草醚水剂50ml/亩；

5%精喹禾灵乳油50ml/亩+24% 乳氟禾草灵乳油20 ml/亩；

同时分别加入下列除草剂之一：50%乙草胺乳油100～150ml/亩、72%异丙甲草胺乳油150～200ml/亩、50%异丙草胺乳油150～200ml/亩、33%二甲戊乐灵乳油150～200ml/亩。

对水30kg，选择晴天、无风天气，定向喷施，施药时视草情、墒情确定用药量。注意不要喷施到棉花叶片，否则会产生严重的药害。

图10–76　棉花苗期禾本科杂草和阔叶杂草混合发生情况

对于前期未能有效除草的田块，在棉花田禾本科杂草较多较大时(图10–77)，应适当加大药量和施药水量，喷透、喷匀，保证杂草均能接受到药液。

图10-77　棉花田禾本科杂草发生严重的情况

可以施用：

5%精喹禾灵乳油75～125ml/亩；

10.8%高效氟吡甲禾灵乳油40～60ml/亩；

10%喔草酯乳油60～80ml/亩；

15%精吡氟禾草灵乳油75～100ml/亩；

10%精恶唑禾草灵乳油75～100ml/亩；

12.5%稀禾啶乳油75～125ml/亩；

24%烯草酮乳油40～60ml/亩，对水45～60kg，均匀喷施，施药时视草情、墒情确定用药量，可以有效防治多种禾本科杂草；但天气干旱、杂草较大时，死亡时间相对缓慢。杂草较大、杂草密度较高、墒情较差时，适当加大用药量和喷液量；否则，杂草接触不到药液或药量较小，影响除草效果。

(五)棉花田禾本科杂草和阔叶杂草等混生田杂草防治

部分棉花田，前期未能及时施用除草剂或除草效果不好时，在棉花生长中后期雨季发生大量杂草，生产上应针对杂草发生种类和栽培管理情况，正确地选择除草剂种类和施药方法。

图10-78　棉花生长中后期禾本科杂草和阔叶杂草混合发生情况

部分棉花田(图10-78)，在棉花生长中后期或雨季，田间以马唐、狗尾草、马齿苋、藜、苋发生的地块，在棉花株高50cm以后。可以用：

20%百草枯水剂150～200ml/亩，对水30kg，选择晴天、无风天气，定向喷施，施药时视草情、墒情确定用药量。注意不要喷施到棉花叶片，否则会产生严重的药害。

部分棉花田(图10-79)，香附子发生严重，可以用：

47%草甘膦水剂50～100ml/亩，对水30kg，选择晴天、无风天气，定向喷施，施药时视草情、墒情确定用药量。注意不要喷施到棉花叶片，否则会产生严重的药害。

图10-79　棉花生长中后期香附子发生为害情况

第十一章　油菜病虫草害原色图解

油菜是我国重要的油料作物，分布在全国各地。病虫害的为害是制约油菜产量和品质的重要因素之一。我国发现的油菜病虫害有60多种，其中为害严重的病害有菌核病、霜霉病、白锈病、病毒病、黑斑病等，严重为害年份可造成产量损失30%以上；为害较重的害虫有小菜蛾、蚜虫、潜叶蛾等。

一、油菜病害

油菜菌核病在我国油菜产区均有发生，长江中下游及东南沿海发病最重；霜霉病分布于全国各油菜产区，其中长江流域和东南沿海的冬油菜区发生普遍；白锈病在西南、江苏、浙江、上海等油菜产区发生严重；病毒病在全国各油菜产区均有发生；黑斑病在全国各地均有发生，东北、华北等地发病较重。

1. 油菜菌核病

分布为害　油菜菌核病是世界性病害，我国所有油菜产区均有发生，长江中下游及东南沿海发病最重（图11-1）。

图11-1　油菜菌核病为害情况

症　状　主要为害茎部，叶片也可受害。茎部病斑初为水渍状（图11－2），淡黄褐色，扩展后为长椭圆形、长条形或成为绕茎的大斑，病健交界分明，湿度大时，病部软腐，表面生有白色絮状霉层，病斑迅速扩大，茎秆成段变白，皮层腐烂内部空心，秆腐。叶上病斑先为圆形、水渍状、暗青色，后扩大成圆形或不规则形，中心部分黄褐或灰褐色，外部暗青色，周围变黄（图11－3）。

图11－2　油菜菌核病茎部受害症状

图11－3　油菜菌核病叶片受害症状

病　原　*Sclerotinia sclerotiorum* 称核盘菌，属子囊菌亚门真菌（图11－4）。菌核多呈不规则形鼠粪状，表面黑色，内部白色或略呈粉红色。菌核萌发产生子囊盘柄，柄的顶端膨大逐渐展开形成子囊盘。子囊棍棒状，无色，内生8个子囊孢子。子囊孢子单胞、无色，椭圆形。

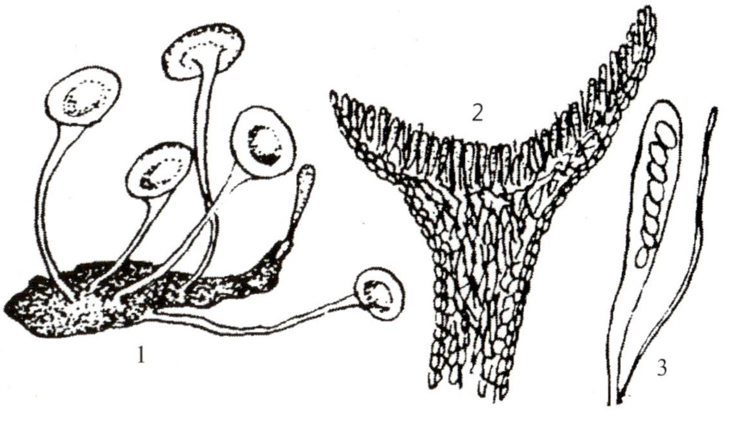

图11－4　油菜菌核病病菌
1.菌核萌发产生子囊盘　2.子囊盘切面
3.子囊、子囊孢子和侧丝

发生规律　病菌主要以菌核混在土壤中或附着在采种株上或混杂在种子间越冬或越夏。我国南方冬播油菜区10～12月有少数菌核萌发，使幼苗发病，绝大多数菌核在翌年3～4月间萌发，产生子囊盘。我国北方油菜区则在3～5月间萌发。子囊孢子成熟后从子囊里弹出，借气流传播，侵染衰老的叶片和花瓣，长出菌丝体，致寄主组织腐烂变色。病菌从叶片扩展到叶柄，再侵入茎秆，也可通过病、健组织接触或沾附进行重复侵染。生长后期又形成菌核越冬或越夏（图11－5）。菌丝生长发育和菌核形成适温0～30℃，最适相对湿度85%以上。在潮湿土壤中菌核能存活1年，干燥土中可存活3年。生产上在菌核数量大时，病害发生流行取决于油菜开花期的降雨量，旬降雨量超过50mm，发病重，小于30mm则发病轻。此外，连作地或施用未充分腐熟有机肥、播种过密、偏施过施氮肥易发病；地势低洼、排水不良或湿气滞留、植株倒伏、早春寒流侵袭频繁或遭受冻害发病重。

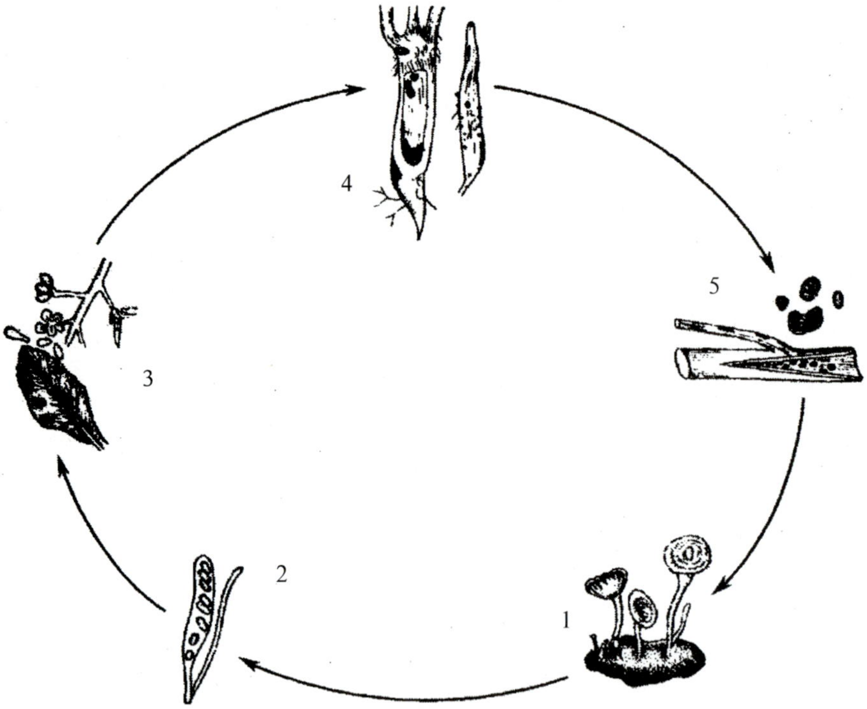

图11-5　油菜菌核病病害循环

1.菌核萌发产生子囊盘　2.子囊及子囊孢子

3.病叶、病花　4.病株　5.病菌在土壤、种子中越夏

防治方法　选用抗病品种。提倡施用酵素菌沤制的堆肥或腐熟有机肥，避免偏施氮肥，雨后及时排水，防止湿气滞留。盛花期及时摘除黄叶、老叶，防止病菌蔓延，改善株间通风透光条件，减轻发病。防治菌核病重点抓两个防治适期：一是在3月上旬子囊盘萌发盛期；二是在4月上、中旬油菜盛花期。

在油菜开花初期（图11-6），子囊盘萌发盛期，可用50%福美双·菌核净可湿性粉剂100g/亩、40%菌核净可湿性粉剂120g/亩、36%多菌灵·咪鲜胺可湿性粉剂35～40g/亩、25%咪鲜胺锰盐乳油75ml/亩、40%丙环唑·多菌灵悬浮剂80～90ml/亩、25%戊唑醇可湿性粉剂60～70g/亩、50%多菌灵可湿性粉剂100～150g/亩、25%丙环唑乳油25ml/亩对水40～50kg均匀喷施。

图11-6　开花初期菌核病为害症状

在油菜盛花期（图11−7），喷施25%咪鲜胺乳油1 000～2 000倍液、35%多菌灵磺酸盐悬浮剂600～800倍液、2%宁南霉素水剂150～250倍液、50%腐霉利可湿性粉剂1 000～1 500倍液、50%异菌脲可湿性粉剂1 000～1 500倍液、50%乙烯菌核利可湿性粉剂1 000倍液，间隔7～10天，喷药2～3次。

图11−7　开花盛期菌核病为害症状

2. 油菜霜霉病

分布为害　油菜霜霉病分布于全国各油菜产区，其中，长江流域和东南沿海的冬油菜区发生普遍。

症　　状　整个生育期都可发生，地上部分均可发病。叶片正面初生淡黄色不明显的病斑，扩大后呈多角形，叶背病部上长出白色的霜状霉（图11−8）。在茎枝上，病斑初为水渍状，后为不定形的黑色病斑，也长出白色的霜状霉，常引致茎、枝弯曲肿胀（图11−9）。抽薹后期和盛花期，花轴受害后，往往严重肿胀弯曲成“龙头状”。荚果受害，病部淡黄色，上生霜状霉，严重时荚果细小弯曲（图11−10）。

图11−8　油菜霜霉病为害叶片正、背面症状

图11-9 油菜霜霉病病茎

图11-10 油菜霜霉病病角

病　原 *Peronospora parasitica*称寄生霜霉，属鞭毛菌亚门真菌（图11-11）。菌丝无色，不具隔膜。孢囊梗自气孔伸出，无色，无分隔，主干基部稍膨大，顶端的小梗上生孢子囊。孢子囊无色，单胞，长圆形至卵圆形。卵孢子球形，单胞，黄褐色，表面光滑。

图11-11 油菜霜霉病病菌
1.孢囊梗 2.孢子囊

发生规律 冬油菜区，病菌以卵孢子随病残体在土壤中、粪肥里和种子内越夏，秋季萌发后侵染幼苗，病斑上产生孢子囊进行再侵染。冬季病害扩展不快，并以菌丝在病叶中越冬，翌春气温升高，又产生孢子囊借风雨传播再次侵染叶、茎及角果，油菜进入成熟期，病部又产生卵孢子，可多次再侵染。远距离传播主要靠混在种子中的卵孢子。孢子囊形成适温8～21℃，侵染适温8～14℃，相对湿度为90%～95%，12小时附着孢形成。光照时间少于16小时，幼苗子叶阶段即可侵染，侵染程度与孢子囊数量呈正相关，孢子囊落到感病寄主上，温度适宜先产生芽管形成附着胞后长出侵入丝，直接穿过角质层而侵入，有时也可通过气孔侵入，并在表皮细胞垂周壁之间中胶层区生长，后在细胞间向各方向分枝，在寄主细胞里又长出吸器。该病发生与气候、品种和栽培条件关系密切，气温8～16℃、相对湿度于90%、弱光利于该菌侵染。生产上低温多雨、高湿、日照少利于病害发生。长江流域油菜区冬季气温低，雨水少发病轻，春季气温上升，雨水多，田间湿度大易发病或引致薹花期该病流行；连作地、播种早、偏施过施氮肥或缺钾地块及密度大、田间湿气滞留地块易发病；低洼地、排水不良、种植白菜型或芥菜型油菜发病重。

防治方法　油菜抽薹和开花时，及早彻底清除早期发病的茎、枝和叶。适期播种，雨后及时排水。3月上旬抽薹期是防治霜霉病的关键时期。

当病株率达20%以上时，可喷施70%代森锰锌可湿性粉剂500倍液+25%甲霜灵可湿性粉剂500～700倍液、65%代森锌可湿性粉剂500倍液+50%烯酰吗啉可湿粉1 000～1 500倍液、70%乙·锰（三乙膦酸铝·代森锰锌）可湿性粉剂500～800倍液、58%甲霜灵·代森锰锌可溶性粉剂500倍液、75%百菌清可湿性粉剂1 000倍液+72.2%霜霉威盐酸盐水剂500～800倍液，隔7～10天1次，连续防治2～3次。多雨时应抢晴喷药，并适当增加喷药次数。

3. 油菜白锈病

分布为害　油菜白锈病在西南、江苏、浙江、上海等油菜产区发生严重。

症　　状　主要为害叶片、茎。叶片染病初在叶片正面产生浅绿色小点，后渐变黄呈圆形病斑，叶背面病斑处长出白色漆状疱状物。病斑正面为浅黄绿色，周围有黄色晕圈。茎部病斑为长椭圆形白色疱斑，病部肿大弯曲（图11-12）。

图11-12　油菜白锈病为害叶片正、背面症状

病　　原　*Albugo candida* 称白锈菌，属鞭毛菌亚门真菌（图11-13）。菌丝无分隔，蔓延于寄主细胞间隙。孢子囊梗短棍棒状，其顶端着生链状排列的孢子囊。孢子囊卵圆形至球形，无色。卵孢子褐色，近球形，外壁有瘤状突起。

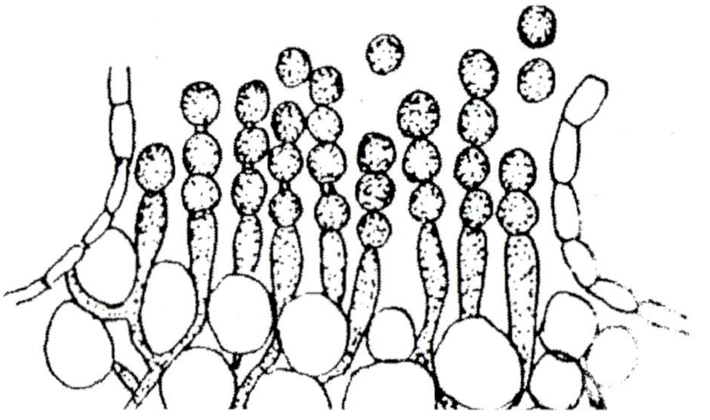

图11-13　油菜白锈病病菌孢囊堆中的孢囊梗和孢子囊

发生规律　油菜白锈病菌以卵孢子在病残体中或混在种子中越夏，据试验每克油菜种子中有卵孢子6～41个，多者高达1 500个，把卵孢子混入油菜种子中播种，发病率大幅度提高，且多引起系统侵染。越夏的卵孢子萌发产出孢子囊，释放出游动孢子侵染油菜引致初侵染。在被侵染的幼苗上形成孢子囊堆进行再侵染。冬季则以菌丝和孢子囊堆在病叶上越冬，翌年春季气温升高，孢子囊借气流传播，遇有水湿条件产生游动孢子或直接萌发侵染油菜叶、花梗、花及角果进行再侵染，油菜成熟时又产生卵孢子在病部或混入种子中越夏。白锈菌产生孢子囊适温8～10℃，萌发适温7～13℃，低于0℃或高于25℃一般不萌发，湿度要求95%～100%。潜育期约12天，一般19～22天。生产上连续降雨2～3天孢子囊破裂达到高峰。在4～6片真叶的10月中旬至11月下旬及抽薹至盛花期出现2个高峰期。

防治方法　种植抗病品种。严格剔除病苗，当出现“龙头”时，及时剪除，集中烧毁。合理施肥、清沟排渍。油菜抽薹期和开花初期是防治的关键时期。

油菜抽薹期，可用65%代森锌可湿性粉剂100～150g/亩、40%乙膦铝可湿性粉剂200g/亩、25%甲霜灵可湿性粉剂50～75g/亩，对水40～50kg均匀喷施，可有效的预防病害的发生。

在开花初期，可喷施75%百菌清可湿性粉剂1 000～1 200倍液+25%甲霜灵可湿性粉剂500～600倍液、64%恶霜·锰锌可湿性粉剂500倍液、58%甲霜灵·锰锌可湿性粉剂500倍液、70%乙膦·锰锌可湿性粉剂500倍液，每亩喷配好的药液60～70kg，连续防治2～3次，每次间隔约7～10天，对白锈病有较好防治效果。

4．油菜病毒病

分布为害　油菜病毒病在全国各油菜产区均有发生，一般冬油菜区较春油菜区发病重。

症　　状　不同类型油菜上的症状差异很大。甘蓝型油菜苗期症状有：①黄斑和枯斑型：两者常伴有叶脉坏死和叶片皱缩，老叶先显症。前者病斑较大，淡黄色或橙黄色，病健分界明显。后者较小，淡褐色，略凹陷，中心有一黑点，叶背面病斑周围有一圈油渍状灰黑色小斑点（图11-14）。②花叶型：与白菜型油菜花叶相似，支脉和小脉半透明，叶片成为黄绿相间的花叶（图11-15），有时出现疱斑，叶片皱缩（图11-16）。

成株期茎秆上症状有：①条斑型：病斑初为褐色至黑褐色梭形斑、后成长条形枯斑，连片后常致植株半边或全株枯死。病斑后期纵裂，裂口处有白色分泌物（图11-17）。

图11-14　油菜病毒病褐色枯死状

②轮纹斑型：在棱形或椭圆形病斑中心开始为针尖大的枯点，其周围有一圈褐色油渍状环带，整个病斑稍凸出，病斑扩大，中心呈淡褐色枯斑，上有分泌物，外围有2~5层褐色油渍状环带，形成同心圈。③点状枯斑型：茎秆上散生黑色针尖大的小斑点，斑周围稍呈油渍状，病斑连片后斑点不扩大。

图11-15　油菜病毒病花叶状

图11-16　油菜病毒病皱缩状

图11-17　油菜病毒病条斑状

病　　原　油菜病毒病系由Turnip mosaic virus（TuMV），称芜菁花叶病毒，Cucumber mosaic virus（CMV），称黄瓜花叶病毒，Tobacco mosaic virus （TMV），称烟草花叶病毒等多种病毒单独或复合侵染引起的，其中主要是芜菁花叶病毒。

发生规律　在我国冬油菜区病毒在寄主体内越冬，翌年春天由桃蚜、菜缢管蚜、棉蚜、甘蓝蚜等传毒，其中桃蚜和菜缢管蚜在油菜田十分普遍，冬油菜区由于终年长有油菜、春季甘蓝、青菜、小白菜、荠菜等十字花科蔬菜和杂草，成为秋季油菜重要毒源。此外，车前草、辣根等杂草及茄科、豆科作物也是病毒越夏寄主。春油菜区病毒还可在温室、塑料棚、阳畦栽培的油菜等十字花科蔬菜留种株上越冬。有翅蚜在越夏寄主上吸毒后迁往油菜田传毒，引起初次侵染。油菜田发病后再由蚜虫迁飞扩传，造成该病再侵染。冬季不种十字花科蔬菜地区，病毒在窖藏的白菜、甘蓝、萝卜上越冬，翌春发病后由上述蚜虫传到油菜上，秋季又把毒源传到秋菜上，如此循环周而复始。此外病毒汁液接触也能传毒。油菜栽培区秋季和春季干燥少雨、气温高，利于蚜虫大发生和有翅蚜迁飞，该病易发生和流行。秋季早播或移栽的油菜、春季迟播的油菜易发病。白菜型油菜。芥菜型油菜较甘蓝型油菜发病重。

防治方法　选用抗病品种。预防苗期感病，防止蚜虫传毒是防治本病关键。早施苗肥，避免偏施氮肥；及时浇水灌溉；移栽前拔除病苗。油菜3～6叶期喷施药剂防治蚜虫，可有效的控制病害的蔓延。

田间防蚜（图11－18），油菜3～6叶期治蚜很重要，应及时喷洒40%氧乐果乳油1 000～2 000倍液、10%吡虫啉可湿性粉剂2 000～4 000倍液、48%毒死蜱乳油1 000～1 500倍液、50%马拉硫磷乳油1 000～1 500倍液、25%亚胺硫磷乳油3 000倍液、50%抗蚜威可湿性粉剂2 000～3 000倍液，每隔7天左右喷1次，连治2～3次。如遇秋旱，油菜长出两片子叶后即需喷药防治，并注意防治周围作物蚜虫。

或在病害发生早期（图11－19），喷洒2%宁南霉素水剂100～120ml/亩对水40～50kg、5%菌毒清可湿性粉剂400～500倍液、0.5%菇类蛋白多糖水剂300倍液、1.5%植病灵乳剂1 000倍液，间隔10天1次，连续防治2～3次。

图11－18　蚜虫为害初期

图11－19　油菜病毒病发生初期

5. 油菜黑斑病

分布为害 黑斑病在全国各地均有发生，东北、华北等地发病较重。

症　状 主要为害叶、茎和角果。幼苗发病先是下胚轴，继而子叶上出现黑褐色小斑点。叶片初生黑褐色隆起小斑，后扩大为黑褐色圆形病斑，常有同心轮纹，外周有黄白色晕圈。空气潮湿时，病斑上长出黑褐色霉状物，可致叶片枯死。叶柄、茎、果轴和角果上病斑为椭圆形或长条形，黑褐色。发病早时，整株枯死（图11-20和图11-21）。

图11-20 油菜黑斑病茎部受害症状

图11-21 油菜黑斑病角果受害症状

病　原 *Alternaria brassicae* 称芸薹链格孢菌、*A. brassicicola* 芸薹生链格孢、*A. raphani* 萝卜链格孢等，均属半知菌亚门真菌（图11-22）。3个种中芸薹链格孢占95.26%、芸薹生链格孢占2.93%、萝卜链格孢占0.14%。芸薹链格孢菌丝褐色至灰褐色，分生孢子浅黑褐色，单生或2～3个串生，具喙，生横隔10～11个，纵隔0～6个，在培养基上生长缓慢，很少形成厚垣孢子。

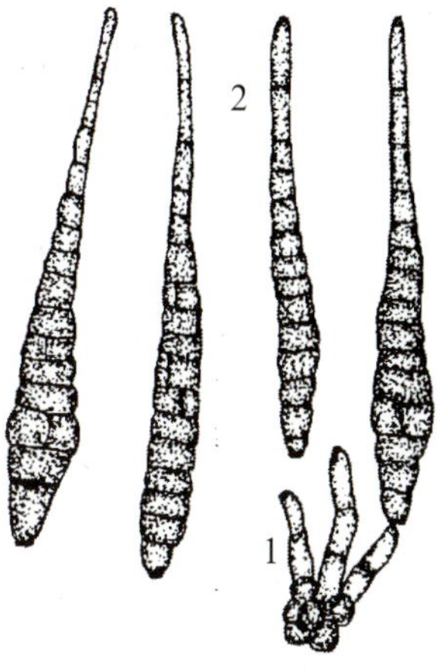

图11-22 油菜黑斑病病菌
1.分生孢子梗 2.分生孢子

发生规律 病菌以菌丝和分生孢子在种子内外越冬或越夏，种子带菌率60%，带菌种子造成种子腐烂和死苗。除种子外，病菌可在病残体上越夏，病残体上产孢时间可延续150多天，该病在南方周年均可发生，辗转为害，无明显越冬期。在北方主要靠病残体上的菌丝和孢子进行初侵染，产生大量孢子，产孢持续80多天，孢子由下部叶向上扩展至上位叶、花序及角果。本病流行与品种、气候和栽培条件关系密切。白菜型油菜最感病，甘蓝型较抗病，芥菜型油菜中植株矮、分枝低、生长茂密、叶面蜡层薄的品种不抗病，反之，则抗病。相对湿度高于90%，叶面保持48~72小时游离水适合该病发生和扩展。油菜开花期遇有高温多雨天气，潜育期短，易发病；地势低洼连作地，偏施过施氮肥发病重。

防治方法 选用抗病品种。与瓜类、豆类、葱蒜类等蔬菜轮作2~3年，清理田园，将病残体集中烧毁或深埋，合理密植，施足底肥和磷钾肥，适量灌水。采用配方施肥技术，避免偏施过施氮肥，注意增施钾肥。播种前种子处事可有效的预防病害的蔓延，油菜开花期是防治黑斑病的关键时期。

种子处理。用种子重量0.4%的50%福美双可湿性粉剂或0.2%~0.3%的50%异菌脲可湿性粉剂拌种，也可用50%多菌灵可湿性粉剂或75%百菌清可湿性粉剂按种子重量的0.3%进行拌种。

油菜开花期（图11-23），病害发生初期，及时喷洒75%百菌清可湿性粉剂800倍液+50%异菌脲可湿性粉剂1 500倍液、80%代森锰锌可湿性粉剂500倍液+50%多菌灵可湿性粉剂500倍液、12%松脂酸铜乳油600倍液、70%甲基硫菌灵可湿性粉剂600倍液、40%多硫胶悬剂500倍液，每隔7~10天喷1次，连喷2~3次。

图11-23 油菜开花期黑斑病为害症状

6. 油菜根腐病

分布为害 油菜根腐病又名立枯病，是油菜苗期主要病害之一，分布于河南、山东、四川、浙江、湖北等地。长江以南各省发病普遍且严重。

症　状 根茎受害，在茎基部或靠近地面处出现褐色病斑，略凹陷，以后渐干缩，根茎部细缢，病苗折倒。成株期受害后，根茎部膨大，根上均有灰黑色凹陷斑，稍软，主根易拔断，断截上部常生有少量次生须根（图11-24至图11-25）。

病　原 该病为多种真菌侵染引起。主要病原有*Alternaria tenuis* 称细链格孢，*Fusarium oxysporum* 称尖镰孢菌，*Pythium debaryanum* 称德氏腐霉、*Sclerotium rolfsii* 称齐整小核菌。

图11-24 油菜根腐病为害整株症状

图11-25 油菜根腐病为害根部横切面症状

发生规律 病菌主要以菌丝体和分生孢子在病残体上或随病残体遗落土中越冬，翌年产生分生孢子进行初侵染和再侵染。该菌寄生性虽不强，但寄主种类多，分布广泛，在其他寄主上形成的分生孢子，也是该病的初侵染和再侵染源。雨季利于该病扩展。尖镰孢菌主要以菌丝体、分生孢子及厚垣孢子等随植株病残体在土壤中或种子上越夏或越冬。未腐熟的粪肥也可带菌。病菌可随雨水及灌溉水传播，从根部伤口或根尖直接侵入，侵入后经薄壁细胞到达维管束，在维管束中，病菌产生镰刀菌素等有毒物质，堵塞导管，致植株萎蔫枯死，德巴利腐霉病菌以卵孢子在土壤中存活或越冬。翌年条件适宜产生孢子囊，以游动孢子或直接长出芽管侵入寄主。齐整小核菌以菌核随病残体遗落土中越冬。翌年条件适宜时，菌核产生菌丝进行初侵染。病株产生的绢丝状菌丝延伸接触邻近植株或菌核借水流传播进行再侵染，使病害传播蔓延。连作或土质黏重及地势低洼或高温多湿的年份或季节发病重。

防治方法 实行轮作，及时翻耕晒垡，整畦挖沟，施用腐熟的农肥。苗龄3叶期后应及时间苗，去除病弱苗。苗床期土壤处理是预防油菜根腐病发生侵染的关键。

苗床选定翻耕时施用石灰粉50kg/亩；或在苗床整畦时，用70%敌磺钠可湿性粉剂1kg/亩，对干细土30kg，拌匀成药土，播种前撒施畦内，进行土壤处理。

及时检查，幼苗期发现病株及时喷药防治，可用47%氧氯化铜可湿生粉剂500～600倍液、23%络氨铜水剂200～300倍液、20%甲基立枯磷乳油1 000倍液、70%甲基硫菌灵可湿性粉剂800～1 000倍液+50%克菌丹可湿性粉剂300～500倍液、23%噻氟菌胺悬浮剂2 000～3 000倍液、50%异菌脲可湿性粉剂1 000～1 500倍液、50%苯菌灵可湿性粉剂1 000～1 500倍液喷施，间隔10～15天1次，连续2～3次。

7. 油菜白斑病

分布为害 该病在北方油菜区和长江中下游及湖泊附近油菜区均有发生和为害，多雨季节发病重，植株长势弱发病重，常造成减产和品质变劣。

症　状 主要为害叶片，初在叶上出现灰褐色或黄白色圆形小病斑，后逐渐扩大为圆形或近圆形大斑，边缘带绿色，中央灰白色至黄白色，易于破裂，湿度大时病斑背面产生浅灰色霉状物，严重时病斑融合形成大斑，致叶片枯死（图11-26）。

图11-26 油菜白斑病为害叶片正、背面症状

病　　原 *Pseudocercosporella capsella* 称芥假小尾孢，属半知菌亚门真菌（图11-27）。分生孢子梗弯曲无色，多由气孔伸出，基部略粗，向上渐细，孢痕不明显，梗多单生，具0～3个隔膜，不明显。分生孢子无色，棒状、针状或略弯，具隔膜3～7个但不大明显。

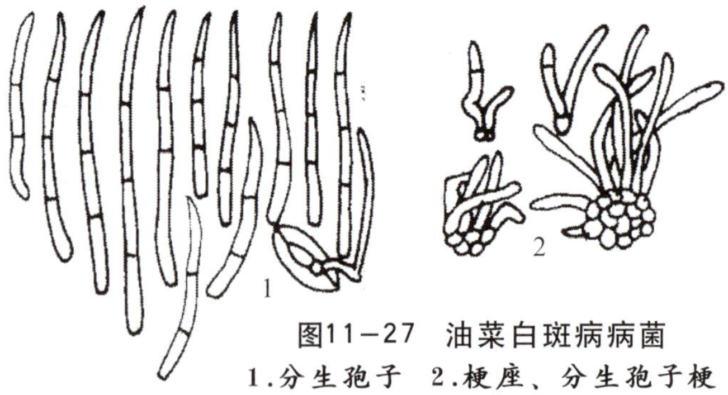

图11-27　油菜白斑病病菌

1.分生孢子　2.梗座、分生孢子梗

发生规律　主要以菌丝或菌丝块附着在病叶上或以分生孢子粘附在种子上越冬。翌年产生分子孢子借雨水飞溅传播到油菜叶片上，孢子发芽后从气孔侵入，引致初侵染。病斑形成后又可产生分生孢子，借风雨传播进行多次再侵染。此病对温度要求不大严格，5～28℃均可发病，适温11～23℃，相对湿度高于62%，降雨16mm以上，雨后12～16天开始发病，此为越冬病菌的初侵染，病情不重。生育后期，气温低，旬均温11～20℃，遇大雨或暴雨，旬均相对湿度60%以上，经过再侵染，病害扩展开来，连续降雨可促进病害流行。白斑病流行的气温偏低，属低温型病害。在北方油菜区，本病盛发于8～10月，长江中下游及湖泊附近油菜区，春、秋两季均可发生，尤以多雨的秋季发病重。此外，还与品种、播期、连作年限、地势等有关，一般播种早、连作年限长、缺少氮肥或基肥不足，植株长势弱的发病重。

防治方法　实行3年以上轮作，注意平整土地，减少田间积水。适期播种，增施基肥，中熟品种以适期早播为宜，油菜收获后深翻土地，将病残株埋入土中。

发病初期（图11-28），喷洒50%苯菌灵可湿性粉剂1 500倍液、25%多菌灵可湿性粉剂400～500倍液、40%多·硫悬浮剂800倍液、50%甲基硫菌灵可湿性粉剂500倍液、50%混杀硫悬浮剂600倍液，隔15天左右1次，共防2～3次。

图11-28　油菜白斑病田间受害症状

8. 油菜细菌性黑斑病

分布为害 该病在全国各油菜产区均有发生和为害，其中陕西汉中地区发生较重，常造成很大损失，影响油菜产量和品质。

症 状 主要为害叶片、茎、花梗和角果，叶片受害，初呈油渍状小斑，以后呈椭圆形或多角形，淡褐色或褐色，渐变为黑褐色斑（图11–29）。茎及花梗上病斑椭圆形至线形，水渍状，褐色或黑褐色，有光泽，斑点部分凹陷。角果上产生圆形或不规则形黑褐色凹陷病斑。

图11–29 油菜细菌性黑斑病病叶

病 原 *Pseudomonas syringae* pv. *maculicola*称丁香假单胞菌斑点致病变种，属细菌（图11–30）。菌体杆状或链状，无芽孢，具1～5根极生鞭毛，革兰氏染色阴性。

发生规律 以菌丝在种子内或以孢子混在种子中越夏。种子带菌率可高达60%，带菌种子造成种腐和死苗。除种子外，病菌可在病残体上越夏，病残体上产孢时间可延续到22周。病菌越冬主要在感病叶的病斑上，春暖后产生大量孢子，孢子由下部叶片传至上部叶片、花序、角果，从下向上扩展，形成一种垂直的病害梯度。黑斑病的流行与品种、气候、栽培条件有明显关系。白菜型品种最感病，甘蓝型品种较抗病。油菜开花期高温多雨，发病较重。另外，地势低洼，连作地，高氮肥，特别是春季增施氮肥，会加重角果发病。

图11–30 油菜细菌性黑斑病原细菌

防治方法 选用抗病的品种。加强田间栽培管理，清沟排渍，增施肥料，增强植株抗病性。收获后及时清除病残物，集中深埋或烧毁。

种子处理，可用种子重量0.4%的50%琥胶肥酸铜可湿性粉剂拌种子后播种。

病害发生初期（图11–31），可用72%农用硫酸链霉素可溶性粉剂3 000倍液、新植霉素4 000倍液、30%碱式硫酸铜悬浮剂500倍液、47%加瑞农（春雷霉素·氧氯化铜）可湿性粉剂900倍液、77%氢氧化铜可湿性粉剂600倍液、14%络氨铜水剂350倍液、12%松脂酸铜乳油600倍液，发生严重时，间隔7～10天再喷1次。油菜对铜剂敏感，要严格掌握用药量，以避免产生药害。

图11–31 油菜细菌性黑斑病为害初期症状

9. 油菜白粉病

分布为害 油菜白粉病在全国各油菜产区均有发生和为害，南方油菜种植区全年均可发生，北方高温、高湿季节发病。发病严重时，叶片黄化早枯，种子瘦瘪，影响产量和品质。

症　　状 主要为害叶片、茎、花器和种荚，产生近圆形放射状白色粉斑，菌丝体生于叶的两面，展生，后白粉常铺满叶、花梗和荚的整个表面，即白粉菌的分生孢子梗和分生孢子，发病轻者病变不明显，植株生长、开花受阻，仅荚果稍变形；发病重白粉状霉覆盖整个叶面，到后期叶片变黄，枯死，植株畸形，花器异常，直至植株死亡（图11−32至图11−34）。

图11−32　油菜白粉病为害叶片症状

图11−33　油菜白粉病为害茎部症状

图11-34 油菜白粉病为害角果症状

病　　原 *Erysiphe cruciferarum*称十字花科白粉菌，属子囊菌亚门真菌。闭囊壳聚生至散生，扁球形，暗褐色，具附属丝，附属丝常呈曲折状，内含5~7个子囊。子囊卵形至扁卵形，多具柄，内含子囊孢子4~6个。子囊孢子卵形至矩圆卵形，黄色。分生孢子柱形。

发生规律 病菌主要以菌丝体或分生孢子在十字花科蔬菜上辗转传播为害。北方主要以闭囊壳在病残体上越冬，成为翌年该病初侵染源。条件适宜时子囊孢子释放出来，借风雨传播，发病后，病部又产生分生孢子进行多次重复侵染，致病害流行。雨量少的干旱年份易发病，时晴时雨，高温、高湿交替有利该病侵染和病情扩展，发病重。

防治方法 选用抗病品种。采用配方施肥技术，适当增施磷钾肥，增强寄主抗病力。

发病初期喷洒2%武夷菌素水剂200倍液、40%多·硫悬浮剂600倍液、40%氟硅唑乳油8 000~10 000倍液、12%松脂酸铜乳油500倍液、25%三唑酮可湿性粉剂1 000~1 500倍液、60%多菌灵盐酸盐水溶性粉剂800~1 000倍液、50%硫磺悬浮剂300倍液、2%嘧啶核苷类抗生素水剂150~200倍液，视病情隔10~15天1次，共防治2~3次。

二、油菜虫害

害虫的为害是制约油菜产量的重要因素之一。其中为害较重的害虫有小菜蛾、蚜虫、潜叶蛾等。菜蛾、蚜虫、潜叶蛾均分布于全国各油菜产区，为害较重。

1. 小菜蛾

分　　布 小菜蛾（*Plutella xylostella*）分布于全国各油菜产区，北起黑龙江，南至广东。

为害特点 初龄幼虫取食叶肉，留下表皮，在菜叶上形成一个个透明的斑即“开天窗”；3~4龄幼虫可将菜叶食成孔洞和缺刻，严重时全叶被吃成网状（图11-35和图11-36）。

图11-35 小菜蛾为害叶片症状

图11-36 小菜蛾为害角果症状

形态特征 成虫前后翅细长（图11-37），缘毛很长，前后翅缘呈黄白色三度曲折的波浪纹，两翅合拢时呈3个接连的菱形斑，前翅缘毛长并翘起如鸡尾。卵椭圆形，稍扁平，初产时淡黄色，有光泽。初孵幼虫深褐色，后变为绿色（图11-38）。蛹初化蛹时绿色，渐变淡黄绿色，最后为灰褐色。茧呈纺锤形（图11-39）。

图11-37 小菜蛾成虫

图11-38 小菜蛾卵、幼虫

图11-39　小菜蛾茧

发生规律　小菜蛾一年发生的代数因地而异。黑龙江2～3代，新疆4代，华北5～6代，长江流域9～14代，华南17代，台湾18～19代。长江流域及以南地区可终年发生，无越冬现象。多代地区世代重叠，幼虫、蛹、成虫各虫态均可越冬，无滞育现象。长江流域于4月至6月上旬和8月下旬至11月出现春秋两次为害高峰，一般秋季重于春季。北方于4～6月及8～9月出现两个为害盛期，以春季为主。成虫昼伏夜出，白天隐藏于植株荫蔽处，日落后开始取食、交尾、产卵，蛹羽化多在晚上，羽出的成虫当天即可交尾，交尾1～2天产卵。成虫产卵对甘蓝、花椰菜、大白菜等有较强的趋性，卵多产于寄主叶背靠近叶脉凹陷处，一般散产，偶尔有几粒或几十粒聚集在一起。成虫有趋光性，对黑光灯趋性强，成虫飞翔力不强，但可借风力作远距离飞行。幼虫活跃，遇惊时扭动后退或吐丝下垂，幼虫共4龄，发育适温为20～26℃，幼虫期12～27天，老熟幼虫在被害叶背或老叶上吐丝结网状茧化蛹，也可在叶柄叶腋及杂草上作茧化蛹，蛹期约9天。小菜蛾抗逆性强，对农药易产生抗性，造成防治上的困难。凡十字花科蔬菜连作的菜区，小菜蛾常猖獗成灾。

防治方法　选择抗（耐）虫品种，及时清理杂草，破坏小菜蛾成虫食物来源。小菜蛾老龄幼虫抗药性很强。因此，应用药剂防治应掌握在卵孵化盛期至幼虫2龄期（图11-40）。

图11-40　小菜蛾为害角果症状

可用30%乙酰甲胺磷乳油90～240ml/亩、48%毒死蜱乳油70～90ml/亩、40%氧乐果乳油60～100ml/亩、90%灭多威可溶性粉剂10～15g/亩、25%甲萘威可湿性粉剂100～260g/亩、2.5%溴氰菊酯乳油10～15ml/亩、20%氰戊菊酯乳油20～40ml/亩、5%氟啶脲乳油40～80ml/亩、25%丁醚脲乳油60～100ml/亩、1.8%阿维菌素乳油30～40ml/亩、0.5%甲维盐微乳剂20～30ml/亩、15%茚虫威悬浮剂5～10ml/亩对水40～50kg喷雾。由于小菜蛾易产生抗药性，因此应注意轮换交替用药。

2. 油菜蚜虫

分　　布　我国油菜蚜虫有2种，即萝卜蚜（*Lipaphis erysimi pseudobrassicae*）、桃蚜(*Myzus persicae*)，是为害油菜最严重的害虫，在全国都有发生。

为害特点　以成、若蚜刺吸油菜叶片、茎秆及花轴汁液，叶片受害出现褪色斑点，严重的发黄卷缩、变形或枯死。嫩茎、花梗受害呈畸形，角果发育不正常或枯死。此外还能传播油菜病毒病（图11-41）。

形态特征　萝卜蚜：有翅胎生雌蚜头、胸黑色，腹部绿色。无翅胎生雌蚜体绿色或黑绿色，被薄粉。尾片有长毛4～6根。桃蚜：无翅孤雌蚜体淡色，头部深色，体表粗糙。有翅孤雌蚜头、胸黑色，腹部淡色（图11-42）。

图11-41　油菜蚜虫为害荚果症状

图11-42　桃蚜有翅孤雌蚜

发生规律　萝卜蚜：在我国北方地区一年发生10余代，南方达数10代；在温暖地区或温室，终年以无翅胎生雌蚜繁殖，无显著越冬现象；长江以北地区，在蔬菜上产卵越冬。翌春3～4月孵化为干母，在越冬寄主上繁殖几代后，产生有翅蚜，向其他蔬菜转移，扩大为害，无转换寄主的习性。到晚秋，部分产生性蚜，交配产卵越冬。寄主以十字花科为主，但尤喜白菜、萝卜等叶上有毛的蔬菜，因此，全年以秋季在白菜、萝卜上的发生最为严重。桃蚜：华北地区一年发生10余代；在南方则可多达30～40代，世代重叠极为严重。以无翅胎生雌蚜在风障菠菜、窖藏白菜或温室内越冬，或在菜心里产卵越冬。加温温室内，该蚜终年在蔬菜上胎生繁殖，不越冬。翌春4月下旬产生有翅蚜，迁飞至已定植的甘蓝、花椰菜上继续胎生繁殖，至10月下旬进入越冬。靠近桃树的亦可产生有翅蚜飞回桃树交配产卵越冬。在我国北方地区春、秋呈两个发生高峰。

防治方法　夏季采取少种十字花科蔬菜以及结合间苗、清洁田园，借以减少蚜源。

种子处理。用20%蚜灭磷可湿性粉剂1kg拌种100kg，可防苗期蚜虫。

苗期有蚜株率达10%、虫口密度为1～2头／株；抽薹开花期有10%茎枝或花序有蚜虫，每枝有蚜3～5头时开始喷药（图11-43），可用40%氧乐果乳油1 000～2 000倍液、50%马拉硫磷乳油1 000～2 000倍液、25%亚胺硫磷乳剂2 000倍液、40%水胺硫磷乳油1 500倍液、50%敌敌畏乳油1 000倍液、10%二嗪磷乳油1 000倍液、50%抗蚜威可湿性粉剂3 000倍液、2.5%溴氰菊酯乳剂3 000倍液、1.8%阿维菌素乳油3 000倍液、10%吡虫啉可湿性粉剂2 500倍液、5%丁烯氟虫腈悬浮剂1 500倍液等，间隔7～10天1次，连续防治2～3次。

图11-43　油菜蚜虫为害初期症状

3. 油菜潜叶蝇

分　　布　油菜潜叶蝇（*Liriomyza bryoniae*）分布在全国各地。

为害特点　幼虫孵化后潜食叶肉，呈曲折婉蜒的食痕，严重的潜痕密布，致叶片发黄、枯焦或脱落（图11-44）。

形态特征　成虫除复眼、单眼三角区、后头及胸、腹背面大体黑色，其余部分和小盾板基本黄色（图11-45）。卵米色，稍透明。幼虫蛆状，初孵无色，渐变黄橙色（图11-46）。蛹卵形，腹面稍平，橙黄色（图11-47）。

图11-44　油菜潜叶蝇为害症状

图11-45　油菜潜叶蝇成虫

图11-46　油菜潜叶蝇幼虫

图11-47　油菜潜叶蝇蛹

发生规律 美洲斑潜蝇世代历期短，各虫态发育不整齐，世代严重重叠。在海南一年发生21～24代，广东14～17代，在海南、广东可周年发生，无越冬现象。北京地区发生10～11代，其中露地可完成6～7代，保护地4代左右，其繁殖速率随温度和作物不同而异。幼虫最适宜活动的温度为25～30℃，当气温超过35℃时，成虫和幼虫的活动受到抑制。另外，降雨和高湿均对蛹的发育不利，使虫口密度降低，故夏季发生较轻，春秋为害严重。成虫有飞翔能力，但较弱，对黄色趋性强。雌成虫以伪产卵器刺破叶片上表皮取食和产卵，喜在中、上部叶片而不在顶端嫩叶上产卵，下部叶片上落卵也少。幼虫孵出后潜入叶内为害，潜道随虫龄增加而加宽。老熟幼虫由潜道顶端或近顶端1mm处，咬破上表皮，爬出潜道外，在叶片正面或滚落地表或土缝中化蛹。在北方自然条件下不能越冬，可以各种虫态在温室内繁殖过冬。因此，北方温室成为翌年露地惟一的虫源。传播途径是通过温室育苗移栽露地，将虫源传到露地蔓延为害；秋季露地育苗移栽保护地，再把露地虫源带入保护地，或成虫直接由露地转入邻近的保护地为害。

防治方法 清洁田园，收获后彻底清除残株落叶、深埋或烧毁，消灭虫源；深翻土壤，使土壤表层蛹不能羽化，以降低虫口基数；合理种植密度，增强田间通透性，及时疏间病虫弱苗、过密植株或叶片，促进植株生长，增强抗虫性。

在成虫发生高峰期，施用昆虫生长调节剂类药剂，可影响成虫生殖、卵的孵化和幼虫脱皮、化蛹等。可用5%氟虫脲乳油2 000倍液、5%丁烯氟虫腈悬浮剂1 500倍液、10%虫螨腈悬浮剂1 000倍液等药剂均匀喷雾。

幼虫发生初期，可用48%毒死蜱乳油1 500～2 000倍液、1.8%阿维菌素乳油2 000倍液、10%烟碱乳油1 000倍液、25%喹硫磷乳油1 000倍液，在发生高峰期5～7天喷1次，连续防治2～3次。

4. 油菜菜蝽

分　　布 菜蝽（*Eurydema dominulus*）、横纹菜蝽（*Eurydea gebleri*）分布在我国南北方油菜和十字花科蔬菜栽培区，吉林、河北居多。

为害特点 成虫和若虫刺吸蔬菜汁液，尤喜刺吸嫩芽、嫩茎、嫩叶、花蕾和幼荚。被刺处留下黄白色至微黑色斑点。幼苗子叶期受害萎蔫甚至枯死；花期受害则不能结荚或籽粒不饱满。此外，还可传播软腐病。

形态特征 菜蝽：成虫体长6～9mm，宽3.2～5mm，椭圆形，橙黄或橙红色，全体密布刻点。头黑色，侧缘上卷，橙黄或橙红色（图11-48）。前胸背板有6块黑斑，2个在前，4个在后。小盾板具橙黄或橙红“Y”形纹，交会处缢缩。翅革片具橙黄或橙红色曲纹，在翅外缘形成2黑斑；膜片黑色，具白边。足黄、黑相间。腹部腹面黄白色，具4纵列黑斑。卵桶状，近孵化时粉红色。末龄若虫头、触角、胸部黑色，头部具三角形黄斑，胸背具3个橘红色斑。

图11-48　菜蝽成虫

横纹菜蝽：成虫体椭圆形，橙黄或橙红色。头黑色，侧缘上卷，橙黄或橙红色（图11-49）。前胸背板有6块黑斑。小盾片具橙黄或橙红“Y”形纹，交会处缢缩，翅革片具橙黄或橙红色曲纹，在翅外缘形成2黑斑；膜片黑色，具白边。足黄、黑相间。腹部腹面黄白色，具4纵列黑斑。

发生规律 北方年发生2～3代，南方5～6代，各地均以成虫在石块下、土缝、落叶、枯草中越冬。翌春3月下旬开始活动，4月下旬开始交配产卵，5月上旬可见各龄若虫及成虫。越冬成虫历期很长，可延续到8月中旬，产卵末期延至8月上旬者，仅能发育完成一代。早期产的卵至6月中下旬发育为第1代成虫，7月下旬前后出现第2代成虫，大部分为越冬个体；少数可发育至第3代，但难于越冬。5～9月为成、若虫的主要为害时期。卵多于夜间产在叶背，个别产在茎上，一般每雌虫产卵100多粒，单层成块。若虫共5龄，初孵若虫群集在卵壳四周，1～3龄有假死性。若虫、成虫喜在叶背面，早、晚或阴天，成虫有时爬到叶面。若虫期30～45天，成虫寿命可达300余天。秋季油菜苗期及春、夏季开花结果期为主要为害期。

图11－49 横纹菜蝽成虫

防治方法 成虫出蛰前彻底清除田间杂草、落叶；人工摘除卵块，减少越冬虫源。

掌握在若虫3龄前喷洒40%乐果乳油1 000倍液、40%乙酰甲胺磷乳油1 000倍液、50%辛硫磷乳油1 000倍液、50%杀螟松乳油1 000倍液、2.5%溴氰菊酯乳油2 000倍液、50%辛·氰乳油1 000倍液、50%敌敌畏乳油1 000倍液、90%晶体敌百虫800倍液、20%甲氰菊酯乳油3 000倍液、50%杀螟腈乳油1 000倍液等药剂喷雾2～3次，间隔7～10天。

5. 大猿叶虫

分　　布 油菜大猿叶虫（*Phaedon brassicae*）分布内蒙古、东北、甘肃、青海、河北、山西、山东、陕西、江苏及华南、西南各省。

为害特点 成、幼虫喜食菜叶，在叶背或心叶内食叶成缺刻或孔洞，严重的成网状，只剩叶脉。成虫常群聚为害。

形态特征 成虫体长椭圆形，末端略尖，蓝黑色，略具金属光泽；体腹面沥青色，跗节稍带棕色；触角第3节长，端节明显加粗；鞘翅上具极粗深的皱状刻点，点间隆起，翅端尤明显（图11－50）。卵长椭圆形，表面光滑。末龄幼虫头黑色，具光泽，体灰黑色略带黄色，各节上的肉瘤大小不等，气门下线、基线上肉瘤明显。蛹半球状，黄褐色。

发生规律 长江以北年生2代，长江流域2～3代，广西5～6代，以成虫在菜田土缝、表土层15cm深处枯枝落叶下越冬。越冬代成虫于翌年4月活动，迁往春油菜地为害、交配和产卵。5月第1代幼虫发生，为害期1个月，5月中旬即见第1代成虫。成虫多把卵产在根际附近土缝内、土块上或心叶里。每年4～5月、9～10月有两次为害高峰，幼虫孵化后爬到寄主叶片上取食，日夜活动，有假死性，受惊扰时分泌出黄色液体或卷曲落地，老熟后落地入土筑土室化蛹。

防治方法 收获后及时清洁田园，消灭越冬越夏成虫。成虫越冬前，在田间、地埂、畦埂处堆放菜叶杂草，引诱成虫，集中杀灭。利用成、幼虫假死性，进行震落扑杀。

在卵孵90%左右时，喷施5%氟虫脲乳油2 000～2 500倍液、40%水胺硫磷或40%乐果乳油

图11-50　大猿叶虫成虫及为害状

1 000~2 000倍液、25%喹硫磷乳油1 000~1 500倍液、50%辛硫磷乳油1 000~1 500倍液。虫口数量大时，在卵孵30%和90%时各防治1次。

三、油菜各生育期病虫害防治技术

油菜栽培管理过程中，应总结本地油菜虫害的发生特点和防治经验，制定虫害防治计划，适时进行田间调查，及时采取防治措施，有效控制害虫的为害，保证丰产、丰收。

（一）播种期病虫害防治技术

播种期是防治虫害的关键时期。油菜黑斑病主要是靠种子或土壤带菌进行传播的，而且从幼苗期就开始侵染，所以对于这些病害，进行种子处理是最有效的防治措施。这一时期防治的主要虫害有蛴螬、蝼蛄、金针虫等地下害虫，土壤处理可以防治油菜蚜虫越冬幼虫，药剂拌种可以减少地下害虫及其他苗期害虫的为害。

种子处理预防病害，用种子重量0.4%的50%福美双可湿性粉剂或0.2%~0.3%的50%异菌脲可湿性粉剂拌种，也可用50%多菌灵可湿性粉剂或75%百菌清可湿性粉剂按种子量0.3%的量进行拌种。对苗期其他病害也有一定的控制作用。

种子处理防治地下害虫，用20%蚜灭磷可湿性粉剂1kg拌种100kg，可防苗期蚜虫。用50%辛硫磷乳油500ml加水20~25kg，拌种子250~300kg，或用40%甲基异柳磷乳油500ml加水15~20kg，拌种200kg，防治效果较好。

（二）冬前秋苗期返青期病虫害防治技术

这个时期的病虫害相对较轻，但在有些年份因气温相对偏高，病毒病、根腐病、蚜虫、菜螟也有发生，可根据具体情况进行防治（图11-51）。

图11-51　油菜冬前苗期至返青期

防治苗期蚜虫，控制病毒病，喷施40%氧乐果乳油1 000~2 000倍液、50%敌敌畏乳油1 000倍液、20%二嗪磷乳油1 000倍液、2.5%溴氰菊酯乳剂3 000倍液、1.8%阿维菌素乳油3 000倍液、10%吡虫啉可湿性粉剂2 500倍液。同时兼治菜螟。间隔7~10天1次，连续防治2~3次。蚜虫多着生在心叶及叶背皱缩处，药剂难于全面喷到。

喷施50%苯菌灵可湿性粉剂1 500倍液、25%多菌灵可湿性粉剂400~500倍液、50%甲基硫菌灵可湿性粉剂500倍液，对油菜白斑病有一定的预防效果（图11-52）。

图11-52　油菜蚜虫、病毒病、白斑病为害症状

（三）抽薹开花期病虫害防治技术

早春，气温开始回升，病菌害虫开始活动，是预防病虫害的一个关键时期（图11－53）。这一时期的主要防治对象是菌核病、霜霉病、白锈病、病毒病、黑斑病、潜叶蝇、小菜蛾、菜蟒等（图11－54）。

在菌核病普遍发生的地区，可用50%福美双·菌核净可湿性粉剂100g/亩、40%菌核净可湿性粉剂120g/亩、36%多菌灵·咪鲜胺可湿性粉剂35～40g/亩、25%戊唑醇可湿性粉剂60～70g/亩、25%丙环唑乳油25ml/亩对水40～50kg均匀喷施。

当霜霉病病株率达20%以上时，可喷施70%乙·锰（乙膦铝·代森锰锌）可湿性粉剂500～800倍液、25%甲霜灵可湿性粉剂500～700倍液、40%乙膦铝可湿性粉剂200～300倍液、58%甲霜灵·代森锰锌可溶性粉剂300倍液，隔7～10天1次，连续防治2～3次。多雨时应抢晴喷药，并适当增加喷药次数。可兼治白锈病。

喷洒75%百菌清可湿性粉剂600倍液、64%杀毒矾（恶霜灵·代森锰锌）可湿性粉剂500倍液、50%异菌脲可湿性粉剂1 500倍液、12%松脂酸铜乳油600倍液，可防治黑斑病。

防治潜叶蝇、小菜蛾等，喷施10%氯氰菊酯乳油3 000倍液、5%氟虫脲乳油1 000～2 000倍液、5%氟啶脲乳油1 500～2 000倍液、2.5%氟氯氰菊酯乳油2 000～3 000倍液。

图11－53 油菜抽薹开花期生长情况

图11－54　油菜抽薹开花期病虫害为害情况

（四）绿熟至成熟期病虫害防治技术

4月油菜进入绿熟期，是油菜丰产丰收关键时期。该期应加强预测预报，及时防治病虫害，在防治策略上以治疗为主，具有针对性，确保丰收。具体的防治药剂可参考上述药剂（图11－55）。

图11-55　油菜绿熟期病虫为害情况

四、油菜田杂草防治技术

近年来，我国各地油菜种植区域自然条件差异较大、栽培管理模式不同(图11-56)，生产上应根据各地实际情况正确地选择除草剂的种类和施药方法。

图11-56　油菜田杂草发生为害情况

（一）　油菜播种期杂草防治

由于油菜粒小、播种浅，很多种封闭除草剂品种对油菜易产生药害，生产上应注意适当深播。在油菜播种前，可以用：

48%氟乐灵乳油100～120ml/亩，黏质土及有机质含量高的田块可以用120～175ml/亩；

用48%地乐胺乳油100～120ml/亩，黏质土及有机质含量高的田块用150～200ml/亩。

对水40～50kg，配成药液喷于土表，并随即混入浅土层中，干旱时要镇压保墒。施药后3～5天播种油菜。

封闭除草剂主要靠位差选择性以保证对油菜的安全性，生产上应根据土质和墒情适当深播；同时，施药时要注意天气预报，如有降雨、降温等田间持续低温高湿情况，也易产生药害。除草剂品种和施药方法如下。

33%二甲戊乐灵乳油150～250ml/亩；

20%萘丙酰草胺乳油150～250ml/亩；

50%乙草胺乳油100～120ml/亩；

72%异丙甲草胺乳油120～150ml/亩；

72%异丙草胺乳油120～150ml/亩，对水40kg，均匀喷施，可以有效防治多种一年生禾本科杂草和播娘蒿、荠菜、牛繁缕、藜、苋、苘麻等阔叶杂草。施药时一定视条件调控药量，切忌施药量过大。药量过大、田间过湿，特别是遇到持续低温多雨条件下，幼苗可能会出现暂时的矮化、粗缩，多数能恢复正常生长；但严重时，会出现死苗现象。

（二） 油菜移栽田杂草防治

油菜移栽前施药比较方便，对油菜生长相对安全(图11－57)。

图11－57 油菜移栽田杂草防治情况

比较干旱的地区，可以在油菜移栽前，用：

48%氟乐灵乳油150～200ml/亩；

48%地乐胺乳油150～200ml/亩，对水40～50kg，配成药液喷于土表，并随即混入浅土层中，干旱时要镇压保墒。施药后3～5天移栽油菜。

南方多雨地区，杂草发生严重，可以在油菜移栽前施用：

33%二甲戊乐灵乳油150～250ml/亩；

20%萘丙酰草胺乳油200～250ml/亩；

50%乙草胺乳油150～200ml/亩；

72%异丙甲草胺乳油200～250ml/亩；

72%异丙草胺乳油200～250ml/亩，对水40kg，均匀喷施，可以有效防治多种一年生禾本科杂草和部分阔叶杂草；对于禾本科杂草和阔叶杂草发生较多的地块，也可以在上述除草剂中加入10%胺苯磺隆可湿性粉剂10～20g/亩。施药后移栽油菜，尽量少松动土层。

（三）　油菜生长期杂草防治

对于前期未能采取有效的杂草防治措施，应在苗后前期及时进行化学除草。施用时期宜在油菜封行前、杂草3～5叶期，及时施用除草剂。

对于前期未能封闭除草的田块，田间发生看麦娘等大量禾本科杂草，在杂草基本出齐，且杂草处于幼苗期(图11－58)时应及时施药。

图11－58　油菜田禾本科杂草发生为害情况

可以施用：

5%精喹禾灵乳油50～75ml/亩；

10.8%高效氟吡甲禾灵乳油20～40ml/亩；

10%喔草酯乳油40～80ml/亩；

15%精吡氟禾草灵乳油40～60ml/亩；

10%精恶唑禾草灵乳油50～75ml/亩；

12.5%稀禾啶乳油50～75ml/亩；

24%烯草酮乳油20～40ml/亩，对水30kg，均匀喷施，可以有效防治多种禾本科杂草。施药时视草情、墒情确定用药量，草大、墒差时适当加大用药量。施药时注意不能飘移到周围小麦等禾本科作物上；否则，会发生严重的药害。

对于前期未能有效除草的田块，在油菜田禾本科杂草较多较大时(图11－59)，特别是日本看麦娘、□草等发生严重的田块，应抓住苗后前期及时防治，并适当加大药量和施药水量，喷透、喷匀，保证杂草均能接触到药液。

可以施用：

5%精喹禾灵乳油75～125ml/亩；

10.8%高效氟吡甲禾灵乳油40～60ml/亩；

10%喔草酯乳油60～80ml/亩；

15%精吡氟禾草灵乳油75～100ml/亩；

10%精恶唑禾草灵乳油75～100ml/亩；

12.5%稀禾啶乳油75～125ml/亩；

24%烯草酮乳油40～60ml/亩，对水45～60kg，均匀喷施，施药时视草情、墒情确定用药量，

图11-59　油菜田禾本科杂草发生严重的情况

可以有效防治多种禾本科杂草；但天气干旱、杂草较大时，死亡时间相对缓慢。杂草较大、杂草密度较高、墒情较差时适当加大用药量和喷液量；否则，杂草接触不到药液或药量较小，影响除草效果。

对于前期未能有效除草的田块，油菜田牛繁缕等阔叶杂草较多时(图11-60)，应抓住苗后前期及时防治。

图11-60　油菜田阔叶杂草发生严重的情况

可以施用：

10%草除灵乳油130~200ml/亩，对水45~60kg，均匀喷施，施药时视草情、墒情确定用药量。在冬前苗期施用对白菜型油菜药害较重，对甘蓝型油菜也有一定的药害，而在油菜越冬后返青期，施用对油菜安全。

对于前期未能有效除草的田块，在油菜田看麦娘、牛繁缕等禾本科杂草和阔叶杂草发生较多时(图11-61)，应抓住苗后前期及时防治。

图11-61　油菜田禾本科杂草和阔叶杂草发生严重的情况

可以施用：

10%丙酯草醚乳油40~50ml/亩；

10%异丙酯草醚乳油30~50ml/亩；

10%胺苯磺隆可湿性粉剂10~20g/亩；

也可以用：

5%精喹禾灵乳油75~125ml/亩；

10.8%高效氟吡甲禾灵乳油40~60ml/亩；

10%喔草酯乳油60~80ml/亩；

15%精吡氟禾草灵乳油75~100ml/亩；

10%精恶唑禾草灵乳油75~100ml/亩；

12.5%稀禾啶乳油75~125ml/亩；

24%烯草酮乳油40~60ml/亩+10%草除灵乳油130~200ml/亩。对水45~60kg，均匀喷施，施药时视草情、墒情确定用药量。

第十二章　芝麻病虫草害原色图解

一、芝麻病害

我国已发现的芝麻病害有20余种，为害较重的有枯萎病、茎点枯病、叶枯病等。

1. 芝麻茎点枯病

分布为害　芝麻茎点枯病在河南、山东、湖北、江西、安徽、江苏、福建、台湾等省都有发生。

症　　状　主要为害茎秆和根部，多在苗期和开花结果期发病。苗期染病，根部变褐，地上部萎蔫枯死，幼茎上密生黑色小点。开花结果期染病，从根部开始发病，后向茎扩展，有时从叶柄基部侵入后蔓延至茎部。茎部初呈黄褐色水浸状，后扩展很快绕茎一周，中心有银灰色光泽，其上密生黑色小粒点，表皮下及髓部产生大量小菌核，茎秆中空易折断（图12-1）。

图12-1　芝麻茎点枯病为害茎秆部症状

病　　原　*Macrophomina phaseoli*称菜豆壳球孢，属半知菌亚门真菌（图12-2）。分生孢子器，椭圆形至近球形，深褐色，位于寄主表皮角质层下。分生孢子单胞无色，椭圆形，内含油球。菌核球形至不规则形，深褐色。

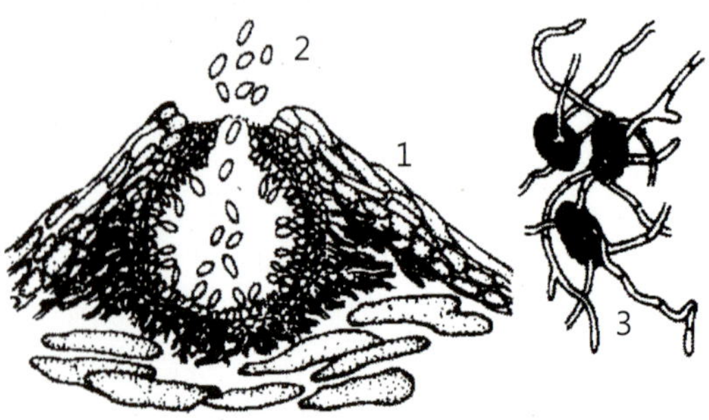

图12-2　芝麻茎点枯病病菌
1.分生孢子器　2.分生孢子　3.菌核

发生规律　以菌核及分生孢子在病残株和土壤中越冬，越冬菌核是翌年的初侵染源。幼苗出土后，可侵染幼苗。成株期的发病，主要通过分生孢子从伤口或茎基部、叶痕或梗部侵入（图12–3）。在整个生育期间有两个发病高峰，即苗期和开花期后，后者发病十分严重。

防治方法　种植抗病品种。注意防渍，尤以花期后田间渍水，病菌极易侵染。施足基肥，增施磷钾肥，及时中耕除草和间苗，防治虫害。种子处理可以有效的预防茎枯点病的蔓延，芝麻开花期和终花期是防治的关键时期。

种子处理，用50%福美双可湿性粉剂500g拌100kg种子；或用50%多菌灵可湿性粉剂或50%苯菌灵可湿性粉剂按种子重量0.2%拌种。

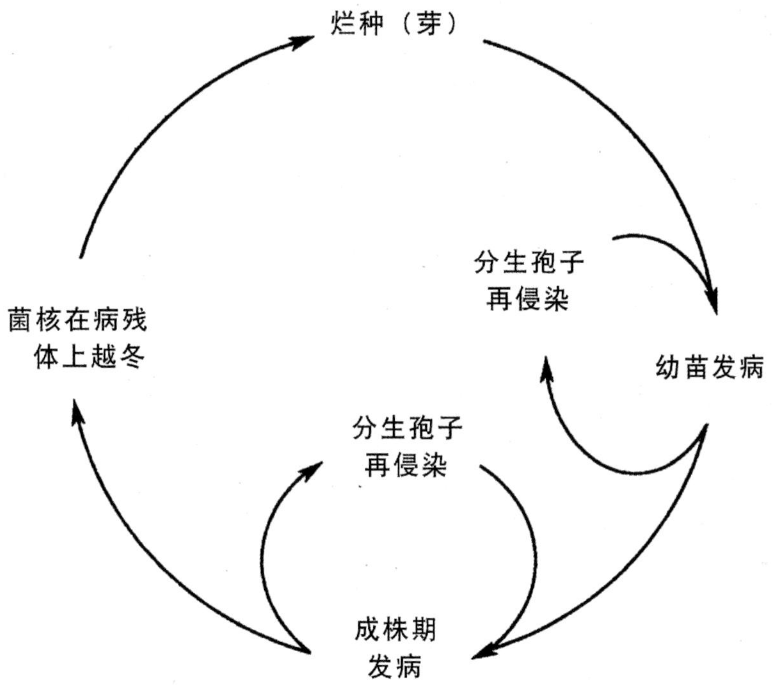

图12–3　芝麻茎点枯病病害循环

在芝麻开花期和终花期各喷药1次，可用50%多菌灵可湿性粉剂100~150g/亩+80%代森锰锌可湿性粉剂100~150g/亩、70%甲基硫菌灵可湿性粉剂100g/亩、50%异菌脲可湿性粉剂50g/亩、12.5%烯唑醇可湿性粉剂50g/亩、2%嘧啶核苷类抗生素水剂150ml/亩对水40~50kg均匀喷施，防效可达85%以上。

2.芝麻枯萎病

分布为害　芝麻枯萎病主要在我国河南、湖北、江西等地发生比较重，其他地区也有零星发生。

症　　状　此病是一种维管束病害，整株表现症状。幼苗感病，根部腐烂，枯死；成株受害时，叶片自下而上逐渐变黄枯萎，最后变褐枯死；有整株枯死的（图12–4），也有仅茎秆半边枝叶枯死。茎上病斑褐色、长条形，潮湿时病斑上出现粉红色霉层。横切病茎，可见维管束变褐色。

病　　原　*Fusarium oxysporum*称尖孢镰孢芝麻专化型，属半知菌亚门真菌（图12–5）。分生孢子有大型和小型两种：大型分生孢子镰刀形，无色，具隔膜2~3个。小型分生孢子卵圆形，单胞无色。厚垣孢子球形或近球形，顶生或间生，多数单细胞。菌核蓝绿色。

图12-4　芝麻枯萎病整株枯死症状

发生规律　以菌丝和分生孢子在土壤、病株残体内或种子内外越冬。播种带菌种子，可引起幼苗发病，一般于7月上旬（2～4对真叶）开始发病，8月底为发病盛期。芝麻生长季节，病菌通过根毛、根尖和伤口侵入。

防治方法　种植抗病品种。病田轮作，清除田间病残体，减少发病来源。播种前种子处理和土壤处理是防治枯萎病的有效措施，7月上旬即芝麻2～4对叶期是防治的关键时期。

种子处理，可用70%甲基硫菌灵可湿性粉剂、50%多菌灵可湿性粉剂按种子重量的0.2%～0.3%拌种；或用80%乙蒜素乳油1 000倍液浸泡半小时，浸泡时药液温度维持在55～60℃。

土壤处理，用2%嘧啶核苷类抗生素水剂200倍液300kg/亩。

7月上旬，病害发生初期，可用2.5%咯菌腈悬浮剂1 000倍液、50%乙烯菌核利可湿性粉剂1 000倍液、50%多菌灵可湿性粉剂1 000倍液+70%敌磺钠可溶性粉剂1 000倍液灌根，每株500～700ml药液。

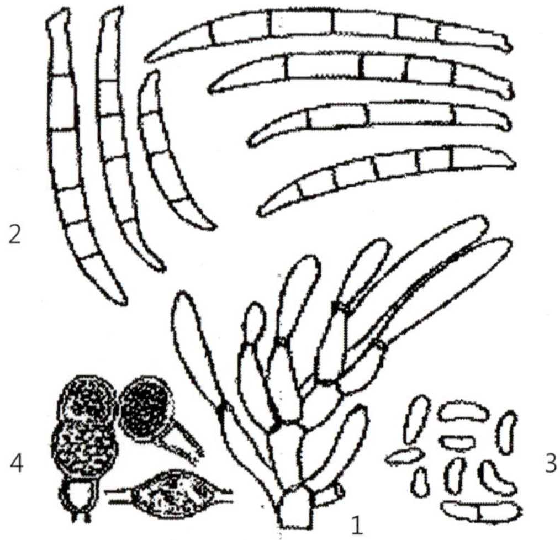

图12-5　芝麻枯萎病病菌
1.分生孢子梗　2.大型分生孢子
3.小型分生孢子　4.厚垣孢子

3. 芝麻叶枯病

为害症状　主要为害叶片、叶柄及茎和蒴果。叶片上初生暗褐色近圆形至不规则形病斑，具不明显的轮纹，边缘褐色，上生黑色霉层（图12-6），严重的干枯脱落（图12-7）。叶柄、茎上产生梭形斑，后变为红褐色条斑（图12-8）。

图12-6 芝麻叶枯病为害叶片症状

图12-7 芝麻叶枯病为害茎秆症状

图12-8 芝麻叶枯病为害严重时田间症状

病　原　*Helminthosporium sesami* 称芝麻长蠕孢，属半知菌亚门真菌（图12−9）。分生孢子梗单生不分枝，分生孢子倒棍棒形，两端圆，常弯曲，褐色，有5～9个隔膜。

发生规律　以菌丝或分生孢子在病残组织内或种子及土壤中越冬，播种后形成的分生孢子借风雨传播，在叶片上产生病斑进行多次再侵染，引起叶、茎、蒴果发病。生育后期，雨日多、降雨量大的年份发病重。

防治方法　清除田间病株残体，深翻土地；避免低洼地种芝麻；合理密植，增施有机肥及磷钾肥，清沟排水降低田间湿度。

发病初期，喷洒70%甲基硫菌灵可湿性粉剂800倍液+75%百菌清可湿性粉剂600倍液、50%苯菌灵可湿性粉剂1 500倍液+70%代森锰锌可湿性粉剂800倍液、30%松脂酸铜悬浮剂500倍液、47%春雷霉素·氧氯化铜可湿性粉剂700～800倍液、25%多菌灵可湿性粉剂400倍液，隔7～10天1次，连续防治2～3次。

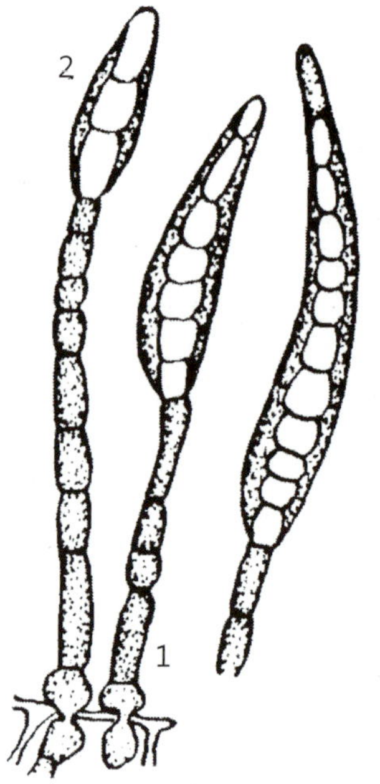

图12−9　芝麻叶枯病病菌
1.分生孢子梗　2.分生孢子

4.芝麻叶斑病

症　状　主要为害叶片、茎及蒴果。叶斑常见有两种。一种多为圆形小斑，中间灰白色，四周紫褐色，病斑背面生灰色霉状物。后期多个病斑融合成大斑块，干枯后破裂，严重时引致落叶（图12−10）。另一种叶斑为蛇眼状病斑，中间生一灰白色小点，四周浅灰色，外围黄褐色，圆形至不规则形（图12−11）。茎部染病，产生褐色不规则形斑，湿度大时病部生黑点。蒴果染病，生浅褐色至黑褐色病斑，易开裂（图12−12）。

图12−10　芝麻叶斑病为害叶片圆形小斑

图12−11　芝麻叶斑病为害叶片蛇眼状斑

图12-12 芝麻叶斑病为害茎秆及蒴果症状

病　　原 *Cercospora sesami*称芝麻尾孢，属半知菌亚门真菌。分生孢子梗单生或丛生，呈膝状弯曲，有色，具隔膜，顶生分生孢子。分生孢子稍弯曲，无色，透明，具隔膜3～10个。

发生规律 以菌丝在种子和病残体上越冬，翌春产生新的分生孢子，借风雨传播，花期易染病。

防治方法 选用无病种子，收获后及时清洁田园，清除病残体，适时深翻土地。

在开花前初发病初期，喷洒70%甲基硫菌灵可湿性粉剂800倍液+75%百菌清可湿性粉剂倍液、50%苯菌灵可湿性粉剂1 500倍液、30%碱式硫酸铜悬浮剂500倍液、12%松脂酸铜乳油600倍液，隔7～10天1次，连续防治2～3次。

5. 芝麻疫病

症　　状 主要为害叶、茎和蒴果。叶片染病（图12-13），初现褐色水渍状不规则斑，湿度大时病斑扩展迅速呈黑褐色湿腐状，病斑边缘可见白色霉状物，病健组织分界不明显。茎部染病，初为墨绿色水渍状，后逐渐变为深褐色不规则形斑，环绕全茎后病部缢缩，边缘不明显，湿度大时迅速向上下扩展，严重的致全株枯死（图12-14）。蒴果染病，产生水渍状墨绿色病斑，后变褐凹陷。

图12-13 芝麻疫病为害叶片症状

图12-14 芝麻疫病为害茎秆症状

病　　原　*Phytophthora nicotianae* 称烟草疫霉，属鞭毛菌亚门真菌（图12–15）。孢囊梗假单轴分枝，顶端圆形或卵圆形；孢子囊梨形至椭圆形，顶端具乳突，单胞，无色。卵孢子圆形，平滑，双层壁，黄色。

发生规律　以菌丝在病残体上或以卵孢子在土壤中越冬，苗期进行初侵染，芝麻现蕾时开始发病。病菌产生的游动孢子借风雨传播进行再侵染。大暴雨后降温利于发病。

防治方法　选用抗病品种，雨后及时排水，开沟排水，降低田间湿度，宽行条播，合理密植，不可过密，通风透光。

发病初期，及时喷洒75%百菌清可湿性粉剂600倍液、58%甲霜灵·代森锰锌可湿性粉剂600倍液、50%甲霜·铜可湿性粉剂500倍液、64%恶霜·锰锌可湿性粉剂500倍液、72%霜脲·锰锌可湿性粉剂800~900倍液、69%安克·锰锌（烯酰吗啉·代森锰锌）可湿性粉剂1 000倍液。

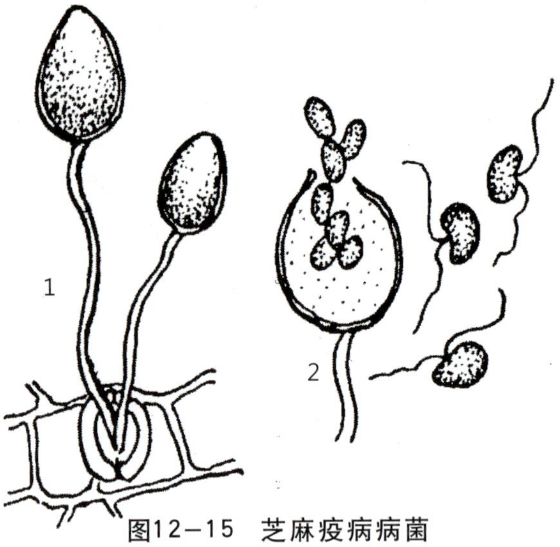

图12–15　芝麻疫病病菌
1.游动孢子囊　2.游动孢子

6. 芝麻白粉病

症　　状　主要为害叶片、叶柄、茎及蒴果。叶表面生白粉状霉，严重时白粉状物覆盖全叶，致叶变黄（图12–16）。病株先为灰白色，后呈苍黄色。茎、蒴果染病亦产生类似症状。种子瘦瘪，产量降低。

病　　原　*Erysiphe cichoracearum*称菊科白粉菌，属子囊菌亚门真菌。菌丝上生出短梗，梗端串生分孢子，分生孢子椭圆形。子囊上生有附属丝，闭囊壳内生子囊6~21个，子囊椭圆形，内生子囊孢子2个。

发生规律　在南方终年均可发生，无明显越冬期，早春2、3月温暖多湿或露水重易发病。北方寒冷地区以闭囊壳随病残体在土表越冬。翌年条件适宜时产生子囊孢子进行初侵染，病斑上产出分生孢子借气流传播，进行再侵染。生产上土壤肥力不足或偏施氮肥，易发此病。

防治方法　加强栽培管理，注意清沟排渍，降低田间湿度。增施磷钾肥、避免偏施氮肥或缺肥。

发病初期，及时喷洒25%三唑酮可湿性粉剂1 000~1 500倍液、40%氟硅唑乳油8 000倍液、60%多菌灵盐酸盐水溶性粉剂4 000~6 000倍液、50%硫磺悬浮剂300倍液、2%嘧啶核苷类抗生素水剂150~200倍液，视病情隔10~15天1次，共防治2~3次。

图12–16　芝麻白粉病为害叶片症状

7. 芝麻黑斑病

症 状 主要为害叶片和茎秆，叶片受害，病斑初呈圆形至不规则形褐色至黑褐色。后病斑扩展成大斑，有不明显的轮纹，边缘有黄色晕圈（图12–17）。叶脉、茎秆受害，出现黑褐色水浸状条斑，严重时植株枯死。

病 原 *Alternaria sesami* 称芝麻链格孢，属半知菌亚门真菌。分生孢子梗黄褐色至暗褐色，不分枝，具横隔膜。分生孢子黄褐色倒棍棒形，单生或两个串生，具横隔膜3～12个，纵隔膜0～9个，喙长。

发生规律 病菌以菌丝体在种子内越冬，翌年条件适宜时产生分生孢子，借雨水传播，芝麻生长期，降雨多和高湿时易发病。

防治方法 选用抗病品种。注意清沟排渍，降低田间湿度。

播种后30天、45天、60天各喷药1次，有效药剂有70%代森锰锌可湿性粉剂500倍液、75%百菌清可湿性粉剂500倍液、50%异菌脲可湿性粉剂1 500倍液等药剂。

图12–17 芝麻黑斑病为害叶片症状

8. 芝麻立枯病

症 状 初发病时，芝麻茎基部或地下部一侧呈黄色至黄褐色条斑，逐渐凹陷腐烂，后绕茎部扩展，最后茎部缢缩呈线状，幼苗折倒。轻病苗有时能恢复生长。病部皮层变褐缢缩，遇有天气干旱或土壤缺水时，下部叶片萎蔫，严重的枯死（图12–18）。

图12–18 芝麻立枯病为害幼苗症状

病 原 *Rhizoctonia solani* 称立枯丝核菌，属半知菌亚门真菌。菌丝初无色，后呈褐色，分枝近直角，在分枝处稍缢缩，距分枝不远处有隔膜。菌核近球形或无定形，菌核内外均为褐色，表面粗糙，不规则形。有性世代产生担孢子。担子无色，单胞，圆筒形或长椭圆形，顶生2～4个小梗，其上各生1个担孢子。担孢子无色，单胞，椭圆形或卵圆形。

发生规律 病菌以菌丝体和菌核在土壤和病残体内越冬，成为翌年初侵染源。在土中营腐生活，生活力可维持2～3年，带病土壤是主要传染来源。第2年地温高于10℃开始萌发，进入腐生阶段。遇适宜的环境条件，病菌从气孔、伤口或表皮直接侵入，引起发病。后病部长出菌丝继续向四周扩展。芝麻播种后1个月内，如降雨多、土壤湿度大，常可引起大量死苗，造成田间缺苗。

防治方法 加强田间管理。精细整地，适期播种；采用高畦栽培，及时清沟排水；合理施肥，增施草木灰；及时间苗、中耕，提高土温，增强植株抗病力。与非寄主作物轮作，避免重作。

在苗床整畦时，用70%敌磺钠可溶性粉剂1kg/亩，对干细土30kg，拌匀成药土，播种前撒施畦内。

用种子重量0.2%的40%福美双可湿性粉剂，或用种子重量0.2%的60%多·福合剂可湿性粉剂，或0.2%的50%多菌灵可湿性粉剂拌种。

发病初期喷施70%敌磺钠可溶性粉剂1 000倍液、50%多菌灵可湿性粉剂800～1 000倍液、75%百菌清可湿性粉剂600～700倍液、20%甲基立枯磷乳油1 200倍液。

二、芝麻虫害

芝麻田虫害种类较多，棉铃虫、芝麻荚螟等对芝麻为害严重。一般减产在15%～30%，重者导致绝收。

1. 芝麻荚野螟

分　　布 芝麻荚野螟（*Antig-astra catalaunalis*）在我国各地均有分布，长江以南芝麻产区发生严重。

为害特点 幼虫吐丝，缠绕花、叶，取食叶肉；或钻入花心、嫩茎、蒴果里取食，常把种子吃光，蒴果变黑脱落，植株黄枯。

形态特征 成虫体灰褐色；前翅浅黄色，翅脉橙红色，内、外横线黄褐色（图12-19）。后翅黄灰色，翅上具不大明显的黑斑2个。卵长圆形，乳白色至粉红色。末龄幼虫头黑褐色，体绿色或黄绿色或浅灰至红褐色。蛹灰褐色。

发生规律 一年发生4代，以蛹越冬。7月下旬～11月下旬出现成虫，有趋光性，但飞翔力不强，白天隐蔽在芝麻丛中，夜间交配产卵，卵多产在芝麻叶、茎、花、蒴果及嫩梢处，有世代重叠现象。

图12-19　芝麻荚野螟成虫

防治方法 收获后及时清洁田园，消灭越冬蛹。清除田间及地边杂草。幼虫发生盛期是防治芝麻野荚螟的关键时期。

在幼虫发生初期，可喷洒50%杀螟丹可湿性粉剂1 000倍液、2.5%氯氟氰菊酯乳油3 000倍液、20%甲氰菊酯乳油1 500~2 500倍液等药剂。

2. 芝麻天蛾

为害特点 芝麻天蛾（*Acherontia styx*）以幼虫食害叶部，食量很大，严重时可将整株叶片吃光，有时也为害嫩茎和嫩荚，使芝麻不能结实或籽粒瘪小。

形态特征 成虫头胸部褐黑色（图12-20），胸部有黑色条纹、斑点及黄色斑组成的骷髅状斑纹。前翅狭长，棕黑色，翅面混杂有微细白点及黄褐色鳞片，呈现天鹅绒光泽。后翅杏黄色，有2条粗黑横带。卵球形，淡黄色。幼龄幼虫体色较淡（图12-21），头、胸部有明显的淡黄色颗粒；老熟幼虫头部深绿色，两侧具黄、黑纵条，前胸较小，体色青绿。

图12-20 芝麻天蛾成虫

图12-21 芝麻天蛾幼虫

发生规律 一年发生1~3代；以末代蛹在土下6~10cm深的土室中越冬。成虫于6月上旬出现，6月中、下旬产卵，7月中、下旬幼虫为害盛期，8月上旬至9月上旬老熟幼虫入土化蛹越冬。

防治方法 幼虫盛发时是防治芝麻天蛾的关键时期，可用25%灭幼脲悬浮剂500~600倍液、10%吡虫啉可湿性粉剂1 500倍液、25%喹硫磷乳油1 500倍液、90%晶体敌百虫800倍液、50%杀螟丹可湿性粉剂1 000倍液、2.5%氯氟氰菊酯乳油3 000倍液、50%敌敌畏乳油1 000~1 500倍液；或20%甲氰菊酯乳油20~30ml/亩、2.5%溴氰菊酯乳油24~40ml/亩对水50~75kg均匀喷雾。

3. 鬼脸天蛾

为害特点 鬼脸天蛾（*Acherontia lachesis*）以幼虫食害叶片和嫩茎，食量很大，严重时可将整株叶片吃光，使芝麻不能结实或籽粒瘪小。

形态特征 成虫胸部背面有骷髅状斑纹（图12-22），眼斑以上具灰白色大斑，腹部黄色，前翅狭长，棕黑色，翅面混杂有微细白点及黄褐色鳞片，呈现天鹅绒光泽。后翅杏黄色，有2条粗黑横带。末龄幼虫头黄绿色，外侧具黑色纵纹，身体黄绿色（图12-23）。

发生规律 一年发生1代，以末代蛹在土室中越冬。成虫于7月上旬出现，7月中旬产卵，7月下旬幼虫为害盛期，8月上旬至9月上旬老熟幼虫入土化蛹越冬。

图12-22　鬼脸天蛾成虫

图12-23　鬼脸天蛾幼虫

防治方法　幼虫盛发时是防治的关键时期，可用25%喹硫磷乳油1 500倍液、90%晶体敌百虫800倍液、50%杀螟丹可湿性粉剂1 000倍液、80%敌敌畏乳油1 000～1 500倍液、25%灭幼脲悬浮剂500～600倍液、2.5%氯氟氰菊酯乳油2 000倍液、20%甲氰菊酯乳油、2.5%溴氰菊酯乳油1 500～2 000倍液均匀喷雾。

4. 短额负蝗

分布为害　短额负蝗（*Atractomorpha sinensis*）分布在全国各地。成虫及若虫食叶，影响作物生长发育。

形态特征　成虫体绿色或褐色（图12-24），体表有浅黄色瘤状突起；后翅基部红色，端部淡绿色。卵长椭圆形，黄褐至深黄色。若虫共5龄：1龄若虫草绿稍带黄色；2龄若虫体色逐渐变绿；3龄若虫翅芽肉眼可见；4龄若虫后翅翅芽在外侧盖住前翅芽；5龄若虫前胸背面向后方突出较大，形似成虫。

发生规律　每年发生1～2代，以卵在沟边土中越冬。5月下旬至6月中旬为孵化盛期，7～8月羽化为成虫。

防治方法　在秋、春季铲除田埂、地边杂草，把卵块暴露在地面晒干或冻死。

在测报基础上，抓住初孵蝗蝻在田埂、渠堰集中为害双子叶杂草且扩散能力极弱的特点，可用20%氰戊菊酯乳油2 000倍液、2.5%溴氰菊酯乳油1 500～2 000倍液均匀喷雾。

图12-24　短额负蝗成虫

三、芝麻田杂草防治技术

近年来，我国各地芝麻种植区域自然条件差异较大、栽培管理模式不同(图12-25)，生产上应根据各地实际情况正确地选择除草剂的种类和施药方法。

（一）芝麻播种期杂草防治

由于芝麻粒小、播种浅，很多种封闭除草剂品种对芝麻易产生药害，生产上应注意适当深播。

在芝麻播种前3~5天，可以施用除草剂防止杂草的为害，可以用下列除草剂。

48%氟乐灵乳油100~120ml/亩(黏质土及有机质含量高的田块用120~175ml/亩)；

48%地乐胺乳油100~120ml/亩(黏质土及有机质含量高的田块用150~200ml/亩)；

对水40~50kg，配成药液喷于土表，并随即混入浅土层中，干旱时要镇压保墒。施药后3~5天播种芝麻。

在芝麻播后芽前施药时，要注意芝麻适当深播，以防止药害的发生，除草剂品种和施药方法如下。

图12-25　芝麻田杂草发生为害情况

33%二甲戊乐灵乳油100~150ml/亩；
20%萘丙酰草胺乳油150~250ml/亩；
50%乙草胺乳油100~120ml/亩；
72%异丙甲草胺乳油120~150ml/亩；
96%精异丙甲草胺乳油50~75ml/亩；
72%异丙草胺乳油120~150ml/亩；

对水40kg，均匀喷施，可以有效防治多种一年生禾本科杂草和藜、苋、苘麻等阔叶杂草，对马齿苋和铁苋的防治效果较差。

封闭除草剂主要靠位差选择性以保证对芝麻的安全性，生产上应注意适当深播。同时，施药时要注意天气预报，如有降雨、降温等田间持续低温高湿情况，也易产生药害；因为芝麻田杂草防治的策略主要是控制前期草害，芝麻田中后期生长高大密蔽，芝麻自身具有较好的控草作用，所以芝麻田除草剂用药量不宜太高。施药时一定要视条件调控药量，切忌施药量过大。药量过大、田间过湿，特别是遇到持续低温多雨条件下幼苗可能会出现暂时的矮化、粗缩，多数能恢复正常生长。但严重时，会出现死苗现象(图12−26)。

图12−26　50%异丙甲草胺乳油不同剂量对芝麻药害情况

（二）芝麻生长期杂草防治

对于前期未能采取有效的杂草防治措施，在苗后时期应及时进行化学除草。施用时期宜在芝麻封行前、杂草幼苗期施用除草剂(图12-27)。

在芝麻封行前、禾本科杂基本出齐，且多数禾本科杂草处在3～5叶期时，可以用下列除草剂。

10%精喹禾灵乳油40～50ml/亩；

10.8%高效氟吡甲禾灵乳油20～40ml/亩；

24%烯草酮乳油20～40ml/亩；

图12-27　芝麻田禾本科杂草发生为害情况

12.5%稀禾啶机油乳剂50～100ml/亩；

对水25～30kg，配成药液喷洒。在气温较高、雨量较多地区，杂草生长幼嫩，可适当减少用药量；相反，在气候干旱、土壤较干地区，杂草幼苗老化耐药，要适当增加用药量。防治一年生禾本科杂草时，用药量可稍减少；而防治多年生禾本科杂草时，用药量应适当增加。

对于前期未能有效除草的田块，在芝麻田禾本科杂草较多较大时(图12-28)，应适当加大药量和施药水量，喷透喷匀，保证杂草均能接受到药液。可以施用下列除草剂及其用量。

10%精喹禾灵乳油75～125ml/亩；

10.8%高效氟吡甲禾灵乳油40～60ml/亩；

10%喔草酯乳油60～80ml/亩；

15%精吡氟禾草灵乳油75～100ml/亩；

10%精恶唑禾草灵乳油75～100ml/亩；

12.5%稀禾啶乳油75～125ml/亩；

24%烯草酮乳油40～60ml/亩；

图12-28　芝麻田禾本科杂草发生严重的情况

对水45～60kg，均匀喷施，施药时视草情、墒情确定用药量，可以有效防治多种禾本科杂草；但天气干旱、杂草较大时，死亡时间相对缓慢。杂草较大、杂草密度较高、墒情较差时适当加大用药量和喷液量；否则，杂草接触不到药液或药量较小，影响除草效果。

第十三章　烟草病虫草害原色图解

烟草是我国的重要经济作物之一。2001年全国种植面积140多万hm^2。其中以云南、贵州、河南种植面积较大，约占全国面积的50%。另外，四川、重庆、湖南、湖北、山东和陕西等地也有大面积种植。

一、烟草病害

据报道，我国已发现的烟草病害有70余种，其中为害较重的炭疽病、病毒病、黑胫病、赤星病等。

1. 烟草赤星病

分布为害　烟草赤星病是烟叶成熟采收期的主要病害之一，在我国各烟区均有发生，黄淮、东北烟区的局部烟田为害较重。

症　状　主要发生在打顶采烤期，可为害叶片、茎、花梗及蒴果等。叶片染病多从下部叶片开始，病斑初为黄褐色小斑点，后发展为褐色圆或近圆形斑，出现赤褐色或深褐色的同心轮纹。病斑迅速扩展时，边缘出现黄色晕圈（图13－1）。病斑质脆、易破，严重时，病斑融合使叶片成为碎叶。

图13－1　烟草赤星病为害叶片症状

病　原　*Alteraria alternata* 称链格孢菌，属半知菌亚门真菌（图13－2）。菌丝具隔，无色。分生孢子梗顶曲，不分枝，褐色。分生孢子褐色，链生于梗上，基部大，顶端较细，呈倒棍棒形或椭圆形。

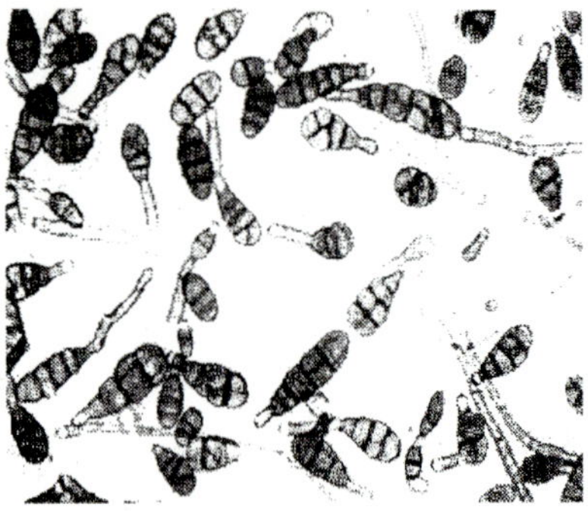

图13－2　烟草赤星病病菌分生孢子梗和分生孢子

发生规律 病菌以菌丝体在病残体上越冬。翌年产生分生孢子，借风雨、气流传播进行初侵染，为害下部叶片，形成分散的多个发病中心并向四周扩展，在病斑上再产生分生孢子，又由下雨传播，形成再侵染（图13–3）。烟株幼苗期较抗病，叶片老化生理成熟期较感病。雨日多、湿度大是病害流行的重要因素，8～9月采收期遇雨常致赤星病大流行。种植密度大、田间荫蔽、采收不及时发病重。

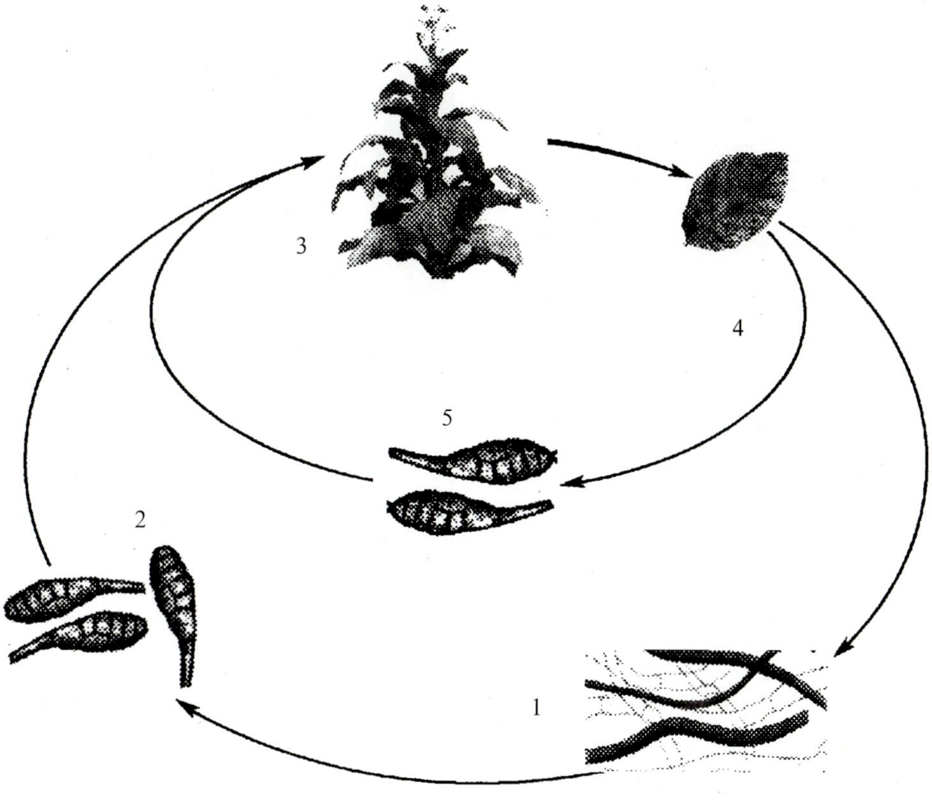

图13–3 烟草赤星病病害循环
1.以菌丝体越冬 2.分生孢子 3.侵染田间植株
4.叶片上的病斑 5.分生孢子再侵染

防治方法 选种抗病品种。利用薄膜早育苗、早移栽，使感病阶段避开雨季。及时采收成熟烟叶，并降低株行间温、湿度。烟草生理成熟期是防治赤星病的关键时期。

可用75%百菌清可湿性粉剂80～100g/亩、25%咪鲜胺乳油50～100ml/亩、30%菌核·福美双可湿性粉剂100～120g/亩、40%菌核净可湿性粉剂500倍液、40%灰核宁（多菌灵·菌核净）可湿性粉剂500倍液、40%保丰宁（菌核净·氧氯化铜）可湿性粉剂500倍液、50%咪鲜胺锰盐可湿性粉剂1 500～2 000倍液、50%腐霉利可湿性粉剂1 000倍液、12%腈菌唑乳油3 500～4 000倍液喷施，每隔10天1次，连续2～3次，防治效果较好。药液要喷布均匀，最好交替使用，以防产生抗药性。喷药后遇雨，雨后需补喷。

2. 烟草黑胫病

分布为害 烟草黑胫病是烟草生产上最具毁灭性的病害之一，我国各主要产烟区均有不同程度发生，其中安徽、山东、河南省为历史上的重病区。

症　状 多发生于成株期，叶片发病后经主脉到叶基，再蔓延到茎部，造成茎中部腐烂（图13–4）。茎基部初呈水渍状黑斑，后向上下及髓部扩展，绕茎一周时，全株叶片突然萎蔫死亡（图13–5）。剖开病茎可见髓部变褐并干缩成碟片状，其中生有棉絮状的菌丝（图13–6）。

图13-4　烟草黑胫病为害叶片症状

图13-5　烟草黑胫病为害茎基部症状

图13-6　烟草黑胫病病茎髓部变褐症状

病　原 *Phytophthora nicotianae* 称烟草疫霉菌，属鞭毛菌亚门真菌（图13-7）。菌丝无色、无隔。孢子囊顶生或侧生，梨形至椭圆形，有乳突。游动孢子近圆形或肾形，无色，侧生二根鞭毛。厚垣孢子圆形或卵形，幼嫩时色淡膜薄，老熟时深黄或褐色，膜加厚。

发生规律 病菌以厚垣孢子和菌丝体在土壤和粪肥中的病残体上越冬，翌年条件适宜侵染烟株，病部产生大量孢子囊及游动孢子，通过雨水、风、农事操作等传播进行再侵染（图13-8）。华南地区6月下旬至7月中旬，黄淮地区8月现症状。降雨及田间土壤湿度是黑胫病流行的关键性因素，在适温条件下，雨后相对湿度80%以上保持3～5天，病害即可流行。

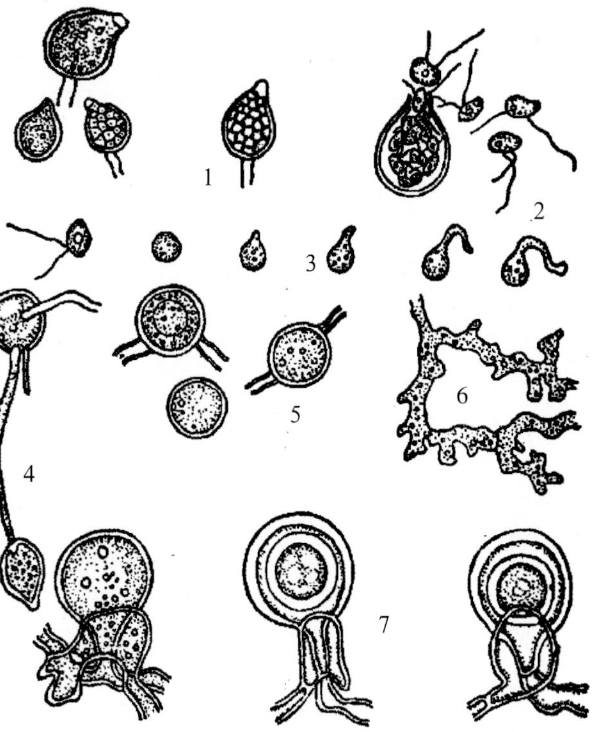

图13-7 烟草黑胫病病菌
1.孢子囊 2.孢子囊和游动孢子 3.游动孢子萌发 4.厚垣孢子萌发 5.厚垣孢子 6.菌丝体 7.雄器、藏卵器和卵孢子

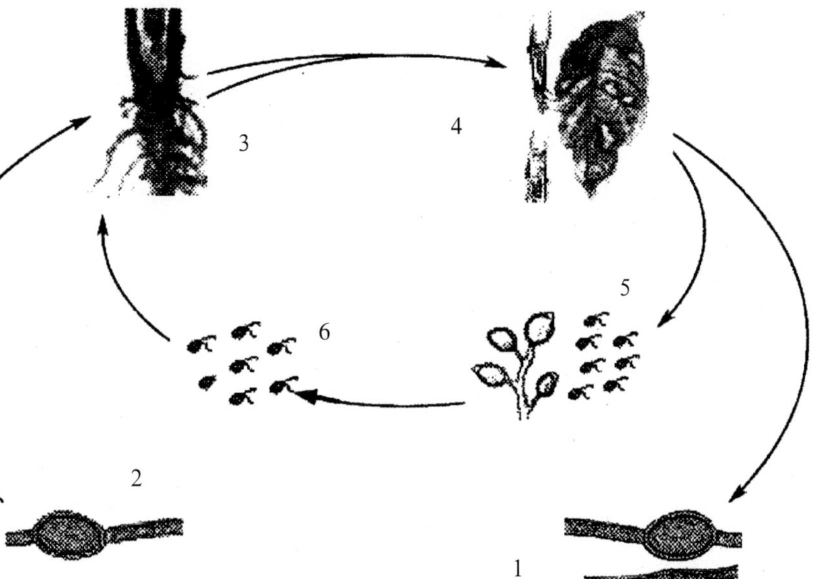

图13-8 烟草黑胫病病害循环
1.病菌在病残体中越冬 2.厚垣孢子萌发 3.病菌染茎基部 4.病茎、病叶 5.孢子囊和游动孢子 6.游动孢子再侵染

防治方法 选种抗病品种。大力推广高起垄、高培土技术，烟田要求平整，防止积水。苗床处理可预防黑胫病的发生，6月下旬至7月中旬，病害发生初期是防治的关键时期。

育苗时苗床用25%甲霜灵可湿性粉剂10g/m²，拌10～12kg干细土，播种时1/3撒在苗床表面，播种后其余2/3覆盖在种子上。

烟苗移栽定植时，可用14%络氨铜水剂200倍液、58%甲霜灵·锰锌可湿性粉剂500～1 000倍液浇灌1次，15天后再浇灌1次，防效较好。

田间烟株发病前或发病初期，可用72.2%霜霉威水剂600倍液、95%恶霉灵可湿性粉剂4 000倍液、58%甲霜灵·代森锰锌可湿性粉剂600倍液、95%敌磺钠可溶性粉剂500倍液+25%甲霜灵可湿性粉剂1 500倍液、60%烯酰·锰锌可湿性粉剂600～800倍液、68%精甲霜·锰锌水分散粒剂100～120g/亩、64%恶霜·锰锌可湿性粉剂200～250g/亩、20%恶霉·稻瘟灵微乳剂40～60ml/亩、50%氟吗啉·三乙膦酸铝可湿性粉剂80～100g/亩对水40～50kg喷雾，隔15天再喷1次。

3. 烟草花叶病

分布为害 烟草花叶病（普通花叶病、黄瓜花叶病）是世界烟草产区广为分布的重要病害之一，是制约各国烟草生产的重要障碍。

症　　状 烟草普通花叶病：烟草植株染病后，幼嫩叶片侧脉及支脉组织呈半透明状。叶脉两侧叶肉组织渐呈淡绿色。病毒在叶片组织内大量增殖，使部分叶肉细胞增大或增多，出现叶片薄厚不匀，颜色黄绿相间，呈花叶状。后花叶斑驳程度加大，并现大面积深褐色坏死斑，中下部老叶尤甚，发病重的叶片皱缩、畸形、扭曲、疱状斑（图13-9和图13-10）。

图13-9 烟草普通花叶病毒病为害叶片症状

图13-10　烟草普通花叶病毒病为害植株症状

烟草黄瓜花叶病：发病初期表现明脉，后在新叶上表现花叶，叶片变窄，伸直呈拉紧状，叶片茸毛稀少，失去光泽。有的病叶形成黄绿色或深黄色相间花叶，呈疱斑；有的叶脉呈闪电状坏死，有的植株矮黄（图13-11和图13-12）。

图13-11　烟草黄瓜花叶病毒为害叶片闪电状坏死斑症状

图13–12　烟草黄瓜花叶病毒为害植株症状

病　原　Tobacco mosaic virus（TMV）称烟草普通花叶病毒，属病毒（图13–13）。病毒粒体杆状。Cucumber mosaic virus（CMV）称黄瓜花叶病毒，属病毒（图13–14）。病毒粒体为球状正二十面体。

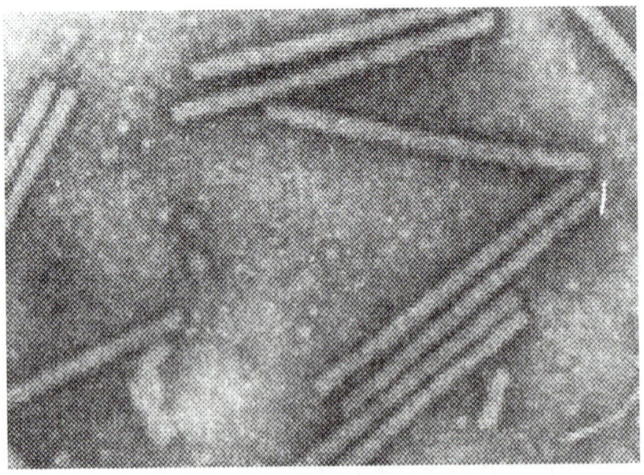

图13–13　烟草普通花叶病病毒

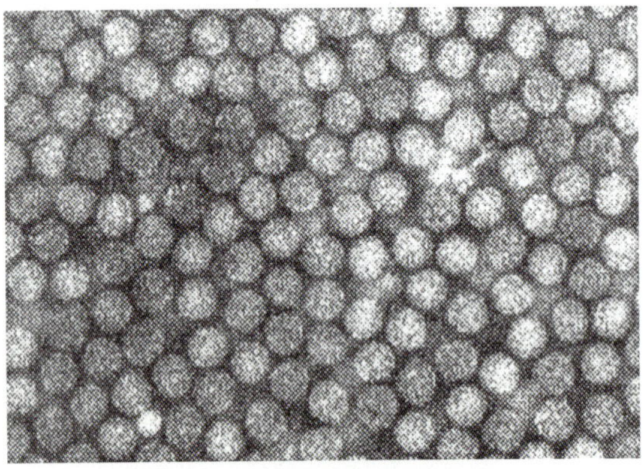

图13–14　烟草黄瓜花叶病病毒

发生规律　烟草普通花叶病能在多种植物上越冬。主要通过汁液传播，病健叶轻微摩擦造成微伤口，病毒即可侵入。田间通过病苗与健苗摩擦或农事操作进行再侵染（图13–15）。主要发生在苗床期至大田现蕾期。

烟草黄瓜花叶病毒主要在越冬蔬菜、多年发生树木及农田杂草上越冬。可通过蚜虫和摩擦传播，有60多种蚜虫可传播该病毒。翌春通过有翅蚜迁飞传到烟株上。烟株在现蕾前旺长阶段较感病，现蕾后抗病力增强。大田蚜虫进入迁飞高峰后10天左右，开始出现发病高峰。

防治方法　选种抗病品种。清除混杂在种子中的病残体，降低苗期感病率。铲除苗床及其附近的杂草或野生寄主，尽早拔除苗床和烟田早期发病的植株。避免施用未经充分腐熟的混有病残体的肥料。大田蚜虫迁入高峰期前，即病害发生初期是防治的关键时期。

在发病前或发病初期喷药防治，可用20%吗啉胍·乙铜可湿性粉剂150～200g/亩、1%氨基寡糖素水剂300～500ml/亩、18%丙多·吗啉胍可湿性粉剂100～150g/亩、2%宁南霉素水剂300～400ml/亩、22%烯·羟·硫酸铜可湿性粉剂160～180g/亩、3%甲酚·愈创木酚可溶性液剂75～100ml/亩、4%嘧肽霉素水剂200～300ml/亩、0.5%菇类蛋白多糖水剂150～200ml/亩、31%氮苷·吗啉胍可溶粉剂25～50g/亩对水40～50kg均匀喷施，间隔7～10天1次，共喷施4次。采收前14天停止用药。

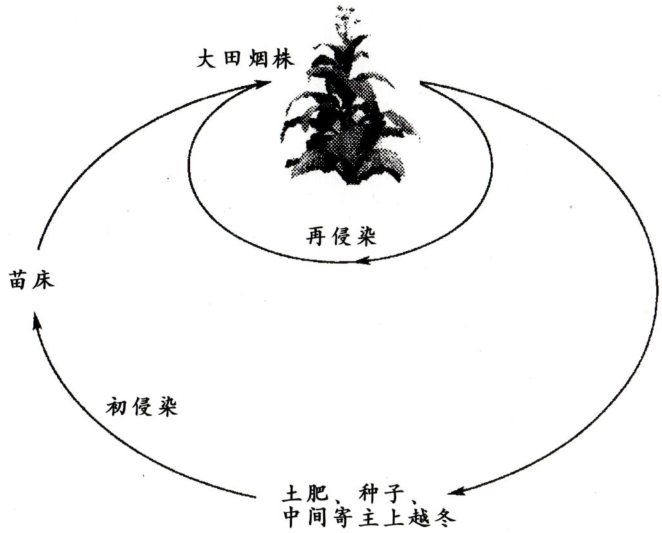

图13-15　烟草普通花叶病病害循环

4. 烟草马铃薯Y病毒病

分布为害　烟草马铃薯Y病毒病在我国各烟区均有发生，以河南、山东、安徽、辽宁、湖北、湖南、四川等省危害严重。近年来，其他省份有逐年加重趋势，该病已成为烟草主要病毒病害之一，各地应引起高度重视。

症　　状　由于病毒株系不同而表现出不同症状。主要有脉带花叶型、脉斑型和褪绿斑点型。脉带型：在烟株上部叶片呈黄绿花叶斑驳，脉间色浅，叶脉两侧深绿，形成明显的脉带，严重时出现卷叶或灼斑，叶片成熟不正常，色泽不均，品质下降，烟株矮化（图13-16）。脉斑型：下部叶片发病，叶片黄褐，主侧脉从叶基开始呈灰黑或红褐色坏死，叶柄脆，摘下可见维管束变褐，茎秆上现红褐或黑色坏死条纹。褪绿斑点型：初期与脉带型相似，但上部叶片现褪绿斑点，后中下部叶产生褐色或白色小坏死斑，病斑不规则，严重时整叶斑点密集，形成穿孔或脱落。

图13-16　烟草马铃薯Y病毒病为害叶片症状

病　　原　Potato virus Y（PVY）称马铃薯Y病毒，属于马铃薯Y病毒组（图13-17）。病毒粒体呈线状。

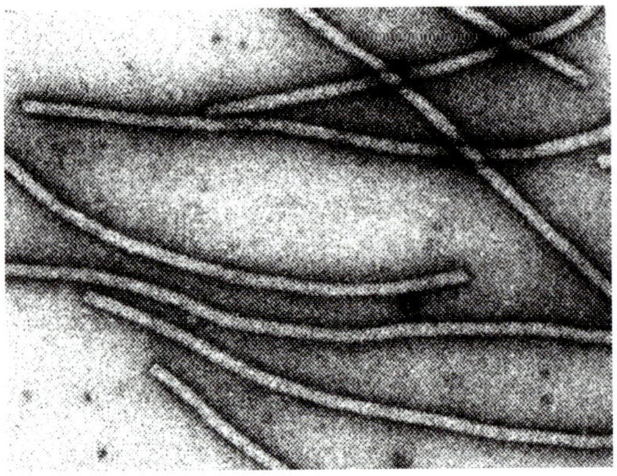

图13-17 烟草马铃薯Y病毒病病毒

发生规律 马铃薯Y病毒可通过蚜虫、汁液摩擦、嫁接等方式传播。自然条件下仍以蚜虫传毒为主。介体蚜虫主要有棉蚜、烟蚜、马铃薯长管蚜等，以非持久性方式传毒。PVY主要在农田杂草、马铃薯种薯和其他茄科植物上越冬（图13-18）。亚热带地区可在多年生植物上连续侵染，通过蚜虫迁飞向烟田转移，大田汁液摩擦传毒也很重要。幼嫩烟株较老株发病重。蚜虫为害重的烟田发病重。天气干旱易发病。

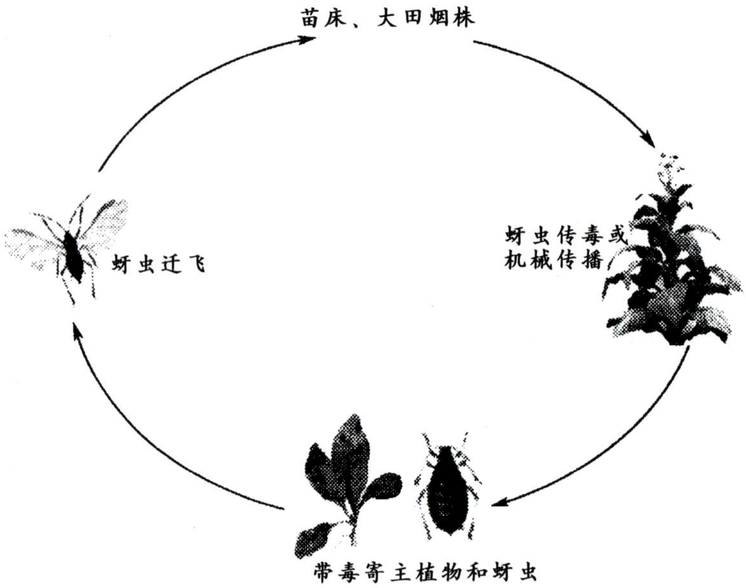

图13-18 烟草马铃薯Y病毒病病害循环

防治方法 选用抗病品种。严格选择烟田环境，要选择有利于烟草生长的前茬和地势；要远离上年种植马铃薯等作物的田块，切不可与它们连作。适时移栽、加强田间管理，改进栽培技术，加强肥水管理；及时进行灌溉；增施磷、钾肥，以增强烟株抗性。在栽烟前铲除烟田周围的杂草，以减少初侵染源。

防治烟蚜时可用击倒性较强的农药。如用50%抗蚜威可湿性剂3 000～4 000倍液、10%吡虫啉可湿性粉剂1 500～2 000倍液进行防治，每亩50～75kg，均可取得较好的防治效果。

烟株发病初时，可用2%宁南霉素水剂200～250倍液、3. 95%三氮唑核苷可湿性粉剂500～600倍液、20%盐酸吗啉胍·乙酸铜可湿性粉剂500倍液、1.5%植病灵乳油600～800倍液进行喷施，每亩50～75kg，间隔7～10天1次，共喷施4次。

5. 烟草蚀纹病毒病

分布为害 烟草蚀纹病毒病在全国各烟区发生普遍。其中河南、陕西、四川、安徽、云南、广东、贵州、辽宁等省为害严重，其他地区也有加重趋势。

症　　状 主要发生在成株期，茎叶均可染病。发病初期叶片上产生小斑点，后形成白色条纹或多角形病斑，常沿脉扩展，后期病斑布满整个叶片，致叶枯焦脱落或残留叶脉而形成枯焦条纹状，支脉变黑而卷曲，整个叶片毁坏（图13-19）。烟株染上此病毒后，经1周即可传到生长点，并在其上产生条状的枯死斑。

图13-19 烟草蚀纹病毒病为害叶片症状

病　　原 Tobacco etch virus（TEV），称烟草蚀纹病毒，属马铃薯Y病毒组。病毒粒体线状，含单链RNA。

发生规律 田间杂草和越冬蔬菜为主要初侵染源。经汁液摩擦及蚜虫传毒，主要靠烟蚜、桃蚜传毒。蚜虫发生数量大发病重。气温25℃，利于病毒增长，TEV浓度升高发病重。

防治方法 发生严重的地区，采用烟麦套种，能显著减轻发生程度。田间操作时，严格按照先无病田，后有病田的无病株，再操作有病烟株的原则进行；及时追肥、培土、灌溉等，提高烟株的抗病性。施足氮、磷、钾底肥，尤其是磷、钾肥。及时喷施多种微量元素肥料，提高烟株的抗病能力。盖银灰（或白）色地膜栽培，对于减缓或抑制大田期第一次蚜量高峰具有重要作用，明显减少有翅蚜的数量。

药剂防治可参考烟草马铃薯Y病毒病。

6. 烟草根结线虫病

分布为害 烟草根结线虫病各烟区均有发生，其中以河南、山东、四川、重庆、云南、湖南、湖北、海南、广西等省为害较重。

症　　状 从苗床期到大田期均可以发生。苗床期染病一般地上无明显症状。大田期染病，初从下部叶片的叶尖、叶缘开始褪绿变黄，后期中下部叶片的叶尖、叶缘出现不规则褐色坏死斑并逐渐内卷（图13-20）。病株根部出现许多大小不一的根结，有时根结紧密连接在一起，形成一个大根结，在根结内可见乳白色粒状雌成虫（图13-21）。为害严重时，全田均可受害（图13-22）。

图13-20 烟草根结线虫病为害植株症状

图13-21　烟草根结线虫病为害根部症状

图13-22　烟草根结线虫病为害严重时田间症状

病　　原　*Meloidogyne incognita* 称南方根结线虫，属植物寄生线虫（图13－23）。根结内的乳白透明小粒即雌成虫，洋梨形。头部有一中空口针。卵排出体外，外包棕黄色卵囊，椭圆形。幼虫为线形，经2次蜕皮后侵入根系。

发生规律　以卵囊、幼虫及成虫在病根残体、土壤和未腐熟的粪肥内越冬，翌年卵孵化成2龄幼虫侵染为害。线虫随农事操作及灌水传播，连作田、砂壤土有利于线虫繁殖为害。不合理轮作、套作容易发病。

防治方法　选种抗病品种。烟叶收获后，要深翻烟田，将翻出的残根拣出烧毁。施足无病虫腐熟有机肥，培养壮苗。烟田收获后要灌水浸泡1个月或水旱轮作，效果更好。

苗床熏蒸，选用80%二氯异丙醚90～170ml/亩对水100倍液，施后覆土熏蒸1～2周，然后栽烟苗或播种，土壤湿度大时效果更好。

大田移栽前可在准备栽烟的烟畦上开挖15～20cm深的沟，可用0.5%阿维菌素颗粒剂2～3kg/亩、3%克百威颗粒剂3kg/亩、3%氯唑磷颗粒剂4kg/亩、10%克线磷颗粒剂2～3kg/亩拌细沙或泥粉20～30kg撒施，施药后覆土。施药后1～2周栽烟。

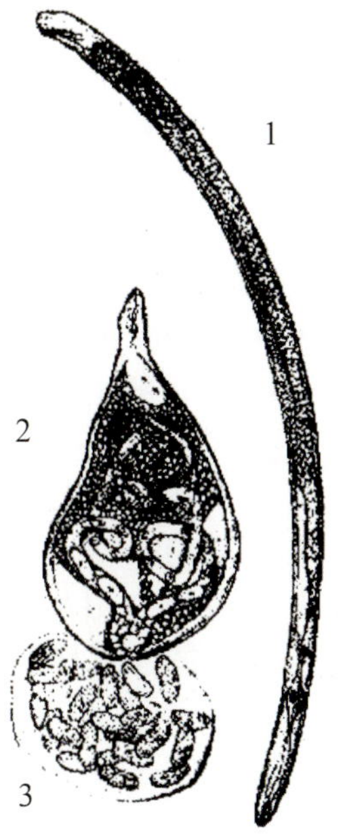

图13－23　烟草根结线虫

1.雄成虫　2.雌成虫　3.卵囊

7. 烟草炭疽病

症　　状　多发生于苗期，主要为害叶片，染病初为暗绿色水渍状小斑，后扩展为褐色圆斑，病斑中央稍凹陷，白至黄褐色，边缘明显，稍隆起，褐色（图13－24）。潮湿时病斑上产生轮纹和小黑点。干燥时病组织老硬，病斑多为黄色或白色，无轮纹和黑点。病害严重时病斑融合成大斑，使烟叶扭缩或枯焦。

图13－24　烟草炭疽病为害子叶、真叶症状

病　　原　*Colletotrichum nicotianae* 称烟草炭疽菌，属半知菌亚门真菌（图13-25）。分生孢子梗短棍棒形，无色，单胞，梗上顶生分生孢子。分生孢子长圆筒形，无色，单胞，梗上顶生分生孢子。孢子堆内混生刚毛，刚毛暗褐色，具隔，外状稍弯。

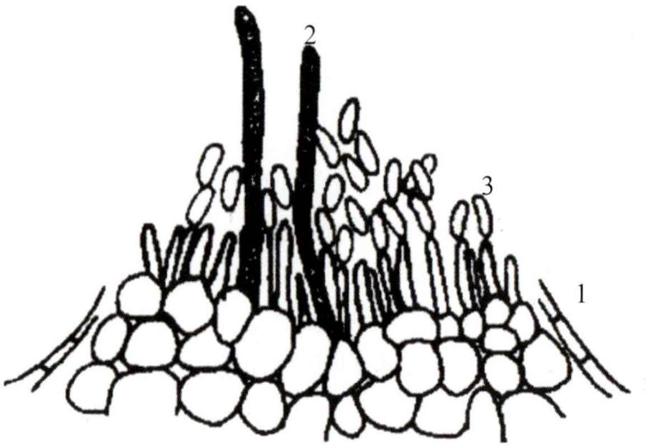

图13-25　烟草炭疽病病菌
1.分生孢子盘　2.刚毛　3.分生孢子

发生规律　以菌丝体和分生孢子随病残体遗留在土壤、粪肥上越冬，成为翌年苗床病害初侵染源。病菌靠风雨传播，分生孢子只有在潮湿情况下才产生，并且有水膜存在时，才能萌发侵染。苗期多雨，病害常比较重。苗床低湿或大水漫灌都会引起病害的发生。大田土壤低湿，排水不良，成株发病亦重。

防治方法　选择地势较高，排灌方便，土质肥沃，疏松的无病沙壤土作苗床，并采用塑料薄膜覆盖育苗。苗床缺水时，要小水勤浇。种子处理是预防炭疽病的有效措施，烟苗移栽时是防治的关键时期。

种子处理，可用1%～2%硫酸铜、2%福尔马林溶液浸种消毒10分钟，然后用清水洗净、晾干催芽后播种。

烟苗移栽前，可喷施70%代森锰锌可湿性粉剂500倍液、75%百菌清可湿性粉剂500倍液、50%多菌灵可湿性粉剂500倍液等药剂预防。

移栽后病害发生初期，可用25%咪鲜胺锰盐乳油1 000倍液、60%苯甲·福美双可湿性粉剂100～150g/亩、20%丙硫多菌灵悬浮剂100～125ml/亩、50%甲基硫菌灵可湿性粉剂1 000倍液、70%乙膦铝·锰锌可湿性粉剂500倍液、50%克菌丹可湿性粉剂600～800倍液、80%炭疽福美（福美双·福美锌）可湿性粉剂600倍液、24%腈苯唑悬浮剂900～1 200倍液、40%氟硅唑乳油4 000～6 000倍液、5%亚胺唑可湿性粉剂600～700倍液，间隔7～10天1次，连续2～3次，发生严重时可喷4～5次。

8. 烟草青枯病

分布为害　烟草青枯病是我国南方烟区普遍发生的病害，其中在广东、广西、湖南和浙江等地发病较重。

症　　状　本病为典型的维管束病害，发病初期，病株多向一侧枯萎，拔出后可见发病的一侧支根变黑腐烂，未显症的一侧根系大部分正常。发病中期全部叶片萎蔫，条斑表皮变黑腐烂，根部也变黑腐烂，横剖病茎用力挤压切口，从导管溢出黄白色菌脓，病株茎和叶脉导管变黑（图13-26）。

图13-26　烟草青枯病为害植株症状

病　　原　*Ralstonia solanacearum* 称青枯劳尔氏菌，属细菌。菌体杆状，两端钝圆，多单极生，无荚膜，革兰氏染色阴性，好气性。

发生规律　病菌落入土壤中或在堆肥中越冬。病菌多从根部伤口侵入，在田间病菌借灌溉水及雨水和人、畜及工具带菌传播。病害始见于烟草生长期，到烟草成熟期或还未成熟期病害达到高峰。我国南方发病较重。

防治方法　因地制宜选用抗青枯病的品种，健全排灌系统，防止串灌和雨水串流，以减少病原在田间扩散传播。施氮肥时，要施用硝态氮，不施用氨态氮。

发病初期，可用72%农用链霉素可湿性粉剂3 000～5 000倍液、80%乙蒜素乳油5ml/亩、20%敌磺钠可湿性粉剂600倍液、77%氢氧化铜可湿性粉剂400倍液、50%琥胶肥酸铜可湿性粉剂500倍液、50%代森铵水剂800倍液、14%络氨铜水剂300倍液、47%加瑞农（春雷霉素·氧氯化铜）可湿性粉剂700～800倍液灌根，每株灌400～500ml，间隔10天1次，连灌2～3次。

9．烟草蛙眼病

分布为害　烟草蛙眼病在我国普遍发生，在湖南、河南、广西等地发生较严重。

症　　状　主要为害叶片。病斑一般先从中下部叶片发生，成熟的叶片比幼嫩叶片感病。病斑圆形，中心白色，边缘深褐色，形似“蛙眼”（图13-27）。叶片上病斑数量多时，常连接成片，破裂干枯。湿度大时，病斑上产生灰色霉层。

病　　原　*Cercospora nicotianae* 称烟草尾孢，属半知菌亚门真菌。菌丝无色，具隔，分生孢子梗褐色，弯曲，有1～3个分隔，束生。分生孢子细长，无色鞭状，直或略弯，基部较粗，具5～10个横隔，无纵隔。

发生规律　病菌主要随病株残余在土壤中越冬，为每年初次侵染的主要来源。分生孢子借风雨传播，散落于适宜的烟叶侵染。高温多湿是蛙眼病流行的主要条件，阴雨连绵的天气，发病往往比较严重。地势低洼，土壤黏重，排水不良，种植过密，通风透光不良的烟田发病重。

防治方法　选用抗（耐）病品种，适时打顶采收，适时采收成熟烟叶，能防止和控制病害的发生和蔓延，减轻为害。合理轮作。烟苗移栽期是防治的关键时期。

图13-27　烟草蛙眼病为害叶片症状

在幼苗定植期，可喷施75%百菌清可湿性粉剂600～800倍液、50%多菌灵可湿性粉剂800～1 000倍液、70%代森锰锌可湿性粉剂500～600倍液等药剂预防。

在病害发生初期，可用20%三唑酮乳油1 000倍液、58%甲霜灵·代森锰锌可湿性粉剂600倍液、50%甲基硫菌灵可湿性粉剂600倍液、40%菌核净可湿性粉剂1 000倍液喷雾，间隔7～10天1次，连续2～3次，防治效果较好。

10. 烟草枯萎病

分布为害 烟草枯萎病是烟草的重要病害，在我国各烟草产区均有发生。

症　状 苗期、成株期均可发病，一般在旺长期至现蕾期症状较明显。多从烟草的根系侵入，并沿维管束系统扩展。有的仅在一侧发病，叶片小或主脉弯曲，病株顶部弯向一侧，剖开病茎、病根，可见木质部褐变。后期病株逐渐变黄萎蔫枯死（图13−28至图13−29）。

病　原 *Fusarium oxysporum* f.sp. *nicoticmae* 称尖孢镰刀菌烟草专化型，属半知菌亚门真菌。分生孢子梗长在分生孢子座上，分生孢子有大、小分生孢子两型：小型分生孢子长圆形，单胞，无色，少数双胞。大型分生孢子镰刀形，多为3个隔膜，无色。

发生规律 病菌以厚垣孢子在病残体内或土壤中越冬，翌年条件适宜时，萌发产生侵入丝，通过伤口或直接穿透根部细胞伸长区或分生区，向木质部扩展，并可侵染木质部薄壁组织。生长后期暴雨之后的高温晴日及砂土地利其发病。该病属积年流行病害，初侵染决定病情严重度，田间发病只有一个高峰。

图13−28　烟草枯萎病为害幼苗症状

图13-29 烟草枯萎病为害成株症状

防治方法 选用抗病品种，提倡与禾本科作物或棉花轮作。施用酵素菌沤制的堆肥或腐熟有机肥。注意防治线虫，可减轻发病。

苗床土壤消毒：播前2周，用40%福尔马林50ml/m^{2}对水18~36kg淋洒，盖薄膜密封3~5天，去膜后待药液充分挥发后播种。

初见病株时，可用 50%多菌灵水溶性粉剂1 000倍液、14%络氨铜水剂600倍液、15%混合氨基酸铜、锌、锰、镁水剂400倍液、70%甲基硫菌灵可湿性粉剂600倍液、50%苯菌灵可湿性粉剂1 000倍液、50%异菌脲可湿性粉剂1 000~1 200倍液灌根，每株灌对好的药液400~500ml，连灌2~3次，隔7~15天1次。

11. 烟草灰霉病

症　状 烟苗成苗期下部叶片即有发生，但多发生于大田中后期中下部叶片上。除叶片受害外，并可通过叶柄传染到茎部。叶片病斑初水渍状，暗褐色（图13-30）。其后，病斑扩展，内侧有不清晰轮纹，且互相合并，呈不规则形，并沿主、侧脉发展，扩及叶尖和叶柄，又通过叶柄传至茎部。最后，病斑中央坏死，呈黑褐色薄膜状。天气晴朗时病斑干枯、破碎，仅剩叶脉，天气潮湿时病斑表面产生灰色霉状物。在不适宜的条件下，还可产生片状菌核。病叶采收后，病叶健叶重叠堆放，健叶又可被污染，甚至腐烂。

图13-30 烟草灰霉病为害叶片症状

病 原 *Botrytis cinerea* 称灰葡萄孢菌，属半知菌亚门真菌。分生孢子梗数根丛生，分枝或不分枝，有时近顶部呈二叉状，直立，有隔膜，隔膜处稍缢缩，无色或略灰色，顶端膨大成球状。分生孢子单胞，卵圆形，无色或灰白色，成团时灰色，表面光滑。菌核片状，椭圆形或不规则形，初白色，后变黑色，大小不一。

发生规律 本病菌主要以菌核随病株残体越冬或越夏。分生孢子抗旱力强，在温暖环境下分生孢子也可越冬。当条件适宜时，菌核萌发产生菌丝，再产生分生孢子梗和分生孢子。分生孢子借助风雨传播，并萌发芽管直接侵入形成初侵染。随后又在发病部位产生分生孢子而再侵染。植株生长衰弱最易于感病。生长茂密，排水不良，相对湿度达90%以上甚至存在水滴情况下，病害容易于发生和流行。

防治方法 加强田间管理，增强烟株抗性。施足基肥，及时追肥，注意配施磷、钾肥。开好排水沟，防止渍水，降低田间湿度。一般烟田及时打顶抹芽。烟草留种应经常清除附着于烟株叶片上穗部脱落枯残腐生的花器。

病害发生初期，可用75%百菌清可湿性粉剂600～800倍液、50%多菌灵可湿性粉剂800倍液、50%甲基硫菌灵可湿性粉剂500～600倍液、40%嘧霉胺悬浮剂800～1 200倍液等药剂均匀喷雾，每隔7～10天喷洒1次，连喷2～3次。

12. 烟草碎叶病

症 状 碎叶病为害烟叶的叶尖或叶缘部位。病斑不规则形，褐色，杂有不规则的白色斑，造成叶尖和叶缘处破碎。后期在病斑上散生小黑点，即病菌的子囊座，在叶片中部沿叶脉边缘也常出现灰白色闪电状的断续枯死斑，后期枯死斑常脱落，叶片上出现一个或数个多角形、不规则形的破碎的穿孔斑（图13-31）。

病 原 *Mycosphaerella nicotianae*称烟球腔菌，属子囊菌亚门真菌。子囊座球形或扁球形，黑褐色，埋生，孔口微露；子囊圆柱形，无色，微弯，束生于子囊座内，双层壁，顶端

图13-31 烟草碎叶病为害叶片症状

厚，内含双列8个子囊孢子，无拟侧丝。子囊孢子梭形，无色，微弯，有一个隔膜，上部细胞顶端尖，下部细胞基部钝圆，两个细胞大小不一，上部细胞比下部的长。

发生规律 病菌以子囊座和子囊孢子在病株残体上越冬，成为第二年的初侵染菌源。病害多发生于多雨的7至8月。病害一般在田间零星发生，对产量影响不大。

防治方法 收获后应及时清除田间枯枝落叶烧毁，及时秋翻土地将散落于田间的病株残体深埋土里，合理密植，增施磷钾肥，促使烟株生长健壮，增强抗病力。

发病初期结合防治其他叶斑病害，及时喷洒百菌清等药剂，可减轻发病。

13. 烟草灰斑病

症　　状 主要发生于移栽前后烟苗叶片上。病斑初呈淡黄色点状，后扩大呈近圆形，中央白色至灰色，稍凹陷，边缘淡褐色。病斑上常着生黑色稀疏霉状物，但不类似于炭疽病的小黑点（图13-32）。

图13-32 烟草灰斑病为害叶片症状

病　　原 *Alternaria* sp. 称交链孢菌，属半知菌亚门真菌。分生孢子梗散生，黄褐色，直或稍曲，1～3个隔膜，顶端串生多个分生孢子。分生孢子黄褐色，多长圆锥形或倒棍棒形，少数椭圆形，孢子壁光滑，横隔1～6个，纵隔0～3个。

发生规律和防治方法 可参考烟草赤星病。

14. 烟草野火病

症　　状 主要为害叶片，多发生在烟草生长中后期。叶片染病初为黑褐色水渍状小圆斑，后扩展，周围有宽的黄色晕圈，中心红褐色坏死，严重时病斑融合成不规则大斑，上有轮纹（图13－33）。天气潮湿或有水滴存在，病部溢出菌脓，干燥后病斑破裂脱落。

图13－33　烟草野火病为害叶片症状

病　　原 *Pseudomonas syringae* pv. *tabaci* 称丁香假单胞烟草致病变种，属细菌。菌体短杆状，单极生鞭毛1～6根，革兰氏染色阴性，无荚膜或芽孢。

发生规律 病残体及带菌种子是病菌的主要越冬场所。在田间病菌靠雨水或露水传播。经叶片气孔或伤口侵入。雨水多，雨量大，特别是暴风雨常引致野火病大发生。田间施氮过多，叶片幼嫩，贪青晚熟，湿度过大，打顶过早或过低发病较重。

防治方法 选用抗病品种，早期发现少量病叶，应及早摘去或提早采收脚叶，实行3～5年轮作，注意氮、磷、钾配合施用。

选用无病种子或对种子进行消毒，育苗前用0.2%硫酸铜液或0.1%硝酸银液消毒10分钟，清水冲洗干净后播种。

初发病时，可用77%氢氧化铜可湿性粉剂500倍液、77%农用链霉素可溶性粉剂3 000～4 000倍液、30%琥胶肥酸铜可湿性粉剂500倍液、3%中生菌素可湿性粉剂300～500倍液、新植霉素3 500～4 000倍液均匀喷施，间隔7～10天喷施1次，连续2～3次，防治效果较好。

15. 烟草细菌角斑病

症　　状 多发生在生长后期，主要为害叶片、蒴果、萼片、茎部等。叶片染病在叶片上产生多角形至不规则形黑褐色病斑，边缘明显，周围没有明显黄色晕圈（图13－34）。湿度大时

图13-34　烟草细菌角斑病为害叶片症状

病部表面溢有菌脓，干燥条件下病斑破裂或脱落。

病　　原　*Pseudomonas syringae* pv. *angulata* 称丁香假单胞杆菌角斑专化型。菌体杆状，单极或双极生鞭毛1～6根，革兰氏染色阴性。

发生规律　病菌在病残体或种子上越冬，也能在一些作物和杂草根系附近存活，成为翌年该病的初侵染源。田间的病菌主要靠风雨及昆虫传播。苗期即可染病，造成大片死苗。烟苗栽到大田后，随气温上升或6～8月多雨，尤其是暴风雨，造成烟株及叶片相互碰撞或摩擦，产生大量伤口，病菌就会通过伤口或从气孔、水孔侵入烟叶，引致发病。

防治方法　提倡与水稻、棉花、玉米等禾本科作物进行3年以上轮作。选用优良烟种。合理密植，避免偏施、过施氮肥，病害发生初期及早摘除病叶。

种子处理，可用1%硫酸铜液或40%福尔马林消毒10分钟，用清水冲洗干净后播种。

田间发现病株后，可用72%农用链霉素可湿性粉剂3 000～5 000倍液、30%琥胶肥酸酮可湿性粉剂400～500倍液、77%氢氧化铜可湿性粉剂400～500倍液、12%松脂酸铜乳油600倍液、47%加瑞农（春雷霉素·氧氯化铜）可湿性粉剂800倍液喷施，间隔7～10天，连喷2～3次。

16. 烟草气候斑病

分布为害　烟草气候斑病是由大气中的臭氧等引起的一种非侵染性病害，我国的云南、河南、福建、湖北、湖南、安徽、广东、广西等省为害严重，其他省份发生相当普遍。

症　　状　苗期、成株期均可发病。幼叶及正在伸展的叶片受害重，该病呈规律性分布，叶尖、叶基、叶中部组织上较集中，多沿叶脉两侧组织扩展（图13-35）。病斑初为针尖大小的水渍状灰白色或褐色小点，后可扩展为直径1～3mm近圆形大斑，中间坏死，四周失绿，严重时多个病斑融合成大块枯斑，叶脉两侧的病斑呈不规则形焦枯，叶肉枯死，叶片脱落。在近成熟的中下部或底叶上病斑呈穿孔状，叶面上出现许多散生的细碎的圆斑，后期也穿孔，但病斑边缘无深褐色的界限，区别于穿孔病。

图13-35　烟草气候斑病为害叶片症状

病　　因　烟草是对大气污染较敏感的作物。随着工业生产的发展，空气中有毒物质不断出现。造成烟草气候斑病主要是臭氧(O_3)的存在，当臭氧浓度达到0.03～0.05mg/kg，就会对烟草等富含叶绿素的植物组织产生不良影响，使叶尖上产生点痕、斑点或斑，叶绿体遭到破坏，尤其是栅栏组织最为敏感。臭氧是一种强氧化剂，当显症后，它能刺激寄主呼吸，同时抑制光合作用，当气孔开启后，臭氧通过气孔进入气腔，就会产生毒害。其次是工业废气如二氧化碳、硝酸过氧化乙酰、臭氧化乙等的污染。生产中遇有低温持续时间长、阴雨天气多、日照少易发病。其原因：一是温度逆转期间，高空的臭氧由于空气反气旋流动易沉降下来，导致地面臭氧浓度升高；二是叶片气孔开放时间长，根系发育不良，造成营养不足；三是在湿润田中种植烟草，土壤缺氮或氮肥过量，磷的供应不能满足其正常生理需求，就易产生气候斑病。

防治方法　培育选用耐病品种。不要在城郊、有工业污染的地方或地块种植烟草。加强烟田管理，移栽后低温多雨要及时中耕，提温散湿，促根系发育，同时也要注意防止前期干旱；采用配方施肥技术，做到氮、磷、钾平衡供应，防止栽植过密，避免叶片过于遮荫；必要时叶面喷施抗氧剂。

发生初期喷洒65%代森锌可湿性粉剂或70%代森锰锌可湿性粉剂500倍液等，间隔7～10天喷施1次，连喷2～3次，防病效果较好。

二、烟草虫害

为害烟草的害虫有60多种，其中，为害较为严重的有烟青虫、棉铃虫、烟蚜、烟粉虱、烟潜叶蛾、烟蛀茎蛾等。

1. 烟青虫

分　　布　烟青虫（*Helicoverpa assulta*）国内分布于东北、华北、东南、南部和西南各地，其中以黄淮烟区、西南烟区的四川、贵州等地发生为害较重。

为害特点　幼虫主要为害烟株顶端嫩叶，食成缺刻或孔洞，有时把叶片吃光，残留叶脉。为害生长点，使烟苗成为无头烟（图13-36）。

形态特征　成虫体黄褐至灰褐色，前翅的斑纹清晰（图13-37）。雄蛾前翅黄绿色，而雌蛾为黄褐至灰褐色。后翅近外缘有1条褐色宽带。卵半球形，初产时乳白色，后为灰黄色，近孵化时为紫褐色。老熟幼虫头部黄褐色。体色多变，有青绿、红褐或暗褐色等（图13-38）。被蛹纺锤形，暗红色，尾端具臀刺2根，基部相连。

图13-36　烟青虫为害烟草症状

图13-37 烟青虫成虫

图13-38 烟青虫幼虫

发生规律 东北一年发生2代，河北2～3代，山东、河南、陕西一年发生3～4代，安徽、江苏、浙江4～6代，各地均以蛹在土中越冬。黄淮烟区于5月中下旬至6月上中旬羽化，山东、河南1年有2个明显的为害高峰期，第一次在6月下旬至7月中旬，为害春烟；第二次在8月下旬至9月中旬，为害留种地夏烟。

防治方法 在产卵高峰期和幼虫盛孵期，结合田间打顶打杈等农业管理措施，可有效地减少卵和幼虫量。烟青虫2代2龄幼虫防治指标为百株虫量10.67头，受害株率为11.59%。在卵孵化盛期至3龄幼虫期是防治烟青虫的关键时期。

在卵孵化盛期至3龄幼虫期，用4.5%高效氯氰菊酯乳油20～30ml/亩、2.5%溴氰菊酯乳油20～30ml/亩、2.5%氯氟氰菊酯乳油20～30ml/亩、25%甲萘威可湿性粉剂100～260g/亩、5%顺式氰戊菊酯乳油10～15ml/亩、35%硫丹乳油70～100ml/亩、10%烟碱乳油50～75ml/亩、0.5%苦参碱水剂60～80ml/亩、0.7%印楝素乳油50～60ml/亩、30%乙酰甲胺磷乳油120～200ml/亩、40%乐果乳油70～100ml/亩、90%灭多威可溶性粉剂10～15g/亩、1.8%阿维菌素乳油15～20ml/亩、5%丁烯氟虫腈乳油30ml/亩、15%茚虫威悬浮剂13ml/亩、5%丁烯氟虫腈悬浮剂48ml/亩、5%氟啶脲乳油40ml/亩、5%伏虫隆乳油20～40ml/亩对水40～50kg均匀喷雾。

2. 烟粉虱

分　　布 烟粉虱（*Bemisia tabaci*）在黑龙江、吉林、河北、河南、湖北等地均有发生。

为害特点 成、若虫刺吸植物汁液，受害叶褪绿萎蔫或枯死。还分泌蜜露，诱发煤污病，严重影响光合作用和商品价值。

形态特征 成虫体翅覆盖白蜡粉（图13-39），虫体淡黄至白色，复眼红色，前翅脉仅1条，不分叉，左右翅合拢呈屋脊状。卵有光泽，初产时淡黄绿色，孵化前转至深褐色（图13-40）。若虫长椭圆形，淡绿色至黄白色。伪蛹实为第四龄若虫，处于3龄若虫蜕皮（硬化为“蛹壳”）之后，蛹壳椭圆形，黄色，扁平，背面中央隆起，周缘薄。

发生规律 一年发生11～15代，世代重叠。在温室或保护地，烟粉虱各虫态均可安全越冬；在自然条件下，一般以卵或成虫在杂草上越冬。在广东3～12月均可发生，以5～10月最盛，在河北6月中旬始见成虫，8～9月为害严重，10月下旬后显著减少，在温室蔬菜上越冬，不造成损失。

图13-39 烟粉虱成虫

图13-40 烟粉虱卵

发生规律 年发生11～15代，世代重叠。在温室或保护地，烟粉虱各虫态均可安全越冬；在自然条件下，一般以卵或成虫在杂草上越冬。在广东3～12月均可发生，以5～10月最盛，在河北6月中旬始见成虫，8～9月为害严重，10月下旬后显著减少，在温室蔬菜上越冬，不造成损失。

防治方法 幼苗上有虫时在定植前清理干净，做到用做定植的烟苗无虫。注意安排茬口，合理布局，以防粉虱传播蔓延。

在烟粉虱发生初期，用15%吡虫啉·丁硫克百威乳油16ml/亩、36%吡虫啉·乙酰甲胺磷可溶性液剂25ml/亩、10%吡虫啉可湿性粉剂10～15g/亩、2.5%联苯菊酯乳油25ml/亩、0.36%苦参碱水剂40ml/亩、5%丁烯氟虫腈悬浮剂25ml/亩、3%啶虫脒乳油25ml/亩、10.8%吡丙醚乳油40ml/亩、25%噻虫嗪水分散粒剂2g/亩、1.8%阿维菌素乳油13ml/亩、10%虫螨腈悬浮剂25ml/亩对水40～50kg均匀喷雾，间隔10天左右1次，连续防治2～3次。

3. 烟蚜

分布为害 烟蚜（*Myzus persicae*）广布全国各产烟区。烟蚜以刺吸式口器插入叶肉、嫩茎、嫩蕾、花果吸食汁液，使烟株生长缓慢，叶片变薄。为害严重时，叶片卷缩、变形，内含物减少。烤后叶片呈褐色，品质低劣，而且难于回潮，极易破碎。蚜虫分泌的“蜜露”，常诱发煤烟病（图13-41）。

图13-41 烟蚜为害烟叶症状

形态特征　有翅孤雌蚜：体色不一，有绿、黄绿、淡褐、赤褐色等（图13-42），因寄主和龄期不同而变异。翅透明，脉淡黄。无翅孤雌蚜：体色不一，有绿、黄绿、杏黄及赤褐色。腹部末端灰黑色。腹管圆柱形，末端略膨大，灰黑色。若虫与无翅胎生雌蚜体形相似，体色不一，翅基及胸部发达，有翅芽。淡粉红色，仅身体较小。卵长椭圆形，初产淡绿，渐变灰黑色。

图13-42　烟蚜无翅孤雌蚜

发生规律　烟蚜每年发生的世代数因生态条件的差异而不同，黄淮烟区每年发生24～30代，西南、华南烟区发生30～40代，东北烟区发生10～20代。在山东、河南烟区，烟蚜一般以卵在桃树上（也有成蚜在温室或越冬蔬菜上）越冬。以卵越冬的烟蚜，2月底至3月初孵化为干母，一般在桃树上繁殖3代。4月底至5月初出现有翅蚜，开始迁往烟草、早春作物和蔬菜上，在烟草上可繁殖15～17代。8～9月又迁往十字花科蔬菜上为害，可繁殖8～9代。10～11月气温渐低，在秋菜田内产生有翅雄性蚜及有翅性母蚜迁回桃树，有翅性母蚜产生雌蚜后与雄蚜交配产卵越冬。在西南、华南烟区及北方温室内，烟蚜终年以孤雌生殖方式繁殖。

防治方法　烟蚜在新发的顶叶和烟杈上群集为害较多。烟田管理过程中人工及时打顶抹杈，将打下的顶叶和烟杈连同其上的蚜虫一同带到田外烧毁或深埋。

物理防治，烟蚜对银色光有忌避的习性。利用银色反光塑料薄膜覆盖栽培烤烟，能驱赶烟田蚜虫，减轻为害。烟蚜对黄色物体有趋性，利用这一习性在烟田中装置黄色纸板，并在纸板上涂上胶，可将烟蚜诱集粘附到纸板上，然后集中消灭。

在桃蚜向烟田迁移盛期，及时喷洒0.9%阿维菌素乳油2 000倍液、10%吡虫啉可湿性粉剂10～20g/亩、3%啶虫脒乳油30～40ml/亩、1.7%阿维·吡虫啉微乳剂40～50ml/亩、15%啶虫·辛硫磷乳油55～70ml/亩、25%噻虫嗪水分散粒剂4～8g/亩、2.5%溴氰菊酯乳油3 000～4 000倍液、50%抗蚜威可湿性粉剂1 000～1 500倍液、10%氯氰菊酯乳油2 500～3 000倍液、40%氧乐果乳油1 000～1 500倍液，间隔7～10天再喷施1次。

4. 烟草潜叶蛾

分　　布　烟草潜叶蛾（*Phthorimaea operculella*）在我国各烟区均有分布，其中，云南、贵州、四川发生较重。

为害特点　幼虫潜入烟叶片内为害，叶片上出现线形遂道或受害处现亮泡状。苗期为害顶芽，致全株枯死。也有的蛀入叶柄和烟株的茎内（图13-43）。也侵害烟苗及晚烟的生长点，受害叶片调制后，潜痕呈黑褐或灰褐色，造成烟叶杂色、破裂，从而降低商品等级。

图13-43　烟草潜叶蛾为害叶片症状

形态特征 成虫体灰褐色。复眼黑褐色（图13-44）。触角黄褐色，丝状。前翅狭长，鳞毛黄褐色，杂有黑色鳞毛。在雌蛾的前翅臀区，黑色鳞毛密集形成一条较显著的黑色斑纹；在雄蛾的臀区，黑色鳞毛组成4个黑色斑点。后翅菜刀状，灰褐色，前缘微向上拱，顶角突出，缘毛灰褐色甚长。卵椭圆形，初产时乳白色、半透明，后变为灰黄色，近孵化时为紫褐色，并带紫蓝色光泽。幼虫体黄白或淡绿色，老熟时体背粉红色或暗绿色（图13-45）。头部棕褐色，前胸背板及胸足暗褐色，臀板淡黄色。蛹圆锥形，棕褐色，臀棘周围背面有刚毛8根，腹面有稀生刚毛。蛹体外有土褐色的薄茧。

图13-44 烟潜叶蛾成虫

图13-45 烟潜叶蛾幼虫

发生规律 在我国西南地区每年发生4~6代，有世代重叠现象。主要以幼虫在田间的残枝败叶中，或残留的薯块内越冬；室内主要在薯块内或墙缝中越冬。春季越冬代成虫出现后，首先在春播马铃薯或烟苗上繁殖。当春薯收获后，一部分虫体随薯块带进仓库内繁殖，为害夏贮薯块，此时气温高，发育快，繁殖力强，薯块受害极重；另一部分迁移到烟草大田繁殖为害。若防治不及时，后期发生则重。在贵州烟区，每年7~8月最严重。成虫白天潜伏，夜间活动，有趋光性。卵多散产在脚叶主支脉间或茎基部。苗期多在顶端嫩茎内潜食。大田多集中在脚叶和下部叶上蛀食叶肉，仅留上、下表皮。老熟幼虫在土缝内、脚叶背面或露土薯块的芽眼处作茧化蛹；在室内则化蛹于薯堆间、薯块凹陷处、墙缝处等。

防治方法 移栽烟苗时，发现幼虫马上处死。及时摘除脚叶，注意清除残株败叶和野生寄主，集中深埋或烧毁，以减少虫源。

在成虫盛发期，喷洒50%辛硫磷乳油800倍液、25%喹硫磷乳油1 000~1 500倍液、2.5%溴氰菊酯乳油2 000~3 000倍液、50%马拉硫磷乳油1 000~1 500倍液、90%晶体敌百虫1 000倍液均匀喷雾，间隔7~10天，连喷2~3次。

幼苗移栽前后，越冬蛾产卵至卵孵化前，用40%乐果乳油800倍液、80%敌敌畏乳油1 000倍液、40%亚胺硫磷乳油1 000倍液、35%硫丹乳油1 000倍液、20%氰戊菊酯乳油3 000倍液喷施，间隔5~7天，连喷2次。

三、烟草各生育期病虫害防治技术

烟草栽培管理过程中，很多病虫害发生严重，生产上应总结本地烟草病虫害的发生特点和防治经验，制订病虫害防治计划，适时进行田间调查，及时采取防治措施，有效控制病害，保证丰产、丰收。

（一） 烟草育苗期病虫害防治技术

烟草育苗期最常见的苗期病害有（图13-46）：炭疽病、猝倒病、立枯病等。害虫主要是地下害虫（蝼蛄、地老虎、金针虫、蛴螬等）的为害。

图13-46　烟草育苗期

选好苗床地，进行床土消毒，选地势较高，排水良好，土壤肥沃的砂壤土的新垦地。温室或塑料大棚育苗要用无病土。若是熟土要充分翻晒后再用药剂消毒处理。方法：每平方米床土用70%五氯硝基苯和50%福美双，各8g，拌土10～15kg；或50%拌种双和70%代森锰锌各8g拌土10～15kg。施毒土前先把苗床底土淋湿透，取1/3毒土均匀撒于畦面上，播种后把其余2/3的毒土盖在种子上面，使种子夹在毒土中间，病菌难以接触，防效明显，药效可达40多天。

种子消毒处理，可用2%福尔马林100倍液浸种10分钟，或50%多菌灵可湿性粉剂500倍液浸种20分钟。或硝酸银1 000倍液浸种10分钟，以上药剂浸种后用清水冲洗干净再催芽或晾干播种。或用种子重量的0.2%的75%百菌清拌种。

药剂防治，发病初期可用1：1.5：200的波尔多液、25%甲霜灵可湿性粉剂800倍液、80%炭疽福美（福美双·福美锌）可湿性粉剂800倍液、70%代森锰锌可湿性粉剂800倍液、50%多菌灵可湿性粉剂1 000倍液喷雾，间隔10～15天喷1次，连喷2～3次。交替使用最好。

发病初期可选用以下药灌根：可用70%琥胶肥酸铜可湿性粉剂400倍液、14%络氨铜水剂300倍液、10%双效灵可湿性粉剂200倍液、60%乙膦铝可湿性粉剂400倍液、70%代森锰锌可湿性粉剂500倍液。以上任用一种，交替使用，间隔10～15天1次，连灌2次。防治地下害虫，可用35%威百亩进行苗床消毒，播种前一个月，施药前先将土壤锄松，整平，并保持潮湿，做到手握成团，落地散开。每平方米用50ml和3L水稀释成的60倍溶液均匀浇洒地表面，让土层湿透4cm。浇洒药液后，用聚乙烯地膜覆盖，严防漏气。如土温高于15℃，经过7～10天后除去地膜，将土壤表层耙松，使残留药气充分挥发2天以上即可播种或种植。如土温低于15℃，熏蒸时间需15天或更长，散毒时需要将土壤充分耙松（2～3次），散毒时间5天以上。

经常喷药防治苗床周围大棚和露地蔬菜作物上的蚜虫，尤其是在通风排湿前，以减少进入苗床的蚜虫数量。可以用10%吡虫啉可湿性粉剂3 000倍液、50%抗蚜威可湿性粉剂3 000倍液喷雾防治。

（二）烟草还苗期病虫害防治技术

烟草还苗期指烟苗移栽到成活这一时期（图13-47），约7～10天，带土移栽或营养袋（盘）苗移栽往往无还苗期。还苗期是决定大田整齐度和株数的关键时期，越短越好。栽培管理的要点是：及时查苗补苗，保证全苗。由于移栽技术不当，或烈日、多风、干旱的影响，或病虫为害等，往往造成死苗。必须抓紧在移栽后3～5天内及时补苗，保证苗全苗匀。及时浅中耕，提高地温。

图13-47　烟草还苗期生长情况

该时期的病虫害主要有黑胫病、蛙眼病、花叶病、根结线虫病、烟蚜、烟粉虱及地下害虫。要及时的喷药防治。

黑胫病：用14%络氨铜水剂200倍液、58%甲霜灵·锰锌可湿性粉剂500～1 000倍液浇灌1次，15天后再浇灌1次，防效较好。

蛙眼病：可喷施75%百菌清可湿性粉剂600～800倍液、50%多菌灵可湿性粉剂800～1 000倍液、70%代森锰锌可湿性粉剂500～600倍液等药剂预防。

花叶病：可用24%混脂酸·铜（混合脂肪酸·碱式硫酸铜）水乳剂600倍液、20%吗啉胍·乙铜可湿性粉剂500～600倍液、3.95%三氮唑核苷水剂500倍液、2%宁南霉素水剂200～350倍液、0.5%菇类蛋白多糖水剂300倍液均匀喷施，间隔7～10天1次，共喷施4次。

根结线虫：烟苗移栽时，用5%涕灭威颗粒剂2～3kg/亩、3%氯唑磷颗粒剂4kg/亩、10%克线磷颗粒剂2～3kg/亩穴施，防效较好。

烟蚜：及时喷洒0.9%阿维菌素乳油2 000倍液、10%吡虫啉可湿性粉剂3 000～5 000倍液、3%啶虫脒乳油5 000倍液、20%氰戊菊酯乳油3 000～4 000 倍液、50%抗蚜威可湿性粉剂2 000～3 000倍液、40%氧乐果乳油1 500～2 000倍液，间隔7～10天再喷施1次。

烟粉虱：可用15%吡虫啉·丁硫克百威乳油16ml/亩、36%吡虫啉·乙酰甲胺磷可溶性液剂25ml/亩、10%吡虫啉可湿性粉剂13g/亩、3%啶虫脒乳油25ml/亩、10.8%吡丙醚乳油40ml/亩、25%噻虫嗪水分散粒剂2g/亩、1.8%阿维菌素乳油13ml/亩对水40～50kg均匀喷雾，间隔10天左右1次，连续防治2～3次。

（三） 烟草伸根期病虫害防治技术

伸根期指烟苗成活到团棵这一时期（图13-48），约30天左右。此期与烟叶产量关系密切。管理的要点是：及时培土围垄。要求在移栽后20～25天进行深中耕，并培土15～20cm。及时追肥，保证营养充分。追肥可以少量浇水。及时消灭杂草。注意防涝，防积水。

图13-48 烟草伸根期生长情况

该时期发生的病虫害主要有灰霉病、烟青虫、棉铃虫、蚜虫等。

灰霉病：可用75%百菌清可湿性粉剂600~800倍液、50%多菌灵可湿性粉剂800倍液、50%甲基硫菌灵可湿性粉剂500~600倍液、40%嘧霉胺悬浮剂800~1 200倍液等药剂均匀喷雾，每隔7~10天喷洒1次，连喷2~3次。

烟青虫、棉铃虫：用4.5%高效氯氰菊酯乳油20~30ml/亩、2.5%溴氰菊酯乳油20~30ml/亩、2.5%氯氟氰菊酯乳油20~30ml/亩、25%甲萘威可湿性粉剂100~260g/亩、5%顺式氰戊菊酯乳油10~15ml/亩、35%硫丹乳油70~100ml/亩、10%烟碱乳油50~75ml/亩、0.5%苦参碱水剂60~80ml/亩、0.7%印楝素乳油50~60ml/亩、30%乙酰甲胺磷乳油120~200ml/亩、15%茚虫威悬浮剂13ml/亩、5%丁烯氟虫腈悬浮剂48ml/亩、5%氟啶脲乳油40ml/亩、5%伏虫隆乳油20~40ml/亩对水40~50kg均匀喷雾。

（四）烟草旺长期病虫害防治技术

旺长期指团棵到烟株现蕾这一时期（图13-49），约25~30天。此期是决定叶数、叶片大小、叶重的关键时期，是产量、品质形成的重要阶段。烟株应旺长而不徒长或疯长。栽培管理的要点是：及时浇好旺长水。注意防涝，防积水。

及时防治病虫害。此期是病虫害多发期。如炭疽病、青枯病、枯萎病、角斑病、烟青虫、棉铃虫、斜纹夜蛾、潜叶蛾等。

炭疽病：可用25%咪鲜胺锰盐乳油1 000倍液、50%甲基硫菌灵可湿性粉剂1 000倍液、70%乙膦铝·锰锌可湿性粉剂500倍液、50%克菌丹可湿性粉剂600~800倍液、80%炭疽福美（福美双·福美锌）可湿性粉剂600倍液、24%腈苯唑悬浮剂900~1 200倍液、40%氟硅唑乳油4 000~6 000倍液、5%亚胺唑可湿性粉剂600~700倍液，间隔7~10天1次，连续2~3次，发生严重时可喷4~5次。

图13-49 烟草旺长期生长情况

青枯病：可用72%农用链霉素可湿性粉剂3 000～5 000倍液、20%敌磺钠可湿性粉剂600倍液、77%氢氧化铜可湿性粉剂400倍液、50%琥胶肥酸铜可湿性粉剂500倍液、50%代森铵水剂800倍液、14%络氨铜水剂300倍液、47%加瑞农（春雷霉素·氧氯化铜）可湿性粉剂700～800倍液灌根，每株灌400～500ml，间隔10天1次，连灌2～3次。

枯萎病：可用 50%多菌灵水溶性粉剂1 000倍液、14%络氨铜水剂600倍液、15%混合氨基酸铜、锌、锰、镁水剂400倍液、70%甲基硫菌灵可湿性粉剂600倍液、50%苯菌灵可湿性粉剂1 000倍液、50%异菌脲可湿性粉剂1 000～1 200倍液灌根，每株灌对好的药液400～500ml，连灌2～3次，隔7～15天1次。

角斑病：可用72%农用链霉素可湿性粉剂3 000～5 000倍液、30%琥胶肥酸酮可湿性粉剂400～500倍液、77%氢氧化铜可湿性粉剂400～500倍液、12%松脂酸铜乳油600倍液、47%加瑞农（春雷霉素·氧氯化铜）可湿性粉剂800倍液喷施，间隔7～10天，连喷2～3次。

烟青虫、棉铃虫、斜纹夜蛾可参考上述药剂防治。

潜叶蛾：喷洒50%辛硫磷乳油800倍液、25%喹硫磷乳油1 000～1 500倍液、2.5%溴氰菊酯乳油2 000～3 000倍液、50%马拉硫磷乳油1 000～1 500倍液、90%晶体敌百虫1 000倍液均匀喷雾，间隔7～10天，连喷2～3次。

（五）烟草成熟期病虫害防治技术

成熟期指烟株现蕾到烟叶采收完毕（图13－50），约50～60天，保证各部位烟叶充分成熟是栽培管理的目标。具体应做好以下四项工作：及时打顶打杈，注意防旱、防涝、防积水，及时除草。

图13－50 烟草成熟期生长情况

及时防治赤星病、野火病、白粉病、菌核病、蚜虫等病虫为害。

赤星病：可用40%灰核宁（多菌灵·菌核净）可湿性粉剂500倍液、1.5%多抗霉素可湿性粉剂150倍液、45%大力（甲基硫菌灵·福美双）悬浮剂500倍液、50%异菌脲可湿性粉剂1 000倍液、10%多氧霉素可湿性粉剂1 000倍液、50%咪鲜胺锰盐可湿性粉剂1 500～2 000倍液、50%腐霉利可湿性粉剂1 000倍液、12%腈菌唑乳油1 500倍液喷施，每隔10天1次，连续2～3次，防治效果较好。

野火病：可用77%氢氧化铜可湿性粉剂500倍液、77%农用链霉素可溶性粉剂3 000～4 000倍液、30%琥胶肥酸铜可湿性粉剂500倍液、3%中生菌素可湿性粉剂500～1 000倍液、新植霉素500～1 000倍液均匀喷施，间隔7～10天喷施1次，连续2～3次，防治效果较好。

白粉病：可用15%三唑酮可湿性粉剂1 000倍液、10%苯醚甲环唑水分散粒剂1 000～1 500倍液、12.5%烯唑醇可湿性粉剂1 000～2 000倍液、50%苯菌灵可湿性粉剂1 000倍液、50%甲霜灵·硫磺可湿性粉剂500倍液、25%咪鲜胺乳油500～1 000倍液、5%亚胺唑可湿性粉剂600～700倍液、40%氟硅唑乳油8 000～10 000倍液进行喷雾，间隔7～10天1次，共施2～3次，防治效果较好。

菌核病：可用40%菌核净可湿性粉剂1 000～1 500倍液、70%甲基硫菌灵可湿性粉剂500～800倍液、50%多菌灵可湿性粉剂500～800倍液、50%腐霉利可湿性粉剂1 500～2 000倍液，喷洒烟株根茎部及周围土表，隔10天左右1次，连续防治3～4次。

四、烟草田杂草防治技术

近年来，我国各地烟草种植区域自然条件差异较大、栽培管理模式不同(图13-51)，生产上应根据各地实际情况正确地选择除草剂的种类和施药方法。

图13-51　烟草田栽培和杂草发生为害情况

（一）烟苗床(畦)杂草防治

烟叶多为育苗移栽，苗床(畦)肥水大、墒情好，特别有利于杂草的发生，影响烟叶幼苗生长；同时，苗床(畦)地膜覆盖，白天温度较高，昼夜温差较大，烟苗瘦弱，除草剂对烟苗易造成药害。生产中可以使用过筛细土，以筛去杂草种子；也可以使用除草剂防治杂草的为害。

在苗床整好播种，适当混土后施药，可以用：

20%萘丙酰草胺乳油75～100ml/亩；

72%异丙甲草胺乳油50～75ml/亩；

50%异丙草胺乳油50～75ml/亩；

33%二甲戊乐灵乳油40～60ml/亩；对水40kg，均匀喷施，可以有效防治多种一年生禾本科杂草和部分阔叶杂草。药量过大、田间过湿，温度过高或过低，特别是遇到持续低温多雨条件下烟苗可能会出现暂时的矮化、粗缩，一般情况下能恢复正常生长；遇到膜内温度过高或寒流时，会出现死苗现象。

（二）烟草移栽田杂草防治

烟叶多为育苗移栽，生产上宜采用封闭性除草剂，一次施药保持整个生长季节没有杂草为害。可于移栽前3～5天喷施土壤封闭性除草剂，移栽时尽量少翻动土层。具体除草剂品种和施药方法如下。

33%二甲戊乐灵乳油150～200ml/亩；

50%萘丙酰草胺可湿性粉剂200～250g/亩；

50%乙草胺乳油150～200ml/亩；

72%异丙甲草胺乳油175～250ml/亩；

72%异丙草胺乳油175～250ml/亩；对水40kg均匀喷施。

对于墒情较差、或砂土地，可以用48%氟乐灵乳油150～200ml/亩，或48%地乐胺乳油150～200ml/亩，施药后及时混土2～3cm，该药易挥发，混土不及时会降低药效。

对于一些老烟田，特别是长期施用除草剂的烟田，铁苋、马齿苋等阔叶杂草较多，可以用：

33%二甲戊乐灵乳油100～150ml/亩；

20%萘丙酰草胺乳油200～250ml/亩；

50%乙草胺乳油100～150ml/亩；

72%异丙甲草胺乳油150～200ml/亩；

72%异丙草胺乳油150～200ml/亩；

同时加入下列除草剂中的一种：24%乙氧氟草醚乳油20～30ml/亩或12%恶草酮乳油100～200ml/亩、50%扑草净可湿性粉剂50～100g/亩，对水40kg，均匀喷施，可以有效防治多种一年生禾本科杂草和阔叶杂草。生产中应均匀施药，不宜随便改动配比，否则易发生药害。

移栽前土壤处理或苗后茎叶处理，用75%甲磺草胺干悬浮剂30～35g/亩，对水50kg，均匀喷于土壤表面，或拌细潮土40～50kg，施于土壤表面，可以有效防治一年生阔叶杂草、禾本科杂草和莎草科杂草。

（三）烟叶生长期杂草防治

对于前期未能采取化学除草或化学除草失败的烟田，应在田间杂草基本出苗，且杂草处于幼苗期时及时施药防治。烟田防治一年生禾本科杂草，如稗草、狗尾草、野燕麦、马唐、虎尾草、看麦娘、牛筋草等，应在禾本科杂草3～5叶期，可以用：

5%精喹禾灵乳油40～50ml/亩；

10.8%高效氟吡甲禾灵乳油20～30ml/亩；

24%烯草酮乳油20～30ml/亩；

12.5%稀禾啶机油乳剂40～50ml/亩，对水25～30kg，配成药液喷洒。在气温较高、雨量较多地区，杂草生长幼嫩，可适当减少用药量；相反，在气候干旱、土壤较干地区，杂草幼苗老化耐药，要适当增加用药量。防治一年生禾本科杂草时，用药量可稍减少；而防治多年生禾本科杂草时，用药量应适当增加。

在烟叶60cm以上，特别是采摘下部烟叶后，如果田间杂草较多，可以施用：

25%砜嘧磺隆干燥悬浮剂4～5g/亩；

41%草甘膦水剂75～100ml/亩；

20%百草枯水剂150～200ml/亩；

对水30kg，定向喷施，可以有效防治多种杂草。施药时应选择无风天气，注意不要喷施到烟叶上，否则易产生药害。

第十四章　甘蔗病虫害原色图解

我国是世界主要产糖国之一。1998～1999年世界原糖总产是1.287亿t，其中我国食糖总产893.4万t，成为世界第三产糖大国。近50年来，我国蔗糖业取得了很大的发展。甘蔗种植面积从1949年160万亩发展到1998年2 000万亩。

一、甘蔗病害

1. 甘蔗赤腐病

分布为害　甘蔗产区普遍发生，为甘蔗主要病害，使甘蔗产量降低，轻则减产15%左右，重则达30%以上。受赤腐病为害的甘蔗，糖分减少27.6%，病部的红色素还影响蔗汁澄清。

症　　状　多发生在甘蔗生育后期，主要为害茎、叶，也侵害叶鞘、根部和种苗。茎秆发病初期外表症状不明显，但内部组织变红，在红色组织中夹杂有白色圆形或长圆形的斑块(图14-1)。赤斑可以蔓延至许多节。病茎外部失去光泽，蔗皮皱缩，无光泽，有明显的赤色病痕，表皮上生黑色小点，茎内组织腐败干枯，病茎上部叶片失水凋萎，甚至整株枯死。茎部被害后常有发酸气味，食之味酸。叶片中脉被害后，初生红色小斑，以后向上、下扩展成纺锤形或长条病斑，后期病斑中央组织变枯白色，边缘赤色，散生黑色小点，叶片常至病斑处折断（图14-2）。

图14-1　甘蔗赤腐病为害茎部症状

图14-2 甘蔗赤腐病为害叶片症状

病　　原 *Colletotrichum falcatum* 称镰形刺盘孢，属半知菌亚门真菌。分生孢子盘黑色。分生孢子梗椭圆形，单胞，无色。分生孢子近镰刀形，单胞，色浅，密集时呈粉红色至橙红色。厚垣孢子圆形，墨绿色，内含油球。

发生规律 病原以菌丝体或分生孢子在枯叶、宿根、蔗渣内或以厚垣孢子在土壤中越冬，蔗种也能带菌传播。分生孢子借风雨或昆虫传播，萌发后从伤口侵入，也可从表皮直接侵入。伤口是病菌侵染的主要途径。甘蔗田如果经常积水，土壤太湿，酸度大，都能影响甘蔗生长，发病多。

防治方法 选用抗病性较强的品种。在甘蔗收获后，要清除烧毁蔗田的残茎枯叶。实行轮作换茬，加强管理，贮藏时的蔗种在霜前进窖。留种要选健壮生长、无病虫害的种蔗，尤其收获之前应重点防治蔗螟及其他病虫害。

播种前，用50%多菌灵可湿性粉剂500倍液或50%苯菌灵可湿性粉剂1 500倍液浸泡蔗种5分钟，捞起滴干后即可播种。也可以将种甘蔗用1%硫酸铜溶液浸种2小时，再用石灰浆涂封蔗种两端切口处，也可用硫酸铜1份、生石灰3份、动物油0.4份、水15份，调拌成浆涂封效果也好。

2. 甘蔗黄斑病

分布为害 我国各甘蔗种植区均有发生，为甘蔗的常见病害。发病植株叶片干枯，生长缓慢。发病严重的品种，枯叶面积达25%～35%，造成产量和糖分损失。

症　　状 主要为害蔗叶，发病初期，嫩叶产生黄色点状病斑，不规则形，逐渐发展成黄斑。在适宜的温度和湿度条件下，小斑点连成不规则大病斑，黄色病斑形成后在病斑正反面出现赤红色小点，逐渐扩大，使叶片大部分变为赤红色。严重时，全叶变赤黄色。病叶先从叶缘开始干枯，最后整个叶片自上而下枯死（图14-3）。

病　　原 *Mycovellosiella koepkei* 称散梗菌绒孢，属半知菌亚门真菌。菌丝无色或浅棕色，有隔膜，分枝少。分生孢子梗从气孔伸出，褐色，单生或丛生，有隔膜1～12个。分生孢子着生在分生孢子梗顶端，无色，梭形，单生。

发生规律 病原以菌丝体或分生孢子在病叶组织里越冬，埋在土壤里的病叶上的分生孢子能存活3周以上。条件适宜时，分生孢子借气流和风雨传播，在叶面有的水条件下，孢子萌发，从气孔或直接穿透表皮侵入。病部可以产生大量的分生孢子，不断进行再侵染。以7～9月高温多

图14-3 甘蔗黄斑病为害叶片症状

湿期间最易流行。暴风雨频繁，发病重。高温、高湿有利于病害流行。重施偏施氮肥，生长茂密，通风透光不良，地下水位高，发病重。

防治方法 合理搭配不同成熟期的品种，及时剥除病叶、枯叶，以改善蔗田小气候，通风透光，降低蔗田湿度；病叶、枯叶要及时收集处理，以免病菌孢子飞扬传播。开通排水沟，及时排除渍水。注意氮磷钾合理配合施用，严防偏施、过施氮肥，病区在雨季到来之前，适当增施钾肥，提高抗病力。

田间发病后，及时对发病中心喷药，可用75%百菌清+70%甲基硫菌灵可湿性粉剂（1∶1）1 500倍液、40%三唑酮·多菌灵可湿性粉剂1 500倍液、30%氧氯化铜+70%代森锰锌（1∶1）1 000倍液、50%多菌灵可湿性粉剂1 000倍液、50%苯菌灵可湿性粉剂1 000倍液、12%松脂酸铜乳油600～800倍液，间隔7～10天喷1次，连续3～4次。

3. 甘蔗眼斑病

分布为害 江西、湖南、福建、台湾、广东、广西、云南、四川等地均有发生。对甘蔗生产威胁性最大的病害，眼斑病除了影响甘蔗产量外，还会影响蔗糖含量。

症　状 主要为害叶片与蔗茎顶部。叶片受害，最初在嫩叶上出现水渍状小点，后扩展为长圆形病斑，其长轴与叶脉平行，病斑中央红褐色，周围具一草黄色狭窄晕圈，很像眼睛（图14-4）。随后病斑顶端出现一条与叶脉平行的坏死条纹，向叶尖方向伸延，使叶尖渐次枯死。茎受害，在适宜的条件下，感病品种的嫩叶与嫩茎很快枯死，从而发生梢腐（图14-5）。

图14-4 甘蔗眼斑病为害叶片症状

图14-5 甘蔗眼斑病为害茎部症状

病　　原 *Bipolaris sacchari* 称甘蔗平脐蠕孢，属半知菌亚门真菌。分生孢子梗。单生，顶端曲膝状，黄褐色，具4～6个隔膜。分生孢子圆筒形，橄榄绿色至棕色，具隔膜3～11个。

发生规律 在春植和秋植蔗兼种的地区，终年有甘蔗生长，病菌互相传播，不存在越冬现象。在单一春植蔗地区，病菌可在上季遗留于田间的病残体中越冬，引起初次侵染。分生孢子主要由气流传播，还可借人、畜和农具传播。从气孔或直接穿过泡状细胞入侵，侵染叶片较幼嫩部分。从4月开始发生，7～8月为发病高峰期。高湿持续时间长或连阴天多，晨雾重，易暴发流行，偏施、重施氮肥的蔗田发病重，秋冬植甘蔗比春植甘蔗发病重，靠近水沟边的蔗株发病也重。

防治方法 选用抗病品种，推广种植春植蔗，易发病的品种不宜作为秋植。避免重施氮肥，适当增施钾肥，增强植株抗病力。防止田间积水，减少湿气滞留。除去干枯的病、老叶和无效分蘖，减少侵染源，使蔗田通风透光，减少病害的发生。

发病初期喷50%多菌灵可湿性粉剂，50%苯菌灵可湿性粉剂 1 000倍液、1∶1∶100倍式波尔多液、80%代森锌可湿性粉剂 500倍液、70%甲基硫菌灵可湿性粉剂 1 000倍液。

4. 甘蔗凤梨病

分布为害 凤梨病在我国各植蔗省区均有发生，是甘蔗种苗的重要病害。除使下种的蔗种受害后不能萌芽外，还能使窖藏蔗种受害腐烂。

症　　状 主要为害蔗种，也可为害田间的蔗株。蔗种染病后，切口的两端开始变成红色，并散发出凤梨般的香味，故称凤梨病。不久切口逐渐变黑，并产生许多黑色的煤粉状物（图14-6）。病情发展到后期则茎内全部变黑。当所有薄壁细胞都被破坏后，种苗便形成空腔，只剩下维管束像一束头发残留其中。

图14-6 甘蔗凤梨病为害茎部症状

病　　原 *Ceratocystis paradoxa* 称奇异长喙壳，属子囊菌亚门真菌。无性态为奇异根串珠霉*Thielaviopsis paradoxa*，属半知菌亚门真菌。

发生规律 病原以菌丝体或厚垣孢子潜伏在带病的组织里或落在土壤中越冬，是主要的初侵染菌源。在适宜的条件下从蔗种两端的切口侵入，引起初次侵染。菌丝生长在甘蔗髓部薄壁组织内，靠气流、土壤、灌溉水、切种刀和昆虫等传播，进行重复侵染。种苗在窖藏期间，通过接触传染，也能引起病菌蔓延。长期的低温和高湿是凤梨病严重发生的两个主导诱因。土壤黏重的蔗田，灌溉后立即整地种植，造成土壤板结或低洼积水，会引起凤梨病的大量发生。

防治方法 选用抗病品种。蔗田应精细整地、开沟排水，种蔗后要薄覆土。提倡选用无病的梢头苗，萌发迅速，发病轻。冬春栽植甘蔗时，采用地膜覆盖，提高地温，使甘蔗早生快发，减少发病。

播种前用2%石灰水或清水浸种1天后播种，有利于萌芽，减少发病。

播种前可用50%多菌灵可湿性粉剂 1 000倍液、70%甲基硫菌灵可湿性粉剂 1 000倍液、50%苯菌灵可湿性粉剂 1 000倍液浸泡蔗种5分钟。

5. 甘蔗虎斑病

分布为害 世界各甘蔗产区均有分布，我国主要分布于华南蔗区。为害甘蔗等。蔗株叶鞘部的重要病害，常因叶鞘枯死而影响蔗株生长，致蔗茎产量降低。

症　　状 主要侵害叶鞘部，发病严重时可向叶片扩展。通常在近地面的叶鞘先发病，由下而上，由外而内扩展。病斑红褐色，不规则形，边缘颜色紫褐色，病健部明显。病斑可互相连合为大斑块，外观呈虎皮斑状，故名虎斑病。被害叶鞘内侧亦呈红褐色。潮湿时斑面可见蛛丝状菌丝体或油菜籽状的菌核（图14−7）。

图14−7 甘蔗虎斑病为害叶片症状

病　　原 *Rhizoctonia solani* 称立枯丝核菌，属半知菌亚门真菌。有性态为瓜亡革菌*Thanatephorus cucumeris*，属担子菌亚门真菌。菌丝体蛛丝状，幼嫩时无色，老熟时淡褐色，分枝发达，分枝与主枝成锐角，近分枝处明显缢缩。菌核由菌丝纠结而成，稍扁平，馒头状，表面粗糙，有许多海绵状孔。菌核大小不等，小的如油菜籽粒般大，大的如萝卜籽粒。

发生规律 病菌以菌核和菌丝体在土中越冬，遗落土中的菌核成为病害主要初侵染源。菌核借水流传播，接触寄主后萌发菌丝入侵致病。发病后病部上的菌丝体通过攀援蔓延不断进行再次侵染而使病害得以蔓延扩大。高温多湿的天气和通透不良的蔗田环境易诱发本病。偏施、过施氮肥，植株体内氮素水平过高会加重发病。

防治方法 加强肥水管理。配方施肥，增施磷钾肥，避免偏施氮肥；整治排灌系统，雨后清沟排渍降湿；适时剥叶，改善蔗田通透性，剥下的鞘叶及时带出田外烧毁。

及时喷药预防控病。常发病田结合剥叶后随即喷施5%井冈霉素水剂1 500倍液、25%咪鲜胺乳油800～1 000倍液、20%甲基立枯磷乳油800～1 000倍液，着重喷施近地面的叶鞘部。药剂应交替施用，喷匀喷足。隔7～10天喷1次，共喷2～3次。

6. 甘蔗梢腐病

分布为害 广东、广西、福建、台湾、云南、四川、江西等地均有发生，零星发生，以华南蔗区发生最重。过去为零星发生病害，现发生呈越来越严重趋势，已成为甘蔗生长前中期的主要病害，对甘蔗产量及抗风性造成一定影响。

症　　状 初期在幼嫩叶片基部出现褪绿黄化的斑块，斑块上出现红褐色的小点或条纹，后来条纹裂开，呈纺锤形裂口，裂口边缘变成锯齿状。叶片的基部比正常的狭小，略成扭曲状并有皱褶。受害株外部节间常出现黑褐色横向如刀割的楔形裂口，形成梯级状。梢腐病发展到最严重时梢头部腐烂使整株甘蔗枯死（图14-8）。

图14-8　甘蔗梢腐病为害梢头症状

病　　原 *Gibberella fujikuroi*为藤仓赤霉，属子囊菌亚门真菌。无性态为串珠镰孢*Fusarium moniliforme*，属半知菌亚门真菌。菌丝纤细无色，分枝不规则，有时数条菌丝组合成孢梗束。产生2 种分生孢子：大型分生孢子镰刀形，具隔膜 3～7 个，生于气生菌丝上或分生孢子座中。小型分生孢子生于分生孢子梗顶端，量多，卵形，无隔膜，偶有双孢串生在分生孢子梗顶部。

发生规律 患病植株和土表上病残体里的病菌是主要的初侵染菌源。病菌的分生孢子随气流传播，落到梢头心叶上的分生孢子，遇有适宜的条件即萌发侵入甘蔗幼嫩叶片，潜育期大约1个月后，病部产生分生孢子进行再侵染。高温高湿条件下发病重，特别是久旱遇雨或灌水过多的情况下，往往引起梢腐病的流行。植株生长瘦弱或偏施、过施氮肥，发病重。

防治方法 选用抗病品种。氮、磷、钾合理适当配合施用，避免偏施氮肥。及时排除蔗田积水，降低田间湿度。收获后及时清除留在蔗地的病叶、病株残体，集中烧毁，以减少侵染源。

发病初期喷施50%多菌灵可湿性粉剂 1 000倍液、50%苯菌灵可湿性粉剂1 000倍液、30%碱式硫酸铜悬浮剂500倍液。隔7～10天喷1次，连续3～4次。喷药时要仔细喷在甘蔗梢头部，以提高防效。

二、甘蔗虫害

甘蔗白螟

分布为害　甘蔗白螟（*Tryporyza nivella*），广泛分布在我国各地，黄河以南较为常见。初孵幼虫从心叶侵入蔗株，心叶展开时出现横列孔洞，为害成株生长点促成侧芽萌发，形成扫帚状的“扫把蔗”和梢端枯萎。有的蛀害茎节（图14−9）。

图14−9　甘蔗白螟为害甘蔗症状

形态特征　成虫雌体长13～15mm，翅展25mm，雄蛾稍小。体白色，有光泽，前翅三角形。雌蛾腹部末端有鲜艳金黄色尾毛。卵扁椭圆形，初浅黄色，后变橙黄，卵块椭圆形，覆盖橙黄色茸毛。末龄幼虫体，虫体肥大，乳黄色，具横皱纹，前胸背板浅橙黄色，胸足短小，腹足退化（图14−10）。蛹乳黄色，近孵化时银白色，腹末宽略带圆形。

图14−10　甘蔗白螟幼虫

发生规律 广东、台湾一年发生4～5代，海南5代。以老熟幼虫在蔗株梢部的隧道里越冬。成虫昼伏夜出，有趋光性。多把卵产在蔗苗叶背面。初孵幼虫行动活泼，常吐丝下垂借风飘荡分散，一般每株有1头幼虫。幼虫多从尚未展开的心叶基部蛀入，向下蛀害呈直道，心叶展开后呈现带状横列的蛀食孔。稍长大后为害生长点，田间出现枯心苗和扫把蔗。老熟幼虫化蛹在蔗茎里，羽化时冲破薄茧爬出。广东分别在4月上旬、6月下旬、7月下旬、9月上旬和10月下旬出现5次为害高峰。台湾主要在幼蔗期和秋植蔗的10～12月、3～4月有2个为害高峰。一般地势高长势差的蔗田易受害。

防治方法 推广抗虫品种。秋耕时，拾净蔗茬等，集中深埋或烧毁，蔗草须在4月底以前铡碎或堆垛封泥，以减少越冬虫源。种植期可因地制宜调节，设法使苗期避开成虫羽化产卵盛期，可减轻受害。

当蔗田每500株蔗株有卵1块或千株蔗株累计有5个卵块时，可选用1.5%甲基对硫磷粉剂2kg/亩、40%治螟磷乳油150～250g/亩拌细土15～20kg，撒在谷苗根际处，形成药带，效果比较好。

在幼虫孵化初期，可用30%乙酰甲胺磷乳油125～225ml/亩、48%毒死蜱乳油70～90ml/亩、80%敌百虫可溶液剂80～100g/亩、40%水胺硫磷乳油75～150ml/亩、25%喹硫磷乳油120～150ml/亩、20%哒嗪硫磷乳油75～100ml/亩、50%二嗪磷乳油80～120ml/亩、10%杀螟腈可湿性粉剂100～200g/亩、50%杀螟丹可溶性粉剂70～100g/亩、30%多噻烷乳油600～1 000倍液、20%除虫脲悬浮剂1 500～2 000倍液、20%虫酰肼悬浮剂25～30ml/亩、1%甲氨基阿维菌素苯甲酸盐乳油5～10ml/亩对水40～50kg均匀喷施。

第十五章 向日葵病虫害原色图解

我国向日葵栽培面积约为120万hm^2，总产量约为350万t。种植面积较大的有20个省、市（自治区），主要分为五个产区：东北、内蒙古种植区、华北种植区、新疆种植区、黄河河套种植区、云贵高原种植区。

一、向日葵病害

病害是为害向日葵产量与质量的重要因素，其中病害有20多种，为害严重的主要有向日葵白粉病、向日葵褐斑病、向日葵黑斑病、向日葵锈病等。

1. 向日葵白粉病

图15-1 向日葵白粉病为害叶片症状

症　状　主要为害叶片，严重时茎秆也可受害。叶片受害后初期叶面零星散布白色粉状霉，扩展后整叶盖满灰白色霉层，即病菌的菌丝和分生孢子，最后病叶变褐焦枯，引起早期凋落（图15-1）。茎秆发病，病斑灰褐色至黑褐色，不规则形，病斑边缘不整齐，后期病部出现黑色小粒点，即病菌子囊壳。

病　原　*Sphaerotheca fuliginea* 称单丝壳和 *Erysiphe cichoracearum* 称二孢白粉菌，均属子囊菌亚门真菌。单丝壳的闭囊壳褐色至暗褐色，球形或近球形，含1个子囊。附属丝着生在闭囊壳下面，具隔膜0~6个。子囊椭圆形或卵形，少数具短柄，内含6~8个子囊孢子。子囊孢子椭圆形或近球形。二孢白粉菌的分生孢子椭圆形，单胞，无色。闭囊壳黑褐色，内生子囊6~21个，壳上生有附属丝。子囊卵圆形，内生子囊孢子2个。子囊孢子椭圆形或近球形。

发生规律　病原以闭囊壳在病残体上越冬。条件适宜时放射出子囊孢子，借气流传播，进行初侵染和再侵染。干旱年份发生重。栽植过密，通风不良或氮肥偏多，发病重。

防治方法　合理进行轮作。收获后彻底清除病株残叶，深翻土地。

必要时可喷施70%甲基硫菌灵可湿性粉剂70~90g/亩、25%嘧菌酯悬浮剂60~90ml/亩、30%醚菌酯悬浮剂30~50ml/亩、20%三唑酮乳油40~45ml/亩、12.5%烯唑醇可湿性粉剂16~32g/亩、40%氟硅唑乳油7.5~9.4ml/亩、50%粉唑醇可湿性粉剂8~12g/亩、5%己唑醇悬浮剂20~30ml/亩、12.5%腈菌唑乳油16~32ml/亩、30%氟菌唑可湿性粉剂10~20g/亩、50%烟酰胺水分散粒剂30~45g/亩，对水40~50kg均匀喷雾，发生严重时，可间隔7~10天再喷1次。

2. 向日葵褐斑病

图15-2 向日葵褐斑病为害叶片症状

症 状 为害子叶、叶片、叶柄和茎，以叶片受害为主。子叶受害，病斑初呈褐色小圆形，凹陷，后期散生有小黑点。真叶受害，初呈黄色小圆点，扩大后呈大形的圆形、多角形或不规则形的褐斑，病斑周围有黄色晕环（图15-2），上密生小黑点，最后病斑汇合成片，叶片干枯。茎和叶柄上的病斑黄褐色，狭条形，上很少生分生孢子器。

病 原 *Septoria helianthi* 称向日葵壳针孢，属半知菌亚门真菌。分生孢子器球形，暗褐色，单生或聚生，突出表皮。分生孢子无色，丝状，略弯，有隔膜3～5个。

发生规律 病菌以分生孢子器或菌丝在病残体上越冬。春天温湿度条件适宜分生孢子从分生孢子器中逸出，借风雨传播蔓延进行初侵染和再侵染，扩大为害。品种间抗病性有差异。多雨年份，湿度大发病重。通风透光差、排水不良、低洼地发病重。

防治方法 与禾本科等作物实行大面积轮作。注意通风透光，及时清沟排渍。收获后及时清洁田园，清除病残叶，集中烧毁或沤肥。加强栽培管理。施足基肥，及时追肥，干旱时进行灌溉，促使植株生长健壮，提高抗病能力。

发病初期，向日葵开花期，可用50%腐霉利可湿性粉剂40～80g/亩、25%异菌脲悬浮剂120～200ml/亩、40%多菌灵悬浮剂80～100ml/亩、50%噻菌灵悬浮剂26～54ml/亩、6%氯苯嘧啶醇可湿性粉剂30～50g/亩、2%嘧啶核苷类抗生素水剂500ml/亩对水40～50kg均匀喷施。

3. 向日葵灰霉病

症 状 主要为害花盘。发病初期病部湿腐，水渍状，湿度大时长出稀疏的灰色霉层，严重时花盘腐烂，不能结实（图15-3）。

病 原 *Botrytis cinerea* 称灰葡萄孢，属半知菌亚门真菌。有性态为富克尔核盘菌 *Botryotinia fuckeliana*，属子囊菌亚门真菌。分生孢子梗直立，顶部具分枝1～2个，分枝顶端着生大量的分生孢子，似葡萄穗状。分生孢子圆形或近圆形，单胞。

发生规律 病原以菌丝或分生孢子及菌核附随病残体上，或遗留在土壤中越冬。分生孢子随气流、雨水及农事操作进行传播蔓延。

防治方法 适期播种，使花盘期尽量避开雨季。合理密植，不宜过密，雨后及时排水，防止湿气滞留。

发病初期可用50%腐霉利可湿性粉剂40～80g/亩、25%异菌脲悬浮剂120～200ml/亩、50%乙烯菌核利可湿性粉剂75～100g/亩、50%苯菌灵可湿性粉剂66～100g/亩、50%噻菌灵悬浮剂26～54ml/亩、40%氟硅唑乳油7.5～9.4ml/亩、20%嘧霉胺悬浮剂150～180ml/亩、50%嘧菌环胺水分散粒剂60～96g/亩、20%邻烯丙基苯酚可湿性粉剂40～65g/亩，对水40～50kg，间隔7～10天喷1次，连续2～3次。

图15-3　向日葵灰霉病为害花盘症状

4. 向日葵细菌性叶斑病

症　　状　主要为害叶片。发病初期叶上出现水浸状小斑，渐扩展成暗褐色不规则形角斑，四周现较宽的褪绿晕圈。发生严重时，病斑汇合成大斑，叶焦枯，病斑中心破裂，严重时叶片干枯脱落（图15-4）。

图15-4　向日葵细菌性叶斑病为害叶片症状

病　　原　*Pseudomonas syringae* pv. *helianthi* 称丁香假单胞菌向日葵致病变种，属细菌。菌体短杆状，单生或链生，单极生鞭毛。革兰氏染色阴性。

发生规律　病菌在种子及病残体上越冬，借风雨、灌溉水传播蔓延。雨后易见此病发生和蔓延。

防治方法　实行轮作。注意田间卫生，清除病残体数量。

发病初期喷药防治，可用72%农用链霉素可溶性粉剂3 000~4 000倍液、70%琥·乙膦铝杀菌剂600~800倍液、77%氢氧化铜可湿性粉剂500~800倍液、14%络氨铜水剂300~500倍液、50%甲霜·铜可湿性粉剂600~700倍液、47%春·氧氯化铜可湿性粉剂700~800倍液、50%氯溴异氰尿酸可溶性粉剂1 200~1 500倍液均匀喷施，每5~7天喷1次，连喷3~4次。

5. 向日葵锈病

症　　状　主要为害叶片，叶片发病初在叶片背面出现褐色小疱是病菌夏孢子堆，表面破裂后散出褐色粉末，即病菌的夏孢子。严重时夏孢子堆布满全叶，使叶片提早枯死。叶柄、茎秆、葵盘及苞叶上也可形成很多夏孢子堆。近收获时，病部出现黑色裸露的小疱，内生大量黑褐色粉末，即为病菌的冬孢子堆及冬孢子（图15-5）。

图15-5 向日葵锈病为害叶片症状

病　　原 *Puccinia helianthi*称向日葵柄锈菌，属担子菌亚门真菌。性子器黄色，圆形，散生或聚生在叶正面。锈子器黄色，杯状，聚生于叶背。锈孢子橙黄色，球形或多角形。夏孢子堆圆形至椭圆形。夏孢子黄褐色，球形或卵形，表面有细刺。冬孢子堆褐色至黑褐色，近圆形。冬孢子茶褐色，椭圆形，双胞，表面光滑，分隔处稍缢缩。

发生规律 病原以冬孢子在病残体上越冬，成为第二年的初侵染源。条件适宜时，冬孢子萌发产生担孢子侵染幼叶，形成性子器。不久在病斑背面产生锈子器，器内充满锈孢子。锈孢子飞散传播，也萌发侵染叶片，形成夏孢子堆。夏孢子借气流传播，进行扩大再侵染。向日葵接近成熟时，在产生夏孢子的地方形成冬孢子堆，又以冬孢子越冬。5~6月多雨发病重。7月中旬至8月中旬雨水多，病害发生严重。

防治方法 因地制宜地采用抗病品种，实行轮作，合理增施磷肥，勤中耕，可减少发病。注意田间卫生，清除病残株，收获后深翻土地。

种子处理：播种前用25%三唑醇种子处理干粉剂30~45g/100kg种子拌种。

发病初期可用20%萎锈灵乳油100~200ml/亩、25%邻酰胺悬浮剂200~320ml/亩、30%醚菌酯悬浮剂30~50ml/亩、12.5%烯唑醇可湿性粉剂16~32g/亩、12.5%氟环唑悬浮剂48~60ml/亩、50%粉唑醇可湿性粉剂8~12g/亩、5%己唑醇悬浮剂20~30ml/亩对水40~50kg，间隔7~10天喷1次，连续2次。

二、向日葵虫害

1．向日葵斑螟

分布为害　向日葵斑螟（*Homoeosoma nebulella*）主要在我国的北部发生，近年来为害的范围有扩大的趋势。

形态特征　成虫体灰白色，触角丝状。前翅灰色微黄，近中央处有4个黑色斑点，内侧3个相连，外侧1个系由2个小斑点相连而成。静止时前后翅紧抱体躯两侧，像一粒灰色的向日葵种籽。卵乳白色，长椭圆形，有光泽，具不规则浅网状纹。老熟幼虫体淡黄色。头及前胸背板淡黄褐色，前胸背板后缘有一弧形黑色带，中间断开(图15－6)。体背有三条紫褐色或棕褐色纵线。胸足及气门黑色。

图15－6　向日葵斑螟幼虫及为害症状

发生规律　一年发生1～2代，以老熟幼虫做茧在土中越冬。硬壳层形成快的品种受害轻或不受害，小粒油用种较大粒食用种受害轻。成虫白天潜伏，傍晚开始活动，在花盘上取食花蜜交配产卵。卵多散产在葵花花盘上的开花区内，在花药圈内壁、花柱和花冠内壁着卵量最多，筒状花和舌状花上着卵很少。1～2龄幼虫啃食筒状花，3龄后沿葵花籽实排列缝隙蛀食种子，把种仁部分或全部吃掉，形成空壳或蛀花盘，把花盘蛀成很多隧道，并在花盘子实上吐丝结网黏连虫粪及碎屑，状似丝毡。被害花盘多腐烂发霉，降低产量和质量。

防治方法　适当提早播种，可减轻或避免第1代幼虫为害。秋翻、冬灌可将大批越冬茧翻压入土，减少越冬虫。

成虫发生盛期，可喷洒2.5%氯氟氰菊酯乳油25～50ml/亩、2.5%溴氰菊酯乳油20～30g/亩、5.7%氟氯氰菊酯乳油30～40ml/亩、30%乙酰甲胺磷乳油125～225ml/亩、80%敌百虫可溶液剂

80～100g/亩对水40～50kg。

成虫产卵盛期可喷洒40%乐果乳油75～100ml/亩、40%嘧啶氧磷乳油150～300ml/亩、25%仲丁威乳油200～250ml/亩、50%杀螟丹可溶性粉剂70～100g/亩、25%甲萘威可湿性粉剂200～300g/亩对水40～50kg。

低龄幼虫发生盛期，可喷洒20%虫酰肼悬浮剂25～30ml/亩、1%甲氨基阿维菌素苯甲酸盐乳油5～10ml/亩、8000IU/ml苏云金杆菌可湿性粉剂100～200g/亩对水40～50kg。

2. 棉铃虫

分布为害 棉铃虫（*Helicoverpa armigera*）广泛分布在我国各地，近年来为害十分猖獗，90年代以来多次大暴发（图15-7）。

形态特征 参考棉花虫害——棉铃虫。

发生规律 参考棉花虫害——棉铃虫。

防治方法 种植抗虫品种。深翻冬灌，减少虫源。

在越冬代成虫产卵盛期，可用20%虫酰肼悬浮剂60～100ml/亩、5%氟啶脲乳油100～150ml/亩、5%氟铃脲乳油100～150ml/亩、25%丁醚脲乳油80～150ml/亩、20%灭多威乳油80～100ml/亩、25%甲萘威可湿性粉剂100～150g/亩、75%硫双威可湿性粉剂60～70g/亩等药剂对水40～50kg均匀喷雾。

在低龄幼虫期，可用30%乙酰甲胺磷乳油100～150ml/亩、48%毒死蜱乳油90～120ml/亩、50%丙溴磷乳油64～80ml/亩、40%水胺硫磷乳油75～150ml/亩、25%喹硫磷乳油48～160ml/亩、20%哒嗪硫磷乳油200～250ml/亩对水50kg均匀喷雾。

在2～3代卵孵盛期，可用2.5%氯氟氰菊酯乳油50～60ml/亩、10%氯氰菊酯乳油40～60ml/亩、25%辛·氰乳油60～80ml/亩、52.25%农地乐（毒死蜱·氯氰菊酯）乳油60～70ml/亩、5.7%氟氯氰菊酯乳油20～40ml/亩、2.5%溴氰菊酯乳油30～50ml/亩、1%甲胺基阿维菌素苯甲酸盐乳油20～30ml/亩、1.8%阿维菌素乳油20～30ml/亩对水50～60kg均匀喷雾。

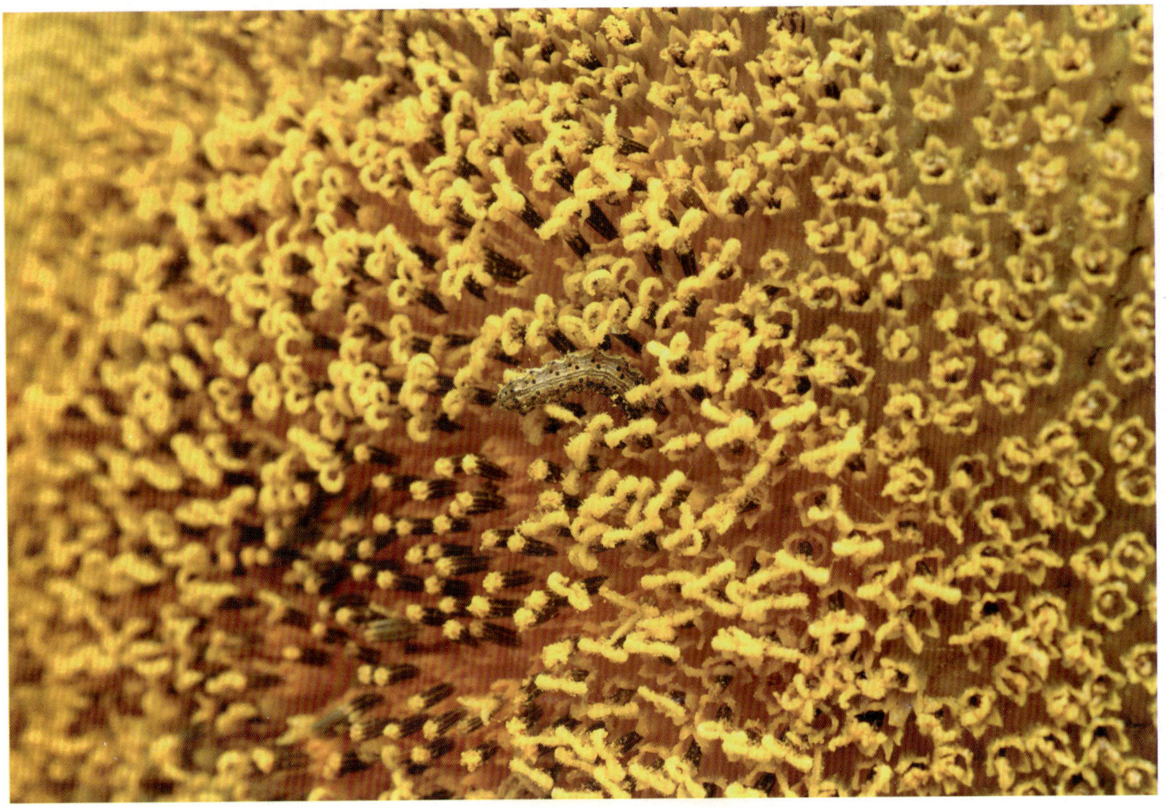

图15-7 棉铃虫幼虫及为害症状